"博学而笃志，切问而近思。"
（《论语》）

博晓古今，可立一家之说；
学贯中西，或成经国之才。

复旦博学·复旦博学·复旦博学·复旦博学·复旦博学·复旦博学

作者简介

张健,传播学博士、副教授,现任苏州大学凤凰传媒学院广播电视系主任,硕士生导师。先后出版的专著、合著有《自由的逻辑:进步时代美国新闻业的转型》(复旦大学出版社2011年版)、《徘徊在"教堂"与"国家"之间:历史演进中的美国新闻业编营分离制度》(南方出版社2008年版)、《网络传播学》(苏州大学出版社2007年版,合著)。代表性学术论文主要有:《财产权与财产权屏障下的言论出版自由》、《编营分离制度为何可能被逐利的美国新闻业主接受》、《30年之后:中国电视节目转型的繁荣与困惑》、《破解电视频道经营中的电视剧"迷思"》等。主讲课程有:《大众传播学》、《广播电视学》、《广播电视新闻采访与写作》、《西方新闻理论经典选读》等,主要学术研究兴趣为:美国新闻传播史、电视节目类型与创新、政府危机传播。

复旦博学

当代广播电视教程·新世纪版

当代电视节目类型教程

张 健 编著

复旦大学出版社

内容提要

本书针对初学者的知识结构与日常经验，按照电视学科的理论逻辑、电视业界的实践需要和电视观众的收视习惯"三结合"的原则，在偏重"内容属性"的前提下，重点分析了目前国内外最为常见的8种节目类型：电视新闻资讯节目、电视谈话节目、电视文艺节目、电视剧、电视纪录片、电视真人秀节目、电视电影、电视广告。每一种节目类型都详尽地阐释了该类型的定义、特征、中外发展简史以及策划方法等。

本书体例与结构较为新颖，既依循知识的理论性与系统性，又坚持阅读对象的实用性与操作性，是高校广播电视新闻专业的理想教材，还可以作为新闻、广告、文学、公关、营销等相关专业选修课教材或自学辅导用书，也可以作为广播电视从业人员的参考用书。

目录

导论 电视节目类型学的学科意义

第一节 节目类型与类型节目 …………………………………… 1
　一、电视节目、电视栏目 …………………………………… 1
　二、类型与类型学 …………………………………………… 2
　三、节目类型与类型节目 …………………………………… 7
第二节 节目类型研究举要 …………………………………… 10
　一、美国电视节目类型研究 ………………………………… 10
　二、我国电视节目类型研究 ………………………………… 13
　三、本书的节目类型划分 …………………………………… 17
第三节 电视节目类型研究的学科意义 ……………………… 17
　一、电视节目类型学对广播电视学学科建设的意义 ……… 18
　二、电视节目类型学对电视节目传播的意义 ……………… 20
　三、电视节目类型学对新闻传播专业学生及其他专业学生的意义 … 23
思考题 ……………………………………………………………… 24

第一章 电视新闻资讯节目

第一节 电视新闻资讯节目的界定与演进简史 ……………… 28
　一、电视新闻资讯节目的界定 ……………………………… 28
　二、电视新闻资讯节目的类型特质 ………………………… 32
　三、中美电视新闻资讯节目发展简史 ……………………… 34
第二节 电视新闻资讯节目的类型划分 ……………………… 37
　一、消息类电视新闻资讯节目 ……………………………… 37
　二、评论类电视新闻资讯节目 ……………………………… 43
　三、深度报道类电视新闻资讯节目 ………………………… 48

四、直播类电视新闻资讯节目 ································ 51
　　五、对象性电视新闻资讯节目 ································ 54
第三节　电视新闻资讯节目的策划 ································ 57
　　一、选题策划 ································ 58
　　二、采访策划 ································ 60
　　三、嘉宾策划 ································ 61
　　四、节目形式策划 ································ 62
　　五、策划系统的组织重构 ································ 62
思考题 ································ 63

第二章　电视谈话节目

第一节　电视谈话节目的界定 ································ 66
　　一、电视谈话节目的定义 ································ 66
　　二、电视谈话节目的基本构建元素 ································ 68
　　三、电视谈话节目的类型特性 ································ 71
　　四、中外电视谈话节目的发展历程 ································ 74
第二节　电视谈话节目类型划分 ································ 78
　　一、电视谈话节目常用分类标准 ································ 78
　　二、电视谈话节目主要类型 ································ 79
第三节　电视谈话节目的策划 ································ 82
　　一、选择个性化的主持人 ································ 83
　　二、选题的策划与精选 ································ 87
　　三、营造真实的"谈话场" ································ 91
　　四、策划节目的争议性 ································ 91
　　五、策划节目中的"故事性" ································ 94
思考题 ································ 96

第三章　电视文艺节目

第一节　电视文艺节目的界定与类型特质 ································ 98
　　一、电视文艺节目的定义 ································ 98

二、电视文艺节目的类型特点 …… 99
　　三、中外电视文艺节目发展简史 …… 101
第二节　电视文艺节目类型划分 …… 103
　　一、电视综艺节目 …… 103
　　二、电视戏曲节目 …… 108
　　三、电视文学节目 …… 110
　　四、电视舞蹈节目 …… 113
　　五、电视小品 …… 115
　　六、电视音乐节目、音乐电视（MV） …… 119
　　七、电视文艺节目专题 …… 122
第三节　电视文艺节目的策划 …… 124
　　一、电视综艺晚会的策划 …… 125
　　二、电视小品的策划 …… 131
　　三、音乐电视（MV）的策划 …… 137
思考题 …… 141

第四章　电视剧

第一节　电视剧的界定与类型特征 …… 145
　　一、电视剧的定义 …… 145
　　二、电视剧的影像特征 …… 146
　　三、电视剧的叙事特征 …… 147
　　四、中美电视剧发展简史 …… 153
第二节　中美电视剧的主要类型划分 …… 156
　　一、美国电视剧的主要类型 …… 156
　　二、国内电视剧的主要类型 …… 162
第三节　电视剧的策划 …… 173
　　一、影响电视剧策划的主要因素 …… 173
　　二、剧本策划 …… 177
　　三、融资策划 …… 179
　　四、制作策划 …… 181
　　五、营销策划 …… 182

思考题 ·········· 184

第五章　电视纪录片

第一节　电视纪录片的概念与类型特征 ·········· 188
一、纪录片的概念 ·········· 188
二、纪录片的主要类型特征 ·········· 191
三、电视纪录片与电视专题片的异同 ·········· 195
四、中外纪录片发展简史 ·········· 197

第二节　纪录片的主要类型 ·········· 205
一、根据纪录片的镜头存在方式来划分 ·········· 205
二、根据纪录片的题材划分 ·········· 209

第三节　纪录片的策划 ·········· 211
一、策划选题 ·········· 211
二、策划纪实方式 ·········· 215
三、策划叙事结构 ·········· 217
四、策划纪录片中的戏剧性因素 ·········· 218
五、策划纪录片的观赏性 ·········· 220

思考题 ·········· 222

第六章　电视真人秀节目

第一节　电视真人秀的界定与类型特征 ·········· 225
一、电视真人秀节目的定义 ·········· 226
二、电视真人秀的类型特征 ·········· 228
三、中外真人秀节目发展简史 ·········· 235

第二节　真人秀节目的主要类型划分 ·········· 242
一、生存挑战型真人秀 ·········· 243
二、情境体验型真人秀 ·········· 244
三、表演选秀型真人秀 ·········· 245
四、技能应试型真人秀 ·········· 247
五、角色置换型真人秀 ·········· 249

六、益智闯关型真人秀 ……………………………………… 250
　　　七、游戏比赛型真人秀 ……………………………………… 251
　　　八、异性约会型真人秀 ……………………………………… 252
　　　九、生活技艺型真人秀 ……………………………………… 254
　第三节　电视真人秀节目的策划 …………………………………… 256
　　　一、真人秀节目策划的基本要求 …………………………… 256
　　　二、真人秀节目的策划要点 ………………………………… 258
　思考题 ……………………………………………………………… 261

第七章　电视电影

　第一节　电视电影的界定与特征 …………………………………… 265
　　　一、电视电影的界定 ………………………………………… 265
　　　二、电视电影的类型特征 …………………………………… 268
　　　三、电视电影发展简史 ……………………………………… 275
　第二节　电视电影的类型划分 ……………………………………… 279
　　　一、美国电视电影的主要类型 ……………………………… 280
　　　二、我国电视电影的类型 …………………………………… 282
　第三节　电视电影的策划 …………………………………………… 286
　　　一、选题的策划 ……………………………………………… 287
　　　二、系列片、类型片的策划 ………………………………… 288
　　　三、市场营销的策划 ………………………………………… 290
　思考题 ……………………………………………………………… 291

第八章　电视广告

　第一节　电视广告的界定与特征 …………………………………… 295
　　　一、电视广告的概念 ………………………………………… 295
　　　二、中外电视广告发展简史 ………………………………… 300
　第二节　电视广告的类型特点和划分 ……………………………… 303
　　　一、电视广告的主要类型特点 ……………………………… 303
　　　二、电视广告的主要类型 …………………………………… 306

第三节 电视广告策划 ·········· 310
一、电视广告策划需要思考的两个问题 ·········· 311
二、电视广告的市场调查 ·········· 312
三、电视广告的定位研究 ·········· 314
四、广告计划 ·········· 315
五、电视广告创意 ·········· 316
思考题 ·········· 320

主要参考文献 ·········· 321
后记 ·········· 323

导论　电视节目类型学的学科意义

无论在西方还是东方,电视节目类型研究一直是学界和电视业界人士共同关注的问题。

在电视业发展的半个多世纪中,西方国家按照市场竞争的要求,提出多种节目类型的分类方法和分类方案。我国电视媒体一直以"喉舌"和"工具"论,坚持电视媒体的宣传功能,但是自20世纪90年代以来,随着电视传媒的市场化改革以及对社会效益和经济效益并重的认知,电视节目类型以及建立类型化的电视节目生产与运营机制越来越为业界和学界所广泛推崇,尤其随着观众对电视节目数量及品种需求的增加、对电视节目质量要求的提高,随着电视节目的国内和国际交易量的不断扩大,随着电视媒介对加强节目管理、提高节目质量的需求的不断增强以及教学科研机构对节目研究的日益深入,结合我国国情建立起一套科学的电视节目类型体系就日益显得重要起来。对千变万化、丰富繁荣的电视节目进行类型化的鉴别、分类,明确各类节目的内涵与本质特征是电视节目市场化、标准化生产的需要,是电视观众合理能动地安排节目收视的需要,更是广播电视学学科体系建设的需要。

第一节　节目类型与类型节目

要了解电视节目类型研究的意义和价值,首先要搞清楚电视节目、节目类型这两个核心概念。

一、电视节目、电视栏目

英文的"节目"(program)一词有"程序"和"安排"等含义,有时指编排成套的节目系列,有时指单个的节目产品。中文的"节目"泛指广播电视的单项内容,有时又指整个栏目。按照《广播电视辞典》的解释,电视节目指电视台各种播出内容的最终组织形式和播出形式。电视节目实际上涵盖了电视台和其他电视制作机构制作的、供播出或交流的具有特定内容和形式的电视作品。电视节目内容丰富、形式多样，节目系统具有灵活机动的特点①。综合而言，电视节目有几个方面的意义：一是指被媒介机构选编、通过电视频道播放的内容材料，也可以通过音像产品和网络等方式发行，与电视观众见面；二是指这些内容是由各种信号组成的，例如语言、语调、图像、色彩等信息按照一定规则和程序组成一个个的单元播发出去。

电视栏目，指有固定时间、固定长度、固定风格并定期播出的电视节目，体现了一种板块化的组织方式，是电视制作和播出中的基本衡量单位之一。从宏观上说，电视栏目是电视市场和电视产业的重要组成部分，从微观上看，电视栏目是电视频道编排的基本单元。

在我国，电视节目，有时又指电视栏目，一般而言两者之间并无严格区分。不过，电视业从单纯使用"电视节目"的称谓到"电视节目"、"电视栏目"的交互使用，是一个历史的过程。在电视业发展的早期，无论在我国还是西方，电视节目主要指电视播出的基本单位，并没有像如今这样严格按照时间和周期播出。西方比如美国在20世纪的四五十年代，我国在20世纪80年代中后期，都逐渐出现了"电视栏目"的提法，电视业界逐渐以栏目指称在各个时段定期播出的内容单元，比如固定播出的CBS的《城中明星》、央视的《新闻联播》、《东方时空》、《观察与思考》等。正是由于"电视栏目"的出现，"电视节目"的概念出现一定变化，一方面仍然指电视播出内容的基本单位，但由于电视节目越来越多地在栏目中出现，电视节目在某种意义上越来越从属于电视栏目的要求，或者说电视节目必须存在于某个具体的栏目中。此外，在某些时候，"电视节目"还被用来特别指称在某个特殊的时间播出的内容或者在固定栏目中相对独立的局部，前者比如《纪念中国电影诞生100周年文艺晚会》、《CCTV年度十大经济人物评选》、《广州亚运会专题报道》等具有专门名称的晚会、专题节目等；后者比如央视《中华医药》常态版有三个单元：《健康故事》、《仲景养生坊》和《洪涛信箱》。

二、类型与类型学

先看看语义层面的"类型"。上海辞书出版社1989年出版的《辞海》中，"类型"有三种意义：在自然辩证法上，同"层次"组成一对范畴；在文学上，指作品中具有某些共同或类似特征的人物形象，有按人物所属阶级或阶层来分的，如工人类型、知识分子类型等，有按社会性质来分的，如英雄人物类型、普通人物类型以及正面与反面人物类型等；在辞书学上，指辞书等工具书按照一定的标准划分成的种类。

---

① 赵玉明：《广播电视辞典》，北京广播学院出版社1999年版，第220页。

商务印书馆2005年版的《现代汉语词典》将"类型"解释为：具有共同特征的事物所形成的种类。总体来看，"类型"在公共知识体系中意味着在复数意义上的人或物之间存在着共同、相似的特征，按照这个共同的特征被归结为同样的"类"，并与其他人或物之间存在着共同、相似特征的"类"相区别。

不过，在大量的研究文献中，"类型"这一概念往往与作为一种研究方法的"类型学"联系在一起，对"类型"的界定离不开对作为研究方法的"类型学"的说明。比如，著名考古学家俞伟超在20世纪80年代的一次演讲中曾详细说明过"类型"与"类型学"。他认为，英文"typology"源于古希腊文typos和logy的结合。Typos的本义是多数个体的共有的性质或特征，所以"typology"的直接意思是一种研究物品所具有显著特征的学问。Typos在希腊文中演变为typo，英文为type。80年代以后编写的许多英汉字典往往把type释为样式、类型，把typology称为类型学。

考古学中的类型学，最初是为解决年代学问题而产生的一种方法论。考古学家们为排比钱币、武器、容器、装饰品的形态和图案的变化序列而开始类型学的研究。人类制造的物品，只要有一定的形体，都可以用类型学方法来探索其形态变化（当然也包括上面的装饰图案）；反之，凡是没有形体的东西（如思想、音乐等），就无法用类型学的方法来进行研究。当然，"这种方法论之所以是科学的，自然必须有这样的前提条件，即人类制造的各种物品，其形态是沿着一定的轨道演化，而不是变幻不定、不可捉摸的"。俞伟超还指出，"在历史上的任何时间、任何地区、人们集团中，客观存在的几种因素，总是综合为一种特定的力量，决定着物品的特定形态。在任何一个人们共同体内，已经形成的某一种综合力量，会成为牢固的传统，使得各种物品已经形成的形态具有相当的稳定性"[1]。石岩教授的《中国北方先秦时期青铜镞研究》[2]就是类型学方法的一个成功示范。该书依分类、排序、分期、断代、分区、谱系循序渐进，采用类、小类、型、亚型四个层次，对先秦时期的所有青铜镞进行统一分类。分类的结果是有铤类和有銎类，其下再分为有铤双翼（甲a）、有铤三翼（甲b）、有铤三棱（甲c）、有铤圆身（甲d）、有铤锥形（甲e）、有銎双翼（乙a）、有銎三翼（乙b）、有銎三棱（乙c）、有銎异形（乙d）九小类；小类之下再以不同时期作型与亚型的划分，如夏商时期甲a类A型分成Aa、Ab、Ac、Ad、Ae、Af、Ag七个亚型，西周时期甲a类A型分成Aa、Ab、Ac三个亚型，东周时期齐鲁文化区甲a类A型分成Aa、Ab两个亚型，等等。

---

[1] 俞伟超：《考古类型学的理论与实践》，文物出版社1989年版，第1—7页。
[2] 石岩：《中国北方先秦时期青铜镞研究》，黑龙江大学出版社2008年版。

类型以及作为研究方法的类型学还在文学艺术、建筑学、电影学、大众文化等许多学科中有着广泛的运用。早在亚里士多德那里,文学就开始了类型研究。古希腊是文学的"英雄时代",亚里士多德把文学分为悲剧和史诗两种类型,这一划分至今还被使用。史诗和悲剧的共同特征是表现同各种可怕势力作斗争的英雄,悲剧中的英雄被恶势力吞没,史诗中的英雄是胜利者。值得注意的是,亚里士多德也把艺术按形式特征作过划分。按照模仿的方式,他列出了抒情诗、史诗、小说和戏剧。在史诗和小说中,人物和诗人都可以讲故事,在戏剧中,诗人消失在他的角色后面。

电影研究中的类型理论起初是从 19 世纪文学借来的,如把悲剧、喜剧和情节剧并列,就更多受文学理论的影响。美国的《电影术语图解》认为类型是由于主题或技巧而形成的种类。梭罗门《电影的观念》中的"样式"(type)一词现在应译为类型。他从几个方面强调类型概念:类型的承继性,"类型的意思是一部影片配上观众已经在其他几十部以至上百部影片中看到过的地点和人物";类型划分是以"风格"和"地点"相似为基础,而不是以主题为基础(他说的"主题"指文艺理论中的"题材",这里的"地点"应指"环境");类型电影反映了电影的许多特殊规律,"每一种盛行过的样式看来都具有某些真正的电影特性"[①]。

在总结已有研究和考察电影创作、欣赏状况的基础上,我国学者郝建将"类型电影"界定如下:类型电影是按照同以往作品形态相近、较为固定的模式来摄制、欣赏的影片。他认为类型是按照观念和艺术元素的总和来划分的[②]。换言之,在某一类型作品中,形式元素和道德情感、社会观念的题材领域搭配形成较固定的模型,而不同的艺术趣味和社会崇尚的观念在整个类型体系中的分布是较固定的。比如西部片,它在形式上必然以善恶冲突构成跌宕有致的情节线,喀斯特地貌的背景、枪手和枪战、牛仔的衣帽是形式体系中必不可少的元素。在价值观和道德情感上,西部片也是一脉相承的:崇尚开拓精神,赞颂个人英雄主义;处理人与自然、文明与蛮荒的矛盾这类基本主题。这样,所谓的类型电影,实际上是一个集合概念,各类型影片有自己类的特征、有类的差别,如西部片、爱情片、喜剧片、强盗片、侦探推理片、惊险片、动作片、音乐歌舞片、灾难片、战争片等。

关于类型和类型学的方法,日本美学家竹内敏雄说得更加清楚。他在《艺术理论》一书中提出:"一般地说,所谓类型是我们比较许多不同的个体、抓住在它们之间可以普遍发现的共同的根本形式,按照固定不变的本质的各种特征把它们全部

---

① 郝建:《影视类型学》,北京大学出版社 2004 年版,第 58 页。
② 同上书,第 59 页。

作为一个整体来概括；同时，在另一方面，把这种超个体的、同形的统一的存在与那些属于同一层次的其他的统一的存在相比较，抓住只有它自己固有的、别的任何地方均看不到的特殊形象、把这一整体按照它的特殊性区别于其他的整体时，在这二者的关系中形成的概念。约而言之，这个概念包含了对于自己的共同性和对于他物的相异性两个方面的含义，是从这两个方面把握的一定范围内的存在者群。因此，一切类型都是在其自身可以结为一体的同时，也都可以与他物相区别，起到普遍与个别的媒介、多样与统一的联结的作用。"①

竹内敏雄还对人文社科领域的类型概念作了三点补充[②]：

一是类型的具象性。艺术等领域的类型现象不完全像逻辑学或生物学上的种、类或种、属概念那样仅仅是抽取出某些抽象共性而形成的，它还可以作为具象的统一，直接诉诸形象直觉地予以把握。"一切类型都是作为一定的可以直观的存在形态的整体形象而成立的"。总之，"通过一定的'形'呈现出来的类的'型'——这就是类型"。

二是类型的相对性。因为一定类型体系的建立，是在相互比较中产生的。在类型与类型之间，"仍然无法像种类和种属那样加以区分"，"个别事物的所属关系不一定都很明确，也有不少时候说不清是属于某一类型还是不属于它"。因此，各种类型区分仅具有相对意义，"它只是从概括的倾向及特征上看分别被归纳为一个整体表象，相互之间只有在相对的意义上可以区分"。

三是价值的相关性。由于这种相对性，"一定的类型在个别现象上的具象化由极其明显到极不明显之间有无数渐变性的差异。如果把一种类型比作用一定的色调涂抹成的圆盘，那么，表现其特征的色彩在最中心表现得最鲜明浓厚，越往边上就越模糊、淡薄。对于类型来说，重要的当然是这个色彩盘的中心部分，在这里最纯粹地、具象地表现出其典型形态。类型学的考察就应该把焦点放在这个地方"。

概括来说，如果对我们的研究对象比如电视节目采取类型学的方法进行分析，将电视节目划分成各种不同的类型，这意味着以下几个重要的方法论意涵。

第一，研究对象需要累积、集聚起庞大的数量存在，数量是进行类型分析的前提和基础。这一前提无疑电视节目早就具备了。根据相关权威机构公布的统计数据，2004年我国有电视频道2 389个；根据央视-索福瑞媒介研究有限公司对68个主要城市的调查统计，全国城市平均可接收到的频道数量达到69个；2004年，我国电视媒介购买节目的播出时间已达467万小时，占广电行业全年节目总播出时

---

① 竹内敏雄：《艺术理论》，卞崇道等译，中国人民大学出版社1990年版，第81页。
② 同上书，第81—82页。

间1 103万小时的42.3%;各电视台外包加工制作的节目占全年节目播出总量的22.8%;而各电视台自己制作的节目则只占全年节目播出总量的34.9%。这就保证了类型分析的现实基础和可能性。

第二,这些庞大的数量存在之间可以进行相互的比较,抽取出有着内在共同性、本质性的东西。比如央视的《新闻联播》、东方卫视的《东方夜新闻》、凤凰卫视的《凤凰资讯快车》虽然在传播制度、制作理念以及目标追求方面彼此之间存在着一定差异,但是在类型学的视野中,特别是在对电视节目比较分析的意义上,这些彼此差异、目标不同的电视栏目仍然可以归入"电视新闻资讯节目"这一个大类中。这些节目与NBC的《周六夜直播》(Saturday Night Live)、央视的《正大综艺》、湖南卫视的《天天向上》之间存在着重大的区别,后者可以共同归属于"电视文艺节目"这个"类"。研究电视剧类型的王晓玉博士认为,这种类型研究"关注的不是某一部电视剧,而是通过电视剧的深层结构把一部电视剧和它所属的类型联系起来,并且也通过类型建立电视剧的一个整体结构,这样,千千万万的电视剧就处于它们各自的类型谱系之中"①。电视节目类型研究也是如此。

第三,通过类型学的比较和鉴别,这些不同的"类"、"型"之间的区别不是像生物学上的种和类之间的区别那么泾渭分明。比如纪录片和电视剧,从类型上看它们分属于非虚构类节目和虚构类节目。纪录片以纪实见长,尤其是新闻纪录片具有一定的调查和分析性,而电视剧则以虚构为主,但很多虚构的电视剧也有强大的现实力量。如电视机《蜗居》借买房故事反映了当前都市人群普遍面临的困惑,不仅是来自房子、工作的物质压力,更多的是婚姻、情感上的精神压力,都市白领情感上的苦闷焦灼在夫妻情、母女情、姐妹情、婚外情中都得到了透彻的展现和诠释,淋漓尽致地展现了现实生活中人性的善与恶,有人评论说其展示的现实矛盾比纪录片还要真实。如果仅仅就节目与社会现实之间的关系而言,纪录片与电视剧甚至有可能放在同一个类别中。

第四,无论是某个具体的电视栏目还是整体上的电视节目,被划归的节目类型都可能会发生一定程度上的位移、置换甚至变异。比如《正大综艺》一般认为属于电视综艺节目,在1990年推出的时候,节目围绕着"看"去做文章,观众耳熟能详的一句话"不看不知道,世界真奇妙"仿佛成了《正大综艺》的代名词。20多年来,《正大综艺》的定位渐渐发生改变,最终以挑战吉尼斯的综艺节目形态定格在中央三套。2010年9月改版后新增的《墙来了》则以真人秀特征见长。《墙来了》每组至少三人,组成红、蓝两组对抗阵营。游戏规则简单、奖惩明了。整场节目以"墙"为

---

① 王晓玉:《类型电视剧研究:理论与实践》,华东师范大学2008年博士论文,未刊。

媒介,精巧设计闯关模式,以通过或损坏墙体为评判过关的标准,整体分为积分赛、观众幸运赛、终极赛,通过了终极赛的队伍才能获得最终大奖。同样,央视的《交换空间》,既有传统的教育类节目的影子,又采取了真人秀的节目样式。

第五,类型从属于某个团体、文化社区或社群(community),对相关的社群具有一定的准制度约束意义。如同《影视类型学》所提示的,类型电影首先是个大众心中有数的现象,不是理论家独具慧眼指给大众看的;这种类型是被结合成一个承载了价值观和叙事规范的体系,因而制作者和观众对一种风格的表现范围都很敏感。因此,对电视节目来说,节目类型也应该是在这样的社区、社群中产生的,既有节目制作者思考的影响,更有观众的接受和理解对这种类型的预期与塑造。而且,一旦这种类型获得某种程度的认可,就可以产生契约式的力量,对后来者的节目再生产、再接受都产生一定的导向与制约作用。

三、节目类型与类型节目

在语言学上,著名语言学家索绪尔曾经提出:语言系统(langue)是累积的、顺时的、历时的,也是历史性的。索绪尔认为,当语言系统形成后,基本凝定不变,人们所说的每一句话、单一话语或个别的发言(parole),都来自语言系统。就个人而言,语言系统先于系统内的单一话语,而单一话语是我们作为个体在出生、成长的过程中对语言系统加以学习并接受语言系统规则限制与约束的结果。语言系统累积了种种有形或无形的规范。个人言语活动中说的每一句话,所谓的个别发言,都必须接受语言系统的控制。索绪尔认为,单一的话语不会改变语言系统的整体性,个人虽然偶尔会犯各种语法、语义上的混淆与错误,但是整个语言系统的存在和规则不会改变。索绪尔的思想被学者们提炼出"语言"与"言语"这一对富有意涵的概念。

顺着这个思路,如果说电影类型相当于索绪尔在现代语言学中强调的"语言"(langue),意味着一种秩序、语法、范式或者话语体系如武侠片、爱情片,那么,观众欣赏的某一部具体的电影如《新龙门客栈》、《山楂树之恋》就是电影类型中具体的类型电影,如同我们运用语言系统进行一次演讲,属于一种"言语"(parole)活动一样。就像口语中的口误一样,尽管有偏离、游移、冒犯或者颠覆,但都无损于语法本身或者电影类型的核心架构和叙事方式。

电影类型与类型电影这样的思路可以继续延伸到电视节目的研究和分类之中,形成一组相对应的概念:节目类型与类型节目。对每个具体的节目制作者和电视观众来说,存在着作为语言系统的节目类型如新闻资讯节目类型、真人秀节目类型,指导和约束着电视节目的制作和电视节目的接受,比如当浙江卫视策划《我爱记歌词》时,必然要分析和考虑真人秀或选秀节目的运行规则;同样,就每一个具体的节目比如《零距离》、《第一时间》而言,这样的节目必然存在于新闻资讯节目类型之中,或者说是新闻资讯节目类型的具体化。

关于什么是电视节目类型和类型节目,中外学者都进行过相应的说明。比如孙宝国认为,节目类型是指由具有相似元素与结构的电视节目所形成的类别。类型,指的是研究对象因特征方面的相似性而归结出的类别,"譬如京剧中的脸谱,固然忠臣的脸是表现着忠臣的特征,奸臣的脸表现有奸臣的特征,就忠臣对奸臣来说是各不相同的;然而凡忠臣和忠臣、奸臣和奸臣都是大致一样的,这就是所谓的类型";一般而言,类型是一个静态的概念,约定俗成,相对稳定,强调趋同[①]。类型被观众所熟悉,一提到它或看到它,观众就会与自己的经验相联系,从节目中找到自己习惯的趣味,并因熟悉而有了参与的兴趣;而电视节目制作人掌握了制作类型化节目的常规手法,就可以提高效率,节目也因此拥有惯常风格而并不仅仅呈现制作人的个人风格。

孙宝国的这个说法凸显了复数性的研究对象背后所存在的相似元素与结构,但是对于电视节目而言,更为关键的问题是,这些相似元素或结构究竟是什么,又是如何形成的。对于这些问题,孙宝国并未说明。

大卫·麦克奎恩则进一步提出,电视节目类型划分的主要依据在于不同节目所使用的特殊程式、惯例(convention),这些惯例在观众经常接触之后就能够一眼识别;不同的节目类型使用的是不同的程式[②]。所谓程式是一些重复出现的元素,是节目类型划分的依据。这些重复的元素被受众所熟悉后,就会被自觉运用于对节目的理解和期待中。程式包括:

人物
情节
场景
服装和道具
音乐
灯光
主题
对话
视觉风格

[①] 孙宝国:《电视节目三大概念》,《中国广播电视学刊》,2009年第10期。
[②] 大卫·麦克奎恩:《理解电视:电视节目类型的概念与变迁》,苗棣等译,华夏出版社2003年版,第22页。

麦克奎恩还以新闻节目为例说明了这些惯例、程式的具体指称。一般而言,新闻节目的程式是用旋律鲜明的音乐宣告新闻开始;节目中有一个或更多的新闻播报员,他们的外表和服装都很漂亮,既不太老也不太年轻(男性在30—55岁、女性在25—45岁之间①),不能有明显的地方口音;演播室环境包括:一张桌子、一台计算机终端机、一沓纸,在播报员身后的斜上方还有可以显示影像和标志性图案的"大屏幕";布光是高调的,不能有影子;视觉风格通常包括:段落开始和结束时的全景长镜头以及节目大部分时间里的中等近景镜头(头部、肩部和胸部,有时候还带一点儿桌子);如果条件许可,除了在新闻事件现场录制的素材,新闻节目还经常使用计算机制图;新闻报道的题材依据已经确立的新闻价值观进行选择,对话的风格简洁、正式,常常使用一些套语,比如"这场悲剧的全部发展"、"刚刚收到的新闻"和"在最后……"等等。

节目类型的意义并不到此为止。大卫·麦克奎恩还指出,节目类型一旦为观众和制作者所熟悉和承认,就会具有"类型的意识形态意义"。"当类型的内容、形态和信息通过反复得到加强,那些不包含在这些模式里的媒介形式在被接受时就会面临着更大的困难"。这一点,约翰·菲斯克也注意到了,他认为:"类型(类别)是一种文化实践。为了方便制作者和观众,它试图为流行于我们文化之中的范围广泛的文本和意义建构起某种秩序……电视是一种高度'类型化'的媒体,很少有在既定类型范畴之外的一次性节目。"②也许正因如此,2007年8月,重庆卫视的选秀节目《第一次心动》才会成为观众声讨和国家广电总局批评的对象。2009年4月,国家广电总局在发给湖南卫视《快乐女声》的批文中,对真人选秀节目明确提出"三不准"要求:一不准是"凡有非议、争议、有绯闻、有负面评价、曾有犯罪记录的人不得担任主持人、嘉宾和评委"。二不准是"主持人不得穿着奇装异服,不得梳怪异发型。不得喧宾夺主,喋喋不休,胡乱调侃。不得涉及主持人、嘉宾、选手的私生活内容,主持人要紧紧围绕节目内容本身,不得大吵大闹"。三不准是"抱头痛哭、泪流满面、粉丝团狂热、观众狂呼乱叫等不雅镜头一律不得播出"。也许《第一次心动》殃及其他真人秀节目的主要原因是社会公众及国家广电总局认为此前的真人秀超越了既定的类型范畴,所以广电总局才不得不出手加以纠正。

当然,节目类型虽然反映着一个社会占主导地位的价值观念,但是,节目类型本身也就是决定类型的惯例或程式并非一成不变。实际情况是,节目类型在改变,亚类型也在发展,新的节目类型也在形成。在某些时候看起来是"标准的"、"时尚

---

① 麦克奎恩这里对主持人年龄的说法跟我国的情形有很大不同,我国的播报员一般更加年轻、靓丽。
② 约翰·菲斯克:《电视文化》,祁阿红、张鲲译,商务印书馆2005年版,第157页。

的"、"常规的"类型,几年以后可能变得陈腐不堪,不再被从业者和电视观众所接受。比如有学者认为,以央视春节联欢晚会为鼻祖的综艺晚会在这20多年的光景中,内容和形式发生了相当大的变化,经历了联欢、游戏、歌会、选秀四个阶段,分别以《春节联欢晚会》、《快乐大本营》、《同一首歌》、《超级女声》为典型代表,可以说这四种晚会模式是中国综艺晚会发展的标志点和转折点。这当中,既有社会文化语境和电视节目制播观念的变化,更有电视观众欣赏口味的提升,综艺晚会类型自身惯例、程式的变化只不过是这一系列变化自然而然的结果。正因为类型本身可以因时因地发生"位移"、"裂变",甚至完全"变异"、"重组","从这一点来说,电视文本,没有真正意义上的作者,概言之,电视是一门组合的艺术,而非创造的艺术。类型不是静止不变的,而在不断地被抄袭改造的过程中被消费,直到完全僵化,再从人们的视野中淡出。类型中永远也不会出现纯粹的'经典',它们总是在不断的整合和变异中耗散自己的新鲜感和刺激力,最后终归于平淡,为人们所淡忘"①。

概括而言,电视节目类型不仅仅是文本意义和艺术表现上的类别划分,更应该是一个涵盖了更大文化范围、融合了更多社会因素的综合性概念,其范围和内涵应延伸到工业生产、收视消费、文化营建与社会交往等各个领域。

第二节 节目类型研究举要

众所周知,类型电影的出现是追求商业利润的好莱坞制片制度下的必然结果。好莱坞式的制片制度使得电影创作不再是一种个人的行为,而是一种批量的、流水线式的规范化过程,模式化成为其基本特征。电视节目类型同样具有这种模式化的市场规范背景。

一、美国电视节目类型研究

有学者认为,"类型是美国电视工业进行节目生产、组织、播出和行业运营的关键词,类型可以让观众熟识电视节目的种类,也可以让制片方、观众和广告主在前期制作和后期收视心理及市场预期上达成默契和共识"②。实际上,得善于极为发达的资本主义市场体系,尤其是好莱坞电影工业的巨大示范作用,在世界各国电视业发展史上,美国较早就对电视节目类型化制播问题进行了理论探索与实践尝试。

---

① 易前良:《电视类型与节目创新》,《理论与创作》,2006年第3期。
② 易本晨风:《美国电视业的类型化制播实践》,http://blog.sina.com.cv/s/blog_4cc76f7d0100aawb.html。

尽管在1948年美国电视业大规模商业化之前，电视业高层决策者和普通工作人员所关注的重心还大多集中在对电视媒体传播技术的改进和影像摄制水平的提高上，但对节目制作特征的归类和可延续性问题已经有了不少的关注、探讨和评论。1935年全国广播公司(NBC)的小威廉·费尔班克斯向公司节目经理提交的内部备忘录，1936年NBC公司在其3H摄影棚内进行的节目摄制演示，还有批评家托马斯·哈钦森对节目用光、传输和舞台调度等"限制性因素"所进行的评点等，都是美国电视业对节目类型规范进行较早探索与尝试的代表案例①。20世纪40年代以后，伴随着阻碍电视媒体发展的技术难题逐一被攻克，电视节目的研发工作也很快被提上各广播公司的议事日程，并迅速成为助推美国电视业发展的中心议题之一。

美国电视节目在对传统文学类型叙事和好莱坞电影类型片制作经验进行学习的基础上，迅速将二者公式化的情节设置、定型化的人物建构和图解隐喻意义明显的视觉形象，融进自己的节目制播体系中，逐渐形成并建构起了自己的节目类型体系。按照节目的内容方案和叙事方式，美国电视节目的类型大体可以划分为两大类，即信息性节目和娱乐性节目（见表1）。信息性节目以新闻为主，包括了新闻杂志和一些纪录性作品；而娱乐性节目则种类繁多，涵盖了黄金时段和非黄金时段的游艺综艺节目、肥皂剧、情景剧、脱口秀和各种儿童电视节目、体育类节目等。除了这些类型之外，美国电视业中还有众多下属的亚节目类型，如日间肥皂剧、夜间肥皂剧、白天脱口秀、夜间脱口秀、资讯脱口秀、新闻娱乐脱口秀、电视电影、电视戏剧、家庭情景剧、科幻剧、纪录剧等，它们都有着自己相对固定的制播规则和类型特征。这些节目类型影响着电视观众的收视心理，也影响着广告主和制片方的市场收益预期。

表1 美国电视节目类型划分②

	类 型	亚 类 型	亚类型下属的亚类型
美国电视节目类型	信息性节目	新闻	全国和世界新闻
			地方新闻
			新闻脱口秀
			24小时新闻

---

① 杨状振：《简析美国电视节目类型观念及其谱系划分》，《中国电视》，2008年第11期。
② 资料来源：作者根据杨状振的《简析美国电视节目类型观念及其谱系划分》（《中国电视》，2008年第11期）等文献综合而成。

(续表)

类型	亚类型		亚类型下属的亚类型	
美国电视节目类型	信息性节目	新闻杂志	新闻娱乐脱口秀	
			调查与公共事务	
			名人新闻	
	娱乐性节目	喜剧	情景喜剧	
			动画喜剧	
			综艺喜剧	
		剧情剧	罪案剧	
			工作场所剧	
			家庭题材剧	
			混合剧	
			电视电影	
			纪录剧	
		其他剧种	肥皂剧	日间肥皂剧
				夜间肥皂剧
			科幻剧	
		真人秀		
		脱口秀	夜间脱口秀	
			白天脱口秀	
			资讯脱口秀	
		游戏益智类节目		
		儿童电视节目		
		体育节目(各种球赛或运动会)		

当然,美国电视节目类型的划分及概念界定是一个历史的过程,处于不断发展、变化与调整之中,类型的"位移"、"裂变"甚至"变异"、"重组"也是屡见不鲜,甚至是美国电视节目流变史中最常见的现象。随着节目市场和美国电视娱乐业竞争力度的加剧,这种"裂变"、"重组"迫使一些新的节目种类,纷纷将成功的电影或电

视节目改编、捆绑或打包进自己的节目形态,以此保证该节目能够迅速赢得收视市场和经济利益,比如真人秀节目就是一个很明显的例证。真人秀从纪录片那里借鉴了纪实手法和跟踪拍摄,从游戏节目中移植了比赛和奖项,从电视剧中"拿来"了悬念和人性冲突,从文艺节目中吸取了性感、审美等元素,拼贴结合而成一种新的节目类型,以窥私性和竞争性尤其是人性冲突为主要亮点,成为电视工业市场上的新宠。又如2006年美国金球奖最佳电视剧获奖作品《疯狂主妇》,就既具有对情节性正剧中离婚、死亡、谋杀、诈骗、单亲等沉重、严肃的社会问题的展示,也融入了对亲情、友情、信任与关爱等家庭情景喜剧温情主旨的表现。福克斯电视网2005—2006播出季的黄金时段热播剧《越狱》,也同样融合了电影《人体异形》和电视节目《再续前缘》的诸多因素和制作模式,兼具灾难剧和亲情剧的双重特色。

　　随着社会环境和文化语境的不断变化,今天的美国电视节目类型划分越来越趋于精准和细化,观众观看或消费的模式也越来越接近于"自助餐式"的模式,各个社会阶层和不同收视人群基本上都可以根据自己的生活特点、价值品位和审美旨趣,在电视荧屏上收看到自己喜欢和欣赏的节目类型。另一方面,所有与电视业相关的群体,不管是管理者、制作者,还是普通观众,都可以通过类型概念来理解一个节目的特性与指征,类型已经形成了制作和收视上的一种约束机制与运作规则。无论是从具体批评层面,还是从理论研究层面,美国电视文化研究者和业内实践者在对电视节目类型的体系划分和观念梳理上,从20世纪90年代开始逐步达成一个共识:电视节目类型不应仅仅是一种文本意义和艺术表现上的类别划分,而更应该是一个涵盖了更大文化范围、融合了更多社会因素的综合性概念,其范围和内涵应延及工业生产、收视消费、文化建构与社会流通等各个领域[①]。

二、我国电视节目类型研究

　　我国的电视节目类型划分是随着电视市场化改革而进入人们研究视野的。20世纪90年代初的《中国应用电视学·节目编》将电视节目划分为8个类型加以分别说明:电视新闻节目、电视教育节目、电视文艺节目、电视文学节目、电视剧节目、电视纪录片、电视专栏节目、电视广告节目。与此同时,《电视新闻节目分类与界定条目定稿会纪要》、《中国电视专题节目界定——研讨论文集锦》等均对节目形态与类型进行了一个简约化的归纳与整理,并对所涉及的节目形态或类型进行了概念表述。自此而后,出现了各种不同的标准和说法。比如,以内容性质为标准,

---

[①] 杨状振:《简析美国电视节目类型观念及其谱系划分》,《中国电视》,2008年第11期。

分为新闻类节目、社教类节目、文艺类节目、服务类节目；以内容涉及的专业领域为标准，分为经济节目、卫生节目、军事节目和体育节目等；以电视节目的形态为标准，分为消息、专题、访谈、晚会和竞赛节目等；以节目的组合形式为标准，划分为单一型节目、综合型节目、杂志型节目等；还有以传播对象的社会特征为标准，将节目划分为少儿节目、妇女节目、老年人节目、工人节目、农民节目等。

在各种不同的分类系统中，采用"四分法"，依据节目的内容性质（也可以说是节目的社会功能）将电视节目划分为新闻类节目、娱乐类节目、社教类节目和服务类节目的节目分类系统比较受学者们的青睐。学者们在进行电视节目传播形态研究、节目经营研究的时候，大都采用这种较为简洁的分类方法。例如，童宁在其《电视传播形态论》中，将电视节目分为了新闻节目、社教节目、文艺节目和服务节目四类；周鸿铎在其《电视节目经营策略》一书中，也将电视节目分为新闻节目、教育节目、文艺节目和服务节目四类。

虽然"四分法"对初学者很有帮助、简洁易学，但在具体的应用实践中，容易出现归类和标准不一的困难。为此，我国部分学者和研究人员也采用其他方法或标准，力求让节目划分在应用实践中更具可操作性。这当中，最具代表性的研究分别是王振业、方毅华和张晓红教授提出的"多层节目分类系统"，刘燕南教授等人提出的"电视节目多维组合分类法"，张海潮提出的"中国电视节目分类体系"等。

王振业、方毅华、张晓红三位教授在其《广播电视新闻性节目规范研究》课题中对中国电视节目分类问题进行了探讨。三位学者把种类繁多的电视节目定性分类方法归纳为按社会功能、结构类型、反映领域划分等三种大的节目分类原则和方法：

一是按节目的内容性质和社会功能划分的分类系统。一般分为四类：新闻性节目、教育性节目、文艺性节目、服务性节目。

二是按节目的构成或组合方式划分的分类系统。一般分为三类：综合节目、专题节目、板块节目。

三是按内容或反映领域划分的分类系统。如经济、文化、科技、体育、医疗卫生节目。

王振业等三位学者认为，以上三种节目分类方法，分开来看各有所长也各有所短，把它们放在一起加以考查，却不难发现它们之间存在着相互兼容、相互补充的关系。为了充分发挥三种节目分类方法的优势，让节目分类系统更具可操作性和可参照性，三位学者将社会功能、结构类型和反映领域分别作为三个层级，绘制了多层节目分类系统图（见图1）。

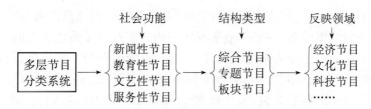

图1 多层节目分类系统图①

刘燕南教授等人认为,表征电视节目的维度,无外乎内容、行业、形式和所诉求的对象四个方面,这四个方面可以包容电视节目的主要特征和全部类别。在具体分类的过程中,以内容维度进行的划分,参照并吸取了目前通行的主流节目分类的一些经验;以行业、形式和对象维度进行的分类,则主要根据当前电视节目的实际情况进行。为适应节目审核管理的需要,刘燕南教授等人还在其设计的电视节目"多维组合"分类标准表(见表2)中,设置了审核管理级别编码②。

表2 "多维组合"分类标准表

分类维度	定义码	类别	分类维度	定义码	类别
内容	A	新闻	形式	O	竞赛
	B	影视剧		P	谈话
	C	综艺娱乐		Q	连续/系列
	D	戏曲/音乐		R	杂志/板块
	E	专题/纪录		S	直播
	F	生活服务		T	卡通
	G	广告		U	引进片
行业	H	法制类	对象	V	老年类
	I	军事类		W	女性类
	J	科教类		X	少儿类
	K	农业类	管理	1	严格管理
	L	体育类		2	有条件管理
	M	时政类		3	基本管理
	N	财经类		4	开放管理

---

① 王振业、方毅华、张晓红:《广播电视新闻性节目规范研究》,中国广播电视出版社2002年版,第109页。
② 刘燕南等:《电视节目"多维组合"分类法及其编码设计》,《现代传播》,2003年第1期。

由中国传媒大学出版社出版、中国国际电视总公司副总裁张海潮博士撰写的《中国电视节目分类体系》一书①，在吸纳了国内外现有分类系统优点的基础上，结合我国国情，构建出了较为系统、全面的电视节目分类系统。从内容、形式、功能、对象四个维度，把我国电视节目分为 4 种 A 类型节目、27 种 B 类型节目、84 种 C 类型节目、54 种 D 类型节目，共 169 种节目类型。因为内容繁复，此处不一一列出。

此外，目前我国规模最大、数据应用范围最广的媒介市场研究机构——央视-索福瑞媒介研究有限公司（CSM）出于收视率量化分析的需要，在进行电视节目市场分析和评估的时候，把我国的电视节目分成了 15 总类，81 分类。节目总类 15 类，即新闻/时事类、专题类、综艺类、体育类、教学类、外语类、少儿节目类、音乐类、戏剧类、电视剧类、电影类、财经类、生活服务类、法制类、其他类。节目分类 81 类，即综合新闻、纪实报道、新闻/时事其他、专题片类、科普类、竞赛、谈话类、军事类、农业、专题其他，综艺晚会类、单项艺术类、互动/现场娱乐节目、综艺娱乐报道、综艺其他，足球、篮球、网球、排球、乒乓球、羽毛球、保龄球、台球、棋牌类、拳击、赛车、体育专题类节目、赛事特别报道、体育教学、体育新闻、体育其他，课堂讲座、教学其他，外语新闻、外语教学、外语其他，动画类、儿童专题节目、少儿演出类、少儿其他，演唱会、音乐会、音乐其他，地方戏、舞台剧、戏曲晚会、戏曲专题节目、戏剧其他，内地电视剧、港澳台电视剧、亚洲国家电视剧、其他国家电视剧、电视剧其他，内地电影、港澳台电影、亚洲国家电影、其他国家电影、电影其他，财经类专题、实时股市行情、财经新闻、其他，电视导购/广告杂志、美容/服饰、家居/房产、旅游、饮食、汽车、健康类、天气预报、生活服务其他，再见类、电视讲话、欣赏类、电视开奖、电视台包装、导视、其他，法治新闻、法治专题、法治其他②。

以上各种类型划分体系因为参照各自标准，各有特点，也各有千秋。"四分法"简洁实用，但对于成千上万的电视节目而言，却又过于粗疏，难免在电视实践面前捉襟见肘。刘燕南等人的体系以及张海潮博士的"中国电视节目分类体系"因为过于偏重理论和符号化，实际操作性较弱，不仅对业界推广意义不大，而且对初学者而言，体系与内容也较为繁琐，难以掌握。央视-索福瑞公司的分类虽不免庞杂之嫌，但是因为从实践中来并直接服务于实践，所以操作性很强。王振业等三位教授的分类体系和方法，也对我国的电视节目分类研究和实践具有很重要的指导意义。

---

① 张海潮：《中国电视节目分类体系》，中国传媒大学出版社 2007 年版。
② 同上书，第 56—57 页。

三、本书的节目类型划分

本书系主要针对大学本科生的专业教材,并非阐发性、研究性专著,对电视节目如何分类并非本教材的主要目的,再加上分类本身"左支右绌"、"很是为难",本书只得"远离这趟理论浑水",在借鉴国内外电视节目研究的基础上,针对初学者的知识结构与实际情况,按照电视学科的理论逻辑、电视业界实践需要和电视观众收视习惯相结合的原则,在偏重电视节目类型"内容属性"的前提下,重点说明目前国内外电视业界最为常见的8种节目类型:电视新闻资讯节目、电视谈话节目、电视文艺节目、电视剧、电视纪录片、电视真人秀节目、电视电影、电视广告。每一节目类型所涉及的内容包括三个部分:第一部分,各类节目类型的概念、定义,该类型中的主要惯例、程式亦即类型特征,该类型中外演进简史等;第二部分,该节目类型之下的亚类型,其中有的既说明国外的类型划分,也说明国内的类型划分;第三部分,如何对该节目类型进行策划,涉及策划的原则、方法或主要环节等。

需要说明的是,虽然新媒体给当前的电视节目类型带来诸多不确定性的影响,但在目前的中国电视节目市场中,起主导作用的仍然是传统电视频道中播出的节目,数字技术、网络技术、卫星技术等新兴技术手段所催生的付费电视、IP电视、直播卫星电视、手机电视等新型电视传播形态在我国还处于研发与探索阶段。况且,所谓的"电视新媒体"目前播出的节目仍大多以传统电视频道播出过的节目为主。因此,本书着重介绍的是传统电视频道的节目类型。

第三节 电视节目类型研究的学科意义

学科的英文为 discipline,最初"源自一印欧字根……希腊文的教学辞 didasko(教)和拉丁文(di)disco(学)均同",即所教或所学。14世纪英国作家乔叟时代与学科一词对应的英文是 discipline,指的是各门知识,尤其是医学、法律和神学这些新兴大学里的"高等部门"[1]。根据《实用英语词源辞典》的解释,discipline 一词来源于 disciple,意为"弟子、门徒",指接受一个学派(如哲学、艺术或政治)的教导并帮助传播和实行的忠实教徒[2]。万力维在博士论文《控制与分等:权力视角下的大

---

[1] 〔美〕华勒斯坦等:《学科·知识·权力》,刘健芝等编译,生活·读书·新知三联书店1999年版,第13页。

[2] 〔日〕小川芳男:《实用英语词源辞典》,孟传良等译,笛藤出版有限公司、高等教育出版社1999年版,第165页。

学学科制度的理论研究》中把学科的多种意涵概括为五个方面：学科是相对独立的知识体系；学科乃达到专门化程度的知识体系；学科乃一定历史时空中以一定规范建构起来的规范化的知识形式；学科延伸为由专门化知识群体结成的学界或学术的组织；学科引申为规训和控制人和社会等研究对象的权力技术的组合。概括而言，学科本指一定历史时期形成的规范化、专门化的知识体系；延指通过规范化、专门化的知识体系所结成的学术组织，为专门化知识的生产与再生产提供平台；也隐含着为实现知识的专门化、规范化，对研究对象与门徒予以规训和控制的权力技术的组合①。

这意味着，当我们讨论电视节目类型学的学科意义时，需要回答这样三个基本问题：一是电视节目类型学对广播电视学知识体系具有何种意义？或者说，电视节目类型学在整个广播电视学的学科知识地图中处于什么样的位置？二是电视节目类型学对自身的研究对象即电视节目有哪些意义？或者说，电视节目类型学对电视节目的策划、生产、编排、接受、评估、管理等传播过程中的各个环节具有哪些作用或影响？三是电视节目类型学对学生具有什么样的意义？或者说，作为学科教育的对象、学科知识的受传者，新闻传播学学科的学生或其他专业的学生学习、了解电视节目类型学有何价值？以下简单地分而述之。

一、电视节目类型学对广播电视学学科建设的意义

众所周知，广播电视是20世纪产生并高速发展的大众传播工具。我国广播事业诞生于20世纪20年代初期，电视事业产生于20世纪50年代末期。随着广播电视事业的建立和发展，对广播电视的研究也逐渐开展起来，经过80多年特别是改革开放30多年来众多研究者的悉心钻研，已经初步建立起有中国特色的广播电视学体系。

虽然成就斐然，但关于广播电视学的学科对象、研究领域、概念与范畴体系等的认识仍处于激烈的争论之中。有影响的观点大致有三种：第一种观点提出，狭义的广播电视学是指建立在新闻传播学基础上的广播电视学，主要包括广播电视理论研究、广播电视实务研究、广播电视史学研究以及某些交叉性的学科（如广电心理学、广电法学、广电经济学、广电广告学等）。第二种看法将广播电视学的研究分为五大分支学科，即广电节目学、广电受众学、广电传播工程学、广电管理学和广电史学等。第三种观点认为，广播电视学的研究对象应以广电节目为中心，分为五

---

① 万力维：《控制与分等：权力视角下的大学学科制度的理论研究》，2005年南京师范大学博士论文，未刊。

个层次:第一层次是广播电视节目研究——广电节目学(采、编、播、导或广电新闻学、广电评论学、广电文艺学、广电播音学、广电广告学);第二层次是节目的制作和接受研究(广电人才学、广电受众学);第三层次是广播电视台研究(广电管理学);第四层次是广播电视系统研究(内部纵横关系、体制、运行机制等也属广电管理学);第五层次是广播电视与外部(国内、国际)环境关系的研究(广电社会学、广电文化学、广电法学等)①。

谢鼎新教授则提出一种较为新颖的看法。他认为,"广播电视学是一门正在兴起的学科,并具有三个特点:时代性、实践性和综合性。另一方面,广播电视学科成熟度还有待提高,如学术积累薄弱;应用性的强势表现遮蔽了学理性的探寻;不同学科的介入及随意的冠名,使其处在博学和杂学之间徘徊等"。针对这些问题,他提出了自己的思考,即将广播电视学科体系概括为"两大领域、三大模块"(见图2),即理论研究和活动(现象)研究两大领域,基础理论、交叉学科和独特内容三大

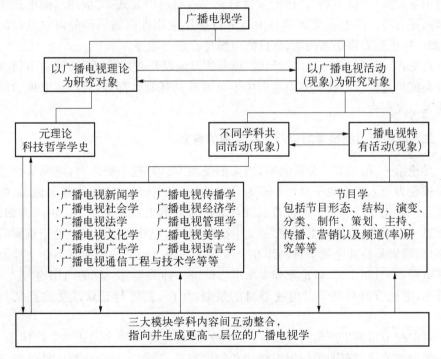

图 2 广播电视学科体系模块图

---

① 上述三种观点请参见赵玉明:《谈谈广播电视研究和广播电视学学科建设》,《现代传播》,2007年第4期。

模块,试图使有关广播电视学科体系的研究有所突破,建立起一个新的认识平台。其中以广播电视活动(现象)为研究对象,可分不同学科共同关注的和广播电视特有的。因广播电视的学科边界在不断拓展,如涉及经济学、艺术学等问题,而这些问题并非广播电视所独有,它们只是众多研究领域的广播电视方面,用其学科的知识、原理来把握涉及的广播电视的问题。广播电视经济学或广播电视艺术学也不是通过广播电视来专门探讨经济学问题和艺术学问题,而是两者的结合问题。广播电视独有的问题应该是节目论或节目学,及相应的频道、频率研究[1]。

有趣的是,无论是前三种为学术界大多数同仁所认可的观点,还是谢鼎新所设计的"两大领域、三大模块"体系,学者们普遍认同广播电视学的跨学科性质、基础性学科性质。他们认为,在广播电视学的基础研究中,节目形态或节目类型研究有着非常特殊的地位和意义,属于"广播电视独有的问题",主要探讨节目构成要素、节目的策划、节目的分类,以及节目的媒介载体频道、频率研究等。在具体的研究中有单项式如"节目策划"、"评论节目研究"等,也有综合式如"应用广播电视新闻学"等,还有就广播电视交叉学科中与节目操作应用性强的那部分内容进行研究的,如广播电视有声语言问题、节目的市场与营销问题等。

可见,节目类型学所提出的问题、思考的对象以及通过类型学方法对节目所做的分类成果是广播电视学知识地图中不可或缺的基础性部分,对广播电视学的学科建设意义很大。

二、电视节目类型学对电视节目传播的意义

导论第一、第二节的分析表明,当人们使用"类型"这个概念时,电视节目已不仅仅被视为个人或小圈子里用于孤芳自赏的精神调味品或文化修养的标志,而是被视为工业化生产的用于迎合普通观众和广告商的大众文化商品。正因为如此,布莱恩·罗斯在《电视类型研究》一文中提醒人们:"电视类型研究正处于重要的十字路口,特别是目前电视节目制作在全世界范围内已经扩展到拥有 500 个频道的数字电视,节目制作者、评论家和观众正尝试讲一种关于'类型'的通用语言。"[2]这样看来,电视节目类型学对电视节目的策划、生产、销售与观众接受的意义自不待言。

对电视节目的生产与销售而言,在产业化、规范化和流水线式的生产体系下,每一类电视节目都有明确的组织结构和叙事特征,制作人员会按照这种组织结构

---

[1] 谢鼎新:《试析广播电视学科体系的架构》,《现代传播》,2008 年第 2 期。
[2] 布莱恩·罗斯:《电视类型研究》,《世界电影》,2005 年第 2 期。

和叙述特征来制作节目,相应的,观众也能够根据这些特征迅速地理解电视节目的内容。电视节目创新如果不借鉴和沿袭既有节目类型的组织结构和表述方式,就有可能引起观众的不适应,影响节目的市场表现。这样,电视节目分类系统对电视业的主要作用之一就是为节目创新提供一套结构标准和叙事标准,或者说,通过分类体系的完善,节目的制作人员和电视观众共同遵守和熟知一种关于某个节目类型的"通用语言"、"标准公式"。正是这种"通用语言"、"标准公式",让新的节目在创新的同时,保留观众可预期、可理解的节目结构和叙事体系,实际是减少新的电视节目在节目市场上的不确定性以及由此带来的风险。

系统科学的电视节目类型学研究是电视媒体进行节目生产、节目评估和广告主进行广告投放的重要参照基准,其功用就好似建筑物的基础和基准坐标,只有基础稳定,坐标精准了,建筑才能稳固。但遗憾的是,"虽然中国的电视业经过了将近50年的发展,但至今仍没有形成一个相对系统、科学并获得了广泛认同的电视节目分类标准和体系。而各式各样的分类体系和标准,对于我国电视节目的制作、管理、考核、评奖、交易乃至教学、研究和国际交流都造成了诸多的混乱和不便"①。

另一方面,对于电视观众而言,电视节目类型学可以指导观众选择、组织和安排自己的收视行为,使电视接收能更好地满足自己的收视需求、心理需求。这又是为什么呢?原因很简单,新闻传播学诸多的理论与实证研究均证明,从电视观众角度而言,电视节目类型之所以以"通用语言"、"标准公式"的方式存在于电视工业市场上,是与观众对节目的主动性、能动性的"使用与满足"需要分不开的。约翰·菲斯克的《电视文化》曾经对诸多电视节目类型进行了分析研究,比如不同性别的电视剧、游戏节目、体育节目、益智类节目和新闻节目等。他认为,电视文本要产生意义,需要通过受众的解读。这种解读"是对现存主体位置与文本提出的位置之间进行协调的过程,而在这种协调中,力量的均衡取决于读者。主要不是读者的主体性服从于文本的意识形态力量,而是文本中发现的意义朝着读者的主体位置偏移"②。传播学家D·麦奎尔20世纪70年代前后的实证研究表明,电视观众欣赏新闻、知识竞赛、家庭连续剧、青年冒险电视剧等六种节目的动机在于:心绪转换效用,即电视节目可以提供消遣和娱乐,能够帮助人们逃避日常心理负担,带来情绪的解放感;人际关系效用,即通过电视节目的接收,实现与其他社会成员建立人际交往的需要;自我确认效用,即节目中人物、事件、状况、矛盾的解决办法等可以为观众提供自我评价的框架;环境监测效用,即通过观看电视节目,可以获得与自

---

① 张海潮:《中国电视节目分类体系》,中国传媒大学出版社2007年版,第13页。
② 约翰·菲斯克:《电视文化》,祁阿红、张鲲译,商务印书馆2005年版,第92页。

己的生活直接或间接相关的各种信息①。换言之，社会环境对人们的精神与心理产生了重重压力，为排遣或转移这种精神、心理压力，人们主动性地转向作为大众文化产品的电视节目以寻求精神上的解脱和释放（见表3）。

表3　观众心理危机感与电视节目提供的相应解决方案示例②

观众的社会心理压力	电视节目提供的解决方案
稀缺（在社会中的实际财产，和周围人相比的财产数量）；财富分配不均	富足（消除财富分配的不均，物质资源富足）
劳累（工作过于辛苦、重复劳动、城市生活的重重压力）	活力十足（工作与娱乐相结合、回归到田园生活）
沉闷（一切都是安排好的、可预期的、机械化的，日常生活毫无乐趣）	激情（充满热情、惊喜，戏剧化的场面，积极的生活态度和方式）
受控制性的（生活的各个方面都受到控制和局限，不透明、压抑）	透明的（生活的各个方面都是透明的、自由的，社会交流和社会关系都诚实可靠，不受局限）
破裂（工作流动、搬家、孤立的公寓系统，感觉社会破裂，自己处于孤单的境地）	共同体（整个社会是个共同体，人与人之间的关系紧密，大家拥有共同的利益，在一起快乐生活）

　　2002年浙江传播研究所的一项对我国都市电视观众的调查表明，电视节目类型的收视偏好跟观众的年龄、性别、职业、文化教育程度等存在很大的关系，而跟观众的收入之间没有特别明显的规律性关系。比如就"年龄"这个因素来看，50岁以下年龄段观众对娱乐类节目有着较大的普遍性喜爱，人数百分比均在59%上下，而51岁以上观众对该类型节目的喜爱人数百分比仅为19.3%，相对较低；新闻类节目非常有规律地表现出随着年龄的增长，喜爱人数增多的趋势，在51岁以上人群当中喜爱人数百分比最高，达到55%；电视剧类和音乐类节目二者的情况很相似，21岁以下和51岁以上年龄层次的观众喜爱比例高于中间层次年龄段的观众；谈话类节目反响最冷漠，21岁以下观众喜爱百分比为10.5%，41岁以上观众喜爱百分比稍高；体育类节目，51岁以上观众喜爱人数较少，占19.6%，喜爱人数百分比最高的是21—30岁人群（35.2%）；经济类节目与预期相一致，在21—50岁的观众当中较受欢迎，尤其是41—50岁的中年人群体（23%），反响较弱的是21岁以下人群（4.9%）以及51岁以上观众（10.3%）③。

---

① 郭庆光：《传播学教程》，中国人民大学出版社1999年版，第182页。
② 张海潮：《中国电视节目分类体系》，中国传媒大学出版社2007年版，第9—10页。
③ 刘晓慰、徐敏：《关于都市观众对电视节目类型偏好的调查》，《中国广播电视学刊》，2002年第8期。

电视节目类型学通过比较、分析，对丰富繁杂的电视节目以家族谱系方式进行类型化鉴别、分类，确定各种不同类型节目的概念、特征以及相应的策划方法，实际上正是为了在节目制作人员、销售人员、广告主、社会管理人士以及各种匿名的观众之间建立起共同的交往桥梁——节目类型的"通用语言"、"标准公式"。这是节目类型学研究的公共性和社会价值所在。

三、电视节目类型学对新闻传播专业学生及其他专业学生的意义

电视节目类型学无论对新闻传播专业学生还是其他专业学生的素质培养均具有重要意义。

就实践性很强的新闻传播专业尤其广播电视学专业来说，大多数本科生的培养目标是为传媒业、公关宣传业、广告业、市场营销业等就业市场培养合格的脑力和体力劳动者，而掌握足够的包括电视节目类型在内的广播电视基础知识恰恰是踏足传媒业、公关业、广告业及市场营销等行业的第一步。因为，这些行业除了拥有社会政治、经济、文化种种复杂的制度背景之外，媒介组织的建立、经营、管理以及人力资源的积蓄、引进与培养，媒介形象、媒介品牌的构建与维护，政府、党团对媒介组织的领导、引导，其他社会组织对媒介话语权的渗透与竞争等等，所有这些，均离不开电视节目的投资、策划、拍摄、制作、编辑、播放等各个环节，只有在电视节目传播过程中任何一个或几个环节取得一定的影响力和话语权，对电视传媒的渗透、控制或领导等各种各样的动机、目标或利益才能实现。早在1938年的夏天，当美国的怀特（E·B·White）生平第一次在一个小型电视屏幕上看到闪烁的影像时便天才地预测说："我认为，电视将是对现代社会的一种考验。我们获得了拓开世界的崭新机会，从中我们发现：要么是打破安宁的生活，使人们陷入难忍的困扰；要么是灵光照寰宇，福从天降。电视可以使我们立于不败，也能使我们溃倒。这是无疑的。"[①]同样必然无疑的是，无论是个人、政党、政府，抑或其他任何社会组织，是"福从天降"，还是"立刻溃倒"，一切的秘密都在电视节目中，电视节目是电视在现代社会影响力与号召力的密码所在。从这个角度而言，熟悉和掌握各种电视节目类型的主要内涵、特征以及相关的策划知识，仅仅是进入传媒与广告行业的"万里长征的第一步"，而这"第一步"中的"前半步"则必须从掌握电视节目传播过程中的"通用语言"、"标准公式"开始。

对非新闻传播专业的学生而言，电视节目类型学是其拓宽知识、提高媒介素养的第一步。一般而言，所谓媒介素养就是指正确地、建设性地享用大众传播资源的

---

① 张宇丹、孙信茹：《应用电视学：理念与技能》，云南大学出版社2004年版，第367页。

能力,能够充分利用媒介资源完善自我,参与社会进步,主要包括受众利用媒介资源的动机、使用媒介资源的方式方法与态度、利用媒介资源的有效程度以及对传媒的批判能力等。了解和掌握电视节目类型学知识,既可以了解新闻资讯类节目、纪录片、电视剧、广告等各个类型节目的内涵与本质特征,区分各种节目之间存在的共同点与差异点,又可以在这些类型知识的基础上,切实规划和安排不同节目类型的收视时间,对电视台的各类节目提出自己的反馈意见,甚至可以利用自己所看、所学、所思,对电视台的节目策划、采制与播出提出各种合理化建议,对其中的"虚假新闻"、"虚假广告"以及节目的粗制滥造、质量低下等现象进行严肃的批评或批判。

思考题

1. 什么是电视节目、电视栏目?
2. 什么是"类型"?对"类型"的分析有何方法论意义?
3. 节目类型与类型节目这两个概念有何区别与联系?
4. 试简单叙述中外电视节目类型研究的历史。
5. 电视节目类型学对广播电视学学科建设有何重要意义?
6. 电视节目类型学对电视节目传播有何意义?
7. 电视节目类型学对新闻传播专业学生和其他专业学生有何意义?

第一章 电视新闻资讯节目

案例 1.1 美国哥伦比亚广播公司之《60 分钟》

《60 分钟》创办于 1968 年,是美国电视史乃至世界电视史上的常青树,截至 2011 年,已经连续播出 43 年,也是美国历史上资历最老、收视率最高的 10 个电视节目之一,连续 22 年高居收视率前 10 名,甚至 5 次成为美国收视率最高的电视节目。1999 年,《60 分钟》创下了同时在 1 423 家电视台黄金时段转播的纪录。它还是美国电视节目中获得美国电视最高奖——艾美奖(Emmy Awards)最多的节目之一,艾美奖的评委们认为,《60 分钟》"用简单而有效的方式深入了故事的核心,进入了人物内心,编排自由、富有活力,开创了一种新的节目样式"。从很大程度上来说,《60 分钟》拓宽了新闻的视野,重新诠释了新闻的本质。它的成功,不仅仅冲击着新闻本身,使其成为新闻业的旗帜,它更成为客观、公正、自由的新闻品质的象征。

与其他新闻栏目不同,《60 分钟》不设固定的栏目主持人,只让本期节目的出镜记者在演播室作简短述评。它的主持人都是记者,记者同时也是主持人,这是它的要求,也是它的特色。除了华莱士,它的记者主持人还有丹·拉瑟、哈里·里森纳、莫利·塞弗、莱丝莉·斯塔尔和埃德·布莱德利等。后来由于著名专栏作家安迪·鲁尼的加盟,《60 分钟》开辟了专门的新闻评论板块。

案例 1.2 《食全食美》

《食全食美》栏目是北京电视台生活频道的一档美食服务资讯节目,自 2002 年 1 月 1 日开播以来,深受北京观众的喜爱。该栏目大大发扬美食作为文化、作为时尚的一面,介绍美食,传授厨艺,倡导"美食也娱乐"。2004 年,《食全食美》由周播改为日播,以节目单元为划分,周一到周五每天一个板块,其时间与板块分布如表 1.1 所示。

表 1.1 《食全食美》的时间与栏目板块

时间 \ 板块与内容	板块名称	节目内容
周一	吃喝名人坊	不同名人一显身手
周二	美味新花样	百姓绝活、家常小菜、观众直接参与
周三	西餐我爱吃	异国风情、外国嘉宾参与
周四	食神风云榜	专业厨师餐厅招牌菜
周五	周末饕餮夜	现场打擂

2006年,《食全食美》栏目再度改版,提出了"您家厨房装电视了吗?"这一新理念。其实在国外很多家庭厨房里都有电视,厨艺爱好者可以边做饭边欣赏电视节目,还可以一边看一边就跟着节目做了,不用做记录,也不用再翻找菜谱了。这一口号的提出,实际上通过节目形式,引领了厨艺学习电视化的新时代。

2007年,《食全食美》在原有的基础上,适时地加入了"健康美食"理念,节目中除了继续挖掘民间厨艺高手,展示其拿手私家菜的同时,又有资深营养师现场烹制简单易学、适用于家庭的健康主打菜,并对私家菜进行科学合理的点评,目的就是为了引导百姓健康饮食。这样,从内容上着手,做到更健康、更实用、更贴近百姓生活。

《食全食美》"拿手私家菜"子栏目

与其他栏目相比,《食全食美》具有一些明显特点:一是强调食谱的平民化。在这个栏目中,很少有特别难以制作的菜式,包括用料和制作程序都较为平常,节目的主要理念就是将这些平常的菜肴烧制出不同平常的口味。二是节目主持家常化。《食全食美》的主持人很注意营造家长里短、夫唱妇随的感觉,如同多年的生活伴侣,有主勺的,也有当下手的,有人做菜,也有人尝尝,充满生活气息。

案例1.3 《零距离》

《零距离》(原名《南京零距离》)是江苏省广播电视总台城市频道倾力打造的一档日播类新闻直播栏目。该栏目于2002年1月1日开播,改版之前栏目面向省会南京,以报道南京、服务南京、宣传南京为宗旨,主要内容由社会新闻、生活资讯、孟非读报、观众热线、现场调查等构成。该栏目一经推出,即受到了广大电视观众的热烈欢迎和广泛好评,真正实现了与电视观众"零距离",被誉为"南京人的电视晚报"。更有学者认为,《南京零距离》高举"打造中国电视新闻新模式"的旗帜,掀起了一场从地方到中央的电视新闻改革潮流,开启了电视民生新闻的先河,被誉为新闻界的"一次勇敢出去"。

2009年5月,《南京零距离》更名为《零距离》,试图实现民生新闻在新阶段的自我提升、自我转型,推动城市频道品牌及《零距离》品牌向江苏省域迈进。《零距离》升级之后,收视表现立竿见影。相对于2009年头4个月的平均收视份额,江苏省网从5.33%上升至8.09%,同比增幅十分喜人,在苏州、常州、盐城等地的收视上升态势也十分明显。南京市网也从14.87%上升至17.1%,显示省网的拓展并没有以牺牲市网为代价。从观众构成的比例来看,14至25岁的年轻观众大幅增加,这一部分观众的构成比例从2008年的6.18%上升至12.55%,大学以上学历的观众的比例以及月收入5 000元以上高收入者的比例也有明显提升。

《南京零距离》

自1959年始,美国洛佩尔调查公司(Roper Organization)就开始研究美国受众对媒介的看法,主要问这样两个问题:(1)你主要的新闻来源是什么?(2)各新闻来源中,哪个是可信度最高的?选择答案分别是:报纸、杂志、收音机、电视、听别人说。1959年进行的第一次调查中,报纸是人们最主要的新闻来源(67%);电视居第二位,占全部调查人数的51%,其次是收音机、杂志和听别人说。然而不到5年时间,1963年的调查表明:电视赶上了报纸,开始成为人们最主要的消息来源,并且这个数字的增长趋势一直保持了下去,其他新闻媒体渐渐被人们冷落。

1979年前后，67％的调查对象认为电视是最主要的消息源，达到统计数字的历史最高点，报纸、广播等被远远抛在后面。虽然在后来通讯技术的发展中，电视业也曾遇到强有力的竞争对手——特别是互联网的问世给电视业带来前所未有的挑战，但据1988年的统计数字表明，电视仍占据着美国人最主要的消息源的位置：65％的美国人从电视中获得对时事新闻的了解。

作为20世纪人类社会最伟大的发明，电视因其听觉、视觉形象直接传送的传播特点和深入家庭、自由接收的传播优势，已成为具有最广泛影响的大众传播媒介，其在国家政治、经济、社会生活中的地位举足轻重。在当代信息社会，电视新闻资讯成为人类信息沟通的最重要渠道，对社会进步起到重要的组织作用和推动作用。

第一节 电视新闻资讯节目的界定与演进简史

现在的电视已经不仅仅给观众提供原先人们熟知的所谓新闻，而且还有各种各样、含义广泛的"information"。information，在内地通常被译为"信息"，在港台地区则被译为"资讯"。随着港台与内地的联系越来越紧密，"资讯"已经成为媒体上出现频率颇高的一个流行词语。特别是随着凤凰卫视资讯台、中央电视台财经频道（2008年底前称为经济频道）以及地方新闻资讯频道（如四川新闻资讯频道）的纷纷出现，"新闻"+"资讯"合二为一形成的"新闻资讯"已经在内涵与外延上突破原先"新闻"的指称，带有更多的经过整理、选择、精心加工的特征，尤其带有更明显的服务性与接受对象的指向性。

一、电视新闻资讯节目的界定

什么是电视新闻资讯节目？考虑到在实务界以及电视观众理解中"新闻"和"资讯"并未严格区分并经常联用这样一个现实，对"电视新闻资讯节目"这样一个概念的界定至少需要注意以下三个层次：一是新闻的含义；二是资讯的含义；三是电视新闻资讯的传播手段是电视媒介而不是其他形式的媒介，具有自身独特的特性。

1. 新闻的界定

根据有学者最新考证，"新闻"一词始见于约在宋明帝泰始四年至宋后废帝元徽四年间（公元468—476年）朱昭之撰写的《难顾道士夷夏论》一文，联系到南朝佛教兴起的背景,应作"新知识"之解更为恰当①。后来随着现代新闻事业的诞生,原先所谓"新知识"的含义则不断演化,产生了与现代大众传媒事业相适应、各种不同的新闻定义。这些定义从不同的侧面,强调了"新闻"的不同特征,概而言之,大致有三类。

第一类定义,强调新闻是一种报道或传播活动,行为主体以新闻机构为主,也可以是其他机构或个人。例如:

"新闻是新近变动的事实的传播。"(王中)

"新闻是已经发生和正在发生的事情的报道。"(〔美〕约斯特)

"新闻是新近发生的事实的报道。"(陆定一)

"新闻是经过记者选择以后及时的事实报道"(〔美〕乔治·穆托)

"新闻是同读者的常态的、司空见惯的观念相差悬殊的一种事件的报道。"(〔美〕阿维因)

第二类定义,强调新闻的"事实"特征,把新闻看作是一种事实、现象,并且是指事实、现象本身。例如:

"新闻者,乃多数阅者所注意之事实也。"(徐宝璜)

"新闻者,最近时间内所发生,认识一切关系人生兴味,实益之事物现象也。"(邵飘萍)

"新闻就是广大群众欲知、应知而未知的重要事实。"(范长江)

"新闻是一种新的,重要的事实。"(胡乔木)

"新闻是新近发生的,能引人兴味的事实。"(〔美〕布莱尔)

"新闻是刚发生和刚发现的事物。"(〔法〕贝尔纳·瓦耶纳)

第三类定义,是随着西方社会的信息理论传到国内而出现的"信息说"。例如:

"新闻是向公众传播新近事实的信息。"(宁树藩)

"新闻是信息中的一种,它是传播(报道)新近变动事实的信息。"(刘卫东)

"新闻是及时公开传播的非指令性信息。"(项德生)

此外,还有一些经常为人们所引证,从新闻内容的趣味性、反常性等角度来说明和解释新闻的定义,例如:"狗咬人不是新闻,人咬狗才是新闻。"(约翰·博加特)"新闻是一种令人惊叫的事情。"(达纳)"新闻是三个W,即女人、金钱和罪恶的记录。"(斯坦利·瓦里克)

以上各类不同的定义出现在不同时代,特别是出现在媒介与社会之间的互动关系剧烈转型时期,反映了人们试图根据社会与媒介的特点把握新闻现象、新闻规

---

① 邓绍根:《"新闻"一词最早出现可提前200多年》,《新闻与写作》,2009年第11期。

律的努力。但是,对照这些定义,细心的读者也许会发现,部分实用性、服务性的内容似乎无法包容在这些定义之中。换言之,90年代以来实务界所实践的新闻节目类型已经远远超出单纯的新闻定义所指向的内容,节目涉及的范围越来越广阔,大大超越了新闻的范畴,不仅有传统意义上的时政新闻,还包含了财经、证券股票、影视娱乐、文化体育、日常生活服务等方面的内容。所以,在新闻的基础上有必要探讨一下"资讯"(information)的定义。

2. 资讯的界定

据说国内外学者曾经给过大概50多个关于资讯的定义。一般根据意指范围的不同,将资讯(信息)分成广义资讯、一般资讯、狭义资讯三大类。广义资讯是指所有对象在相互联系作用过程中呈现出来的各自的属性。一般资讯是指与人类的认识过程和传播活动相关的知识积累。这个概念排除了广义资讯所包含的人类活动以外的无机物、有机物的反应与感应活动,说明资讯是与人们所感兴趣的对象相关联的,如各种图书网络资料、金文石刻、文物遗迹等等。狭义资讯则是指脱离载体或依附物质的内容,它能够使人们在对事物的认知过程中减少、降低或消除随机不确定性的东西,而所谓的随机不确定性或偶然性,是指现实生活中所出现的影响人们生存、发展的多种变动的可能性,正如信息论创始人香农在《资讯论》一书里提出的:"接收信息和使用信息的过程就是我们对外界环境中的种种偶然性进行调节并在该环境中有效生活着的过程。"

《新闻联播》

从涵盖的范围而言,"资讯"与"新闻"有一定的重合之处,都包含新的情况、新的知识、新的内容,但"资讯"所包含的内容要更加广泛,如凤凰卫视董事局主席刘长乐曾经解释其"凤凰卫视资讯台"而不是叫做"凤凰卫视新闻台"时说过:"有一些边缘的东西,不见得都归在新闻上。我们在资讯台定位的时候,也考虑加入一定的财经的东西,比如外汇牌价、期货市场呀,这些都是资讯。所以我们叫做资讯台,就可以把这些边缘的东西都考虑进去了。"

有学者分析,从与新闻报道相结合的认识角度出发,资讯还具有其他特点,如共享性或使用不灭性,单一的物质无法共享,但是资讯的共享性,使得资讯得以传播;扩缩性,资讯在传播过程中既可以压缩也可以扩展;组合性,两个及两个以上的资讯的有机组合,可以产生出新的资讯;资讯运用的多角度性,从不同的侧面可以得到不同的认识,看出不同的色彩;相对性,对纷繁复杂的世界,人们通常只注意到一部分跟己有关、对己有利的资讯。这些特点,要求新闻工作者了解、熟悉受众的需要,"尤其是随着信息化时代的到来,受众细分为各种群体,小群体趋势日渐明晰,受众对资讯的需求更趋多样"①。

3. 电视新闻资讯的界定

关于电视新闻的界定,如同"新闻"、"资讯"两个概念的界定一样,也是众说纷纭,这里仅列举几个代表性的定义:

"电视新闻是利用电视传播工具,对新近发生或发现的事实所进行的报道。"(任远)

"电视新闻是以电视屏幕的图像与口头解说相配合为手段的新闻报道。"(何兴光)

"电视新闻是借助电视作为传播的视听符号,对变动的事实的及时报道。"(黄匡宇)

"电视新闻是凭借电视媒介传播的新闻。"(张君昌)

"电视新闻是以现代电子技术为传播手段,以声音、画面为传播符号,对新近或正在发生的事实的报道。"(中国广播电视学会电视学研究委员会、中央电视台研究室)

这些定义既考虑了电视新闻与其他媒介新闻如报刊新闻、广播新闻、通讯社新闻、网络新闻等的共同属性——对新近发生或正在发生、发现的事实的报道,又以"图像"、"解说"或"声音、画面"等传播符合强调了电视新闻与其他媒介新闻的区别:报刊主要以理性化、条理化的文字为传播符号;广播仅以声音为传播符号;电视则声形兼备,将视觉、听觉多种符号信息,画面、声音、字母或动画、图片等符号系统综合加以利用,这种独特的传播符号使得电视新闻资讯具有明显的个性化传播特点与优势。综合上述"新闻"、"资讯"、"电视新闻"等概念,本书将电视新闻资讯节目定义为:

电视新闻资讯节目是以现代电子技术为传播手段,以声音、画面为主要传播符号,对公众关注的最新发生或正在发生、发现的新闻事实或资讯进行报道的节目类型。

---

① 李良荣:《新闻学概论》,复旦大学出版社 2001 年版,第 39 页。引文有改动。

了解电视新闻资讯的概念,还需要明确"正在"和"发现"这两个关键词①。

正在——电子新闻采集系统(ENG)使记者可以在新闻事件现场随着事态的发生、发展做同步的现场报道,卫星传送可以对远隔大洋的新闻事件进行现场直播,让观众看到与事态本身同步进展的新闻报道。电视新闻将新闻的时效由"今天的新闻今天报道"变成了"现在的新闻现在报道",所以在电视新闻的定义上强调"正在"的概念。

发现——新闻报道随着时代的前进而发展,报道题材面在不断扩大,报道内容也在深化,今天的电视新闻不仅需要加强形象化和时效性的优势,同时需要强调其思想深度,电视新闻深度报道的崛起,增强了新闻报道的理性思辨色彩。今天新闻的外延已经由纯客观事实报道扩展到有新意的思想、观点的传播。因此,在给电视新闻资讯下定义时,要强调"发生、发现的事实的报道"。

二、电视新闻资讯节目的类型特质

所谓类型特质是指某个节目类型所特有的性质,也就是作为电视新闻资讯节目才具有的区别于其他媒介新闻的性质。众所周知,新闻的共性包括真实性、新鲜性、及时性、公开性,而电视新闻资讯的特质则是新闻资讯现场的证实性;传播行为的及时性;新闻资讯的易受性;资讯画面情节的不完整性;新闻要素的忌干涉性②。

1. 新闻资讯现场的证实性

所谓证实性,是指画面所传达的新闻现场的视觉因素证明新闻内容确实无误所产生的心理认同效应。"耳听为虚、眼见为实"、"百闻不如一见"这些古老格言,说明了人在信息获取过程中对发生信息的现场的依赖、信赖。尽管报纸有视觉新闻、广播有现场录音,但受众的接受都免不了经过感觉的转换,和电视相比,报刊、广播的这种"二传手"式的视觉内容无疑黯然失色。

新闻现场的证实性,在突发事件、大型群体活动的报道中易于得到最佳体现。矿难、空难、地震、火灾、车祸、战争等都有特定空间,空间里人物的悲哀喜乐、空间里事物发展的节奏,都有其特定的轨迹,更不可能介入组织加工和导演摆布。这类新闻的证实价值通过现场画面、现场报道尤其是新闻事件转播、直播而得到有效的体现。《伊拉克战争直播报道》、《"神六回家"直播报道》等是电视新闻资讯这一特征的绝佳体现。

---

① 胡智锋:《电视节目策划学》,复旦大学出版社2010年版,第26—27页。
② 黄匡宇:《理论电视新闻学》,中山大学出版社1996年版,第40—54页。

2. 传播行为的及时性

及时性是针对新闻的传播时效而言，从新闻发生到受众接受，这中间所耗费的时间越短，则时效性越强，反之则越差。电视以电波为载体，决定其传播的迅捷性，它可以使现在发生的新闻现在传播。随着现代电视技术的发展尤其是卫星直播技术的发展，新闻事件现场直播使得电视新闻资讯节目回归本体：电视可以在新闻事件发生、发展的同时，进行同步的、无间断的跟随和现场报道，保证了新闻本体的"时间、空间、事情发展"三位一体的高度统一，保证了事件本源、事件过程、新闻采制、新闻接受同步统一。即使在条件限制无法及时传送新闻画面的情况下，电视也可以通过口头播报或不中断正在播出的节目的情况下以飞滚字幕的方式把第一手新鲜的资讯在第一时间告知受众，还可以利用海事卫星电话连线方式突破时空限制，让观众快速掌握世界动态。

3. 新闻资讯的易受性

新闻传播以受众为最后的"目的地"，新闻传播的价值和效果取决于受众的接受和反馈。这里所说的易受性，是指电视新闻资讯在传播过程中拥有众多的符号系统，使得受众接受新闻资讯的费力程度降到最低。

电视新闻运用图像、播音、音响、文字、动画、图片、影像资料等声画符号系统，融声形于一体，图文并茂，大大降低了报刊新闻、广播新闻等新闻形式对文化程度的依赖性。传播学研究成果说明：阅读文字能记住 10%，收听语言能记住 20%，观看图画能记住 30%，而边看边听则能记住 50%。电视新闻资讯的易受性主要就体现在看（画面）、听（播音、同期声、音响等）、读（文字）等多通道感知的综合效应中。正因为多通道、多系统的信息都指向同一个信息目标，各单个信道的负荷量相对减轻，受众处于较为放松的情境之下，这样信息输入量就达到最大。

4. 资讯画面情节的不完整性

所谓资讯画面情节的不完整性，是指画面在新闻资讯节目中呈现不连贯状态，不具备叙述事情变化和经过的能力。一般而言，情节性影视节目中，即使是没有任何声音，画面也能够向人们叙述事件的变化和经过，正所谓"此时无声胜有声"。画面按照制作人预定的情节线索，将诸多镜头组合起来，合乎逻辑地形成一个个完整的故事。而电视新闻是声音（语言播音或现场语言）这条主线承担着表述情节（事件的变化与经过）这一任务的，画面就没有情节性影视节目所承担的叙述任务，不受情节性影视节目镜头组接的逻辑规范，也不用建构画面与画面的承继关系。新闻资讯中的画面，主要功能是以准确的画面内容证实新闻事件中涉及的人、物体、地域等新闻要素的可信性,最大限度地消除信息中的不确定性成分,满足受众"百闻不如一见"的现场感。

电视新闻资讯画面情节的不完整性,使得电视新闻资讯要实现完整、准确与有效的传播,就要做到各种传播符号系统彼此匹配整合、相互补充。因为图像具有时空局限性,只能展现或复现当前的场景,而无法表明和介绍新闻的五个要素和基本事实;图像可以逼真地呈现一场事故或灾难的现状,却无法说清楚其中的来龙去脉;图像可以介绍优秀人物的言谈举止、风度气质,却无法再现人物自身的坎坷而又充满智慧的人生经历;而且,纯粹的电视图像的含义往往多义和模糊,使不同的受众有不同的看法,见仁见智。电视新闻图像这种直观性、非完整性,需要借助文字稿的语义逻辑来加以清晰的界定和解释,引导受众较为确切地把握新闻的主要内容与含义。

5. 新闻要素的忌干涉性

所谓新闻要素的忌干涉性,是指电视新闻报道中不得人为干涉新闻事实发生的时间、地点、人物、事件、原因、过程、语言、行动、细节等构成新闻定义基本要素的各个方面。真实,是一切新闻资讯存在的基本前提,尤其以视觉画面为主要载体的电视新闻,更加需要以准确的时间、确切的空间、生动的细节、真实的过程构建新闻现场,带给观众面对面的、不容置疑的新闻画面。画面中的有关因素一旦有所偏移,画面本身的真实感则消失殆尽。

新闻要素的忌干涉性是新闻真实性、客观性原则在电视新闻资讯节目中的具体体现。在电视新闻资讯的采访报道中,一要防止对于时间要素的干涉,特别对于那些时过境迁的"过去式"新闻的报道,只能以过去事实的新发展为"由头"或以现存的事实为主要报道对象,借助播音、文字、图表、照片、实物、人物采访等进行回溯性展示,决不能搞"时空大挪移";二要防止对于人和事实要素的干涉。坚决摒除假定性观念铸就的补拍手法,严格杜绝采访拍摄和后期剪辑中对相关的新闻人物与新闻事实进行"导演"、"摆布"等干涉画面和音响实际发生的状况和过程;三要防止对新闻事实中的地址、地点等进行"移花接木",把甲地发生的画面强加到乙地的新闻报道中。

三、中美电视新闻资讯节目发展简史

1. 美国电视新闻资讯节目发展简史

1936年11月,英国广播公司(BBC)在伦敦郊区亚历山大宫播出电视节目,正式宣告电视的诞生。1939年4月,美国总统富兰克林·罗斯福在纽约世界博览会开幕式上作了讲话,成为第一个出现在电视屏幕上的美国总统,尽管不是正式的电

视新闻广播,却被公认为是最早有声音和图像的电视新闻。在相当长的时间内,电视新闻资讯节目并未建立起自己的威信。1951 年,爱德华·默罗把由他创办的"二战"期间声誉卓著的广播新闻节目"现在请听"(CBS Is There)"嫁接"到电视领域,创办了 CBS 的名牌电视新闻节目《现在请看》(See It Now)。默罗和他的新闻班子把新闻事件从世界各地、全国各地、甚至朝鲜战场发回美国,赢得了极为可观的收视率,同时掀起了各家电视网之间的第一次电视新闻大战。

电视新闻在 20 世纪 60 年代发展到了一个重要的成熟期,电视新闻在这个阶段显示出它独有的现场报道的特长。在一系列重大新闻事件中,各家电视网都给观众提供了难以忘怀的新闻现场画面:两党政治大会、肯尼迪总统的葬礼、人类第一次踏上月球、民权运动、种族骚乱、越南战争……真实的现场画面影响了美国人的政治观点,影响了舆论的倾向,从而最终影响了政府决策和行动。

1963 年开始,美国三大电视网——哥伦比亚广播公司(CBS)、全国广播公司(NBC)、美国广播公司(ABC)先后把晚间新闻从 15 分钟增加到 30 分钟。晚间新闻节目确立了主持人制度,CBS 的沃尔特·克朗凯特和 NBC 的一对搭档切特·亨特利与戴维·布林克利均成为全国家喻户晓的人物。

1968 年 9 月,哥伦比亚广播公司推出著名的《60 分钟》节目,成为电视新闻中调查性新闻报道的鼻祖,并长期成为美国收视率最高的节目之一。它的进攻性的采访技巧和提问方式以及用摄像机毫不留情地表现新闻事件现场的方式被称为"伏击式新闻"。"伏击式"的采访和报道方式成为该节目的显著特点,并影响着其他调查性新闻报道如 ABC《20/20》等风格的形成。

到了 70 年代晚期,出现了新闻脱口秀以及一批新的新闻播音员。男性播音员更年轻、更大胆,虽然也穿西装打领带,但服装的剪裁、款式和色彩却是最流行的;女性播音员也坐到了新闻主持人的交椅上,多半年轻而漂亮。新的主持人带来"新的"新闻播报风格,这种迹象从某种程度上来说,是一种转变的趋势:电视新闻从关注新闻事件本身开始转而关注播报新闻的个人,从信息播报转向轻松娱乐,从严肃正统转向通俗流行。也就是说,电视新闻中潜在的娱乐和表

美国 CBS 新闻节目《60 分钟》

演因素战胜了新闻因素,并成为主宰。

2. 中国电视新闻资讯节目发展简史

跟英美等西方国家相比,我国电视新闻资讯节目出现较晚,却发展迅速。从1958年5月1日北京电视台试播开始,到1966年"文革"之前,早期的电视新闻资讯节目几乎全部采用直播的方式,体现了电视的独特魅力。除实况转播外,早期电视新闻资讯节目的形态主要有图片报道、简明新闻、口播新闻、新闻纪录片以及专题片等。这些新闻资讯节目主要采用摄影机和电影胶片拍摄,报道形式也主要学习、沿用新闻电影的手法,基本上停留在"画面加解说"这种单一的节目形态上。

20世纪70年代后期,改革开放带来的经济的快速发展,同时也为电视界引进了许多西方电视传播形态的先进经验与理念,同时电子摄录设备(ENG)在全国各电视台也开始广泛使用,电视新闻进入充分发挥电视特色的新时期。1980年,第十次全国广播工作会议明确了"坚持自己走路,发挥广播电视的长处,更好地为实现四个现代化服务"的方针。1983年春召开的第十一次全国广播电视工作会议明确提出,广播电视节目要以新闻节目为主体、骨干,以新闻改革为突破口,推动广播、电视各类节目的改革。1978年8月1日,央视《新闻联播》正式开播,为省、市电视台树立了电视新闻资讯节目的样板;1980年7月12日,央视开播《观察与思考》,成为中国电视新闻史上第一个以栏目形式固定下来的,集评论、评述、深度分析等因素于一体的电视新闻资讯节目;1987年7月,中国第一个杂志类电视新闻资讯节目——上海电视台《新闻透视》正式开播,成为上海电视节目的"三驾马车"之一。

从1993年开始,新闻类节目逐渐成为各家电视台节目主体,以新闻为主的央视第一套节目覆盖了全国80%以上的地区,全国上千家各级各类电视台当中有800家以上自办新闻节目。央视从1993年3月1日开始设立《早间新闻》,从而实现每天12次的新闻整点滚动播出;而5月1日开播的《东方时空》则被广泛认为是这一轮电视新闻改革的发端。随后的几年,《焦点访谈》、《新闻调查》、《实话实说》等节目成为90年代电视新闻资讯节目的代名词。

1997年被称为"中国电视直播年",央视先后直播了日全食、彗星同现苍穹的天文奇观,以及香港回归、中共十五大开幕式、三峡截流、黄河小浪底截流等重大历史事件,而1999年澳门回归、2003年伊拉克战事直播等重大事件的多点移动式直播报道,其技术设备之先进、规模之大、时间之长、影响之巨大,在中国电视新闻发展史上都具有里程碑的意义。

2003年5月,央视新闻频道的诞生预示着中国电视新闻新一轮改革的发端。而地方电视台新闻的发展主要体现在民生新闻上。2002年,《南京零距离》栏目开播,之后,南京地区出现了以报道社会新闻和百姓生活资讯为主的电视新闻栏目群,形成一股民生新闻热潮,这股热潮由南京迅速蔓延到全国。

随着网络的不断发展,电视新闻资讯节目的收视率在不断下降,据统计大概有30%的年轻人是通过网络看电视或者是不看电视新闻资讯节目,每周上网的平均时间是16.2小时,因此,网络媒体与电视媒体如何更好地融合,需要电视新闻工作者进一步去研究和探索。

第二节 电视新闻资讯节目的类型划分

理论界对电视新闻资讯节目类型做过各种界定与划分,比如按照内容把电视新闻资讯节目分为消息类电视新闻资讯、专题类电视新闻资讯和评论类电视新闻资讯,也有的按照播出形态把电视新闻资讯节目分为口播新闻、图像新闻和现场直播新闻。其实从观众的要求和电视新闻业界的实践来看,这几种分类方式已经难以把目前所有的电视新闻资讯节目包容进去。

本书根据电视新闻资讯节目的内容特点、功能定位和社会公众的认知程度,将电视新闻资讯节目分为五个基本类型:消息类新闻资讯节目、评论类新闻资讯节目、深度报道类新闻资讯节目、直播类新闻资讯节目、对象性新闻资讯节目。需要说明的是,对象性新闻资讯节目可能在内容上、形态上包含了前面四类节目。突出"对象"二字,仅仅为了表明,这类节目在收视对象定位上明显区别于前四类节目,而且体育新闻、娱乐新闻等行业性新闻资讯有自身独具的特点。

一、消息类电视新闻资讯节目

消息类电视新闻资讯节目,简称电视消息,它迅速、广泛、简要地报道国内外最新发生的事态,在电视新闻节目中处于重要地位,是新闻资讯节目的主体。消息类新闻资讯节目是观众了解新闻事件的主要窗口,《新闻联播》《朝闻天下》《江苏新时空》《凤凰午间特快》等就是典型的消息类新闻资讯节目。正确认识消息类电视新闻资讯的基本特点,增强报道的创新意识,熟练驾驭各种报道形式,充分发挥电视传播的优势,使消息类电视新闻资讯节目既有广度又有思想深度,这对提高整体电视新闻节目的水平有重要意义。

1. 消息类电视新闻资讯节目的基本特质

(1)消息类电视新闻资讯节目在真实、客观的基点上,旨在迅速、广泛、简短地报道国内外新近或正在发生、发现的新闻事实。用客观事实说话,形象真实,"短、频、快、活"地传播新闻,这是消息类电视新闻资讯节目的重要特点。

快速。消息类电视新闻资讯以快取胜。它的时效性要求报道刚刚或正在发生、发展的事实。为此,记者应有抢新闻的意识,尽量以最快速度把新闻事件传播出去,力争报道与新闻事实"同步发生,同步进行"。

简短。快和短是相辅相成的关系。消息类新闻资讯的任务是迅速、简要地报道国内外大事,至于事实的来龙去脉,前因后果的详尽分析、解释则是其他类型电视新闻的任务。由于要求快,每条新闻的播出时间都短,一般立足事件、事态发生的当前情况来报道,即使用背景材料也要用最简练的语言与最典型的画面形象来说明问题。消息类新闻应该做到短而充实、信息量大。

广泛。消息类新闻节目应该力求在单位时间内容纳更多的消息、提供更多的信息,同时,消息类新闻要注意拓宽视野、扩大报道面,广泛反映各个领域的发展变化。《新闻联播》节目在1988年曾根据"扩大报道面、增加可视性"的原则,听取观众意见,采取了"十增十减"的具体措施,主要内容有:增加群众关心的、与生产、生活密切相关的新闻,减少与观众距离远的、可视性差的报道,尽量剔除枯燥无味的东西。这种做法使《新闻联播》逐渐成为具有较强权威性的新闻节目。

鲜活。要使电视新闻"活"起来,必须强调遵循新闻的基本规律,即用事实说话。"新闻是事实的报道"、"事实是新闻的基础",这不仅体现在事件性新闻报道中,同样也要体现在非事件性新闻中。目前在不少经验报道、成就报道中,大量存在具体事实少、抽象概念多,典型事实少、名词议论多,概括性材料少、总结性数字多,现场形象展现事实少、万能画面多等的问题,这些问题长期没有得到解决。好新闻必须用事实说话,既要有概括性的交代全面情况的材料,又要有具体的典型的材料,还要用电视语言展现这些材料、事实。

(2) 消息类电视资讯节目的采制强调以"新"取胜。新闻资讯贵在于"新",新意的开掘是电视新闻工作者探索的永恒课题。记者要在认真体现消息新闻基本特点的基础上,增强创新意识,既要在提高新闻时效上争首播、在抢独家新闻上下工夫,也要在选题立意、角度表现的"新"上做文章。

要"抢"独家新闻。独家新闻,原是西方新闻学的术语,是指抢先刊载或首先发布独此一家报道的新闻,它具有特殊的新闻价值和一定的权威性。在西方,独家新闻是最有力的新闻竞争手段,是新闻机构借以吸引受众、增加收听/视率的重要措施,也是新闻机构提高知名度、权威性的手段。我国各新闻媒介现在也越来越重视播发独家新闻,以期在激烈的市场竞争中立足。

要找准"新闻由头"。新闻由头又叫"新闻根据"、"新闻依据"。由于新闻是新近或正在发生、发现的事实的报道,所以必须找到这个事实新近发生或发现的一个缘由,才能成为名副其实的新闻,因此又有人把新闻由头形象地比喻为"新闻眼"。在事件性新闻报道中,记者容易找到新闻由头,常被忽视的是非事件性新闻,比如报道先进经验、先进人物,报道某项生产、科研成果或某一社会问题、社会现象等,这类新闻报道的事实都有一个较长时间的形成过程,当记者进行报道时如果不注意抓新闻由头,仅仅用"日前"、"近年来"、"今年以来"或者干脆连时间要素都不提,就会使人感到新闻陈旧,缺乏新鲜感。

(3) 消息类电视新闻资讯的报道要选好新闻角度。新闻角度即报道角度,是指记者观察、挖掘、表现新闻事实时的着眼点、侧重点。选择报道角度同确立报道主题密切相关,它直接关系到报道的客观效果,因此,有经验的记者都十分重视选择最佳的角度,以增强报道的新闻价值。选取新闻角度可从以下几个方面入手:

从事物的特点中找角度。选择报道角度关键在于把握事物的本质特点。客观事物既有共性也有个性,忽视共性固然难以从事物的联系中把握事物,忽视个性特点也容易造成千人一面、报道雷同。要产生令人耳目一新的效果,防止千篇一律和模式化,就要研究事物的特点,寻求最能反映事物本质的报道角度。

从事物的变动中找角度。变动是事实形成新闻的要素,有新闻敏感的记者可从变动中找出新闻角度,使报道具有新意。

从事物的异常中找角度。求新、求异是人们共有的审美心理,奇异反常的现象总是会引起人们的关注和兴趣。因此,反常的、奇异的现象总是有新闻价值的。在新闻事件发生现场,记者如能抓住事件的反常、奇异的独特之处作为报道角度,就能受到观众的青睐。

从事物的对比中找角度。对比,即对事物的分析比较,是记者在深入采访基础上的思考。对比分析是提炼新闻主题不可缺少的过程。用对比作为报道的角度,可以使新闻既有新意又有思想深度。

从群众生活中找角度。学会从群众生活中找角度是增强新闻吸引力的重要方法。巧妙合理运用这一方法,往往能使时政、经济等难以生动表现的题材更容易为群众所接受。

从现场采访提问中找角度。这在西方新闻界是常用的手法,特别是在所有新闻单位都同时在场的时政报道中,现场情景对每个记者都一样,很难找到特殊点,于是记者们就在精心提问中下工夫,不同的问题能得到不同的回答,从一个独特的问题中就能找到独特的报道角度。

2. 消息类电视新闻资讯节目的主要报道形态

随着电视的发展,消息类新闻资讯节目陆续衍生出整点播报、滚动播出、随时插播最新消息等形式,与生活节奏有机地融为一体。从报道形式而言,有包裹式报道、连续报道、系列报道等多种组合形态。

(1)包裹式组合报道。即在一个完整的时间段里,围绕一个新闻事件或某一类别,通过新闻主持人、播报者面向观众进行的直接交流,将多条不同形态的相关消息有机组合在一处,形成一种团块性的信息提供,以一种整体的优势使新闻增值,常见的有"新闻背景"、"新闻特写"、"新闻分析"等立体组合报道,亦称"连锁报道"。譬如2010年8月黑龙江伊春"8·24"坠机事故发生后,围绕这一突发事件,央视、东方卫视、北京卫视等电视新闻中有对失事经过、伤亡情况的报道,有关于处理善后事宜的新闻,有对幸免于难的乘客的采访,有对失事当日气象状况的分析,有关于失事客机的背景资料的报道,有关于近20年来世界大空难的背景资料的集中回顾,还有对中国支线航空业发展未来的反思等,形成了一个信息充分的新闻包裹。

这种形态的产生是符合人的心理需求的。对于某一突发事件或专业、兴趣点,人们需要知道相关的背景及其他信息,需要在多点汇集出一个整体印象之后再根据个人需要进行下一步的深入挖掘,而电视也有足够的时空来支持这一形态。此外,这种报道形式,气势恢宏,震撼力强,内容深刻,具有很强的舆论导向作用,也是电视新闻报道走向纵深的一种好形式。

(2)系列报道。系列报道即对重大新闻事件进行的立体化、全方位同时报道,它以集中宣传形成规模,扩大新闻的社会影响,能满足观众对某一新闻事件整体把握的要求,尤其在贯彻党的方针政策上更能够深入人心。

我国最早的系列报道出现在1984年,即新中国建国35周年之际,央视推出了系列报道《辉煌的成就》,开创了系列报道的先河。此后大凡成就性报道,大都效仿这一模式,如重庆电视台1989年国庆期间推出的40系列报道《渝州大地四十春》等。

1991年,央视推出了具有里程碑意义的4部12集纪录片《望长城》,纪实的拍摄手法和主持人轻松自如的主持风格,让观众耳目一新。于是,此后的系列报道便逐渐融合了纪录片的纪实美学特性和深度报道的题材处理手法,从"单一模式"走上了"多种风格"的创作道路,以一种崭新的风格呈现在观众面前。

2009年全球金融危机爆发一周年之际,央视财经频道《环球财经连线》从9月14日起推出《华尔街一周年》系列报道,美国银行集团、高盛、摩根士丹利、摩根大通、花旗银行、渣打银行、德意志银行、瑞银集团等国际金融机构的高管,做客财经频道演播室,探究危机根源,总结经验教训,陈雨露、李稻葵、丁一凡等国内学者,以严谨审慎的态度评析这场始于华尔街的金融风暴,并对中国经济的发展建言献策。

再比如,《新闻联播》自2010年10月29日起,在重要位置推出系列报道"回眸十一五 展望十二五",突出展示我国"十一五"期间取得的重大成就和重要经验,以及"十二五"经济社会发展的目标、思路和重点。该系列报道开篇《科技:社会发展的"助推器"》,反映了近年来一大批科研成果悄然改变人们生活的实际,展望了未来五年,我国科技发展将围绕民生关注点加速推动自主创新的情况。

系列报道的题材多为非事件性新闻资讯,又多是重大题材或重要题材,容易引起人们关注;加之系列报道形式多样、内容深刻,具有很强的舆论导向作用,所以为电视新闻工作者所推崇,也为观众所喜爱。

(3)连续报道。所谓连续报道,就是对同一新闻事件或者新闻人物在一定时间内连续追踪最新信息的报道方式,是当今各种媒体强化报道深度的一种重要形式。

连续报道的选题具有这样一些特点:报道对象是已经发生或者正在发生的重大新闻事件;在事件的报道上具有时间上的连续性,且以揭示事件的最新进展为要义;体裁形式可以多种多样;报道内容具有不可预知性。这些特点形成了连续报道独特的魅力,也使得它能更好地吸引受众。

央视《新闻联播》策划了很多连续报道,例如2001年的"中美撞机事件"、2004年的"11·21包头空难事件"、2006年的"青藏铁路通车"、2011年的"我利比亚人员撤离行动"等报道都是有着广泛影响力的连续报道,也为连续报道提供了很好的范例。这些连续报道揭示了事件的来龙去脉、最新发展动向以及最终结果、事件的重大意义等,使得受众对整个事件有了一个完整的了解。比如2007年《新闻联播》关于"嫦娥一号"卫星的连续报道大致如下:

10月24日:我国首颗月球探测卫星"嫦娥一号"发射升空

10月25日:"嫦娥一号"卫星第一次变轨成功

10月25日:绕月探测工程负责人表示:"嫦娥一号"成功发射为探月工程打下坚实基础

10月26日:"嫦娥一号"卫星近地点变轨成功

10月27日:高质量高标准高要求确保"嫦娥一号"正常运行

10月28日:圆满完成"嫦娥一号"发射任务 火箭试验队员返京

10月29日:"嫦娥一号"卫星第二次近地点变轨成功

10月30日:"嫦娥一号"卫星飞行远地点高度首创我国航天飞行测控新纪录

10月30日:"嫦娥一号"上第二个科学探测仪器开机工作

10月31日:"嫦娥一号"卫星第三次近地点变轨成功

10月31日:专家高度评价嫦娥一号卫星顺利进入地月转移轨道

11月1日：国防科工委宣布"嫦娥一号"卫星各系统状态正常飞行轨道正常
11月2日："嫦娥一号"卫星成功实施第一次中途修正
11月3日："嫦娥一号"运行精准　最后一次中途修正取消
11月4日："嫦娥一号"卫星明天实施首次近月制动
11月5日：胡锦涛、温家宝致电祝贺"嫦娥一号"卫星第一次近月制动取得圆满成功
11月5日："嫦娥一号"卫星顺利进入环月轨道
11月5日：新闻特写：绕月成功这一刻
11月6日："嫦娥一号"卫星第二次近月制动成功
11月7日："嫦娥一号"卫星完成第三次近月制动　顺利进入工作轨道
11月8日：我国计划于2009年发射火星探测器
11月8日：自主创新助推嫦娥奔月
11月10日："嫦娥一号"展开各项在轨试验
11月12日：远望二号测量船圆满完成"嫦娥一号"测控任务返回祖国
11月17日：中国航天发射进入快速发展期
11月18日："嫦娥一号"飞行良好　探测仪器明起开机
11月20日："嫦娥一号"卫星首次开启16项有效载荷

从10月24日《新闻联播》播出"嫦娥一号"第一条新闻开始，在之后20多天的时间里，央视持续不断地播出了27条报道，基本上都是对"嫦娥一号"最新情况进行的跟踪报道，体现了连续报道的最本质特征。

连续报道同一般消息类报道最大的不同便是出现频率高，同时信息不断更新，报道不断深入，吸引受众从无意注意变成有意注意进而强烈关注，满足受众全面、深刻了解事件发展的需求。

（4）整点播出。"整点新闻"播报源于广播电台，因其时效性强、信息量大而受到推崇，伴之而生的有实时直播和全方位的互动。1980年，美国开办CNN新闻频道，将这种先进的传播方式率先引入电视。整点播报应该说是当前绝大多数全新闻频道的武器。比如在2008年5月12日汶川大地震发生32分钟后，凤凰卫视资讯台的《凤凰整点播报》开始在头条播出此消息，紧接着资讯台打破了正常的节目播出顺序，《凤凰整点播报》变成了《突发事件直播》，开始全方位对灾情进行报道，其中包括即时新闻以及电话连线凤凰卫视驻成都记者，同时在电视画面中播出了成都灾区即时画面。

2003年央视新闻频道开播之初，采取了新闻整点播报的方式。在7点、8点、12点、15点、16点、17点的报道，以及原来一套播放的19点《新闻联播》、22点《晚

间报道》,都是半小时的节目,其余时间的整点播出为10分钟。

从2008年10月1日起,武汉电视台新闻综合频道推出《整点播报》。《整点播报》每天推出四档新闻节目,播出时间分别是9点、11点、13点、15点。中午12点和下午17点的《财经圈点》直播节目也增加了最新动态消息的播报。《整点播报》及时报道武汉百姓关注关心的新闻,并在武汉广电网等网站同步播出。

(5)大新闻架构。所谓"大新闻架构",是指以新闻资讯为骨架,包括整点、半点新闻、深度报道、新闻评论专栏、大板块中的新闻话题、交通信息、经济信息,以及有关新闻和社会事务的谈话节目及其他服务性新闻,互相补充,共同满足受众的信息需求的电视新闻资讯节目结构形式。2009年8月17日,央视新闻频道推出了一档8小时的新栏目《新闻直播间》,这档"大直播时段,焦点新闻播报"的新改版栏目,也为央视新闻频道自7月27日以来长达半个多月的全面改版画上句号。《新闻直播间》依然延续央视此次改版的大头像、大字幕、关键词、评论等包装风格。每小时都会将当天的重点新闻滚动播出一遍,但并非简单重复,而是随时增补该新闻的后续追踪、背景资料,或请专家和特约评论员做解读而逐渐增加深度。时效性也是这档节目追求的目标,在

《新闻直播间》

长达8小时的直播中,经常插播"最新消息"。此外,观众还注意到,在加强新闻性的同时,该节目还有意识增强了娱乐性。在每小时节目接近尾声时,使用了网络上流行的滑稽图片与视频,"小松鼠抢镜头"、"狗妈妈'义哺'猪宝宝"、"灰熊不请自来,享用豪宅"等新闻令观众忍俊不禁。开播当天,《新闻直播间》深入报道了中国铁矿石谈判、医院预约挂号、博尔特再破百米世界纪录等热点新闻,受到各界关注。

大新闻架构的优势在于,可以克服整点、半点新闻量多却不深的弱点;可以满足受众不同的视听需求;可以充分发挥新闻在广播电视节目链中的骨架作用。

二、评论类电视新闻资讯节目

有资料显示,在电视新闻收视率方面一直独占鳌头的CNN,近年来开始落后于后起之秀FOX电视新闻网,不仅如此,CNN流失的大部分观众都转向了FOX电视新闻网。以消息快捷、报道客观充分而著名的CNN何以被FOX超越呢?分

析表明,FOX新闻网的取胜之道在于对需要观众关注的新闻事实加上适当的评价以引导观众,帮助观众更好地理解新闻。这意味着,在"纯消息"满天飞的今天,"说什么"的确不重要了,"怎么说"正越来越重要。电视新闻走向评论化,是媒体进入观点竞争时代的一条必由之路。

所谓新闻评论,是评论者、评论集体或电视机构对当前有普遍意义的事件、问题或社会现象表示的意见和态度。在我国,评论类电视新闻并不是首先自觉地作为一种电视节目类型被看待,而是在一个创作集体的命名过程中逐渐被认同的。从1958年5月1日央视(前身为北京电视台)试播,直至"文革"结束,除了播音员口播《人民日报》社论、新华社社论外,当时还没有独立的电视评论。1980年7月12日开播的《观察与思考》,是我国电视新闻评论的发端,有一定的画面意识,有人认为这个节目"在如何办言论类(评论类)节目上进行了开拓式实验",并呼吁"电视言论类节目要恢复'电视的本性'"。直到1993年底,央视在《东方时空》、《观察与思考》、《今日世界》等节目的基础上成立了一个部门,被命名为"新闻评论部",从此以后,这个部门制作的节目都被视为评论类节目,并被各地方电视台广为模仿。2008年以来,随着央视《新闻1+1》、《今日观察》、《我的今日之最》等众多新型评论节目的开播,评论类电视新闻资讯节目在类型特点、节目形态上更为成熟。

1. 评论类电视新闻资讯节目的主要类型

评论类电视新闻资讯节目运用电视化的表现手法,为态度性信息、意见性信息的表达创造出了更多更灵活的形式,构建了更为活跃的话语平台,但由于态度性信息、意见性信息的表达、论证需要以相关的新闻事实或社会问题的叙述和展示为基础,本书按照意见性信息与叙述性信息在节目内容中占据的不同比例以及不同的组合形态把评论类电视新闻资讯节目分为主评型和述评结合型两大类[①]。

(1)主评型电视评论。所谓主评型电视评论,是指节目内容中,以意见性信息的表达和论证为主,而叙述性信息仅仅是作为态度性、意见性观点表达的"新闻由头"或新闻根据。在这种类型的节目中,承载意见性信息的主要传播符号是口语,主要的传播渠道便是谈话,更多地移植和借鉴了报刊评论、广播新闻评论的特点,并在此基础上形成了自己的个性。目前常见的播出形态有:

——消息类新闻资讯节目中的评论。消息类新闻资讯节目一般都是比较重要的新闻资讯的总汇,像央视新闻频道的《新闻直播间》、《共同关注》、《新闻30分》、《新闻联播》、《东方时空》、《晚间新闻》、《24小时》、《中国新闻》、《国际时讯》、《午夜

---

① 李薇:《电视新闻评论节目的类型及特点辨析》,《声屏世界》,2009年第5期。

新闻》等都属此列。在这类节目中出现的评论,有以下几种情形:一种是播发报纸或通讯社的新闻评论,在我国主要是《人民日报》、《光明日报》或新华社的评论;二是连线评论员直接对新闻事件进行评论,如央视《朝闻天下》就有专门的特约评论员对相关新闻事件发表即时评论;三是播发本台自己制作的"本台短评"、编后话;四是由主持人直接点评。例如,改版后的《东方时空》定位是"新闻热点全景式报道",一个小时的节目,通常选择当天发生的8—9条重要新闻,呈现事实后,由主持人进行点评,有时还要连线评论员评论,新闻报道的深度增加了。

值得一提的是,央视近年推出的"本台短评",类似于报纸社论级的评论,是央视发出"自己声音"的一种最重要的方式,从此央视有了自己常态性的评论。

——新闻谈话节目。新闻谈话节目主要是指通过主持人或记者就某一新闻热点问题同评论员或新闻人物或重要嘉宾进行访谈、讨论而制作的新闻节目,如央视新闻频道的《新闻1+1》、《新闻会客厅》,财经频道的《今日观察》,中文国际频道的《今日关注》、《环球视线》,凤凰卫视的《时事开讲》、《锵锵三人行》等。这种方式是电视新闻评论中最常见、最纯粹的方式,以提供意见性信息为主,是纯观点型主评型评论节目。在这类节目中主持人除了提供一定量的事实背景,还从观众的角度预设各种不同的观点对评论员的表述提出质疑,从而给谈话过程赋予某种辩论的色彩。此外,这类节目一般是直播或"准直播",对当日或近期的重要的新闻资讯进行比较全面、深入的解读,时效性特别强,更具有新闻性,节目的"硬度非常高"。

比如,《时事开讲》是凤凰卫视于1999年8月推出的一档时事评论节目。每期30分钟的节目围绕着当前的社会热点和难点问题,由主持人充当"发球员"的角色,同时换位为观众的身份,在倾听中思考与发问;新闻评论员则扮演"有观点的传播者",抓住问题、剖析问题,通过自己个性化的观点和表达,在节目中起核心作用。在选题上,涉猎国际、国内尤其是两岸三地的时政与主流话题,往往从一个更加宏大的国际背景来引导观众,并提供更加深、广、透的相关信息与言论,引发了观众对热点问题深深的关注和思考,赢得了很高的收视率。

(2) 述评结合型电视新闻评论。所谓述评结合型电视评论,是指叙述新闻事件与发表意见相结合的评论形式,内容比例上意见性信息与叙述性信息比较接近,或叙述性信息超过意见性信息。这类节目,既以声画现场语言还原了事实的真实情况,又对事实进行分析评论;既可以夹叙夹议,又可以先展示记者对问题的调查,让观众搞清楚事态的来龙去脉,最后集中议论,以事实作为评论的基础。在此类节目中,"记者、主持人在现场以报道者的身份向观众讲述所见所闻的亲身感受,也可以评论者的身份加以评述,表明自己的观点与态度。它由事阐理,以理评事,事理相连。它展示的是主持人、记者对所见所闻的有感而发,也可以由专家、群众对事物发表议论,最终由演播室主持人以凝练的语言把评论的力度推向新的高度"①。这是最具电视化特点的电视新闻评论节目。

开播于1994年的《焦点访谈》是我国影响巨大、最具代表性的新闻述评栏目。该节目选择"政府重视、群众关心、普遍存在"的选题,坚持"用事实说话"的方针,反映和推动解决了社会进步与发展过程中存在的大量问题,《焦点访谈》的许多报道成为有关方面工作的决策依据和参考。

总结以上各种节目形态,可以给评论类电视新闻资讯节目下一个更加具有电视特点的定义:所谓评论类电视新闻资讯节目,是以电视化手段针对新近发生的或者发现的具有普遍意义的事件、问题或社会现象,为公众提供除事实性信息之外的评论性信息或者分析性信息的一种电视节目类型。

2. 评论类电视新闻资讯节目的主要特点

评论类电视新闻资讯节目具有一般新闻评论的共性特点:把新闻的客观性和评论的说理性有机地结合起来,具有鲜明的导向性;由于评说和谈论的话题往往是社会各界普遍关心的问题,因而又具有广泛的群众性。这种新闻性、思想性、群众性的有机结合,决定了新闻评论性节目具有倾向鲜明、导向明确、影响广泛的特点,因此社会反响往往比较强烈。同时,评论类电视新闻资讯节目还具有电视化的个性特点②。

(1) 报道与评论并行。电视评论由两部分构成:作为事实的信息和作为意见的信息。二者互为依附,相辅相成。电视媒介所报道和揭示的事实本身就包含着评论,而且是最有力的一种评论。报道和评论并行是现代电视评论节目的重要特性。

报道和评论并行的结构形态与电视评论节目用事实说话的话语方式相辅相成。通过报道与评论并行,在对事件进行记录、传递的同时,表达出社会各界的意见看法,将事件性信息和意见性信息融为一体,事实在各方面的声音中呈现,评说在对事实的铺叙中凸显,给予观众极大的思考空间。

现在的电视评论节目中越来越注重报道的力度,或努力将评论融于报道之中。譬如《焦点访谈》的定位语由初始的"时事追踪报道,新闻背景分析,社会热点透视,

---

① 叶子:《电视新闻节目研究》,北京师范大学出版社1999年版,第334页。
② 此处关于评论类电视新闻资讯节目的分析部分参照了朱羽君、殷乐的《生命的对话:电视传播的人本化》(中国电影出版社2002年版)第89—102页的分析。

大众话题评说"变为今天的"用事实说话",就是要在忠实报道事实的基础上,通过对事实的精心选择与表述,巧妙地表达传播者的立场与观点。而成都电视台的《新闻背景》的特点是"只述不评",实际上就是以一种隐晦的手段让观众自己作出评论。报道和评论并行,以更多有价值的信息为人们提供多元化的思考角度,有利于观众形成自己的判断。

(2) 采访、调查的过程即为评论的过程。电视评论中最重要的一点就是汇集方方面面的声音,记者、主持人的采访、调查是这些声音的最佳载体。事实上,意见、情感等评论要素都可以在其中获得人性化的体现,用事实说话也落实于此。记者、主持人采访、调查的过程即为评论的过程,这是现代电视评论节目独有的结构形态。一方面,采访调查的过程使评论具象化,使之更具有电视特色。事实的呈现本身就是一种意见表达,但这种表达需要通过记者、主持人的视线,通过摄像机的镜头有目的地进行,让事实在动态过程中展现;另一方面,在采访调查的过程中,当事人、群众、相关方面专家乃至记者、主持人等各方面的意见、话语都作为一种信息,和事实信息汇集在一起,提供给观众一个尽可能广阔的视角。

此外,由于评论节目具有一定的舆论监督作用,有些事实并不是常规采访途径所能获取的,在某些特殊情况下,隐性采访就成为评论节目展示事件过程的重要手段,它可以使观众获得更为贴近真相的信息,从而作出较为准确的判断。

(3) 评论的多向互动。评论是一种话语表达,而任何的话语都是双向或者多向的,只有在一种互动的过程中,评论才得以真正完成。对这种多向互动的追求首先体现为充分展示相关人士的评论。对于一件事情,人们会发表不同的看法,这些看法在他们的判断中可能发挥着重要的作用,电视评论节目就需要在各种评论的多向交汇中架构观众的思考空间。譬如上海台的《新闻透视·为公平竞争喝彩》讲的是上海放开市场,实行私车牌照无底价拍卖,以此为新闻由头,记者没有作任何评论,而是在一石激起千层浪之后,迅速采集了多方面对这一事件的看法,来完成对事件的评论。其次,将观众的参与、反馈及时组织到节目中来。比如《焦点访谈》对一些重点报道进行追踪并将处理结果展现给观众,从1998年4月开始完善反馈机制,节目的反馈速度和密度明显加大。

(4) 评论的个性化。评论的个性化是电视评论节目的发展趋势,也是节目营销和形成节目核心竞争力的需要。这种个性化主要体现在两个方面:一方面是评论类资讯栏目的个性化。在今天媒体发达、频道纷呈、栏目众多的情况下,各种评论栏目要想保持立足之地,必须要办出特色,要有明确定位,针对特定的对象、特定的题材范围、特定的方向和目的对栏目进行整体策划,打造自己的品牌,形成观众对评论栏目的期待视野。就内容而言,随着频道的增多,评论节目的专业化是评论节目发展的重要方向,财经评论、法制评论、政治评论、音乐评论、体育评论等等,使评论更精更专,从而形成节目的个性。另一方面,对主持人、出镜记者而言,他们也需要发出自己的声音,展示自己的个人魅力。因为一旦进入电视,主持人、记者实际上就超越了个体本身,成为一种特殊的载体,是交流和传播信息的重要中介,记者、主持人的形象、语言、采访分析能力、应变能力、个性特征等是评论节目得以深入的重要因素。在西方电视媒体中,培养自己的富有个人魅力的名主持人、名记者,已是关系到媒体生存和发展的大事,是提高栏目收视率的重要保证。

三、深度报道类电视新闻资讯节目

深度报道起源于20世纪40年代的西方报业,本来是报刊为对抗电子新闻媒介竞争而发展起来的新闻报道形态。1968年,美国哥伦比亚广播公司推出大型杂志型电视新闻节目《60分钟》,以对社会问题作有深度的调查为特点,很快成为美国收视率最高的电视节目之一。20世纪90年代初,随着电视的普及,深度报道类电视资讯节目开始进入中国电视领域。1996年央视推出《新闻调查》,深度报道类电视新闻资讯节目在中国的传媒土壤里扎稳了脚跟。

1. 深度报道类电视新闻资讯节目的定义

《新闻学大词典》给深度报道的定义是:"运用解释、分析、预测等方法,从历史渊源、因果关系、矛盾演变、影响作用、发展趋势等方面报道新闻的方式。"[1]《中国应用电视学》提出:"解释性、调查性、分析评述性、问题探讨性等一些具有思想内容深度的报道都可属于广泛的深度报道范畴。"[2]可见,深度报道是关于重要新闻资讯的具有事实广度和思想深度的报道形态。深度报道的功能是在"五W"纯消息性告知之外,对新闻事实的相关要素作进一步的深化处理,报道的事件往往和社会热点、焦点、难点、疑点问题相关,关注的是事件发展的"过程性",而不仅仅是本质的瞬间;深度报道将新闻事件放到人与社会的关系层面考察,通过深入挖掘阐明事件发生的因果关系来揭示其现实意义,并追踪和探索其发展趋向,是新闻五个"W"和一个"H"的进一步深化;深度报道是基于事实的深度,是用事实达到的深度,要用事实来说话,以事实为依据,一切的意义和观念必须置于事实的统合之下,通过事实来体现。

结合电视新闻必须具备的声画兼备、现场感、证实性等媒介特点,深度报道类

---

[1] 甘惜分:《新闻学大词典》,河南人民出版社1993年版,第153页。
[2] 北京广播学院电视系学术委员会:《中国应用电视学》,北京师范大学出版社1993年版,第181页。

电视新闻资讯节目可以作如下界定：以现代电子技术为传播手段，以多元素的图像、声音为传播符号，对新近发生或正在发生、发现的新闻事实或资讯进行解释性、分析性、调查性等报道的节目类型。

2. 深度报道类电视新闻资讯节目的类型特征

作为一种相对独立的电视新闻资讯节目类型，深度报道类电视新闻资讯节目承担着提供深度信息，反映、阐释、分析乃至预测新闻事件原因、背景与未来等多种功能，既区别于消息类新闻资讯报道，又区别于广播、报刊等媒介的深度报道，具有非常鲜明的自身特质。

（1）强化思想性和思辨性。思想深度和思辨色彩是电视深度报道最显著的特征。深度报道将"大"和"专"对接在一起，实现了报道的厚度与深度的统一，而这其中又以"专"更为重要，深度报道必须由表及里，透过现象看本质，提供给观众可以思考、受到启迪的东西。思想性、思辨性是衡量一个报道是否达到深度报道的根本标准。《经济半小时》作为央视财经频道经济时事方面的深度报道性栏目，选题上着眼于"大经济"，以重大经济事件、业界风云人物作为报道的焦点，以严谨的态度、新闻的眼光、经济的视角、权威的评论，深度报道经济事件、透彻分析经济现象、忠实记录企业变革、准确把握经济脉搏。从 80 年代中原商战到 90 年代国企改革试点追踪、软着陆；从"95 农村小康纪实"到"99 财富对话"和"新千年达沃斯论坛"，从追踪"网络水军"操控舆论到透视"网络团购"陷阱，《经济半小时》总是走在中国市场经济改革与发展的最前沿。它的权威性、思辨色彩和深度透析力，给普通百姓提供了及时准确的信息，也给国家宏观经济的决策提供了生动鲜活的参考。

（2）对新闻事件的整合强化。电视深度报道是围绕一个主题、紧扣一个焦点，对新闻信息进行整合报道，它的首要功能就是要产生"1＋1＞2"的聚合效应。深度报道的"兴奋点"常常都是社会关注程度极高的热点、重点、难点甚至冰点问题。另外，深度报道因其重要性和显著性，也易引发观众足够的注意力。从这个意义上说，深度报道是传播学理论中所谓"议程设置功能"理论的"显著性模式"的成功应用，即"媒介对少数议题的突出强调，会引起公众对这些议题的突出重视"。同样的新闻事件，采用了深度报道的方式，其新闻价值更容易得到提升，其传播效果更容易得到强化。

（3）重视过程的展示。电视深度报道对新闻事件过程中的曲折性、复杂性要有所反映，上承以往报道的事实或观点，下继新闻事实的最新发展趋势，使观众对于整个事件有一个全面深刻的认识。如在《新闻调查·医保疑团》中，记者带着经过患者和知情者认证的复印单据到骗取医保的医院求证，从院长到肾内科主任，到原信息科工作人员及综合管理科科长，再到原医保科科长，"我不知道"的声音不断出现，记者始终没有放弃，直到最后找到原信息科科长才最终确认了单据的真实性。正是在这步步深入的调查过程中，医院人员相互推诿、力图遮盖事实的行为表露无遗，医院联合患者共同骗取医保金的真相才得以逐步浮出水面。

（4）报道手法多样。电视深度报道内容上的多侧面、多角度、全方位决定了其表现手法的多样化。同时，由于电视自身的优势，声、光、画、字幕等各方面技术传播系统都能应用在电视深度报道过程中。如在《经济半小时·4S店的秘密》里，记者通过明查暗访，多处求证，通过镜头记录，真实还原了走访的现场。在采访过程中，通过全景（汽配城或4S店的门面）、中景（店面招牌和店面情况）、近景（采访或秘密拍摄过程）、特写（配件和价目表）的转换运用，再加上主持人的旁白和解说，将整个拍摄过程流畅地展示在观众面前。

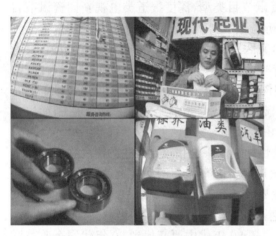

《经济半小时·4S店的秘密》节目截图

总之，电视深度报道是一种在事实性和调查性的基础上围绕一个主题，紧扣一个焦点，综合运用镜头、声音等电视符号，整合新闻信息资源，进行高密集度和强渗透力的信息传播，体现"包容量大、形式手法丰富、主题鲜明"等特点的新闻资讯节目类型，它在深化新闻主题、进行舆论监督方面有重要作用。

3. 深度报道类电视新闻资讯节目的主要类型

深度报道类电视新闻资讯节目按照报道方式可分为解释分析性报道、调查性报道、预测性报道等。

解释分析性报道是一种运用相关的事实来解释分析新闻事实的新闻报道，它通过对新闻背景材料与事实材料的说明、对比和分析，展示新闻事实的来龙去脉，着重于分析新闻事实的原因、意义和影响，即在新闻的"五个W"中侧重回答"为什么"。比如前面提到的央视的《经济半小时》，上海电视台的《新闻透视》、《1/7》、《深度105》就属于此类节目。

调查性报道源于西方，它是以暴露或揭丑为核心，以揭示大众所关心的社会的腐败现象、犯罪、内幕新闻、政府黑幕以及被某些人企图掩盖的事实为主要目标，在西方很受欢迎,如美国著名的新闻节目《60分钟》就是西方调查性报道发展史上的经典之作,央视的《新闻调查》则是我国电视新闻调查性报道的代表之作。调查性报道有别于其他新闻报道类型的基本特征是:第一,调查目标明确,致力于揭示对受众有重要意义的事实的真相;第二,调查行动由媒体与记者独立完成,调查与收集材料是记者的原创行为;第三,以悬念性、故事性、侦探性为主要表现方式和手段。

预测性报道是指通过对现有事实材料的分析,从而对未来可能发生的新闻事件及其影响、意义进行预先推论的新闻报道。其主要特征是:第一,预测性报道具有超前性、预告性。它所报道的事实一般都没有显在发生,只是推测在正常情况下新闻事件发展的可能轨迹,从而使受众对未来有所准备;第二,预测性报道具有科学性。它用现有的新闻事实来展望未来的事件发展,在做出预测之前,记者要对预测对象的构成和历史进行分析研究,从内外因变化着手进行预测,是基于科学根据的预测,而非记者的主观臆测。

四、直播类电视新闻资讯节目

直播类电视新闻资讯节目调动一切手段,让观众及时、直接地接近信息源,并有一种逐渐推进的体验过程,随时将新闻事件的进程与人们共同分享,是最具有电视特性的一种新闻形态。直播节目在世界各国的新闻资讯节目中都占有越来越大的比例,是电视新闻资讯节目发展的重要趋势。直播类电视新闻资讯节目主要有以下两种类型:

1. 新闻资讯节目的演播室直播

这是指在演播室播报节目的同时把节目信号传送出去,新闻的播报与观众的收看同步进行,实际上是演播室播报与新闻制作合成、受众在电视机前的观看三个工作环节合一的直播。

与在规定时间内按时播放已经编辑录制好的新闻资讯节目播出带即所谓录播方式相比,新闻资讯节目的演播室直播有着明显的优势:一是报道时效快。录播节目的截稿时间往往需要提前三到四小时不等,而采用演播室直播,即使新闻资讯节目已经开播,仍可以将刚刚制作好的资讯插进去;甚至可以与现场直播或连线报道相结合,把重大新闻事件引入到新闻资讯节目中,更能凸显电视新闻资讯的时效性。二是新闻编排更加灵活。录播按照预先的设计,一般无法插播新闻资讯,而直播的新闻资讯节目,只要节目播出没有结束,就可以随到随发。三是演播室直播对电视新闻从业人员的工作态度、作风、技巧等提出了更高要求,有助于培养新闻从业者快速、准确的工作作风。

NHK 报道 2011 年日本宫城县地震画面

2. 重大新闻事件的现场直播

这是指以新闻现场的多机位拍摄、现场编辑与卫星传播直接相连的现场新闻即时传送为主体,综合背景资料、相关知识介绍、演播室的串联、评述、现场记者采访及多个现场之间的交流为一体的综合报道系统,既能发挥新闻现场的全部潜能,满足人的好奇心,又能进行多种形态的资讯整合,以多元方式构建完整的新闻资讯系统①。

重大新闻事件的现场直播是电视新闻资讯节目中最具生命活力的一种类型,最直接、最集中地体现了电视新闻资讯传播的本质特征。

一是现场复合资讯的原生态还原。在事件发生的时候让观众直接感受到现场的氛围,与社会实践同步前行,是媒介的职责和功能所在。新闻事件的现场直播能与新闻事件正在发生的现实时空平行,能够直接摄取新闻现场的形象、音响、环境氛围等作为传播符号,同步制作播出,还原并延伸了生活,保留了运动的延续性、过程的可体验性、事件的不可预知性。在 2005 年 11 月 28 日对伊拉克前总统萨达姆的庭审中,曾不止一次出现直播画面被切断的情况,究其原因,是美国官方不愿意让萨达姆将其作为舆论宣传的舞台。然而百密一疏的是,负责庭审直播的管理人员在切断画面的时候,却忘记了关掉麦克风,致使法庭内的一些激烈辩论,萨达姆的"真情告白",甚至是老萨与老部下的玩笑之词,均被防弹玻璃外西方记者聘用的阿拉伯翻译们听得一清二楚。《芝加哥论坛报》在最先获得这些内幕消息后,立即进行了曝光,随后美国主流媒体《华盛顿邮报》和《纽约时报》竞相跟进。

---

① 朱羽君、殷乐:《生命的对话:电视传播的人本化》,中国电影出版社 2002 年版。

二是满足了人的共时需求。人们渴望能够在事件发生的同时共时感知,在过程中同步体验,将个体的生命融入集体之中。重大新闻事件的现场直播使得观众与媒体共同经历正在发生的事件的过程,共同应付偶发事件,极大地满足了人们亲眼目睹、亲身经历的好奇心、求知欲。

三是成为人类体验的一部分。人的心理欲求总是超过自己的生理能量,媒介所需要做的就是尽可能地满足人延伸自己的心理需求。新闻事件现场直播具有与生活的同构性,并以其技术能力所提供的无尽可能性,与鲜活的生活咬合在一起,结构了一个更为人性化的现代生存空间,让人获得梦想中的体验。例如60周年国庆大阅兵直播,以清晰的画面、逼真的细节、丰富的角度为

凤凰卫视直播汶川地震时主持人肃立寄托哀思

观众全景再现了60周年国庆大典的空前盛况。可以说,在习惯了电视媒介对感官的充分调动和延伸之后,现代人的生存体验已经是和电视现场直播紧密联系在一起的延展性体验。

四是信息传播的系统结构。就信道定理而言,在信息传输的过程中,信息量只会在传输过程中不断减少,不会增加。信息传递通过的通道越长,环节越多,损失越大。而电视直播节目在同一时态完成了信息源—编码—传输—解码的全过程,它所传递的信息具有同时共享性,在信息传播上最大限度地减少了损耗。

但现场直播仍然不会等同于现场,它仍然是一种传播形态,需要选择,需要对时空进行重构。现场直播提供了一种以新闻现场为信息链条的系统结构。新闻现场直播设置有许多不同的机位,每台机位都有不同的角度、不同的视点、不同的选择,在发送信息时,还需要编辑人员进行有序的排列。事实上,新闻现场的时空已经被这种选择和有序排列进行了重构,已有了信息的选择、梳理、强化和突出的意义,所以说,现场新闻直播的过程,也是信息有序化、集约化的过程。

另外,在新闻现场直播中,由于事件发展的实时过程中总会有信息重复、冗长、乏味的时空,如果一味将镜头对准缓慢进展中的现场,就难以有秩序化的信息阵和激动人心的兴奋点,往往会陷入信息的低运作状态,人们就会失去对现场的兴趣。这时就需要及时地插入一些与这一新闻事件有关的背景资料、历史典故、知识介绍、图表展示等,或者插入事先拍好的有关专题、人物采访,将它们与现场信息有机

结合,使现场信息增值,吸引受众兴趣。

五、对象性电视新闻资讯节目

如前所述,90年代以来电视实务界所实践的新闻节目类型已经远远超出单纯的新闻定义所指向的内容,节目涉及的范围越来越广阔,大大超越了传统新闻的范畴,不仅有传统意义上的时政新闻,而且还包含了财经、证券股票、影视娱乐、文化体育、生活服务等方面的内容。1979年,央视创办的《为您服务》立足于满足日常生活需求,介绍日常生活知识。广东电视台1981年创办《家庭百事通》、湖北电视台创办《生活之友》等,这些节目大都与老百姓的衣食住行息息相关,强调贴近性、服务性。90年代以来,随着大众物质文化生活水平的提高,特别是随着社会转型和社会群体的分化,受众细分为各种群体,小群体趋势日渐明晰,受众对资讯的需求更趋多样,以《生活》《北京特快》《第7日》《生活补助热线》等为代表的一批节目开始挖掘发生在百姓身边的新闻,体察民情、关注民生、倾听百姓呼声、解决百姓身边事,孕育了民生资讯的雏形。尤其2002年1月1日江苏广播电视总台城市频道开通的《南京零距离》,更使得电视媒体意识到民生资讯的巨大魅力。

1997年,光线传媒推出娱乐节目《中国娱乐报道》,口号是"我们了解娱乐界,娱乐传闻到此为止",成为娱乐资讯的典型样式。紧接着,《世界娱乐报道》《娱乐人物周刊》《音乐风云榜》《体育界》《电视剧风云榜》《摩登时代》等一系列娱乐资讯节目相继推出,吸引了大批观众。世纪之交,一大批在原先的新闻节目定位中较为少见的资讯节目纷纷亮相,如《中国证券》《谈股论市》《影视同期声》《健康之路》《房产直通车》《天下足球》《综艺快报》《东方体育快评》等。"资讯"可以说是CCTV-2中出现频率相当高的一个词。从早间的《第一时间》"用资讯唤醒清晨",提供国际国内最新经济、市场行情与生活实用资讯,到午间的以提供国际资讯为主、国内外融通的《全球资讯榜》,再到晚上的主动为观众挑选最重要的经济新闻的《中国财经报道》,为广大观众传递有价值的经济类资讯已成为该频道中各大栏目服务受众的一项重要指标。

这些以生活服务、文体娱乐、财经金融等为主要内容,指向对象较为明确的新闻资讯节目,有学者称之为"资讯信息类电视新闻资讯节目",因为"资讯信息类电视新闻资讯节目就这样漂移在混沌的世界里,并随着电视节目形态变化尤其社会生活的变革一起修正和完善","这是一个过程性的节目分类概念"①。这一说法重复、混乱,难以准确理解。本书姑且从这些节目特定的观众定位出发,将这些节目

---

① 徐舫州、徐帆:《电视节目类型学》,浙江大学出版社2006年版,第41页。

称为对象性电视新闻资讯节目。所谓对象性节目,是指指向特定对象播出,并侧重表现特定范畴领域或兼而有之的专门性节目,一般根据年龄、性别、经济收入、文化政治态度等人口学或社会学特征进行设置,往往有着特定的收视群。归结起来,所谓对象性新闻资讯节目,是指以观众分化为基础,指向特定目标观众播出,并侧重表现特定内容领域或范畴的一种新闻资讯节目类型。对象性电视新闻资讯节目是电视节目从"广播"向"窄播"发展过程中的必然产物。

跟传统的时政类电视新闻节目相比,对象性资讯节目具有其独有的类型特质:

一是直接锁定目标受众。依据社会学理论,现代社会有一个明显的发展趋向,就是不断地分化,进而导致社会分层的不断出现和变化。比如陆学艺认为:"1978年以来的改革开放使中国社会发生了深刻的变化,经济体制转轨和现代化进程的推进也促使中国社会阶层结构发生结构性的改变。……与1978年以前的阶层结构相比,这一新的社会阶层结构在基本构成成分、结构形态、等级秩序、关系类型和分化机制等方面都发生了深刻的变化。"陆学艺以职业分类为基础,以组织资源、经济资源和文化资源为标准划分出我国现阶段的十大阶层:国家与社会管理者阶层、经理人员阶层、私营企业主阶层、专业技术人员阶层、办事人员阶层、个体工商户阶层、商业服务人员阶层、产业工人阶层、农业劳动者阶层以及城乡无业、失业和半失业阶层。面对社会分层以及细分之后的不同受众需求,电视传媒决策者们将媒介产品等同于一般消费品在市场上的流通,依据市场营销学理论,成熟的市场必然要达到细分的阶段,换句话说,现代营销战略的核心可以被描述为STP营销,即细分(segmenting)、目标(targeting)和定位(positioning)。经过细分之后,原先"自说自话"、"目中无人"的传播模式转变为"观众是上帝"式的观众中心模式,节目制作之前必须先找到自己的目标受众,这是中国传媒业30年来最重要的转型之一,也是这些资讯节目存在的基本前提。比如《中国证券》节目针对股民心理;《全球资讯榜》栏目最具价值的地方就是其高端受众的传播价值,栏目虽经过不少调整,但目标受众一直锁定在高端人群中,这批社会中坚力量的消费能力成为栏目最大的卖点;《娱乐现场》则主要针对"追星族"、"粉丝族";凤凰卫视资讯台的《天下被网罗》这样一档结合了网络新媒体形式的电视新闻节目,有效地改善了新闻资讯类节目在内容上和形式上的单一和枯燥,并且把握到了年轻观众在收看资讯的同时,渴求娱乐的心理和有效互动的需求,同时利用凤凰卫视已有的网络电视直播平台和网络在线视频节目的优势,亦可以吸纳一部分非电视爱好者的网民收看节目。

在面对复杂竞争的情况下,一个栏目或节目必须将目光锁定在目标受众群的收视需求以及需求的变化发展上,充分利用市场条件,为节目创造最大的受众群和最大的经济利润。而且由于受众需求包括多个方面,还有显性与隐性之分,显性的需求是受众意识到的,而隐性的需求可能是受众尚未意识到的,资讯节目不仅要满足观众的显性需求,还需要通过节目制作者敏锐的判断力、预测力和捕捉能力,去创造性地满足受众的各种隐性需求。比如凤凰卫视1998年4月新创的《凤凰早班车》一改以往正襟危坐、面目肃然的播音腔,以"说"新闻的方式,使得原先在受众中存在的"我播你看"变为"你说我听",运用口语化的播报风格来对应早上刚刚醒来、需要祥和气氛的观众,在温和、轻松中将当日世界最新的时政和财经资讯传递出来。

二是承担资讯"万事通"的功能。有"客厅媒体"之称的电视是人们家居生活的一部分,资讯节目直接为受众的日常生活提供着各种服务,从新闻时事、天气预报、商品信息到购物指南、旅游出行、股市行情、期货动态、金融理财等,都已经是如今人们日常生活的一部分。这就要求资讯节目承担起信息管家的重任,随时把各种资讯送到人们面前,并且资讯节目中的信息要具有实用性、及时性、贴近性等"管家服务"的特点。比如杭州电视台生活频道在2005年整合《都市报道》、《都市生活》等栏目,推出一小时生活服务资讯类节目。节目以百姓日常生活服务指南为报道主体,给广大受众提供最全面、最实用的杭州及周边地区的生活服务信息,结合信息搜集、现场报道、深度调查、投诉跟踪等多种形式,关注普通老百姓的生存状态与生存空间。按照以新闻方式提供生活服务的这一总体思路在现有频道资源的范围内,按照节目内容进行细化,使节目能较为集中地反映某些特定领域的需求。节目内容定位的专一化与目标观众的分众化,使受众在感兴趣的频道里、感兴趣的栏目里,最大程度获得有价值的信息,从而培养固定观众群的收视习惯,提高收视率。节目集服务、热线、互动等功能于一体,风格轻松明快,语言风趣通俗,生活气息浓郁,努力贴近普通观众:首席预报员天天细说气象,是第一时间;资深名记者处处指点风云,在第一现场;消费、买卖不少疑惑,听维权机构发维权预警;交通、建设几多信息,看权威部门作权威解读。

三是整合信息的逻辑清晰、角度独特。因为要服务于明确的目标受众,资讯节目往往直接根据目标受众的需求对纷繁复杂的信息进行整理、整合,编排角度、编排技巧是一档资讯节目能否成功的关键。例如《全球资讯榜》是央视财经频道新闻主框架的组成部分之一,在正午黄金时段为受众提供全球经济资讯。2005年CSM全国收视调查报告显示,该节目收视率呈现明显强劲上升态势,而15秒的千人收视成本仅1.42元,可谓是CCTV-2广告投放最为超值的经济类栏目。该节目的成功与节目独特的编排方式不无关系:节目突破常规新闻播报形式,巧妙嫁接报纸的编辑模式,借用"排行榜"这一形式梳理浩如烟海的经济资讯,"一榜知天下"的编排方式是中国电视新闻资讯编排史上的全新尝试。如此一来,编辑只需根据经济资讯重要程度的不同选择节目所需素材,这就找到了编排逻辑,也轻松掌握了众多经济信息与节目之间的契合点。

四是平民化视角及沟通的亲和力。品牌亲和力是消费者对某种品牌的感情量度,当消费者视某种品牌为生活中的一位不可或缺的朋友,对它产生熟悉感、亲切感和信赖感,认同其存在的意义时,该品牌就具备了品牌亲和力。以关注民众、

《全球资讯榜》

服务民生为核心的"民生新闻"的出现,动摇了传统新闻资讯高高在上、一成不变的形式,它以报道民众身边事、通过电视反映群众声音的鲜明风格赢得了观众的喜爱,我国电视新闻节目的收视格局也因此发生了显著变化。《南京零距离》2002年推出后收视率就屡创新高,也创下了单个栏目年收入超亿元的奇迹。可以说,民生新闻资讯类节目的推出,既是满足群众知情权、话语权的需求,也是一种市场的选择。广西电视台资讯频道晚间主打栏目《资讯晚报》节目长度40分钟,节目定位就是一档专说百姓身边事的新闻,一档全方位为百姓提供说话平台的新闻,一档无微不至为百姓服务的新闻。节目板块设置有"百姓话题"、"拍马赶到"、"高枫说事"、"许菲说事"等,主持人风格体现以说为主,边说边评。其中的"百姓话题"每天从一件百姓身边发生的事说起,从百姓最关注的话题说起,配以"百姓说话"、"相关链接"、"主持人观点"、"观众评说"等小板块,形成一个较完整的板块结构。这一板块注重观众的参与和互动,要求话题有所链接和延伸,并可根据观众的建议,寻找第二天节目的话题,在实践和摸索中逐步形成根据观众需求办新闻的模式,依靠千万观众做智囊团,保证节目信息源的生生不息,目的就是通过对百姓身边事的深入探讨,强化观众对节目的参与,为百姓提供说话的平台。

以上本书一共列举了五类电视新闻资讯节目,当然其类型不止这些。随着新的传播技术的发展和电视自身内涵与服务的改变,电视新闻资讯节目也将会不断推陈出新,更好地满足受众的细分需求。

第三节 电视新闻资讯节目的策划

在日益激烈的媒介竞争环境中,新闻资讯节目的策划能力是一个媒体号召力、

影响力的重要体现,是媒体在新闻大战中立于不败之地的一个重要手段。经过精心策划的电视新闻资讯节目会成为一个电视台的品牌,给媒体带来可观的经济回报和巨大的社会效益。

所谓电视新闻资讯节目的策划,是指媒体遵循新闻资讯传播规律,围绕一定的目标,对已占有的信息进行去粗取精、去伪存真、由此及彼、由表及里的分析和研究,发掘已知,预测未来,着眼现实,制定和实施相应的政策和策略,合理配置诸方面的资源,以求最佳传播效果的创造性的策划活动。从策划涉及的对象、范围而言,电视新闻资讯节目的策划有宏观(一般学理——理念)、中观(具体对策——策略)、微观(可操作性技艺——方式、方法)等三个层面。本书主要着眼于电视新闻资讯节目类型的中观层面,从整个采、编、播的制作流程来加以说明,主要包括选题策划、采访策划、嘉宾策划、节目形式策划、策划系统的组织重构等。

一、选题策划

电视新闻资讯节目的选题,一般是指电视节目制作人员根据对新闻资讯价值的判断,抓住一定时期的政治、经济、社会等方面的变化与事物的非正常状态,紧扣不同观众的需求、思想变化,进行报道方向和内容的选择,以吸引和影响观众。

1. 时事资讯的选题策划

电视时事资讯节目最直接地反映资讯和政治的关系,以传达党和政府的声音、报道国内外重大时事为基本内容,承担着舆论宣传、上情下达,在政府与人民群众之间架起沟通桥梁的使命。因此,此类节目需要遵循政治体制的要求,把握好节目追求与政治分寸,同时需要加强感染力、吸引力,以期达到较好的宣传效果。这就要求节目制作者有"举重若轻"的本领,将重大主题转化为可视性强、说服力强、新闻性强的资讯节目。在具体的选题上,策划者应该充分理解中央的大政方针、宣传精神,从实际中调查研究,掌握大量的具体事实,从观众关心和熟悉的角度进行报道,使枯燥的东西生动化,立体化,充分体现报道的贴近性和服务性。比如《焦点访谈》的选题一直坚持"政府重视、群众关心、普遍存在"的原则,被称为舆论监督的"选题三原则"。仔细分析这三句话,就会发现,"政府重视"解决的是新闻报道的出发点和归宿点问题,即舆论监督必须紧紧围绕党和政府在一个时期、一个阶段的重点工作进行。同时,舆论监督的指向,又恰恰是政府迫切希望在工作中解决的问题,也就是说代表党和政府的意志。"群众关心"解决的是报道的广泛性和贴近性问题,即舆论监督应该深入到社会生活中去,聚焦在广大人民群众关心的热点问题上,代表他们的利益,也就是民意。至于"普遍存在",解决的是新闻报道的典型性问题。这就要求选择题材时注重社会效果,最大限度地发挥舆论监督的社会效益。同时,也要求舆论监督要有善意的态度,不恶意炒作某些极端、孤立的事件,人为制造所谓的"焦点"、"热点"。从这个意义上理解,我们也可以把它当作是《焦点访谈》自身的价值取向问题。政府重视、群众关心、普遍存在的"选题三原则",一个都不能少,是《焦点访谈》把握舆论监督报道导向的坐标①。

2. 对象性新闻资讯的选题策划

此类策划应从受众入手,强调以人为本。受众对传媒一般有以下需求和期待:瞭望需求,因为媒介是人的延伸,不同的传播媒介也就是人的不同感官向外部世界的"延伸",大众传媒日益成为受众瞭望社会、监察环境的主要手段;实用需求,读者通过接触大众传媒,获得生活上的帮助和指导;社会化需求,读者通过大众传媒获得信息、知识和技能,获得判断是非的标准,通过大众传媒学习和扮演社会角色;调剂生活的需求,大众传媒往往能使受众的感情得到宣泄和释放,使之心理愉快。为了满足受众的期待和需求,对象性新闻资讯的选题策划应注意以下原则。

(1)可受性原则。可受性是新闻资讯策划对于读者的可接受的程度。由于新闻资讯策划是媒体有目标指向的新闻筹划活动,是传媒人的一种主观行为和"议题设定",很容易出现一厢情愿、"目中无人"的局面。新闻资讯的可受性取决于受众的共同心理要求,因此,媒体策划的选题必须是大多数受众欲知、应知而未知的。

(2)时新性原则。新闻资讯的本质是"新",新闻策划是以新闻资讯事实为基础的策划和运作活动,当然也要新,要有较强的新闻性。对于事件性报道,要有较强的时效性,对于没有准确时间要素的非事件性报道,可将它放在特定的时间坐标系或特定的背景下实现其时新性。

(3)深度原则。媒体对客观事实应有整体的把握和高屋建瓴的认识,以开阔的思维去观察和思考,用联系和发展的观点看问题,有计划、有目的地深入挖掘,将百姓关心的报道层层做深,才能给受众留下一个全面、深刻的印象。

(4)前瞻性原则。随着新闻竞争越来越激烈,新闻资讯策划已为越来越多的媒体所重视。因此,谁能领先一步,占得先机,也就成了新闻资讯策划成功与否之关键。要做到前瞻,首先要做到准确把握热点,要求采编人员具有高度的新闻敏感,及时反馈信息。同时,记者要与社会各界保持密切联系,要将新闻触觉伸展到各个角落,要做全天候的新闻人。

(5)策划中的人文意识。好的新闻资讯策划应当有忧患意识和人文情怀,关

---

① 晋岭、于慧丽:《〈焦点访谈〉选题运作的再思考》,《新闻战线》,2010年第2期。

注当下社会普通人的生存境遇和发展要求,挖掘平凡人不平凡的经历,反映普通人的声音①。

二、采访策划

在深度报道类新闻资讯节目中,采访占有非常重要的地位,它是节目基本构成因素和基本形态。从策划角度说,电视新闻资讯类节目的采访要求记者具有四种意识②。

1. 换位意识

指采访记者与被采访对象之间思想、情感的互动与交流,也是指采访记者与假想的镜头背后的电视观众之间的思想、情感的互动与交流。换位思想首先要求采访记者要考虑和尊重被采访对象在镜头前的感受,使他们放松情绪,进入自然的谈话状态,这是做好采访的前提。通过这样的"换位",使得被采访对象敢于面对镜头吐露真实的想法,让受众通过屏幕看到真相,听到真话。

2. 无知意识

是指出镜记者在采访过程中要保持一种无知心态和求知的好奇心,有些采访即使知道结果,也要在设计采访问题时从无知开始,到获知结束。无知意识体现为记者采访前的一种谦虚心态,从而保持一种积极应变的心理状态。镜头下的采访一旦开始,记者绝不能像一个全知全能的上帝一样,在采访中似乎把对方想说的话都料到了,或者替对方把话说完,只给对方点头或摇头的机会。而且,记者的问题设计要有逻辑性,前一个问题与后一个问题之间能呈现出层层递进的关系,这样才符合我们的认知规律。

3. 怀疑意识

是指在调查采访时,采访记者始终要保持一种警惕,不要轻易相信眼前看到的场景、耳朵听到的话语,要用足够的怀疑来作出冷静的判断,尽可能采访到方方面面的事实和证据。怀疑意识不仅是一种科学的调查精神,也是一种采访策略。在具体采访过程中要找到灵活而聪明的方式,言语的表述要遵循一些交流技巧,不能造成太大的交流阻力。

---

① 《策划制胜:怎样做好新闻的选题策划》,http://www.zjol.com.cn/05cjr/system/2004/11/22/003928289.shtml。
② 胡智锋:《电视节目策划学》,复旦大学出版社2010年版,第35—40页。

4. 现场意识

是指现场记者的采访要和事件同步进行，尤其要善于抓住每一个反映事物本质的瞬间，并把它通过采访揭示出来。反映事物本质的瞬间，往往构成了节目的精彩段落。记者要善于把握事件进程和人物活动的各种变化，作出正确判断，尽可能还原出一个真实的时空流程和场景。

三、嘉宾策划

电视领域的"嘉宾"是指被邀请到节目现场，参与节目的所有客人，这是广义上的嘉宾概念，狭义上的嘉宾是指坐在主景区，与主持人共同构成主体的某位或几位人士。杨澜曾说过："就像一个农民犁地、播种、杀虫、锄草，可是如果老天不下雨，或者放了洪水下来，照样是颗粒难收。这可遇而不可求的天气就是来宾本人。他（她）本人是否健谈，他（她）那天的情绪如何，都直接影响节目质量。"可见嘉宾对于节目的成功有着至关重要的作用。

在新闻资讯类节目中出现的嘉宾主要包括两类人：一类是以专家、名流为代表的社会精英人士；另一类是以新闻事件当事人为代表的社会各阶层人士，尤其是中下层人士。这些嘉宾可以对新闻现场第一时间获取的新闻事实进行解读和分析，深化新闻节目的内涵；可以增加节目的信息量，嘉宾精彩的分析也能够成为新闻信息的一个有机组成部分；还能帮助控制节目进程，在重大新闻资讯现场直播过程中，如前方新闻信号不能及时传送到演播室，嘉宾的谈论能够有效地延时，避免尴尬。对于有些邀请新闻当事人到演播室访谈的节目来说，嘉宾本身就是新闻。

选取参与电视新闻资讯节目的嘉宾有以下原则：

1. 资格原则

不管是以嘉宾为中心的新闻资讯节目，还是以嘉宾作为重要组成部分的新闻资讯节目，嘉宾的第一要求是资格，就是具备符合节目需要的所谓"谈资"。参与节目的嘉宾要么是新闻的当事人，要么是对新闻解读和评价有充分把握的专家学者，他们共同的特征是比一般观众掌握更多的关于新闻本身或者新闻背后的信息。当请不到主要当事人时，可以请见证者、目击者或者当事人的亲属、朋友等了解情况的其他人。资格原则是嘉宾策划的一个根本原则。

2. 权威原则

权威原则是指邀请的嘉宾是某个专业领域的权威。权威嘉宾能够提升节目的影响力和公信力，深化节目内涵。但要注意扬长避短，激发嘉宾热情，协调嘉宾言论与节目的关系。

3. 组合原则

组合原则是指邀请一个以上的嘉宾时要进行功能设计与组合，以便形成对话中的互动、反差、冲突等关系，更好地发挥嘉宾的功能，为节目增光添彩。

四、节目形式策划

在确立了主题的情况下，可以采取不同的形式进行新闻报道。形式的选择就是要用特有的声画结合的手段充分实现策划者的报道意图。构成节目形式的要素主要有节目类型、播出长度、编辑特点、结构方式、交流形式、节目包装等。新闻报道形式的选择得当与否，是新闻资讯节目能否成功的关键因素之一。

《南京零距离》自2002年元旦开播以来，曾作为"民生新闻"的代表在竞争日益白热化的电视市场上独树一帜，一度挑起南京地区新闻大战。2009年5月1日起，《南京零距离》正式改版升级，栏目名称改为《零距离》。原先是新闻＋评论＋故事的节目结构，亦即俗称的杂志型节目结构，新版《零距离》力图继续张扬这种结构的优点，形成"五个一"：一个焦点、一个人物、一组评论、一个调查和一个故事。《焦点》即围绕民生话题和焦点话题，展开聚集式报道，含现场访谈，如相继推出了"清明祭扫"、"文明出游"、"新医改方案"等主题报道。《角色》即让观众认识一位栩栩如生的新闻人物，讲述人物坎坷经历，展现人物丰富的内心世界与人格力量。《观点》即一串妙语如珠的新闻评论。原来的《孟非读报》时段是评论的主阵地，而新版则把评论贯穿整个栏目时段，强化个性主持、特邀嘉宾、新闻评论员的特色，全程对新闻展开精彩的评论，同时开展与场内外观众和网民的观点互动。《追踪》即一桩环环相扣的新闻调查。记者深度介入新闻事件，揭露事件真相，体现舆论监督的力量。《纪录》即一个曲折离奇的新闻故事。用温暖的目光、感人的故事关注大千世界、人情冷暖。改版后的《零距离》在形式上更加灵活，更好地体现了这档民生新闻资讯节目的主题和精神。

五、策划系统的组织重构

电视新闻资讯节目策划不仅要有一个整体的方案，有一个强大的指挥、决策班子，更重要的是要建立一个负责任的、高效、规范的组织，去保证和落实策划方案和决策目标的有序实施、有效调控。对我国大多数电视新闻节目而言，这是一个对原有的信息资源、频道资源、人力资源、时间资源、广告资源等进行重构的过程。重构的过程，特别体现在策划结构与功能的系统化、模块化、标准化：首先要打破传统的科层部门制，尤其要打破传统的各节目部门相互分隔的局面，建立一个扁平的、矩阵型的节目策划、制作、包装、销售一条龙的工业化流水线，以企业化的运作实现效益与效率的双重目标；其次是逐渐建立一套可操作性强、具备一定普适性的节目质量评估体系；最后是引进一系列透明的激励性制度，以收视率、广告收入、节目质量为杠杆对栏目的管理、制作、售卖人员进行动态考核，保持一定的淘汰压力。

新闻中心总值班室（Assignment Desk）的设置是所有欧美大型电视台的惯例，它是新闻制作的龙头和大脑。没有总值班室，就没有新闻报道的有效运作和管理。总值班室每天通过选题策划会对当天的报道重点进行梳理，然后决定哪些可以重点报道，哪些需要进一步跟踪等，因而成为新闻制作的神经中枢。

央视新闻频道2009年8月前后进行了改版。归纳起来，其改版的主要举措有：包装上走国际路线；内容上强化了新闻频道信息不间断传送的流动特征，增加信息量和评论介入；更重要的是新闻生产机制、流程的再造，重组多个部门，组建大新闻中心，建立新闻中心总值班室，加强策划，统一协调资源。央视新闻生产此前最为人诟病的就是各部门、栏目各自为战，一个新闻现场出现多个报道组，按照自己的判断和利益行事。在进行机构重组后，更加庞大的新闻中心拥有17个部门、1800余名员工，面对播出平台一套、新闻、四套三个频道，建立一个统一的生产指挥调度平台无疑势在必行。因此，央视新闻生产的"新闻指挥系统总值班室"应运而生，承担起战略大脑和战术枢纽的双重任务。

而江苏广电总台城市频道的《零距离》最有特色的是组织机构的"扁平化管理"。各部门完全打破部门本位意识，在总监的调控下，通力合作，互相配合，环节少，意识通，执行力好。各部门负责人既是本职工作的责任人，同时又是其他工作的具体实施者，这样的"扁平化管理"模式，十分有效地整合了频道所有的优势资源，使得"节目生产、资源重组、过程监督"高效有序，大大加强了执行力，从而保障了一个优秀媒介产品的生产。

思考题

1. 新闻的含义是什么？电视媒介产生之后，新闻的含义又有什么改变？
2. 电视新闻资讯节目有哪些亚类型？各有什么类型特性？
3. 深度报道类电视资讯节目有哪些主要特点？
4. 对象性新闻资讯节目的选题策划有哪些要求？
5. 电视新闻直播策划的要点是什么？
6. 评论类电视新闻资讯节目可以分为几个类型？各有何特点？
7. 请撰写一篇深度报道类电视新闻资讯节目的策划文案。

第二章　电视谈话节目

案例2.1　《康熙来了》

《康熙来了》是台湾地区当红的一档娱乐节目,由中天综合台主办。节目邀请台湾当红明星来到节目当中,通过访谈让人了解艺人不为人知的一面,多才多艺的小S加上知识渊博的蔡康永,穿插搞笑元素,在即兴的对话中了解明星的幕后故事。

《康熙来了》的名称取自主持人蔡康永与小S徐熙娣名字中的两个字拼成,每晚收视率为1.2%—1.3%,每周吸引超过500万观看人次,是台湾收视率最高的有线电视台综艺节目。《康熙来了》给了主持人相当大的发挥空间,这也保证了他们"怪"的特色能够充分发挥,完全即兴的提问和无底线、无禁忌的话题让现场总是惊喜爆笑的场面迭出。

主持人每集都采访一位知名人物,并以这位嘉宾为轴心,另外邀请与他/她相关的好友、幕后工作伙伴如化妆师、场务、保姆等人做现场"爆料"嘉宾。主持人毫不留情地发问,揭露嘉宾内心深处的秘密,加上"爆料"嘉宾背后起底,说出知名人士的生活陋习、不修边幅的品性、心灵隐私和出道前的窘态笑话,

《康熙来了》主持人小S和蔡康永

让你看到被访者不为人知、在镜头以外的真我个性,也许是笨拙的、是无聊的、是狂放的,但这也许正是观众最感兴趣的一面。

案例2.2 《天天向上》

《天天向上》是由湖南卫视推出的一档大型礼仪脱口秀节目。该节目于2008年8月4日首播《天天向上前传》,8月7日正式播出。节目以传承中华礼仪、功德为主,也经常邀请一些明星、企业知名人士来讨论礼仪,并有专门环节用搞笑的方式诠释古代礼仪,氛围欢快,轻松幽默,受到广大观众的好评。

用各种形式来传播中国千年礼仪之邦的礼仪文化,让民众在娱乐嬉笑之余,感受中华传统美德的精髓并借此发扬光大,是节目定位的深度体现,也是节目创建的背景。

《天天向上》

案例2.3 《莱特曼深夜秀》

大卫·莱特曼主持的《莱特曼深夜秀》是美国深夜电视的传奇节目,莱特曼的智慧和讽刺一切的风格也代表了当今美国大众文化的一部分。《莱特曼深夜秀》这个节目是新闻评论和脱口秀节目的混合体,在每周周一至周五的晚上11点30分至次日凌晨的12点30分播出,其中包含了很多小栏目:"CBS信箱"——大卫宣读并回答观众的来信;"愚蠢的宠物骗局",在这个环节里,嘉宾带领他们的宠物展示宠物不同寻常的才能,比如善于舔干净主人嘴角牛奶的狗;下一个环节就是"愚蠢的人类骗局",人们在这里展示自己不同寻常的才能,比如舌头能变化出很多不同的形状;《莱特曼深夜秀》中最有名的保留

莱特曼和节目嘉宾希拉里·克林顿

环节是"头十名列表",由莱特曼以荒谬的喜剧效果讲出10个最近发生的重要事件和公众关心的话题;而最重要的部分则是莱特曼对某个名人或特殊身份人物的访谈。

第一节　电视谈话节目的界定

电视谈话节目是当今社会比较"火爆"的电视节目类型之一。尤其在西方国家,电视"脱口秀"(talk show)的影响与威力越来越大,成为一道独特的文化景观,一把解读西方社会政治、经济、文化的钥匙。比如《奥普拉脱口秀》,邀请的嘉宾是一些普通大众,谈论的主题也集中在个人生活方面。为启发嘉宾"实话实说",奥普拉常不惜将自己的一些秘密也告诉对方。当嘉宾的故事令人感动时,她会和嘉宾一起抱头痛哭。相比其他节目,《奥普拉脱口秀》更直接、坦诚,也更具个性化,因此深受那些白天在家无所事事、知识层次不是很高的中年人,尤其是中年女性的极大欢迎,而这些人正是收看电视节目的主流人群。美国《名利场》杂志评价她说:"在大众文化中,她的影响力,可能除了教皇以外,比任何大学教授、政治家或者宗教领袖都大。"在2004年12月11日诺贝尔和平奖的颁奖庆典晚会上,奥普拉和好莱坞著名影星汤姆·克鲁斯一同担任了主持人,令人意想不到的是,本届诺贝尔和平奖得主、肯尼亚环境和自然资源部副部长旺加里·马塔伊在晚会上致词时竟然宣布奥普拉是她的偶像,可见谈话节目及其主持人的魅力确实非同一般。

在我国,继20世纪90年代中期中央电视台推出《实话实说》之后,许多电视台也纷纷上马新式的谈话节目,令人目不暇接,中国电视进入了一个众语喧哗的时代,电视谈话节目研究也一度成为"显学"。

一、电视谈话节目的定义

一般认为,谈话节目来源于英文的"talk show",而在香港等地区被翻译为"脱口秀"。这一翻译既契合了英文的发音,又通俗地点明了此类节目的主要内涵:没有脚本,脱口而出,即兴发挥,具有"秀——表演性"的特点,可谓形象而传神。

那么,究竟怎么界定电视谈话节目呢?从90年代至今已经出现了各种各样的定义,这里选几个代表性的说法加以分析。

由甘惜分教授1993年主编出版的《新闻学大辞典》收录有"电视讨论"条目:"新闻人物或有关专家、学者等在一起讨论问题的实况录像节目形式。参加讨论者由电视台邀请、组织,讨论活动大都由节目主持人主持,一般围绕某一新闻事件、某个社会问题或国内外形势,发表看法,交流意见。或原样播出,或剪辑后播出。题材、内容比较广泛,适用于新闻性和教育性节目,并可设专门栏目。"[①]这里的"电视

---

① 甘惜分:《新闻学大辞典》,河南人民出版社1993年版,第252页。

讨论",已十分接近"电视谈话节目",或者说,反映了我国电视谈话节目起步阶段的某些特征。然而,这一定义的时代局限也是显而易见的。就我国电视谈话节目今天的实际情况而言,无论是嘉宾的选择、话题的组织,还是此类节目的外延,都大大突破了这一定义。

有论者提出,所谓电视谈话节目是"谈话人(包括特邀嘉宾、现场观众),在演播室里就某一主题在主持人的引导下阐述和讨论观点的节目"①。这一定义突出了节目主持人在现场的"控制器"角色,但对谈话的空间予以了限制。其实,电视谈话节目完全可以走出"象牙塔"般的演播室,回归嘉宾真实的生活空间。央视《当代工人》就是一档在野外的谈话节目,它常把演播现场设在厂矿企业,这种纪实情境有助于增强谈话节目的可视性和感染力。

也有人认为,电视谈话节目是"由一位主持人、几位特邀嘉宾、一群现场观众参与,围绕一个确定的话题展开讨论的,面对面敞开的,即兴的,双向交流,平等参与的"②节目。这个定义有其优点:一是强调了谈话类节目的本质特性之一,即面对面的人际交流,参与各方面对某个话题展开谈话,阐述各自的见解与主张;二是强调了对话各方的平等性,这也是此类节目一个较为重要的特点,不论阶层或背景,可以针对共同的话题,各种观点自由碰撞,没有明显的是非对错。但是该定义也存在着值得商榷之处:第一,没有必要对主持人和嘉宾的数量进行限制。主持人可以是一位,也可以是两位甚至更多。芭芭拉·华特斯的早间谈话节目《观点》由5位年龄、种族、背景都不同的妇女一起主持,她自己也不是每次都露面。嘉宾也可以只有一位;第二,现场观众的设置的确能起到独特的传播效果,但不是每个具体的电视谈话节目都必须有现场观众,而且观众在各种具体节目中的作用也大小不一;第三,话题既可以是一个确定性的,也可以是不确定的,凤凰卫视的《锵锵三人行》经常成为漫无边际的"意识流"谈话。

上述几类定义瑕瑜互见,由于都是通过描述节目表现形式来界定的,比较具体,反而损害了其外延的确定性,无法涵盖现实世界中电视谈话节目各种鲜活的具体形态,难免挂一漏万,不仅不利于对电视谈话节目形态流变的历史追问,也不利于给它的未来发展留下足够的空间。因此,给"电视谈话节目"下定义只有在内涵上予以定性,才能使它的外延具有一定的包容度③。

美国学者吉妮·格拉汉姆·斯克特在她的专著《脱口秀——广播电视谈话节

---

① 张泽群:《脱口而出——浅谈电视谈话节目》,《电视研究》,1996年第5期。
② 周振华:《从〈实话实说〉看电视谈话节目的中美差异》,《新闻知识》,1999年第3期。
③ 徐雷:《电视谈话节目三题》,http://academic.mediachina.net/article.php?id=1682。

目的威力与影响》中，并没有给谈话节目（"脱口秀"）下定义，但从她对谈话节目历史和现状的种种描述来看，这一概念的外延相当宽泛。按照该书的观点，谈话节目的源头可以追溯到18世纪英国的咖啡馆，在那里第一次出现了讨论社会问题的公众聚会。20世纪20年代是美国早期广播谈话节目的开端。与今天流行的互动方式不同，当时的谈话节目大都是独角戏，是"专家对着听众讲话，而不要听众参与对话的节目"。令今人大跌眼镜的是，这种连访谈都算不上的"一言堂"式的权威讲话，在当时却是谈话节目的典型样式。真正的"脱口秀"出现于50年代美国的广播电视中，这是一种以谈话为主的节目形式，由主持人和嘉宾（有时还有观众）在谈话现场一起讨论各种话题，一般不事先备稿，脱口而出，因而才有港台地区翻译家们"脱口秀"这一传神译法。

从传播学角度看，谈话的基本内涵就是彼此的对谈或事实、意见、问题等的陈述，是人与人之间交流思想感情的口语传播活动，是最基本、最普通的人际传播，是互动的信息交流、"对话式"的人际传播。传播学家施拉姆认为，人际传播"就是两个人（或两个以上的人）由于一些他们共同感兴趣的信息符号聚集在一起"，即面对面的亲身参与的传播。关于电视交流的本质，有学者认为，从某种意义上说，是"人际口头语言传播通过电视技术的放大"，而电视谈话节目恰恰把"谈话"这种人际传播方式和"电视"这种大众传播媒介较好地结合起来。

根据以上分析，我们不妨将"电视谈话节目"定义为：通过话语形式，以语言符号和非语言符号双渠道来传递信息，通过电视媒介再现或还原日常谈话状态、营造屏幕内外人际传播信息场的一种节目类型，通常由主持人、嘉宾（有时还有现场观众）在演播现场围绕话题或个案展开即兴、双向、平等的交流，它本质上属于大众传播活动。这个定义既直观地描述了电视谈话节目的形态，又从传播学角度指出了它的内涵、性质，从而具有较广的涵盖面和较强的说服力。

这个定义可以从三个层次理解：从外延上来看，电视谈话节目是电视节目的一种形式，是声画结合、具有明显电视特点的大众传播活动；从内容上说，它的传播内容是以"人际口语传播活动"为主，而这种"口语传播活动是即兴的、双向的"；从形态上看，电视谈话节目大多是在演播室现场，以主持人、嘉宾、现场观众面对面的交谈为主要形式。总的来说，即兴以及面对面的双向交流是电视谈话节目的基础。

二、电视谈话节目的基本构建元素

根据传播学的一般理论，传播过程包括三个基本元素：传播者和接收者、传播环境、传播内容。对于电视谈话节目而言，其构建元素相应地包括主持人、现场嘉宾、现场观众、环境、话题。

1. 话题

话题，也称选题、主题，是电视谈话节目的"源头、活水"，主要是根据节目的设定指向，选择既可以激发谈话者的积极性，也能调动电视观众兴趣的话题。话题的选择不仅要有意义，还要有意思、有意味；话题选择应该是多元思维的结果，应该具有时代感，贴近生活、贴近实际、贴近公众，应该是公众普遍关注的社会热点和焦点问题；所选定的话题"一定要能够讨论起来，有话说，而且围绕这一话题能够产生出不同的观点，在具体讨论的时候一定不能搞一言堂"。电视谈话节目的魅力主要在于其交锋性，强调的是思维的多向发展，一旦失去了多向性，节目的存在价值也就大打折扣了。

2. 主持人

节目主持人是在电子媒体中，以个体行为出现，代表着媒体群体观念，用有声语言、形态能动地操作和把握节目进程，直接、平等地进行大众传播活动的人。对于电视谈话节目来说，主持人是节目的核心元素，"主持人若不得力，节目的档次、品位就会被拖下来；反过来，主持人得力，就有助于提高节目的档次和品位"。许多电视谈话节目都是以主持人的名字命名的，譬如《鲁豫有约》、《小崔说事》。在整个节目进行过程中，主持人的名字反复多次出现，以强化其在观众心目中的地位。因为主持人实际上是节目的商标，主持人的风格往往就是一个节目的风格，是形成一个电视谈话节目自身独特品格的最重要的元素。

在电视谈话节目中，主持人承担着三种角色：首先，虽然主要处于在现场嘉宾和现场观众之间穿针引线的位置，但主持人本身也是一个谈话者；第二，不论是否有现场观众，即使一对一的访谈，电视谈话节目主持人都是现场的组织者，一方面要主导节目，引导话题，另一方面要作为现场嘉宾和现场观众之间的桥梁和纽带，拉近彼此之间的距离，产生亲近感，创造良好的沟通氛围。如《一虎一席谈·南京副教授换偶该被定罪吗》一期中，首都医科大学教研室主任杨凤池在表达自己的观点时，遭到了北京林业大学性与性别研究所所长方刚的极度不满，做出了一些有敌意的动作。此时胡一虎及时出来制止说："方教授，等一下。你先深呼吸一下……"他的举措及时地打破了这种不和谐的气氛，从而保证双方观点的充分表达，避免现场出现偏向性；第三，作为节目的形象代表，主持人是媒体对外的传播者，需要展示节目的品牌与个性或者说是节目个体特质的人性化载体。

在实际的操作中，谈话者、组织者和传播者是三位一体的。这种角色如何才能充分地协调好、使用好，而且没有痕迹，平稳流畅地转换，对电视谈话节目主持人来说是十分重要的。一般来说，有影响的谈话节目主持人大都是国内外电视节目制作机构"有内涵、有人缘、有特点、有口才"的名牌主持人。

3. 现场嘉宾

电视谈话节目成功与否的另一个关键因素是现场嘉宾的选择。本书将现场嘉宾分为来到演播室现场的嘉宾和电子屏幕上的嘉宾两类。在电视谈话节目中，嘉宾是节目现场的主要谈话者，嘉宾的谈话是否顺畅直接影响到节目的推进，因此嘉宾的地位举足轻重。从传播学的角度来说，在节目的录制现场，嘉宾既是传播者，又是受众；而针对现场观众而言，嘉宾与主持人一样，都是传播者。如果说主持人只是交代、引导话题，那么话题的进一步展开、不断深入，以至达到升华则主要由嘉宾来承担。

既然现场嘉宾发挥得如何将直接影响节目的质量，那么在选择嘉宾时就需要考虑以下一些问题：一是现场嘉宾是否有"谈资"，即对某一具体话题是否掌握有大量的资料，并对该话题具有权威性发言权；二是现场嘉宾是否有"谈品"，即在节目中能否顾及交谈者，而不是一味地表现个人，搞"话语霸权"；三是现场嘉宾是否有"谈技"，即是否具有一定的口才和辩才，包括说得是否有逻辑、有道理，语言表达是否简练、清晰，甚至具有幽默感。此外，如果不止一位现场嘉宾，那么，根据节目收视特点的需要，选择的现场嘉宾不能都是持有相同或相近观点的人，必须能够代表几种主要观点，这样在谈话过程中才可能对话题从多侧面、多角度进行深入分析。

4. 现场观众

一些电视谈话节目中有观众参与，如《相约夕阳红》，一些则完全没有现场观众，如《锵锵三人行》。这里参照现场嘉宾的界定将现场观众也分为来到演播室的观众和电子屏幕上的观众两类。在有现场观众参与的电视谈话节目中，现场观众是节目的元素之一，而不是可有可无的看客和摆设。一方面，现场观众的出现可以增强谈话的现实感，营造现实的谈话氛围，增加话语表达的多元性、代表性；另一方面，现场观众的参与可以起到拾遗补缺、调节气氛和节奏的作用，如《实话实说·鸟与我们》的那期节目里，头一次走进央视《实话实说》的北京胡同养鸟老伯在挨了大家一顿环保教育之后，还敢鼓足勇气表达自己的困惑："听来听去，我有点纳闷，好像是养鸟的不如不养鸟的爱鸟。"这种可以引起掌声、笑声、让人回味的谈话话语为节目增色不少。

5. 环境

电视谈话节目的谈话环境大多设置在专业的电视演播室，也有设置在普通的客厅、书房甚至户外等其他场所，如央视《当代工人》的"外景谈话节目"模式即把"生产第一线"作为谈话的主环境，充分体现出编导人员日益成熟的现代电视观念，即以平等、开放的视点制作节目，最大限度地尊重观众，最大限度地接近电视本体。《当代工人》还采用快速剪切的画面与快节奏的解说，构成充分电视化的导语，在视觉冲击力与听觉冲击力中营造热烈昂扬的收视氛围，是对电视本体的复归。

《当代工人》户外录制现场

电视谈话节目的谈话环境设置要做到形式与内容的协调一致。譬如：重大的时政话题，谈话环境宜简洁明朗；深刻的经济话题，谈话环境宜朴实大方；轻松的社会话题，谈话环境宜动感活泼。一个普遍的原则就是：内容越是深刻复杂，谈话环境就越应简单明了，要尽可能地缩短谈话环境、电视屏幕与观众的距离，谈话环境在设计上要给人透明、开放的视觉感受。

三、电视谈话节目的类型特性

电视谈话节目在我国的出现以至今天成为国内电视机构主打的节目类型之一，一方面是因为在国外类似节目风行一时，有着很高的市场认知度和社会影响，但更重要的是因为谈话节目具有区别于其他电视节目的鲜明特点。

1. 平等而即兴的"谈话"成为节目的核心内容

从大众传播特性来说，电视谈话节目的出现是对我国传统电视传播模式的突破。在此之前，我国的大众传播模式基本上以传播者为中心，传播者与观众之间基本处于"你播我听"、"你说我看"的单向传播格局，传播者与观众、节目中的观众与电视机前的观众一直处于"无缘对面不相识"、"老死不相往来"的格局，这种格局甚至影响到对电视媒体"声画关系"的理解与运用，除了领导同志的重要讲话以及个别英模报告会之外，普通人在电视里很少有说话的机会。大量的电视节目仍然沿袭着漂亮画面＋流畅解说＋优美背景音乐的主要形式，画面成为电视节目报道、表达或传播的主要手段、主要内容。谈话节目则"反其道而行之"，将作为电视媒介声音之一种的"谈话"作为节目的主要手段、主要内容，无疑是对先前电视传播以画面为主的一种颠覆,更是对声音作为一种传播媒介、作为一种报道、表达手段的复原与回归。匈牙利电影美学家巴拉兹在《电影美学》一书中指出:"对电影来说,声音还不是一个收获,而是一个任务,这个任务一旦完成,便获益匪浅。但这要等到电影里的声音像电影里的画面那样成为驾驭自如的手段,等到声音能像画面那样从一种复制的技术变成一种创造的艺术。"这同样适用于电视声音。

当然,"谈话"上升为电视节目的"一种创造的艺术",恰恰使得"谈话"的品格、品质、品位成为电视谈话节目区别于其他电视节目类型的关键。换言之,理想中的"电视谈话"应该符合这三个要求:一是需要直接的人际互动。谈话是人们相互交流最有力的方式,它能调动人的整体感知,人们能在其中获得超越于语言之上的亲密感觉,是最为人性化的交往方式之一。在电子和数字技术的支持下,电视谈话节目具有最符合电视本质的传播状态,它能够以人自身作为传播符号,将谈话的完整状态加以保留、物化、传递,以人际交往的即时互动构成节目内容,满足并延伸人们面对面谈话的愿望,而且将人际传播和大众传播有机地结合在一起:经由电视传媒的放大,创造了一种广域的人际传播空间,成为现代社会里的人与人、人与环境建立联系、加强沟通的渠道之一。二是个性的自然流露。人的个性都是社会性的体现,人的语言因个人的身份及所处的社会经济条件的差异而有不同的特点,在观点的碰撞中体现的实际是不同的社会文化、心理的碰撞,这使得个性的流露具有普适性,能够引起广泛层面的认同。三是需要动态的情感碰撞。人的谈话具有动态性和偶发性,电视谈话节目以现场的特定空间最大限度地刺激了人的交往欲望,人的智慧、情感都会在语言中展现,加上谈话节目中大家感兴趣的话题和主持人的适当引导,会引发现场嘉宾及现场观众的临场对答,加速了谈话中动态的情感碰撞。譬如在《相约夕阳红》的一期节目《老夫老妻》中,观众中有一位老太太夸作为现场嘉宾的老先生很幽默时,谁也没有想到,老先生竟以与年龄不相称的动作,敏捷地跳起来,几个箭步跨过场地,扑到现场观众席与她热烈握手,全场为之鼓掌。电视谈话节目中意想不到的情感变化,常常会引发戏剧性的场面[①]。

概括而言,"谈话"之所以成为电视谈话节目的核心内容,就是因为从"电视节目"到"电视谈话类节目",表现的载体和手段没有变,仍然是作为大众传播工具的电视,而电视谈话类节目是"人际口头语言传播通过电视技术的放大",主要是以其人际传播的特殊性来面对大众,它能在最大程度上优化大众传播的反馈资源,整合出最佳的传播效果,是大众传播学"枪弹论"的真正终结者,也是场内场外"双层反

---

① 朱羽君、殷乐:《大众话语空间:电视谈话节目——电视节目形态研究之二》,http://academic.mediachina.net/article.php?id=2607。

馈"的节目形态①。

2. "场"式传播构建大众话语空间

定位为电视谈话节目的央视《咏乐汇》以闲谈为主,但节目依旧充分展现出创作人员的匠心独运。整档节目在演播室内录制,把演播室模拟成一家豪华的西式餐厅。节目在色彩包装上则突出深蓝色,使整个现场豪华大气而又契合节目主题,有利于营造稳定和谐的谈话场。在这个餐厅里有服务生,有厨师,主持人李咏扮演餐厅老板,而嘉宾俨然是客人。特别有意思的是,在《咏乐汇》中,主持人会为嘉宾提供菜肴茶点。如《咏乐汇》曾经给张朝阳上了一道肉夹馍,给成龙上烧饼做"开胃菜",给刘晓庆上榨菜炒肉丝。这些菜肴往往对嘉宾的人生具有重要意义,在节目中起到穿针引线的作用。换句话说,这些菜肴茶点更像是一个象征,一个隐喻,不一定好吃,不一定名贵,但一定是最有意义的,从某种意义上说,又是对嘉宾弥足珍贵的。

信息在形态上可分为两大类:一类是直接信息,是事物的存在方式和运动状态本身,这种信息本身是无序的,它通过感官引起知觉活动,比如花鸟鱼虫的颜色气味、海啸地震的声音、天体运行的亮度等;一类是间接信息,是关于事物存在方式和运动状态的陈述,这种信息是有序的,它通过感官直接影响理智生活。电视谈话节目中,主持人、嘉宾、现场观众的谈话内容传达的是间接信息,电视图像包括人物的衣着、神态、关系、心态、演播室的布景、气氛等其他非语言因素则是直接信息。《咏乐汇》中的直接信息和间接信息都是很有特点的。

电视谈话节目保留了谈话的动态性和完整性,包含了两种形态的信息,以直播或录播的形态,完整地保留现场的人际互动情景,全方位展示谈话过程中的语言、性格、心态、氛围,导演现场即时地整体编排调动在时间链条中绵绵不息的动态谈话,形成一种人际传播的势态。

两种信息形态保证了电视谈话节目的"场"式传播。换言之,间接的语言信息与直接的非语言信息在谈话节目的演播室现场,形成了两种不同的"场"——信息场和舆论场。信息场就是在一个事件中,其行为动态的相互关系、形象、声音、环境、氛围等共同积累出的可供观众思考与想象的时空,而舆论场是指舆论的主体与客体之间相互作用而形成的具有一定强度和能量的时空范围。这样,"电视媒介为大众的交流提供了技术条件,可以说为大众构建了一个可供自由交流的公共大厦,一个谈话的场所,具有社会公共空间的性质,提供了可以发展谈话节目的大众话语

---

① 辛姝玉:《试析中国电视谈话类节目的传播特性》,《新闻记者》,2008年第3期。

空间,在培养观众的话语习惯、给予社会一种良性推动上具有其他节目形态所不及的作用"①。

在两种信息主形态之外,电视谈话类节目还采用了热线电话、外景镜头、资料片等方式,使整个"大众话语空间"有立体感,内容丰富、翔实耐看。如已在全国30多家省级电视台播出的《超级访问》栏目,采用"场外揭秘"的形式,在前期对嘉宾的亲朋好友进行秘密采访,全方位了解嘉宾,再在演播室现场通过主持人对嘉宾进行机智幽默的追问和语言交锋,当场揭嘉宾的"短",设置主持人与嘉宾、场内与场外的戏剧冲突,让观众将有限空间拓展到无限领域,不仅较大程度上满足了观众的猎奇心理,还带领观众进入广阔的遐想空间,这是许多节目所不能及的。

3. 相对经济的成本结构

电视谈话节目有着相对经济的成本结构,对场地、制作人员、制作技术的要求都不高。它只需要一个外景地或演播室、一位或几位主持人、几位现场嘉宾和一些现场观众,而且现场嘉宾和现场观众往往不需要酬金。同时,电视谈话节目的后期编辑也不需要复杂的特技处理,只要主持人发挥得好,现场录制完毕就能够迅速合成。有的电视谈话节目甚至采用直播形式,省去了后期编辑制作的时间和费用,这些特点使电视谈话节目成为电视节目中制作费用相对较低的一种形态。

当然,电视谈话节目并非都是低成本运作的,也有一些成本很高,其原因在于谈话节目对主持人的依赖,而明星主持人的薪酬往往非常之高。例如在美国,薪酬最高的主持人往往是电视谈话节目主持人,如奥普拉·温弗瑞和拉里·金。

四、中外电视谈话节目的发展历程

1. 国外电视谈话节目发展简况

电视史学家一般都把美国全国广播公司(NBC)1954年推出的《今夜秀》看作是开电视谈话节目先河的节目。经过半个多世纪的发展,在西方国家,电视谈话节目已成为电视节目的主体样式之一,占据整个西方电视台节目总量的60%—70%左右。以美国为例,各种各样的日间和夜间谈话节目在商业电视网、有线电视网和地方电视频道上播出。在英国,电视谈话节目也被安排在黄金时段,备受关注。

美国电视谈话节目分为两类:一类是在白天播出的日间谈话节目;另一类是在深夜播出的夜间谈话节目。不论是日间谈话节目还是夜间谈话节目,追求娱乐、

---

① 朱羽君、殷乐:《大众话语空间:电视谈话节目——电视节目形态研究之二》,http://academic.mediachina.net/article.php?id=2607。

刺激都是其主要的特色。

日间谈话节目以人际关系、心理问题方面的内容为主,比较有名的日间谈话节目包括《奥普拉脱口秀》、《杰瑞·斯普林格秀》、《莉基节目》、《珍妮·琼斯秀》等,来到这些节目中的嘉宾基本都是美国的普通老百姓。从制作理念上来说,日间谈话节目存在着两种不同的倾向:一些节目以揭露个人隐私为目的,追求节目的刺激性,把他人的困境、他人的痛苦作为娱乐观众的手段,通过对他人隐私的窥视来吸引观众。这类节目的话题往往带有猎奇的性质,如性变态、乱伦、三角恋等,节目的名称往往哗众取宠,如《与自己好朋友的男友偷情的女人》、《十几岁少女与性》。这些节目的现场总是充满兴奋的气氛,当嘉宾说出让人震惊的事实时,演播室内往往一片尖叫声,有时情绪过于激动的嘉宾、观众甚至会大打出手,现场乱成一团,而这样的混乱正中主持人的下怀,因为节目的收视率可以大大提高,可是这样的节目也往往会造成一些负面影响。《珍妮·琼斯秀》就曾引发过一起杀人案。在1995年3月的一期节目中,一位名叫乔纳森·施密茨的男子来到现场,因为制作人告诉他说会见到一个暗恋者,施密茨兴冲冲地等待着,结果来到他面前的竟然是自己的邻居——一个男同性恋。施密茨感到自己受到了侮辱,几天后他枪杀了这个暗恋者。最终施密茨被判二级谋杀罪名成立,《珍妮·琼斯秀》被判向被害人赔偿2 500万美元。这些节目低俗的作风招致大量批评,人们纷纷斥责这些节目为"垃圾节目",认为其污染了社会文化。与这些"垃圾节目"不同,另外一类日间谈话节目的态度比较严肃,它们正面而积极地处理各种心理问题,来到现场的嘉宾倾吐自己内心的痛苦,主持人、专家和现场的观众则为他们提供各种建议,尽量化解他们的烦恼,让他们勇敢面对人生,这类节目的代表就是《奥普拉脱口秀》。在这个节目中,主持人奥普拉以善意的态度对待嘉宾,对他们的发言总是满怀兴趣和同情地倾听,不断给予他们积极的鼓励,此外,她还敢于大胆地袒露自己的痛苦遭遇,现身说法,以此安慰他人。由于这个节目表现出了对嘉宾的尊重,鼓励人们积极乐观地面对人生,因而受到了大众的欢迎。

美国的夜间谈话节目通常在晚上十一点半开始,开场一般是主持人先来一段独角戏,以笑话的方式评说当日的新闻,中间穿插以外拍的搞笑片段或是观众访谈,然后是主持人与某位明星或是公众人物的胡乱调侃,最后由一个乐队进行演奏,以此结束一个小时的节目。著名的夜间谈话节目有《莱特曼深夜秀》、《今夜秀》等,其主持人分别为大卫·莱特曼与杰·雷诺,这两个主持人的共同特点是伶牙俐齿,喜欢拿别人开涮。夜间谈话节目比较突出喜剧色彩,主持人常常对正在发生的新闻事件以及重要的新闻人物进行挖苦和取笑,比如伊拉克战争之前,杰·雷诺在节目中就开玩笑说,五角大楼的人向他透露,美国不会军事攻打伊拉克,而是准备把安然石油公司的领导们空投到巴格达,这样过不了几天那个国家就破产了。通过这种幽默调侃的方式,政治事件的严肃性被消解了,观众在现实生活中的压力与紧张也得以松弛,夜间谈话节目因此深受喜爱。

2. 中国电视谈话节目发展简史

1995年,上海东方电视台播出《东方直播室》。这个节目的诞生意味着中国电视出现了一种新的节目类型,然而,当时并未引起轰动。1996年3月,一个在我国具有标志性地位的谈话类栏目《实话实说》诞生,它的热播引起创办谈话节目的热潮,央视的《艺术人生》、《对话》,北京电视台的《国际双行线》,湖南台的《有话好说》、《背后的故事》,湖北台的《往事》等纷纷开播。可以说,《实话实说》的亮相标志着我国电视谈话节目朝着新的方向发展。

90年代以来我国电视谈话节目的特点是:强调前期策划和品牌意识;受众呈现出分众化的态势,雅俗共赏与雅俗分赏的局面并存;"谈话"因素向新闻节目、社教节目、文艺节目、体育节目等其他节目形态强力渗透,各种类型的谈话节目风格迥异,多姿多彩;娱乐和幽默成分显著增加;主持人追求个性化;嘉宾选择不拘一格;观众参与热情高涨;话题涉及面更加广泛,观点渐趋多元;运作上开始走市场化的道路。但在繁荣的表象背后也存在着隐忧,主要是精品少,"克隆"成风。有学者进一步分析认为,新世纪以来,"我国很多电视谈话节目在运作过程中过多强调大众传播这种表现手段的特性,过于看重节目的宣传功能或是片面突出'趋同思维',追求'合家欢'的结果,势必会削弱节目本质特性——人际传播的自由表达,从而违背谈话节目本身的传播规律"[①]。

我国的电视谈话节目兴起之时,正值经济体制转换时期,在这个特殊时期,人们的生活突然变得忙碌,彼此缺乏感情上的交流与沟通,谈话节目正好迎合了人们的宣泄愿望,从政治到经济,从社会到个人,无所不谈,并有一些专家学者也参与其中,共同探讨热点话题。随着信息产业的发展,信息传播速度加快,某一事件会在极短的时间内成为整个社会的焦点,成为共同探讨的话题,这都为谈话节目的发展奠定了基础。在激烈的竞争形势下,媒体开始放下高高的架子,与观众平等地交谈,曾经激烈的交锋不再是展示语言魅力的唯一途径,央视某著名节目主持人也曾结合自己的经验说道:"随着谈话节目主持经验的丰富,尤其是同时积累了'辩论'和'对抗'带来的尴尬和懊恼后,发现了话语魅力的另外一片空间:故事的讲述。"

---

① 辛姝玉:《试析中国电视谈话类节目的传播特性》,《新闻记者》,2008年第3期。

3. 中外电视谈话节目的差异

比较起来,由于传播体制、政治文化背景的差异,中美电视谈话节目存在着很大的差异。从话题来说,美国谈话节目在收视率竞争之下青睐争议性、冲突性议题,其中性爱和各种人际关系是最热门的讨论话题,而毒品和种族主义话题紧随其后。在中国,谈话类节目市场化运作程度比较低,收视率的压力并没有超越社会体制、传统对于各种话题的限制范围,讨论话题的尖锐性不会如此突出。

另外,美国谈话节目的主持人品牌特色已经成为一种标志,大批的王牌主持在谈话节目中诞生。自1954年开始,卡森主持的《今夜秀》便在美国深夜电视节目中拥有极高的收视率,以至于在那时大多数人会问:"昨晚你看卡森了吗?"明星主持人既是电视谈话节目品牌号召力的象征,也是此类节目刻意追求个人化、风格化主持人的必然结果。而在中国的谈话节目中,除《实话实说》造就的崔永元、《可凡倾听》的曹可凡、《咏乐汇》的李咏等之外,很多谈话节目则更趋向于隐匿主持人的个人风采,只是将其作为整个节目的组织者。然而事实上,主持人在谈话节目中的作用却远远不止于此,淡化主持人的个人风格,并不利于栏目品牌的长期塑造。

美国谈话节目发展至今已有50多年的历史,而其有影响力、数得着的电视谈话节目的数量也不超过一百档。反观中国,发展历程不过短短十余年,却已经有超过200个的谈话节目相继出现,其中仅央视就有超过20档的谈话节目在不同的频道中出现。然而,在众多谈话节目中并没有出现多少精品,形式上的大同小异、内容的重复建设、话题的缺乏深度都成为描述中国谈话节目现状的常用词。

客观上,无论中美,所有的电视谈话节目都是一定技术基础上社会心理的反馈,在直播卫星电视和网络技术大为发展,全球政治经济形势不断变化,人的心态处于不断调整状态的今天,电视谈话节目将具有更为广阔的发展前景。

央视主持人崔永元

然而,这个前景将不再是用量的积累所能支撑的,电视谈话节目需要从抢占空地的阶段进入对社会心理的切实满足阶段,真正成为传播信息、沟通情感、慰藉心灵,最终实现公共话语权的一个重要载体。

第二节 电视谈话节目类型划分

一、电视谈话节目常用分类标准

美国的谈话节目发展主要有两种趋势：娱乐脱口秀和信息谈话，而在这两种趋势中基本可以归纳出四大类型：新闻—信息节目；杂耍—喜剧—访谈节目；人际关系、自助、心理和日常生活节目；为特殊观众服务的特别谈话节目。这一划分标准已经被人们所公认。随着对外交流的日益频繁，我国的一些电视谈话节目从形式到运作都借鉴了不少国外电视谈话节目的成功经验。新时期出现较早的在全国影响最大的电视谈话节目《实话实说》就直接借用了美国著名的脱口秀《奥普拉脱口秀》的形式，不少电视谈话节目之间还存在互相借鉴和"克隆"的现象，因而，国外尤其是美国电视谈话节目的类型划分对我们是一个有益的启示。

我国电视谈话节目是多种多样的，因而划分标准也不一。以节目的区域特色划分，可分为区域性谈话节目、非区域性谈话节目。前者有鲜明的地域特征，话题不具有普适性，如上海电视台的《有话大家说》、深圳电视台的《舞台魔方》，都是紧扣当地情况来谈，重庆电视台的《龙门阵》干脆使用方言；后者比较多见，如央视和其他一些省市台的谈话节目。以目标受众的社会阶层和地位来划分，可分为平民谈话节目、精英谈话节目、明星谈话节目，代表分别是央视的《实话实说》、《对话》和北京台信息频道的《超级访问》。按目标受众的年龄段则可细分为老年、中年、青年、少年、儿童谈话节目，分别以央视的《相约夕阳红》、江苏卫视的《情感之旅》、台湾"华视"的《非常男女》、江苏教育台的《成长不烦恼》、上海东方电视台的《童言无忌》为代表。以谈话涉及的主要领域来划分，则分文化类、艺术类、体育类、教育类、医药卫生类等谈话节目，如央视的《文化视点》、《艺术人生》、《五环夜话》。按专题来划分，则有女性谈话节目、财富谈话节目等，如广东电视台的《女性时空》、湖北卫视的《财智时代》。以谈话人的数量来划分，除了个体式以外，还有群体式谈话节目，如央视的《当代工人》、河南电视台的《沟通无限》。以叙事的角度来划分，大量的话题型节目之外，还有展示型（个案型）谈话节目，如湖北卫视的《往事》、浙江卫视的《人生 AB 剧》。以演播现场的布景来划分，有外景式、茶馆式、客厅式等，分别以《当代工人》、《龙门阵》、云南电视台的《周末夜话》为代表。以节目整体特点来划分，除了"平民的"、"精英的"谈话节目之外，还有"前卫的"，如湖南卫视的《新青年》；"另类的"，如凤凰卫视的《锵锵三人行》；"开放的"，如北京电视台的《国际双行线》等等。总的来看,目前我国电视谈话节目尚处于快速发展中,新的实践、新的形态还在不断涌现,过分细致地总结我国电视谈话节目的类型,既无法穷尽所有的节目类型,也无法为初学者所掌握。为求完整、全面,本书仍然采取"内分法"和"外分法",分别主要从内容和形式的角度归纳目前我国电视谈话节目的基本类型。

二、电视谈话节目主要类型

(一) 从内容上看,电视谈话节目大致有以下四种基本类型

1. 新闻资讯型谈话节目

这类节目围绕当前社会的热点、焦点、难点问题,话题覆盖面广,信息量大,新闻事件、新闻人物、社会热点、公共事务等都可以作为谈资。嘉宾多为政府官员、专家学者、媒体工作者和新闻当事人,他们往往能够发布第一手的、准确的信息和富于导向性的见解,满足观众对信息的需求。这类节目的特点是具有权威性、准确性和贴近性,通过社会各方的参与和交流,营造时事分析和意见汇聚的公共空间。比如凤凰卫视的《时事辩论会》以辩论形式评论时事,其创新之处在于结合主持人和现场嘉宾进行一场火花四溅的争论。节目每次设定一个时事热点话题,并特意邀请不同地区的"名嘴"参与,由多位背景各异、聪慧过人的"名嘴"进行激辩,形成热烈的争辩气氛。通过多角度的辩论,可以使观众洞悉到事件的不同角度,对事件的真相、本质会有更透彻的了解。另外,该节目从选题到辩论的全部过程,都邀请观众参与其中,节目组每天都在"辩论会论坛"上向观众征集第二天的辩题,每天收到的题目大约有20—30条之多。来自不同地区、不同层面观众给出的题目,有助于主持人和嘉宾了解观众的兴趣以及大众对时事关注的焦点所在。

2. 社会生活型谈话节目

这类节目的话题主要涉及家庭、伦理、婚姻、道德、法律、人际关系、教育等社会生活内容的方方面面,既有社会人际交往方面的困惑,也有家庭内部成员之间的调适,既有不同生活状态的展示,也有新旧道德伦理观念的碰撞。谈话基本上在演播室进行,现场观众是不可缺少的组成部分,谈话氛围比较轻松,如央视已经停播的《实话实说》、江苏卫视的《人间》、东方卫视的《幸福魔方》、重庆卫视的《龙门阵》等。

这类节目的主要特点有两个:一是贴近生活,贴近百姓,参与性强,因而深受观众喜爱;二是各种观点丰富多样,互相碰撞,整个谈话现场形成了一个小社会,融入各种不同的意见与立场。

3. 综艺娱乐型谈话节目

这类节目把娱乐和追星作为主要元素，以愉悦身心、休闲逗乐为主要目的。谈话对象大多为演艺圈明星和体育界明星，主持人大都和他们有密切的联系，观众主要是年轻人。在与嘉宾谈话之外，节目还加入较多的综艺成分和滑稽的情境设计，充分展现话语中的幽默，氛围感性煽情，戏剧效果明显。东方卫视已经停播的《东方夜谭》节目，同样是和名人谈话，走的就是一条幽默轻松的路线，主持人刘仪伟用幽默风趣的主持风格，让名人在说笑调侃中"暴露"最平民的一面。《康熙来了》邀请台湾地区当红明星来到节目当中，通过访谈让人了解艺人不为人知的一面，其间穿插大量搞笑元素，让观众在轻松的氛围中了解明星的幕后故事。

4. 专题对象型谈话节目

这是面对特定的社会群体或某一类社会内容如文化、影视、股票、体育、科技、企业管理等而专门开设的谈话节目，特点是具有明确的收视对象，话题集中，追求一定的品位和思想内涵。常见的有以下几种：老年谈话节目，以"老有所养、老有所乐、老有所成"等老年话题为内容，如《相约夕阳红》；体育谈话节目，如《五环夜话》；女性谈话节目，以女性关注的婚姻、家庭、社会地位等话题为内容，如《半边天》周末版《谁来做客》；经济谈话节目，如央视财经频道的《对话》；法制谈话节目，如南京电视台的《有请当事人》，等等。随着频道专业化、观众分众化的发展，专题对象类谈话节目会越来越丰富。

(二) 按照谈话的形式，电视谈话节目有以下四种基本类型

1. 论辩型谈话节目

这类节目的主要"卖点"在于谈话各方代表着不同的社会利益阵营，通过对立观点的彼此交锋推动谈话现场，主持人则以客观公允的态度引导他们充分陈述，其主要"看点"是论辩双方在交锋中展示各自有个性的观点和语言表达，以及论辩中对相关话题背景的不断充实和延展。凤凰卫视的《一虎一席谈》就把辩论这种形式融入了访谈节目中，既有谈话的轻松有趣，又有辩论的紧张刺激，二者优劣互补。该节目邀请相关嘉宾分成正反两方，展开话题辩论，各方不断亮出自己的观点，然后进行阐述，并对他人的问题进行回答，同时反驳对方的观点，其中还穿插着相关资料信息的播放与主持人的提问和总结，使得话题逐步深入，事件的多视角理解也更清晰。再如北京电视台生活频道的《生活广角》，是一档以百姓生活故事、生活遭遇、生活感受为主要内容，以外景采访和演播室讲述为主要表现方式，以现场观察员调解为主要渠道，以反映人间真善美、化解矛盾、引发思考为主体意图的，极具平民气质的小现场情感类谈话节目。

新版《东方直播室》是一档触及民生的时事辩论民意调查节目,最大特点是采用"三网融合"技术,在节目录制期间就在网上全程直播,并邀请网友共同参与辩论和投票,他们和现场主辩手、参与节目的观众一起,构成了民意调查的基石。

2. 访谈型谈话节目

这类节目类似于人物专访,由主持人调动各种电视表现元素,以现场访谈或连线等方式,与被访嘉

东方卫视新版《东方直播室》

宾和观众进行平等的对话交流。与单纯的人物专访不同的是,主持人在节目中不仅仅是提问和倾听,还要把自己的观点和见解亮出来参加探讨。节目的嘉宾人数有限,常常是一位,往往是某领域的专家、权威或社会名人,谈论的话题也相对严肃,能反映一定的品位和内涵。如《鲁豫有约》、安徽卫视的《记者档案》、东方卫视的《可凡倾听》,通过主持人与重大事件的当事人、著名的演艺明星的交谈,揭示幕后故事,反映时代变迁。

访谈型谈话节目有时也采取聊天的形式,但与聊天型谈话节目仍然有细微的差别:总的来看,访谈型谈话节目多数情况下为两人对谈,聊天型谈话节目人数可多可少;访谈型谈话节目话题、角度往往经过精心选择,甚至比较专业,聊天型谈话节目话题、角度比较家常,气氛更轻松,话题可以是确定的,也可以是不确定的。

按照访谈内容,访谈型谈话节目又可以细分为:人物专访型访谈,如《艺术人生》;资讯型访谈,如《新闻会客厅》;娱乐型访谈,如《天天向上》。

3. 聊天型谈话节目

聊天型电视谈话节目更具日常生活中朋友间聊天的放松与惬意,偏重于娱乐、轻松。此类节目的特点是资讯娱乐化、主题世俗化、话语碎片化,以调侃、逗乐的话语方式,"节目怎么好看、好玩,就怎么来、怎么做"。消解严肃主题,以怡情为主,娱乐观众,使其获得身心的放松[①]。

---

① 徐舫州、徐帆:《电视节目类型学》,浙江大学出版社2006年版,第67页。

主持人根据话题需要，从社会上三教九流中邀请不同身份、职业的嘉宾到演播室现场交流，适用于讨论大众普遍关注又无重大分歧，经过深入交流、探讨可能达成共识的问题。这类节目在我国比较多见，也深受观众的喜爱，如央视的《聊天》。但要聊得尽兴，聊得"出彩"，并不容易，《锵锵三人行》就聊得比较随意且出彩，节目"意识流"般的侃谈无疑更接近日常"聊天"的本来面目。

4. 综合型谈话节目

从形式上看，上述三种谈话节目以话语作为节目的主要传播通道，而其他各种电视表现手段没有得到充分发挥。综合型谈话节目则针对以上三类节目的"空白区"，把外景录像、三维动画、片花隔段等电视手段，再加上文艺、游戏、竞技等其他节目的成分，巧妙地与话语融为一体，增强了节目的可视性、娱乐性，特点是活泼、谐趣，适用于谈论轻松的生活、情感话题。这类节目以《超级访问》为代表。这档节目的特点是搞笑、煽情，两位主持人在节目中的表现都非常出色。戴军语言幽默，谈吐风趣，时常使现场观众捧腹大笑；李静机智活泼，插科打诨，两人一捧一逗，配合默契。

总之，从以上归类和分析中，可以得出结论：一方面，我国电视谈话节目的内部形态具有差异性，有的差异还比较显著；另一方面，随着新的手法、新的元素的加入，谈话节目与其他节目类型之间的边界也在变化，越来越交叉，越来越模糊，一些新的谈话节目形态将不断出现。

第三节 电视谈话节目的策划

电视谈话节目的策划，就是在节目制作时所做的前期工作，即主持人的挑选、谈话主题的确定、嘉宾和观众的选择、节目的流程以及争议性、故事性内容的选择，还包括谈话过程中影像资料片的准备，甚至于什么时间说、谁上下场、用什么道具、放什么背景音乐、人物位置如何确定等具体细节的安排都需要预先的筹划。一个谈话节目有了好的策划，在实际运作的过程中才能做得更加顺畅，才能让观众看起来容易接受，不仅可以培养观众对节目的忠诚度，也能提高节目的收视率，给节目带来效益。而且，所有这些努力，都是为了达到一个基本目的，即使得以人际传播为基础的大众传播节目，尽可能去除"大众传播"所难以避免的"把关人"色彩，还原谈话过程中的"客厅氛围"。"电视谈话节目中，谈话个体面对面的交流并非使谈话者理所当然地处在人际传播中，因为真正意义的人际传播，其本质是独特个体的'我与你'的交流。电视谈话节目平民化的走向，对于'人'的关注，恰恰是人际传播本质的追求,这也是还原电视谈话节目客厅氛围的真意所在。"①

一、选择个性化的主持人

谈话节目进入常态化播出之前,选择一位个性化的主持人是节目制作人员必须解决的问题,因为,谈话节目的形态特点决定其必须以主持人为节目的核心,而即兴交流又是谈话节目的魅力所在,因此,主持人即兴谈话的风格和魅力便决定了节目的成败,正如《实话实说》制片人时间曾说过:"没有崔永元,就没有今天的《实话实说》。"

谈话节目中的谈话角色主要有主持人、嘉宾和现场观众,这三者就节目的话题在现场的演播室展开讨论,他们之间谈话的好坏直接影响电视机前观众的满意度,从而影响节目的收视率,因此在对三者的选择上应该准确细致,做到精挑细选。

根据节目定位和每个栏目组的团队需求,谈话节目主持人的语言表达大致有三个方面的要求:

幽默风趣。幽默感是一种感觉,是一种有文化修养的表现,还是人际沟通的润滑剂。一个电视谈话节目的主持人应该具备一定的幽默感,在与参与者的对话中尤其需要幽默。只有运用幽默的力量才能消除观众的顾虑,放松紧张的心情,才能清晰准确、生动有趣地传递讯息,才可能使谈话在轻松活泼的气氛中不断深入。崔永元在《实话实说》中的主持可谓幽默风趣,妙语连珠。他不仅自己善于发挥幽默长处,还十分注意调动观众的积极性,让笑声不断,形成一个良好的温馨的谈话氛围。经过他的引导,现场观众朴实的话语也常常获得意想不到的效果。

机智应变。机智应变是主持人必备的特殊能力,也是谈话节目主持人最重要的素质之一。能否机智应变,直接关系到节目主持人能不能把握主动,掌控现场。虽然策划者们在前期做了精心的策划,但不可避免电视谈话节目的谈话现场会出现一些意想不到的事件,有些意外情况即便是有经验的节目主持人也往往无法预料,这个时候就需要节目主持人根据实际情况作出迅速的判断,用自己的智慧和灵活去驾驭全局,将节目引回到原来设想的节奏上,继续推动节目的进行。

简洁凝练。谈话节目的真正主体是嘉宾、现场观众,而不是主持人,主持人所做的就是要尽量让嘉宾和观众的思想观念通过他们自己的语言表达出来。因此,这要求节目主持人在交谈的时候,尤其要注意言语的凝练和传神,在主持节目过程中即使出现感情迸发,千言万语涌上心头的情况,也要尽量控制住自己的情绪,不

---

① 顾晓燕:《还原电视谈话节目的客厅氛围:从角色传播到真正人际传播的转变》,《现代传播》,2002年第2期。

能任其恣意泛滥,否则很容易导致言多语失。画龙点睛的主持风格应当成为电视谈话节目主持人所要追求的语言境界。

从目前的情况看,比较成功的谈话节目主持人都是具有个性魅力的,如儒雅型的曹可凡、煽情型的朱军、幽默型的英达、应变型的叶惠贤等,这些主持人都是将自己的个性与节目的风格融合在了一起。

《波士堂》节目录制现场

作为国内第一个商业财经脱口秀电视节目,《波士堂》每期节目都会邀请一位重量级的商业精英作为主角,同时节目还创造性地设置了相当于第二主持人的"观察员"这一角色。每期的三位观察员来自企业界、文化界或演艺界,这三位观察员大多熟悉嘉宾或是嘉宾的朋友,而三位观察员中还往往有一位女性观察员。《波士堂》中,观察员的设置起到"一箭双雕"的作用:一方面,观察员的设置有利于解放主持人,弥补主持人在专业问题上的缺失。主持人将那些关键性、知识性、专业性的问题交给观察员来提问,观察员和被采访者之间的对话、思想交锋是整个节目的核心和亮点,而主持人则充分主导节目进程和节奏。另一方面,有利于形成话语互动体系,深入发掘嘉宾的内心。观察员与嘉宾熟悉便敢问,一问就问到点子上,甚至演化成激烈的辩论。这样一来,使观众看到一个更丰满的嘉宾形象。

除了语言上要幽默风趣、机智应变、简洁凝练之外,最见主持人功力的当属其节目把控能力:

(1)对策划方案的理解能力。目前,相当多的谈话节目策划来自非电视行业的所谓社会"外脑",这些人所策划的方案需要主持人认真地揣摩和准备,这就涉及与策划的磨合、配合甚至执行的问题。谈话节目主持人一般在节目组里对策划内容有比较大的发言权,但毕竟需要尊重节目运营分工的科学规律以及尊重策划人的劳动成果,假如主持人每次都把别人的方案精髓弃而不顾,节目的长久运营必然面临文化价值上的危机。能够像窦文涛那样幸运的人并不多。据称当初凤凰卫视总裁刘长乐策划推出的是一本正经的谈论时事的"斋谈类"谈话节目,但经窦文涛之"嘴",这个节目已经"面目全非",已经变成了一个"荤谈"、"戏说"天下大事小情的《锵锵三人行》。刘长乐有一次曾对好友表示"都不敢看文涛主持的节目了",但并没有停止对这个节目的扶持。

(2) 选择节目嘉宾和现场观众的能力。选择嘉宾常被当做是策划人的职责，然而若深入追究，我们会发现选择大权相当程度上赋予了节目主持人：他不一定决定最终人选，但是在节目中他却有权让谁开口说话，让谁保持沉默。曾经做过策划的社会学家郑也夫在回顾《实话实说》所走过的道路时说："如果说《实话实说》节目比同类节目质量略好一些，很大程度上是因为我们在挑选嘉宾上更慎重、苛刻、下工夫。"应该说，在嘉宾选择上，《实话实说》也走过许多弯路。在节目的早期，由于过于倾向选择专家、名流，而忽视了平民百姓，因此在节目里那些缺乏鲜活气息和生命力的话语很难剔除干净，刻板、干巴、模式化、冗长、不风趣是其最明显的表现。《实话实说》嘉宾选择的最终成功应该是得益于后来嘉宾人选的生活化、平民化和多样性。自从后来《实话实说》调整了嘉宾选择的原则和方向，真正的平民百姓才得以进到节目里来。令专家学者们没有想到的是，那些从来没有在大庭广众之下说过几句话的普通人，在节目里说起话来，不仅朴实、实在，而且还经常是妙语连珠，着实为中国的谈话节目吹进了一股清新鲜亮的风。比如《日子》中的那位高大权，《家》中的黄月和她的工人丈夫，《结婚的钱由谁来出》中的那位农村大嫂，《父女之间》的父亲和女儿，以及"洋雷锋"丁大卫等，他们完全出于自然的表现却每每为当期节目带来亮点。

在嘉宾选择上，《锵锵三人行》的窦文涛可谓用"情"最专，节目自开播以来，以窦文涛为轴心的几个"三三组合"中的几位主要人选几乎就没怎么变过。当然，这些人选的表现也十分出色，嘉宾中的梁文道、张坚庭、马家辉、郑沛芳、潘洁等，都是很有影响的人物，而且在本行当里也是小有所成。与国内不尽相同的是，西方的许多谈话节目则格外看重嘉宾的知名度和传奇色彩。《莱特曼深夜秀》热衷于邀请政界要人、演艺明星、体坛精英以及社会上身怀五花八门绝技的各界人士；奥普拉在节目里则对那些对种族问题和性别问题有兴趣的嘉宾更感兴趣。但在西方的所有脱口秀节目里，在嘉宾选择上最值得借鉴的要数 NBC 的《今夜秀》。这个节目的嘉宾选择有自己的一贯做法：每期选 4 至 5 位嘉宾，一些人很著名，一些人不那么有名，另一些

《锵锵三人行》中窦文涛和两位嘉宾

人则完全没名;组合方式通常是:一个歌手,一个喜剧演员,一个平民,一个知名人物,一个大众文化分析家如社会学家,由他来分析节目话题所涉及的社会、民族、文化、政治问题。《今夜秀》在美国被认为是电视谈话节目之源,多年来长盛不衰,这与其嘉宾选择的原则、标准和方向应该有很大关系。

(3)对谈话的把握能力。虽然主持人的个性在任何谈话节目中都是成功的一个关键因素,但是谈话节目成功的真正关键却是"谈话"本身。谈话节目是以传递和交流信息为主的,但观众在收看的时候却往往只为了娱乐,这就对主持人的全面素质提出了更高的要求。主持人对谈话的把握能力一般又可以细化为这样几项:

其一,对话题的把握能力。从接受美学的角度看,一千个读者就有一千个哈姆雷特。同样,对同一个话题,不同的主持人就会有不同的理解。同样是关于毒品的话题,在崔永元的《实话实说》里,他以令人触目惊心的事实告诫人们"珍惜生命,远离毒品"。而窦文涛在他的《锵锵三人行》里,则与嘉宾讨论吸毒的滋味到底有多美。温弗瑞则从自己年轻时被骗吸食大麻和戒除的经历说起,谈论毒品的可恨但并不可怕,努力给人们一些积极的启示。同样是讨论"撒谎"的话题,崔永元以孩子的说谎为谈资,窦文涛则从克林顿说谎的"肢体语言——摸鼻头"说起,莱特曼则在节目里干脆拿克林顿的撒谎和性丑闻开涮。单从对话题的把握这一点,我们不仅可以看出主持人的思想观念、个人兴趣,还可以看出他所主持的谈话节目的价值取向。

其二,对现场的把握能力,也就是在节目的录制中营造"谈话场"的能力。这种能力,要求主持人既能举重若轻,又能举轻若重。具体到主持过程中,又可进一步细分为:对嘉宾和现场观众情绪的调动;对谈话走向、深度与节奏的控制;对现场突发事件的应变能力。所谓谈话,其实是一个典型的以语言为工具、手段的"刺激—反应—刺激—提高—再刺激"的过程。在这个过程中,主持人的话语起着决定性的作用。

崔永元在这方面做得很出色,他不仅善于调动嘉宾和现场观众说话的积极性,还善于使他们所说的话"升级"、"深入"。他的办法很多,形象点说,他有时是"挠痒",有时是"揭短",有时是"热情'扬''抑'",有的时候迫不得已也下下套子,还有的时候对方滴水不漏,他只好对对方的见解或观点进行故意的"歪批"、"曲解",使对方因着急纠正而慌不择言,正中了小崔的"圈套"。有时,双方观点相左,火药味太浓,冲突在即,这时,小崔又得出面调解,当一把和事佬、消防员,可又不能把火全浇灭了,否则节目就没法录下去了。

莱特曼也是此中高手。为了采访希拉里·克林顿,他提前好多天就在节目内外放风说希拉里不敢到他的节目里做嘉宾。此招果真好用,没多久,希拉里就坐到了他的那张著名的沙发上。为了来个下马威,莱特曼一张嘴就扔给了希拉里一根"带刺的骨头":

莱特曼:你现在搬到了纽约,住进了豪宅,有没有发现每天都有傻瓜开车路过你家门口,冲你的房子大喊大叫啊?

希拉里:有啊,可是我想知道,那个人是不是你呀?

莱特曼:(松领带、扭脖子、吐舌头、摇头)……

莱特曼知道遇到了真正的对手,便不再造次,谈话也回到了正轨。希拉里则真正感受到莱特曼这盏"不省油的灯"的"刁蛮",打心眼里不敢怠慢,回答问题和发表见解都拿出十二分的精神。这正是莱特曼所期望的。

其三,与节目其他环节的沟通和配合能力。小型谈话节目场面小,环节少,控制容易,主持人主持时涉及的部门也不多。但是大型电视谈话节目要更加复杂一些,主持人除了要与策划和编导部门沟通外,还要在节目现场与灯光、音响、乐队、剧务等其他部门互相配合。在现场,乐队其实也是一个"有思想情感"的成员,它常常发表自己的观点和见解,同时又是调节情绪、营造气氛的高手,明智的主持人从来都不会忽视它的存在。崔永元就明确表示过对小乐队的感激,因为小乐队常常"救他的驾"——为他解围。大卫·莱特曼与乐队的调侃,更是他的深夜谈话节目的一个大有卖点的环节。

二、选题的策划与精选

在日常的节目运营中,话题应该是最为重要的,换言之,"谈什么"、"怎么谈"这两个关键问题不解决,主持人、嘉宾和现场观众就失去了存在的价值,其作用也就无法得到有效的发挥。所以,成熟的谈话节目需要建立起较为严格的选题遴选机制、策划机制、应急机制和储备机制[①]。

所谓遴选机制,是指节目主创者以"守门人"的角色建立起选题的评价标准和筛选原则,选择适合栏目操作的题目。哪些题目该纳入,哪些题目该放弃,这是一个综合而又复杂的选题指标。这一机制应是发挥媒介议程设置的功能。

策划机制,是充分调动栏目的主动创造性,组合相关信息,挖掘深层信息,突破一般现象而策划出具有栏目自身特点的选题。遴选机制是在筛选选题,而策划机制则是如何处理选题。机制选中的选题往往具有独创性,能够使节目受到普遍关注,同时更能反映策划智囊团的智力因素和能力。

---

① 胡智锋:《电视节目策划学》,复旦大学出版社 2010 年版,第 65 页。

应急机制,是栏目有面对突发性事件的应急处理能力,能够结合栏目自身的需要,根据新闻突发事件的性质,迅速决定节目的选题。在较短的时间内,跟进社会热点,及时以选题带动节目的整体操作。

储备机制,是栏目对选题的长线准备和积累,保证节目顺利稳定地进行。

具体来说,选题的策划包括以下三大方面:

1. 选题的初选

确定选题,一般情况下要经过两个步骤:一是选题的收集阶段,二是选题的筛选阶段。收集选题主要有以下几种方法:一是查询一些相关资料信息,如报章、杂志等其他媒介所触及的线索。二是通过观众的来信来电及有关信息部门提供的线索确定选题。三是从各种社区网站或交流网站中寻找选题。

《新闻会客厅》演播室现场

在选题收集完成之后,节目策划人员包括节目的编导、策划、主持人都会根据已有的经验和原则对选题进行筛选和评估,找到一些可以重点挖掘的话题。在对选题进行初选时,一般遵循以下几个原则:

(1) 根据节目定位和风格来确定选题。节目自身的定位和风格对选题起着决定性作用,它初步对选题划定了一定的界限和规范。譬如新闻时事类谈话节目《时事辩论会》属于日播节目,主要根据社会上的热点、焦点问题迅速展开讨论,形成观点。节目的风格和定位又与节目的目标受众相联系,是面对普通知识阶层还是面对知识群体,是面对青少年还是面对老年人,这些都决定了节目应该选择什么话题以适合特定群体的口味。央视新闻频道的《新闻会客厅》以新闻人物为主要关注对象,其嘉宾多是当日或近期国内发生的重大新闻事件中的人物。主持人从与专家、新闻当事人的交流中揭示事实真相,开掘新闻事件中当事人和关联人的亲历、亲为和亲感,突出新闻中人性和新闻性的结合,使新闻更增添了人的元素。"新闻因人而生动",这正是《新闻会客厅》选题的出发点。

(2) 根据可操作性确定选题。确定选题的可操作性是指从选题的确立到节目成片过程中实施工作的难易程度。选题的可操作性受很多因素的限制,比如新闻政策的约束。有时候一个节目的选题尽管有很大的创收效益,但是如果它违背了相关的新闻政策和舆论导向原则,违背了整个社会的道德文化底线,就不应该成为电视媒体上公共舆论的焦点,比如2008年国家广电总局直接宣布不得播出的《夜话》就是这个问题。还有就是操作成本的约束,包括机会成本和经济成本,即一个选题从设想到成片过程中,需要付出很大的代价,其中的不可控制的因素有很多。一个谈话节目的常态是在相对从容的状态中进行的,基本上每期节目都有预期的走向,否则栏目会处于不稳定的状态,经常会出现节目无法按预期完成的情况。

(3) 根据节目组的特点来确定选题。不同的电视谈话节目,其策划人员、编导、主持人的专业背景不同,对选题有不同的侧重点。在长期的节目制作过程中,策划、编导和主持人会形成一定的倾向,有些选题是节目组驾轻就熟,能够很好操作的,但有些选题,该节目操作起来比较困难,主持人在现场很难驾驭。因此,寻求保险系数高的选题,是保证节目长期稳定发展的一个策略。《新闻会客厅》在选题上,最明显的特点之一是时效性和事件性,大部分的选题都是最新最热的新闻话题,是对当日发生或者当日报道的新闻进行议论和交流。对话题的时效性和事件性这两个特点的把握才是节目扣紧央视新闻频道的关键。

(4) 根据观众需要,挖掘选题的"卖点"与亮点。一个成熟的电视谈话节目,应该有自己独到的选题范围和规则,而不是随大流。《杨澜访谈录》和《名人面对面》两个栏目曾先后采访过同样的嘉宾,如陆川(电影《可可西里》的导演)和徐静蕾(《一个陌生女人的来信》的导演)。通过对比,可以发现其实在访谈中采访的问题大体一致,基本雷同。这就说明,谈话类节目面临一个很现实的问题:题材的同质化和趋同化。应该说,抢焦点人物没错,但大家都来抢,谁抢得好、抢得妙就能看出水平的高低了。关键的问题是抓到选题的独特点,或者说是"卖点","卖点"应该是一个选题最能吸引人、最有创意的地方,也是最能赢得收视率的保证。这里大有文章可做。

首先,名人、明星就可以成为谈话节目的"卖点"、亮点,因为他们比普通人更引人关注。例如中央电视台的《对话》节目,其特点是新闻性、开放性和前沿性,关注的是中国经济的发展,其受众也主要是关注经济发展的高知识层人士,因此邀请的嘉宾有企业界巨子,也有政府官员。这些重量级人物吸引了观众的注意,也提升了节目的谈话层次。而《夫妻剧场》是一档关注婚姻和家庭的情感类谈话节目。开始时嘉宾夫妻基本出自平民;之后,为了扩大观众群,争取在全国其他电视台联播,节目改为"名主持采访明星夫妻";再后来,又将"明星夫妻"改为"名流夫妻",从原来演艺明星和竞技明星的范围扩大到大学者、大工程师、大实业家、大商人、大社会活动家以及大艺术家等。因为这样的嘉宾平日里老百姓就熟悉他们的名气,希望了解他们的家庭生活和情感生活,更何况是夫妻双双在电视上出现,因此名主持人英达和名流夫妻的共同演绎,使改版后的《夫妻剧场》更加引人注目。

但是,光靠嘉宾身份的知名是远远不够的,谈话节目还要能在选题中设计出悬念,才能更好地吸引观众。美国的电视谈话节目有很多选题就是从满足观众的窥视欲望与好奇心理出发的,把奇闻轶事作为话题。当然我们不能像美国的节目那样走极端,但也可以有所借鉴,吸收合理因素,利用选题的新奇感和悬念感来作为"卖点"。例如央视科教频道的《讲述》,是一档收视率较高的谈话节目,它在选题上的悬念意识是较为明显的,如《母女契约之争》、《拒绝捐助的背后》、《苯泄漏之后》、《危情邂逅》、《怪病之谜》等,正是这些充满悬念的话题,吸引观众去解析真相,去倾听那些曲折感人的经历和故事。

2. 选题可行性再确认

在选题初选之后,策划人员必须进一步思考分析,来确定选题的可操作性和技术性资料。可行性再确认是对选题的继续研究和分析,以确保选题价值所在。一般来讲,再确认的任务是由节目组的专职策划人员来完成的,具体可以从以下几个方面考虑:

确认选题所引发的基本事实是否准确,是否能挖掘出更有趣味或意义的事件或人物;确认选题所涉及的当事人有哪些,具体情况怎样;确认能够请进演播室做访谈嘉宾的专家人选及其基本情况。

如果是个案人物,要考虑其谈吐、性格怎样,个案经历是否可以作为公共探讨的话题。如果是讨论型的社会事件或现象,要考虑该事件或现象的社会意义何在,是否存在多种声音,从而能够成为争鸣的话题。

3. 话题价值取向和谈话脉络的确定

话题价值取向主要由节目主持人负责掌握,但在确定选题和选题可行性再确认之后,也需要召开专门的策划会,策划会主要需完成的任务、目标有这么几项:第一,确定话题的价值所在,话题能谈到什么程度;第二,确定话题的切入角度,面对同样的题材,不同的谈话节目会选择不同的谈话角度;第三,发挥策划的能动性,通过整合不同的题材,提升话题的价值和内涵,使其具有独特性并能引起观众讨论的兴趣;第四,确定谈话的基本思路和走向,即怎么谈,遵循"大方向,小变化"的原则。

策划会的目的,就是对话题的初选进一步细化和深化,在此基础上,策划人员和具体编导会再进一步细化策划方案，以便于对嘉宾人选、现场观众的选择和对谈话场景的设计等。

三、营造真实的"谈话场"

如前所述，电视谈话节目能保留谈话的完整性和动态性，进行场式传播。为了体现这种现场谈话的完整性与动态性，特别是构建"谈话场"，构建一个现场氛围，营造出一个真实风趣、过渡自然的"谈话场"是至关重要的。《咏乐汇》是央视财经频道精心策划和包装的脱口秀节目，其"谈话场"的营建花费了不少心思。节目虽然以闲谈为主，但依旧充分展现出创作人员的独特创意。在被模拟成西式餐厅的演播室里，主持人李咏为嘉宾提供一道道对其具有特殊意义的菜肴茶点，《咏乐汇》就是在主持人请朋友（即嘉宾）吃饭的形式下，以嘉宾经营人生的智慧为主线，选择嘉宾人生中最典型的故事，这些故事既要在嘉宾人生中具有转折性意义，同时又能最有效地折射出嘉宾在人生抉择中所体现的价值观和经营智慧。

对"谈话场"的营造首先是需要一定的操作技巧的。例如《实话实说》是一个辩论性的谈话节目，那么它就需要围绕选题邀请不同观点的现场嘉宾，以构成争论的气氛；再如《艺术人生》，经常寻找对嘉宾的演艺生涯倒背如流的现场观众，有的人甚至把收藏着的连嘉宾自己也找不到的作品专辑带到了现场，这样的现场交流就会带动场内氛围更加热烈。当然除了语言交流，环境中的非语言因素也对营造谈话现场氛围很有作用，如演播厅的布局、小乐队的配合、纪念物的展示、录像资料的播放，以及来宾座位的角度、出场的顺序等都能有效地形成一种情境氛围，激发人们的谈兴。

但是，谈话节目现场的外部设计往往容易，而主持人与嘉宾谈话进行中的现场互动却是不易驾驭的，这就需要一种内部设计，一种心理战术。例如《夫妻剧场》节目，有些名人嘉宾是不易敞开心扉的，策划者便采取了从开掘人性入手的办法，使嘉宾解除防范，还原本色，营造一种真诚氛围的"谈话场"。在这里，主持人将自己复杂的婚姻经历作为"人肉炸弹"，引领名人夫妻祛除光环，解除心理武装，不由自主地进入"谈话场"，最后攻破一个个嘉宾的顽固堡垒。在这里，营造的真诚氛围不靠煽情，也不靠说服，而是一种心与心的交流和碰撞，谈话者在笑声、感叹中达到双方的共鸣。

四、策划节目的争议性

短短几十分钟内，谈话类节目要把话题说深说透，而且还要能保持一定的收视率，这其中争议性的策划必不可少。一方面，话题的争议性让话题内蕴含的矛盾冲突得到充分展示和演绎,这是通过让谈话各方对总话题和分话题进行言语的激烈辩论、思维的直接交锋达到的。激烈的辩论往往能激发谈话者表达真实自我的欲望,观点的交锋常常能引起谈话者和倾听者更全面的、换角度的思考。谈话类节目中的"争议性"让谈话深入地切入问题的核心,不同观点的交锋迸发出新的智慧的火花,让节目在谈得深刻、谈得尽兴的基础上体现出"创新"的魅力。另一方面,"争议性"带来的矛盾冲突模式让谈话过程极富戏剧性,使谈话"情节"引人入胜,激发观众的收视欲望。事实上,在美国众多的谈话节目中,利用"争议性"已成为谈话类节目最基本的技巧之一。

1. 什么是争议性

"争议性"是指事物具有引发争论的性质。从传播学的角度来探讨争议性的本体特征,某一问题或现象具有"争议性",可以理解为问题或现象具有引发大众的多元化论点相互争论的性质①。2001年11月10日,北京电视台谈话类节目《国际双行线》采访凭借电影《卧虎藏龙》音乐获奥斯卡金像奖的著名音乐家谭盾,录制中途主持人突然请出音乐家卞祖善,后者对谭盾的音乐观念大加批评,谭盾当场离座而去。该节目播出时并未剪掉这一戏剧性的场面,之后关于此事的争论愈演愈烈,并升级为一场有关艺术家道德操守、电视节目制作规范、媒体介入文化争论等多层面的文化大讨论。2003年5月23日,一位女嘉宾在参加湖南卫视的《真情》节目录制时突然情绪失控,并割脉自杀未遂,事后该栏目解释事情发生的原因是事前受了该名女嘉宾的刻意欺骗。此事引发了社会上关于电视台在谈话与真人秀类节目中所扮演角色的思考。江西卫视在2011年3月21日推出的《金牌调解》栏目,因为2011年1月1日《中华人民共和国人民调解法》的正式施行,而成为首档具有法律效应的电视调解节目。《金牌调解》将调解的过程搬上电视,让现实中的一些纠结矛盾次第展开,让调解人在法理与情理的轨道上,帮当事双方把脉,最后达到相互谅解、相互和睦、重归于好的结局。同时,观众的心中也有一个天平,他们看到了对真、善、美的弘扬,对假、恶、丑的鞭挞,体会到调解的作用与魅力。

2. 争议性的特点

(1) 问题或现象内含矛盾冲突。根据矛盾论的原理,任何事物都是矛盾的对立统一体,矛盾的对立面相互排斥、相互斗争,在一些特殊事物上或特殊时刻,这种

---

① 赵志刚、李薇:《浅议"争议性"在谈话类节目中的审美价值及设计》,http://media.people.com.cn/GB/5667805.html。

对立会非常尖锐,这时事物就具备受争议的潜能。认识论告诉我们,个体的差异会导致对同一事物的不同看法,由此多元化观点形成。

(2) 问题或现象关系人们自身的生存与发展。传播学观点认为,社会成员在信息传播与接受中有一种生存守望的心理——只有及时把握内外环境的变化,才能保证自己的生存和发展。把握内外环境的途径之一就是了解其他个体或群体在这些"重要问题"上的观点,"沉默的螺旋"理论的创始者诺依曼曾将这一心理阐述为:"对社会孤立的恐惧",这就构成了多元化观点交流的心理驱动。

(3) 合理的社会舆论尚未形成。所谓"社会舆论",是社会成员心中的"社会上大多数人的看法"(事实上它可能不是)。当社会成员对问题或现象形成多元化观点之后,他们并不一定会相互

《金牌调解》栏目开播广告

争论,争论与否要看对问题或现象的合理社会舆论是否形成。比如2011年6、7月间,云南男子李昌奎因奸杀少女、摔死幼童被云南省高院判处死缓,引发社会广泛质疑和讨论,在"公正审判"和"舆论狂欢"之间尚未形成一致的社会舆论。

3. 如何策划争议性

在谈话节目这种特殊的节目形态下,争议性是在主持人的串联下,通过嘉宾、现场观众、主持人三方或任何两方之间,由于观点的多元化而争论表现出来的。在谈话节目的争议性具体表现过程中,策划可以在以下三个方面多动脑筋:

(1) 利用谈话者群体归属的差异。谈话者(主要是嘉宾与现场观众)分属于不同的社会群体,有着不同的社会背景。谈话者看问题的方法、角度通常受到他的群体归属关系、群体利益以及群体规范的制约。谈话者的群体归属的不同,意味着他们的社会环境、社会地位、价值和信念、看事物的立场、心理特点和文化背景都有很大的差异,对同一话题的观点和看法也必然不同。比如在《对话》栏目播出的《对话海南航空陈峰》一期中,在对陈峰资金运作成功的探讨上,一位现场观众认为是政府的某张批文与陈峰的海南省省长的航空助理工作经历起了很大作用;嘉宾赵晓归结为国内航空业的垄断属性;嘉宾曹建海分析是由于陈峰善于投机;而作为一个改革企业家,陈峰把自己的成功归结于改革开放成全了他的个人奋斗。这里的多

元化观点在很大程度上源于谈话者群体背景差异带来的立场差异。

（2）选择个体属性不同的谈话者。具有同一群体属性的个体也会对同一话题产生不同的看法,个体先天认识能力的差异、个体生活经验和思想感情的不同都是原因。一些谈话节目经常邀请普通人做嘉宾,这些无权威性的嘉宾常常能出人意料地谈出一些独到精彩的观点,这往往是由于他们有与话题相关的生活经历、情感体验。相反的情况是,一个理论上权威但没有实际经验体会的嘉宾,则经常与上述的有实践体会的嘉宾的观点大相径庭。实际上,这种嘉宾组合常常出现在谈话节目中。比如《实话实说》的一些个案分析节目,除特邀个案当事人(现身说法的普通人)做嘉宾之外,相关领域内的专家(社会学家、心理医生、教育工作者之类)也是嘉宾之一。

（3）创建"争议场"。多元化观点在谈话者心里形成之后,还需要一个"争议场"为交流与争论提供条件。"争议场"不是狭义上的争议场地,它包括节目策划组对争议事先尽可能详尽的设置,临场主持人对争议的激发、推动和掌控,节目制作人员(包括主持人、摄影师、乐队)与外来参加人员对争议氛围的共建,影像切入与人物道具等技术手段。"争议场"的营造类似于前述的"谈话场"。

五、策划节目中的"故事性"

我们每个人从小就开始听故事,无论是孩提时代的童话,还是成人世界里的家长里短,当讲述者娓娓道来时,都会听得津津有味。电视谈话节目虽然不同于影视剧、情节剧,节目中出现的人物和事件都是真实的,但同样需要运用故事化的策略,让它生动起来。央视的《交流》栏目从2001年底就开始搜集各类个案和故事,从主人公具体的故事里延展话题,如《儿子撒谎的时候》、《清华女生》、《故事从初一开始》等。故事的引进,可以将某种社会现象或社会热点很直观并且很具代表性地呈现给观众,对于更加理性的思辨,故事则让它变得平缓和踏实,从而"大大降低了'辩论'和'交锋'带来的谈话风险"。有的谈话节目本身就是围绕着一个故事,节目嘉宾会说出一个个感人的、逗乐的小故事,让节目充满趣味性,如《艺术人生》,总能让嘉宾自己和观众都潸然泪下;而邓超在《超级访问》中讲自己以前读书时的事情,又让观众捧腹大笑,这都是故事的效果。故事的感人往往在于它的跌宕起伏,有完整的故事情节、矛盾冲突或戏剧性,因此,故事化策略在谈话节目中的运用十分普遍,甚至可以说几乎很少有纯理论的谈话节目,更多的节目是以情动人,将理论通俗化、故事化。故事是客观存在的,对于调查性的谈话节目或者反映社会现象的谈话节目来说,穿插故事,即新闻事实,用事实说话,有利于提高媒体公信度,增强媒体在受众心中的公信力。

强化电视谈话节目的故事性,大致有三种策划路径:

一是寻找一个好的故事脉络。一个好的故事要有打动人心的情节,有起承转合的空间,有令人期待的高潮,有悬念,有意想不到的结尾。湖北电视台的《往事·故事,铭刻在雪山》,就是以震撼人心的故事取胜的。故事中的主人公刘连满,是我国第一支攀登珠穆朗玛峰的国家登山队的教练兼队员。为了登顶的重任,他在登上8 000米时自愿留下来而确保其他三名队员顺利登顶。几十年过去了,登上峰顶的三名运动员都成为体育名人,而刘连满退休后却在东北的一个工厂里打更(看门),家庭困难。节目播出后,刘连满的故事感动了许多人,《往事》也因此荣获2001年度中国新闻奖一等奖。

二是要选择合适的切入点。一般来说,要从整个事件的关键点切入,然后再叙述人物背景。还以《往事》中刘连满的故事为例,像这样一个充满了人生况味的故事该怎样讲才吸引人呢?编导从一个小短片进入,介绍60年代的那场登顶的辉煌后引出刘连满当年的壮举,从而设下悬念——刘连满是谁?但是开始访谈时却让当年登上珠峰的三个人之一的王富洲回忆当年的情况,使观众对刘连满又有进一步的了解,从而进一步猜测,刘连满现在到底怎么样了?接下来,再请出当年的一个记者满怀深情地讲述了刘连满"毅然留下氧气"的壮举对他的感动。做足了这一切后,最后才请刘连满上场。结果,上场后,当朴实的刘连满眼含热泪向观众深深鞠了一躬,说"谢谢大家还记得我"时,全场感动,这样再由刘连满讲述他的人生故事。这样的设计结构,使故事一波三折,悬念迭生,异常感人。再如《交流·上锁的日记》开头就是一连几个问题:"孩子的日记为什么要上锁?这个时期的孩子会有什么秘密呢?孩子有秘密好还是不好?家长该不该知道,又该不该偷看日记?锁与看又能在家庭中引发怎样的矛盾和问题?"也是通过提问的方式钓足了观众的胃口。

三是包装设计的故事化。现代高速发展的电视事业培养了高素质的观众,观众的审美要求、品位越来越高,电视谈话节目也因此要在后期包装设计上狠下工夫。除了注重舞美设计、相关的道具,搭建与观众互相交流的平台外,还要精心设计故事的流程,掌握好故事本身的开端、发展、高潮、结束,控制并配合好整个节目的起、承、转、合,抓住"矛盾点",将节目步步推向高潮。另外,后期包装中对于片头也有一定的要求。一场几十分钟的访谈,都需要很精细的后期加工。一般三四十分钟的访谈节目都需要两到三个小片头导视,起到承上启下的作用,也便于刚刚打开电视的观众了解上一段讲了些什么故事,引导他们继续看下去。切忌几十分钟的节目从开头到结尾一直讲下去,因为有些观众不是一开始就坐在电视前的。而且,小片头也可以使节目的结构更加精致,可以更好地满足观众越来越高的审美品位。

思考题

1. 什么是电视谈话节目？电视谈话节目有何主要类型特点？
2. 电视谈话节目如何挑选节目主持人？
3. 如何策划电视谈话节目的选题？
4. 如何策划电视谈话节目的争议性？
5. 如何增强电视谈话节目的故事性？
6. 如何挑选电视谈话节目的嘉宾？
7. 中外电视谈话节目有何异同？

第三章　电视文艺节目

案例 3.1　《电视诗歌散文》

自央视文艺节目中心于 1998 年推出首届《全国电视诗歌散文展播》在全国形成广泛影响后，10 年来，央视独家拍摄的百多部作品把电视诗歌散文的创作推到了一个新的高度，为电视诗歌散文的持久发展打下了坚实的基础。

《电视诗歌散文》栏目的宗旨是在众多的综艺晚会和娱乐节目中打造一个诗意化的空间，弘扬真善美，满足广大电视观众日益增长的对高品位文化的需求，以达到心灵的净化、精神的启迪和审美的愉悦。

电视散文作品的拍摄以自然风光加人文景观为主，陆续播出并发行了《世界自然文化遗产》系列、《古代名人》系列、《China·瓷器·景德镇》系列、《皖风·皖韵》系列、《马背日记》系列、《阿里札记》系列、《2005 毕业了》系列、《城之眼——中国名湖系列》、《荒原眷恋》系列、《丽江印象》系列、《问路世界屋脊》系列、《不能忘记的长征》系列等，并获得了良好的社会效益。由于采取主题与系列结合、精品与新作捆绑的策略，栏目风格呈集约式和规模式效应，并力求文学语言和电视语言的完美结合。

《电视诗歌散文·中国名湖系列》

《电视诗歌散文》1998年至2006年连续蝉联全国电视文艺节目"星光奖"优秀栏目奖,获得过全国电视文艺节目"星光奖"电视文学类一、二、三等奖,其中三部作品获中国电视金鹰奖文学作品最佳作品奖、最佳样式奖,2006年又获得"全国优秀电视文化(文艺)栏目"称号。

案例3.2　《欢乐中国行》

《欢乐中国行》是一档包含了多个艺术品种,始终贯穿联欢色彩,始终流动的大型综艺节目。除有歌舞、小品、戏曲曲艺等艺术品种的节目外,栏目在风格上更加强调综艺节目的互动性和时尚性,更着力于展示地域文化和城市魅力,突出地方特色,展示我国各地风采。《欢乐中国行》力图开创全新的综艺节目风格,突出观众的参与性和联欢性。栏目运用情景交融的表现手法,在鼓励观众积极参与交流的基础上添加游戏对抗、与明星同乐等互动环节,力争有歌大家唱,有劲一起鼓。从某种程度上讲,观众就是演员,这种强调台上、台下零距离接触的表演形式非常受观众欢迎。《欢乐中国行》契合新市民文化的理念,提倡内容的多样性,弘扬社区文化的健康品质,崇尚平民化、亲和力,这也成为节目的一个显著特点。

《欢乐中国行》录制现场

第一节　电视文艺节目的界定与类型特质

一、电视文艺节目的定义

电视文艺节目可以分为广义和狭义两种说法。广义的电视文艺节目指的是电视文学与电视艺术的统称,它包括电视屏幕上的一切电视文学艺术样式。其中有电视文学节目,如电视小说、电视散文、电视诗歌、电视报告文学等;电视表演性节目,如歌舞节目、戏曲节目、曲艺节目、魔术节目、电视音乐节目;电视戏剧节目,如电视小品、电视短剧、电视单本剧、电视连续剧、电视系列剧；电视艺术片，如电视风光片、电视音乐艺术片、电视专题艺术片等；电视娱乐节目，主要包括各类竞技节目、游戏节目、选秀节目、博彩节目等。其中的电视剧、真人秀节目本书有专门章节说明，本章主要系指狭义的电视文艺节目。

狭义的电视文艺节目主要是指运用先进的电子技术手段，对舞台上或演播室中演出的各种文艺节目进行二度创作，在保留了原有艺术形式的基础上，充分发挥电视视听语言的特色，给观众以审美娱乐的电视节目类型。狭义的电视文艺节目排除了电视剧、电视电影、真人秀等节目类型，主要包括电视综艺节目、电视戏曲节目、电视舞蹈节目、电视音乐节目和音乐电视、电视小品节目、电视文学节目等。当然，这种界定也不能完全排除一些有跨界趋向的作品存在，毕竟电视文艺节目类型本身也还处于不断的发展和变化之中。

综合性艺术手段的运用赋予了电视文艺节目以新的生命与活力，无论是何种艺术表演类别、表现形式，还是声音、照明、色彩的变化，抑或是时间、空间的跳跃，电视艺术融各种视觉与听觉手段为一体，综合运用于屏幕之上。这一点，是电视文艺节目的魅力和生命力所在。

无论是节日晚会、文艺专题、电视小品还是音乐节目、曲艺节目、舞蹈节目，大凡受到电视观众欢迎的节目都做到了符合时代特点和观众心理，能够反映现实生活，弘扬民族文化，运用电视艺术手段，发挥综合性的优势，形式活泼多样，为观众带来欢乐。

二、电视文艺节目的类型特点

电视文艺节目能够作为电视节目中的独立类型，是因为它具有区别于其他节目类型的特性和语言方式。电视文艺节目的特性离不开电视节目的共性特征，或者说电视文艺节目是电视节目共性特征的构成元素。另一方面，电视文艺节目存在着与其他电视节目不同的个性特征。这是在电视文艺节目历史发展中形成的，也是电视文艺节目制作规律的体现。

1. 电视文艺节目的集约化传播

从艺术本体属性来说，电视文艺节目的艺术种类繁多，艺术题材非常广泛，音乐、舞蹈、戏剧、美术、电影、文学、曲艺、魔术、模仿等艺术形式都有可能出现，把它们用电视的手段加工改造之后，便可以成为具有电视特点的电视文艺节目。更令其他艺术形式望尘莫及的是，电视还可以将各种艺术手段融合起来交叉使用，从而使出现在电视屏幕上的艺术虽然不再是原汁原味的某一个艺术种类，却是被电视化了的更为通俗的、令广大电视观众所喜闻乐见的艺术。从传媒属性来说,电视文艺节目的传播方式灵活多样,既可以录像编播,又可以现场直播,还可以直播、录像相结合;既可以采用外景,又可以选用内景,将演播室充分利用起来,还可以内、外景相结合,还可以采取视频连线将异地表演的节目进行直播表演;既可以在台上表演,又可以走到台下,还可以台上台下相结合……由于有了电视的传播手段,就可以达到最大限度地表现的目的,因为电视所拥有的是一个可以自由转换的天地,在表演形式、节目串联、声画关系以及各种非线性编辑技巧上,电视文艺节目都可以自由选择。电视文艺节目工作者面对着一个大千世界,需要考虑的是如何从内容的需要出发,发挥集约化传播的优势,将每一种艺术形式、传播手段乃至编辑技巧都运用得自然、巧妙、准确、贴切。

2. 电视文艺节目的娱乐性

娱乐性是电视观众对电视文艺节目的最基本的要求,也是电视文艺节目的根本宗旨。使人愉快,是界定电视文艺节目娱乐性的最简单和最直接的方法。电视文艺节目的娱乐性包含两个方面:由电视文艺节目赏心悦目的画面和声音带来的审美心理满足之后的愉快所支持的娱乐;由非艺术、非思考性的内容构成的简单感官满足所带来的情绪愉快所支持的娱乐。从大众意义的层面来说,娱乐的典型特征是,不用思考、不用联想,内容直白而形式感极强。对于普通的中国大众来说,通过电视来娱乐就是最便利、最廉价的休闲和娱乐。这就是电视娱乐性存在的心理基础。

作为娱乐品的电视文艺节目虽然有着不同的节目形式,如晚会、文艺专题、文艺栏目等,但它们都是为实现大众娱乐消费目的而制作的。电视文艺节目的各种样式正是提供了不同的虚拟情境,满足了各层次、类别的娱乐需求,从某种意义上讲,电视文艺节目娱乐受众的方式就是使其在虚拟的情境中释放感情。在人们经历了为文化而文化、为娱乐而娱乐的极端阶段之后,电视文艺节目应该渐渐走向以通俗样式来包装丰富娱乐内涵的方式。这种方式或许是电视文艺节目较好的文化定位。

3. 电视文艺节目的审美性

艺术作品作为精神产品的价值,蕴含在某种物质结构中,这种结构可能是声音、体积、颜色和运动中的某种组合。电视设备提供了足够的技术手段,实现了电视文艺节目的艺术性。一方面,电视文艺节目之所以能够创造出艺术性,是因为它的物质结构提供了创作者以感性形式反映世界的材料,提供了展示形象、轮廓、节奏、色彩、运动的物质可能。另一方面,电视文艺节目之所以成为艺术,还在于依赖已经成熟的视听语言。视听艺术的存在大大缩短了电视通往艺术殿堂的道路,电视也培养了可以理解、欣赏视听艺术的观众。艺术是表现性的和想象性的,是"人类情感符号形式的创造",是人类心灵自由的体现。电视文艺节目是人创造的精神产品,它虽然以娱乐消遣为目的,但同时也是美与情感符号形式的创造。电视文艺节目完全可以创造出独特的艺术文本,表达人的情感和灵魂世界,如电视散文、电视舞蹈、音乐电视等。比如《2008年春节歌舞晚会》可以说是创造电视文艺节目艺术形式美的典范之作。晚会像一篇隽永的散文诗,从舞台美术、灯光设计到影调处理都超出了一般意义的创作,尤其是镜头,通过组接有机生动的画面,把升华了的艺术审美传达给了观众。

在电视文艺节目作品的欣赏中,世俗情感与审美情感、娱乐性与审美性既可以彼此交融、互相促进,又可以共存于同一节目形态中,各有侧重。比如在综艺节目中,娱乐性是其第一要求,综艺节目也就相应增加游戏、参与类等娱乐性较强的节目内容;文艺专题则更重视审美性,往往声色优美、悦人耳目,并用情感与思想打动人。在文艺专题片中,艺术手段的运用多体现于现实时空、心理时空的交替跳跃上,而电视文艺节目的审美性在发掘视觉元素的丰富表现力上,以MV最为典型。文艺专栏的娱乐性深植于形式的绚烂与制作的精细之中,包括视听元素和时尚元素的组合等方面,是娱乐性与艺术性最为完整体现的电视文艺节目形态,如以《星光大道》、《曲苑杂坛》为代表的栏目都是走的这样一条路子。

三、中外电视文艺节目发展简史

电视文艺节目是伴随着电视的产生而出现的。1936年11月2日,英国广播公司在伦敦郊外亚历山大宫举办的歌舞晚会开始了电视的正式播出,这一天被认为是世界电视的诞生日,而作为电视节目,"歌舞"首先从亚历山大宫通过电波传送到有电视接收机的观众面前,电视文艺节目从此诞生。1948年6月,在美国电视屏幕上诞生了两个具有开创意义的综艺节目。全国广播公司(NBC)将广播电台直播的文艺节目移植到电视中,推出电视综艺节目《德克萨斯明星剧院》,播出后获得了轰动的效果,被称为美国电视史上"第一个突破"。同年8月,哥伦比亚广播公司推出有固定播出时间、第一个以歌舞为主的《城中明星》文艺节目。"二战"结束后,电视在许多国家飞速发展,大多数国家都有自己的电视文艺节目,而且都有自己的特点,有的以肥皂剧、连续剧、系列剧见长,有的则以室外音乐会见长。

1958年,中国电视文艺节目伴随着北京电视台的建立而诞生,并经历了几个不同寻常的发展时期。创作初期,主要采用直播的形式,如1958年5月1日,向北京地区直播诗朗诵《工厂里来的三个姑娘》、舞蹈《小天鹅舞》、《牧童和村姑》和《春江花月夜》。1960年春节,北京电视台首次在演播室里排练、播出了综合性的春节综艺晚会,这就是后来流行的大型综艺晚会的雏形。1964年12月底,北京电视台利用黑白录像机录制了常香玉主演的豫剧《朝阳沟》第二场、《红灯记·智斗鸠山》一场,在迎接1965年元旦的综艺晚会中播出,这是我国电视媒体首次使用录像播出的文艺节目。

从1979年开始,我国电视事业的发展大大加快,开始迈进快速发展和繁荣的时期。央视从1983年开始,每年在除夕之夜举办春节联欢晚会。晚会采东西南北八面来风,荟萃各艺术门类节目精华,营造欢乐祥和、普天同庆的氛围;它集合了一流的艺术表演人才,紧扣节日和时代的主题,充分发挥电视艺术的特点,成为亿万观众和海内外同胞欢度新春佳节的一道重要年夜盛宴,其收视率、到达率甚至一度达到80%以上,成为中国独有的文化现象和符号,也成为因电视与文艺的结缘而发展起来的特有的节目品种。从1985年开始,央视对电视文艺节目实行栏目化生产和播出,一大批各具专业艺术特色、电视特点的文艺栏目应运而生,如《综艺大观》、《曲苑杂坛》、《同一首歌》、《中国音乐电视》、《世界电影博览》以及《艺术人生》等。

1999年前后,央视大力推进频道专业化建设,成立了综艺频道和电视剧频道,2001年和2004年先后开播了戏曲频道和音乐频道,电视文艺节目的专业频道布局更加完善合理。2004年10月,央视综艺频道再次改版,将原有34个栏目缩减成22个,每天播出19个小时,在保留《艺术人生》、《同一首歌》、《曲苑杂坛》、《中国音乐电视》等优秀栏目的同时,又推出6个全新栏目,目标瞄准年轻观众。新栏目有聚焦热点文化事件、剖析文化现象的文化评论性节目《文化访谈录》,有通过电视化的艺术表现手段演绎"电视漫画"的《快乐驿站》,以及《星光大道》、《联合对抗》、《想挑战吗?》等。而作为开创中国电视综艺节目先河的《综艺大观》,在走过14年风雨历程后惨遭淘汰,取而代之的是一档全新打造的综艺节目《欢乐中国行》。

此外,央视以及部分省级电视台还先后举办了"全国青年歌手电视大奖赛"、"全国青年京剧演员电视大赛"、"小品大赛"、"相声大赛"、"舞蹈大赛"、"民乐器乐大赛"等各种文艺性的表演大赛,融欣赏性、知识性、对抗性、趣味性、参与性于一体,丰富了电视荧屏,推出了一批批优秀的艺术人才,受到广大观众和专家的好评。

总的来看,中国电视从诞生到发展到今天,经历了诸多历史阶段,中国的电视文艺节目也经历了一个从简单到复杂的发展过程。在表现手段上,第一阶段是从演播室的实况直播向剧场演出直播发展。电视文艺节目开始发挥其传播迅速、广泛的优势，满足众多电视观众欣赏文艺节目的需要，扩大了舞台演出的影响。第二阶段是从实况直播舞台演出阶段向自办节目发展。电视文艺节目的最大特点就是，观众的欣赏可以不用劳步，不需购票，甚至可以坐在家中欣赏到剧场或者音乐厅中不可能同台演出的节目，从而树立起电视文艺节目独有的艺术形象。新世纪以来的10多年间，电视文艺节目更是发生了翻天覆地的变化，无论在广度上还是深度上都实现了质的飞跃。今天，电视文艺节目已经发展成为最具有综合兼容特点的文艺形式，在各种艺术表现形式并存的情况下不断地扩展、丰富自己，成为极富创造力、生命力和青春魅力的艺术门类，在电视屏幕上独树一帜，占有举足轻重的位置。

第二节　电视文艺节目类型划分

电视文艺节目的分类可以有多个角度，但是由于电视文艺节目内容与形式都很丰富，创作时动用的手段也很复杂，调动的部门和参与人员也是最多最广的，其类型总结起来也就有较大难度。鉴于文艺本体的分类较为明晰，如文学、音乐、舞蹈、戏剧、曲艺、杂技等不同的艺术品种自身特性鲜明，本书按照电视文艺节目的艺术本体属性，将狭义的电视文艺节目划分为电视综艺节目、电视戏曲节目、电视文学节目、电视音乐节目、电视舞蹈节目、电视小品节目、电视文艺节目专题等七种类型。

一、电视综艺节目

所谓电视综艺节目，是指充分调动电子技术手段，运用独特的电视表现手法，如声光效果、时空的自由转换、独特的视觉造型等，广泛融合音乐、舞蹈、戏剧（戏曲）、小品、曲艺、杂技、游戏、竞赛（猜）、问答等艺术形式或非艺术形式为一体，对各种文艺形式进行二度创作，既保留原有文艺形态的艺术价值，又充分发挥电子创作的特殊艺术功能，用以满足广大观众多方面的艺术审美和消闲娱乐等需求，给观众提供文化娱乐审美享受的电视文艺节目类型。

作为一类文艺节目，电视综艺节目起源于美国，1948年开办的《德克萨斯明星剧院》《城中明星》以及1950年开办的《热门歌曲巡礼》都是其久播不衰的代表。我国的综艺节目诞生于80年代初期，至今已经伴随观众走过了20多个春秋，以央视春节联欢晚会为鼻祖的综艺节目在这20多年的光景中，内容和形式也发生了相当的变化，以《春节联欢晚会》《快乐大本营》《同一首歌》《超级女声》为典型代表，经历了联欢、游戏、歌会、选秀等四个阶段。

相对于较为单一的文艺专题、电视戏曲、电视音乐、电视文学、电视舞蹈等电视文艺节目而言,电视综艺节目最大的特色是综合性。所谓综合性,是指电视综艺节目将音乐、舞蹈、戏剧、美术、电影、文学、曲艺、魔术、模仿、游戏、真人秀等艺术或非艺术表演组合在一起,但绝不是简单的拼凑、排列和相加,而是一种高层次的综合。因而,电视综艺节目既非某种独立的艺术样态的演出,也并非只是各种艺术或非艺术形态的简单的相加或叠合,而是通过独特的电视艺术语言而完成的"电视化"的综合。在这一过程中,电视综艺吸收其他艺术表演样式的有益元素并使它们有机组合在一起,从而产生新的电视艺术特质。这样,电视综艺节目能广泛包容和吸收几乎所有的艺术样式、非艺术样式,这也成为电视综艺节目的一个最大优势。

目前,我国电视屏幕上涌现的电视综艺节目样式很多,诸如节日综艺晚会、专题综艺晚会、持续播出的综艺栏目等,往往具有不同的审美功能,满足观众多样的文艺、文化需求。从宏观角度来看,电视综艺节目可以分为两个大类:电视综艺晚会和电视综艺栏目。

1. 电视综艺晚会

电视综艺晚会是指运用现场直播的技术手段、综艺晚会的艺术样式,通过电视技术手段的制作,对各种文艺节目进行再创作,经过主持人的组织和串联,将文艺与娱乐融为一体,给观众审美享受的电视节目形态。

(1) 按照节目播出方式的差异,电视综艺晚会可以划分为录播综艺晚会、直播综艺晚会。

录播综艺晚会,是指先录后播的综艺晚会。其主要特点是把各种预先准备好的文艺表演或非文艺表演提前录像,然后再经过编辑、制作、合成等环节,最后在预定时间与电视观众见面。录像播出最大的特点是在合成环节,可以根据需要,加入各种影像资料、特技、广告、字幕等,还可以根据播出时间的长短进行调节。录播综艺晚会还有一个明显的优势,即可以弥补或删除录像过程中出现的各种差错,同时有较为充分的时间进行后期包装和加工。

直播综艺晚会,是指把预先排练好的晚会根据排定的播出时间,直接录制播出。亦即在录像的同时,节目就已经同步播出,观众可以在"第一时间"收看到晚会。直播综艺晚会将文艺或非文艺的演出、摄像、剪辑、合成、播出、收看等节目传播的各种环节合而为一,现场感强,但要求较高,需要精心组织,精心实施,确保准点播出,万无一失。由于是直播,晚会中出现的各种差错和纰漏也会"第一时间"暴露在电视观众眼前,无法进行后期的加工和弥补。

(2) 按照是否有固定的播出栏目,电视综艺晚会可以划分为栏目化晚会、非栏目化晚会。

栏目化晚会,顾名思义就是在固定栏目内播出的综艺晚会,其栏目的播出时间和内容长度两者都是固定的,如央视的《欢乐中国行》《红星艺苑》《曲苑杂坛》,地方台的《星光50》《开心100》《萝卜白菜》(河南台)等。这类栏目化的晚会无论采取录播还是直播方式,都有一批稳定的电视观众,影响较大,受众广泛,一般都是各电视台的名牌栏目。

非栏目化晚会,是指不进入正常综艺栏目,而是在录制之后另行安排播出的综艺晚会,其播出的时间、长度都不固定。按照晚会所承担的功能,非栏目化的综艺晚会可以分为节庆晚会、主题晚会、行业晚会。

节庆晚会是为专门的重大节日或重大活动庆典而举办的晚会,如为庆祝"五一"、"国庆"、"三八节"、中秋节、春节、元宵节等而举办的晚会,再如"庆祝建国60周年综艺晚会"、"改革开放30周年纪念晚会"等。这些晚会多采取现场直播的方式,主题往往较为欢快、吉祥、团圆,整体风格生动幽默、活泼风趣,生活气息浓厚。

主题晚会,又称为专题综艺晚会,如"纪念唐山抗震34周年综艺晚会"、"情系玉树,大爱无疆——抗震救灾大型募捐活动特别节目"、"感动中国2007年度人物颁奖盛典"、"歌声飘过30年——百首金曲系列演唱会"等。此类晚会往往有

"客家之歌·桃园春风"大型电视晚会

着明确的主题和鲜明的目的性,如2011年2月22日在台湾桃园县盛大上演的"客家之歌·桃园春风"大型电视晚会由海峡两岸电视机构共同举办,整台晚会分为《春风化雨》、《春江花月》、《春华秋实》、《春晖普照》四个篇章,充分展现客家精彩纷呈的历史文化和千姿百态的民俗风情,让全球电视观众欣赏了一台传统与现代、古老与时尚结合的高质量晚会。

行业晚会,主要是宣传和展示行业形象、普及行业法规、提升行业社会知名度的晚会。这类晚会不论长短,从内容到形式,都有着鲜明的行业色彩。如央视文艺中心影视部每年年底推出的"电视剧群英汇"就是一台汇集电视剧导演、演员、制作人等从事电视剧行业的人员的晚会,也是一年一度"电视剧人"的大聚会。该晚会

一般从电视剧行业制作特点出发,融合电视剧业内特有元素,站在行业的宏观角度把握整台晚会的设计风格,成为电视剧业内的一个重要盛事。

2. 电视综艺栏目

电视综艺栏目主要指以栏目化的播出形态出现,通过电视节目主持人的主持串联,将诸多电视文艺节目样式组织在一起,经过电视杂志化的艺术处理,给观众以文化娱乐和审美享受的电视文艺节目类型①。如央视综艺频道的《欢乐英雄》是一档以群众文艺为基础的大型综艺竞技节目,节目最大的亮点就是"团队对抗":每期节目,都有两个团队参加,团队成员由不同阶层、年龄、身份的普通人组成。他们参与节目的宗旨和目的,就是展示团队的才艺和风采,同时赢得一份荣誉,贡献一份爱心。东方卫视的《笑林大会》以沪上三大滑稽剧团的演员为主体,同时也向"草根"笑星敞开大门,通过"说、学、逗、唱"基本功的比拼,最终决出"十大笑星"。

姜昆等人在《笑林大会》表演现场

为使节目具有权威性和公正性,姜昆、严顺开两位著名演员担任评委会主任,荣广润、余秋雨、王安忆等组成强大的评委团。《乡村大世界》栏目则是中央电视台第七套农业节目中唯一的大型综艺节目,可收视人口超过8亿。扩版开播6周年以来,栏目以"让全国农民乐起来,让一方水土富起来"为宗旨,以"全景式综艺手法每期展现一个地方的综合面貌"、"让全国了解一个地方,让一个地方走向全国"的独特形式,受到全国电视观众好评,平均收视率从2001—2006年连续六年一直名列七套第一,在广大农村、乡镇享有很高知名度、美誉度和影响力。

电视综艺栏目的发展开始于20世纪70年代末。央视1979年开办的《外国文艺》是我国最早的电视综艺栏目。随后广东电视台的《万紫千红》、《百花园》,湖北电视台的《心声》,天津电视台的《画中曲》,吉林电视台的《艺林漫步》,河北电视台的《每周一歌》等综艺栏目纷纷在80年代亮相,成为当时节目栏目化潮流的一个重要部分。

---

① 徐舫州、徐帆:《电视节目类型学》,浙江大学出版社2006年版,第95页。

1990年3月14日,央视在《周末文艺》、《文艺天地》栏目的基础上,创办了《综艺大观》栏目,它集娱乐性、知识性、趣味性、新闻性、参与性于一体,栏目中又设小栏目"开心一刻"、"请你参加"、"送你一支歌"、"艺海春秋"、"东方奇观"、"艺术彩虹"、"天南地北"、"一分钟笑话"。《综艺大观》通过现场直播的方式与观众见面。

1990年4月6日,央视国际部就即将开播的新栏目《正大综艺》节目举行记者招待会,会上介绍了节目从筹备到播出的整个情况和《正大综艺》的节目内容。1991年1月22日,国际部与正大集团联合制作的《正大综艺》在形式和内容上有所改进。演播室现场更换了场景,增设了80位观众面对镜头,特别来宾减少为四位,新开辟了"音乐抢答"等小栏目。

《综艺大观》和《正大综艺》的开播,一方面掀起了全国电视综艺栏目互相学习、互相模仿的热潮;另一方面,我国电视综艺栏目在这两个栏目的模式上原地徘徊,直到1997年湖南卫视《快乐大本营》的出现和1999年中央电视台第三套节目全面改版为综艺频道,电视综艺栏目才改变了"全国学中央"的单一格局,开始走向模式的多元化、多样化。比如,2010年9月,面貌一新的《正大综艺》再次登陆央视一套,新节目《墙来啦》是央视重金引进的海外娱乐节目版式,进行本土化加工后,既保留了该游戏节目的视觉冲击力,又增加了丰富的"中

《正大综艺·墙来啦》

式"笑点,力求在电视荧屏上掀起一阵中西合璧的"钻墙风暴"。《正大综艺》翻天覆地的大改版真可谓"老树发新枝"、"旧貌换新颜",给观众朋友们带来了全新的节目形态、全新的主持阵容以及全新的视觉感受。经过改版的《正大综艺·墙来啦》2010年10月24日到2011年1月30日播出的13期节目中,收视率最高达到2.871%,13期节目平均收视率也高达2.448%,牢牢占据当周全国综艺类节目收视冠军宝座。

总的来看,综艺节目的栏目化,不仅使得电视综艺节目的生产与播出更为有序、成规模,同时也使节目之间的关系有机地统一起来并具有了特定的主题。而且,综艺节目的栏目化,使得综艺节目开始具备独特的包装和形象,不仅日益成为与新闻、社教、广告等节目类型具有同样重要地位的节目类型,而且某种意义上成

为电视媒体在激烈的市场竞争中制胜的标志。鼎盛时期的《综艺大观》不但代表了中央电视台，而且领导了整个中国电视文艺节目的发展潮流；《快乐大本营》令湖南卫视蜚声全国；《欢乐总动员》则成为北京有线电视台的代名词。

二、电视戏曲节目

戏曲是中华民族文化的瑰宝，以其独特的形式在艺坛独树一帜，但随着时代的变迁、审美意识的变化，戏曲艺术也面临严重危机。一些电视工作者和戏曲工作者联合起来，将戏曲舞台的演出，根据电视艺术特点和电视艺术的表现手段，加以重新编排，于是出现了电视戏曲，以央视的《九州戏苑》、陕西卫视的《秦之声》、浙江卫视的《百花戏苑》、安徽卫视的《相约花戏楼》、河南卫视的《梨园春》为代表。这些电视戏曲节目占据了央视和各省级卫视收视榜的前列，为普通百姓送去有益的精神食粮，也为推进戏曲艺术的发展而做着不懈的努力。

所谓电视戏曲节目，是指中国传统戏曲艺术与现代电视艺术相结合所产生的新兴艺术品种，也就是运用电视的技术、艺术手段，将我国传统戏曲艺术搬上电视屏幕，或保留戏曲舞蹈的基本形式，或突破戏曲舞台的时空局限，适当采用实景以及镜头组接的艺术表现戏曲、反映戏曲文化的一种电视文艺节目类型。换句话说，电视戏曲大致存在两种情形：一种情形是，继承戏曲的特性较多，几乎没有改变戏曲的舞台虚拟表演性质，电视化程度相对较低，如戏曲直播、录播节目，对精粹的戏曲艺术进行音配像式的处理等，比如央视的《神州戏坛》、《九州大戏台》、《名段欣赏》、《空中剧院》、《点播时间》等。另一种则是电视手法运用较多，声画结合特质更为明显，戏曲经过运用景别、画外音、快慢动作等电视手段处理后，舞台表演特性减少，如戏曲专题片、戏曲电视剧、戏曲小品、戏曲歌舞、戏曲 MV 等，代表性节目有东方卫视的《非常有戏》、河南卫视的《梨园春》等。大型电视戏曲节目《非常有戏》提出"戏剧载体、综艺模式"及"全国视野"两大主张，由影视演员及歌手出身的明星们来参赛，横跨京剧、越剧、粤剧、昆曲等各大戏种及各大流派，通过荧屏把表演的舞台伸进千家万户，使演员和受众零距离接触，将戏曲展演时空无限放大，创出了收视率超过春晚的骄人业绩。《梨园春》的内容则在初期的名家名段、戏曲小品、戏曲 MV、戏歌以及戏曲器乐演奏的基础上，加入了戏迷擂台赛、专家点评、姊妹剧种展示和年终戏迷总决赛等一大批新的内容和节目形式，渐渐肩负起"振兴豫剧，展示河南文化，对外宣传"的重任，成为"民族文化教育和国情教育的重要阵地"。

细分一下，电视戏曲节目在我国电视荧屏上大体上有以下四种播出形态。

(1) 戏曲纪录片，相当于剧场录像，主要运用影视的记录功能，将舞台戏曲原汁原味地搬上屏幕,如《梅兰芳的舞台艺术》、京剧影片《群英会》、《雁荡山》(武打戏)、豫剧影片《七品芝麻官》(名丑牛得草主演)等。此类作品因舞台表演艺术本身炉火纯青,所以不需过多的影视加工,它同时兼具戏曲史料价值。

(2)戏曲艺术片,充分发挥影视艺术的再创造功能,使戏曲艺术在影视屏幕上焕发新的光彩。由于不同剧种、不同剧目"唱念做打"的艺术表现形式和"程式化"的程度不尽相同,所以此类作品因"戏"而异,在尊重戏曲艺术神韵的前提下,用影视手段"锦上添花"。如越剧影片《梁山伯与祝英台》"十八相送"一场,配以诗情画意的荷塘、并蒂莲、鸳鸯;黄梅戏影片《天仙配》,七仙女在云雾中下凡,俯瞰人间美好的自然景色;京剧影片《野猪林》,以影视语言配合国画大写意的意境;京剧影片《杨门女将》,强调影视画面的形式感、装饰美;京剧影片《李慧娘》,神鬼世界运用大量的电影特技。

(3)戏曲故事片,相当于"戏曲电视剧",采取影视剧的叙述方式、生活化的拍摄手段,适当穿插部分戏曲片段。如黄梅戏电视片《家》、《春》、《秋》和越剧电视片《秋瑾》等,生活化气息较浓,程式化色彩较淡,既保留戏曲唱腔,又有实景拍摄。

(4)戏曲文化片,即戏曲专题片,发挥影视作为媒体的传播功能,重在记录舞台内外的戏曲文化事项。此类片种大量运用于电视戏曲栏目,如报道性专题(人物、事件)、知识性专题(剧种、剧目、戏曲常识)、鉴赏性专题(艺术欣赏)、服务性专题(听戏学戏)等。

从电视戏曲的艺术本体来看,戏曲是它的母体,电视是它的父体。它既是戏曲又不是戏曲,既是电视剧又不是电视剧,而是把写意的戏曲与写实的电视纪实表演和谐统一地融为一体,吸取适于电视表现的各种艺术形式(包括部分舞台程式),强化戏曲审美追求,这就需要协调好写意与写实的关系。比如戏曲表演中的大小动作,都是以舞蹈语言表现的,常有许多精彩的片段或高潮戏,往往就是人物情感最为激荡饱满的舞蹈场面,咫尺舞台要刻画宇宙万物,大部分依赖于表演艺术家的技艺,若置以实景,则让演员无"立足之地",必然会影响整折戏在观众情绪上的连续性。电视戏曲在展现时空方面,不需要强调每个动作的具体含义,而着重于抒发情感,亦即"写意"。当剧情的时空跨度太大时,舞台就不得不在适当的时候中断现实的实在时空,而采用暗转或幕间休息的办法,或其他人为的办法(如采用灯光照明的办法)来暗示时间的变化,并借此达到变换空间的目的。但这种大幅度的剧情跨越,对于电视化了的戏曲而言,是再简单不过的了,它可以通过镜头的灵活切换、剪辑,来迅速地转换时间和空间。

当然,电视也有其天然局限。虽然屏幕可以提供舞台形象、声音等一切可视、可听之物,还能提供后台采访、创演花絮等现场观众难得看到的内容,却无法提供剧场效果,也就是"场气"。而观众、演员双方共同营造、互相激励的"场气",恰恰是戏曲之所以为戏曲的重要元素。戏剧演出时,剧场观众是整个演出不可缺少的部分,是"戏剧车轮可以转动前的最后一根辐条"(斯波丁语),而电视荧屏却将观众、演员双方阻隔开来,令"场气"荡然无存。电视转播的画面剪辑、角度选择、块面切割,使舞台效果支离不全,难以形成整体美感。戏曲电视剧的问题更大,不仅可能造成观众和演员的隔阂,更要求写意、虚拟的戏曲屈就于写实、生活化的布景、道具和动作,要求戏曲表演受电视剧创作理念的支配和调度,也就更容易对戏曲本体造成损伤。因此,如何扬长避短地发挥电视作为强势传媒的作用,达到弘扬传统戏曲艺术的目的,亟须理念与方法上的创新。这种创新的目的,是让观众"重回"剧场,欣赏真正的戏曲,而不是让观众远离剧场、远离戏曲,成为快餐文化的食客。

三、电视文学节目

"电视文学"是一个宽泛的概念,在广义上,它不仅包括电视屏幕上的一切文学形式,还应该包括电视专题片、电视纪录片、电视艺术片内部构成中的文学部分,当然也包括电视文学剧本。狭义的电视文学主要指经过电视化创作的、具有浓厚的文学审美特征的电视节目,如电视小说、电视散文、电视诗歌、电视报告文学等。中国传媒大学的高鑫教授曾在其《电视艺术学》一书中提出:电视文学"主要是指通过特殊的屏幕造型手段,运用文学创作的一般规律,形象地反映生活,塑造人物,抒发情感,充满文学的氛围,给观众以文学审美情趣的电视艺术作品"。

本书在对部分电视文学节目考察的基础上,将狭义的电视文学节目界定为:电视文学节目是通过电视特殊的屏幕造型手段对以文字符号为主要传播手段的文学作品进行二度创作,使之转化为具有声画特质、给观众以文学审美享受的电视节目类型。

借助于电视的帮助,电视文学这一节目类型已经具有自身的类型特质和社会影响,初步形成了电视小说、电视诗歌、电视散文、电视报告文学等亚类型。

1. 电视小说

所谓电视小说,就是将已经发表或出版的小说,通过对其进行图像与音乐的加工,将完全以文字为传播语言的小说搬上电视荧屏,转化成为具有声画艺术特质的屏幕作品。当然,在这一"转化"过程中,电视小说必须忠于原作,忠于原作的结构、语言、风格,但又比原作丰富,把原作的精神和气质通过画面和音乐这两大电视语言表达出来,使"看"小说比"读"小说原作更有韵味,更入脑、入心,更震撼人。古今中外,小说作品浩如烟海,是电视工作者取之不尽、用之不竭的创作源泉。

2. 电视报告文学

电视报告文学是兼有文学的美学风格与新闻的时效性、纪实性这两种长处的电视文学节目。与文学领域的报告文学相比,电视报告文学有着更大的优越性,它除了可用文字旁白来叙述、描写所要报告的对象之外,更可以通过实地拍摄,把所欲报道的人或事,清清楚楚地摆在观众眼前,然后再加以音响效果等艺术处理,其震撼人心的力量就会比文学领域的报告文学来得更强。

当然,随着报告文学在文学领域的影响日渐衰微,电视报告文学在目前的电视屏幕上也越来越少,远不如电视诗歌散文的影响大。很多电视工作者似乎更加青睐电视纪录片这一表达载体。

3. 电视散文

电视散文是通过特定的声画形象,散点式地反映创作者所见、所闻、所思、所感、所忆的生活情景和刹那间的思维活动,运用独特的电子制作手段,将散漫的思维碎片组合在一起,营造浓郁抒情氛围的电视文学样式。电视散文的含义包含两个基本方面:一指文字散文的电视化表现,也就是把文学作品的品性、风格和意境通过电视特有的表现手段加以立体呈现,将散文的艺术魅力通俗化;二指电视弱化自身的故事表达潜质,采取散文化的方式来表现具体内容,形式较为灵活,追求意境营造,类似于电影类型学中的"散文电影"。

作为文学和电视造型手法的结合产物,电视散文这种文本形式在我国20世纪90年代开始引起关注,其特点在于以电视这样一种新的传播方式介入散文创作,改变了散文原有的文学形态呈现方式,形成一种崭新的物质结构形式。这是散文载体的一次革命,即从平面呈现走向立体呈现,从表现手段的单一化走向多样化,使散文从文字艺术形式变成了视觉艺术形式。

4. 电视诗歌

电视诗歌,顾名思义是指以电视的手段来形象化地展示诗歌的内涵和韵味,着重通过视听艺术在屏幕上创造诗歌的意境,抒发创作者的主观情绪。电视诗歌在镜头的运用上比较诗化,较多地运用抽象、表现性的艺术手法,画面清新,诗句凝练,富有想象,强调节奏,具有诗歌的空灵意境和朦胧美感。

自央视1998年推出首届《全国电视诗歌散文展播》在全国形成广泛的影响后,电视诗歌和电视散文已经结合为具有共同创作目标、创作追求的电视文学节目。

《电视诗歌散文》栏目就力求满足广大电视观众日益增长的对高品位文化的追求，如该栏目推出的《中国古诗词欣赏》系列，以欣赏中国古典诗词为主，选择观众耳熟能详的诗词，采取诗词和国画相结合的方式，充分利用电视高科技制作手段，通过奇妙的三维画面设计，以"诗中有画，画中有诗"的艺术效果给观众营造出一种古朴、淡雅的意境。再如2003年推出的《文学也轻松》板块，打破了只要作品精美、"酒香不怕巷子深"的思维定势，在强调艺术性和欣赏性的基础上，又在知识性、趣味性、参与性上大大向前迈进了一步，真正体现了"让文学通过电视更加贴近观众，文学为大众着想"的宗旨。

作为电视文学体裁，电视诗歌散文是各种艺术表现手段的多轨组合，它几乎调动了所有艺术手法有机地完成这种组合：有字幕——作者的文稿，有解说词——诗歌散文的朗诵，有画面——自然景观、作者的行动、生活场景等，有同期声——使观众身临其境，有音乐——抒发更深层次的情感。这种表现手法的多轨组合，构成了电视诗歌散文丰富的色彩和深沉的意蕴。

电视诗歌散文也讲求"文采"，具体体现为画面语言、有声语言、造型语言，甚至光效语言、色彩语言、影调语言，特别是电子特技手段的有机组合上。这种屏幕造型语言，不仅要准确、形象、精炼、生动，更需要潇洒、自然，富有节奏感，正是这种优美抒情的"文采"，构成了电视诗歌散文的魅力。

电视诗歌散文应该是音、诗、画三者的艺术交响。作为视听语言的两个基本元素，声与画的关系不是简单相加，而是相乘。好作品的声画效果可以使人产生丰富的联想，引向超出屏幕之外的思绪天地——只有这样，才能不束缚受众的想象力，引发超出文字的其他联想，使内涵更深。

当然，由于目前我国的电视媒体普遍以收视率为节目成功的基本标志，电视文学节目必然陷入一种两难的悖论：一方面，中国消费社会的到来直接推动了电视娱乐消遣功能的凸显并使娱乐化成为电视文化的一大趋势，电视文化对娱乐功能的强调不过是对受众需求和消费逻辑的一种呼应和必然选择，甚至有学者干脆直接称电视文化为"娱乐产业"；另一方面，电视文学在其他诸多节目类型纷纷趋向娱乐化、快餐化的整体转向中却逆潮流而动，讲究所谓实景衬意境，诗情加画境，追求所谓"诗情画意"、"诗意地栖居"。在这样的时代大潮之中，电视文学节目的精英主义诉求难免在一个大众狂欢的时代成为一种边缘艺术，如一株幽兰般伫立空谷，"离群索居"，美丽而又孤独[①]。在此情境下，央视《电视诗歌散文》在2010年9月停播也就很容易理解了。

---

① 张健、诸丽琴：《消费主义语境下电视文学节目的生存悖论》，《中国电视》，2010年第7期。

四、电视舞蹈节目

所谓电视舞蹈节目，是指借助电视的各种语言手段，以人体的动作、行为和表情通过音乐节奏来反映生活的大众化的电视文艺节目。电视舞蹈节目以各类舞蹈表演为基本框架，运用电视的技术和艺术手段加以制作，通过电视屏幕播出，给观众以电视化的艺术享受。

电视舞蹈艺术是电视艺术与舞蹈艺术相互融合、推陈出新的新兴舞蹈艺术门类，担负着舞蹈和传播的二度创作，它既有独立的审美价值，又是为表现统一的、完整的、具有电视艺术特征的艺术思想和意念而设计的。比如由21名聋哑演员表演的舞蹈《千手观音》是2006年春晚最受欢迎的节目，也是国内至今影响最为广泛的电视舞蹈节目之一。千手观音的千手以扇面排列数层，如孔雀开屏，千手表示遍护众生，千眼表示遍观世界，千手观音表示度一切众生广大圆满无碍之意。《千手观音》通过观音丰富的手姿变幻来诉说内心的语言，手语应用在舞蹈之中变为了舞蹈语言，变幻的动作表达了人们的心声，极富艺术美和感染力。这群来自无声世界的聋人，其静穆纯净的眼神、娴静端庄的气质、婀娜柔媚的千手，配以金碧辉煌的色彩、超凡脱俗的乐曲，美得令人窒息，炫得让人陶醉。这些无声天使的舞姿，令现实中的一切污秽顿失，光与影、梦与手绽放出层层叠叠的佛光普照，博爱四射的神圣之美。

电视舞蹈《千手观音》

电视合成舞蹈以电视剪辑、蒙太奇合成和视角的转换等电视制作手段，表现舞蹈世界的魅力与动感，其艺术表现手法大多是现代主义的，以宣泄人类进入工业社会以及后工业时代的情感诉求。电视舞蹈节目不同于单纯的舞蹈表演，它通过电视屏幕传达出去，供公众观赏。电视舞蹈节目都有统一的主题和统一的思想，借助电视技术和电视语言使舞蹈得以大众化传播，弥补了舞蹈文化背景的缺欠和舞台空间的限制，使得被称为"运动的雕塑"的舞蹈艺术的想象更加充实和丰满。而且，电视舞蹈节目在时空格局上远远超过了"舞台"的界限，可以说是影视的蒙太奇语言赋予了它时空畅想的广阔空间，也可以说是电视技术为以单纯记录为目的的电视舞蹈形式提供了艺术变革的可能。在电视舞蹈作品中,时空早已不再简单地等同于时间、地点,而是有机地融在作品当中,成为重要的叙事因素。于是,当电视手段介入舞蹈实现其传播作用,完成了舞蹈"永生"的伟大使命之后,又在不断探求着重构这一时空的"连续性"而带给观众舞蹈的新面孔。电视舞蹈节目的直接感知能力,确定了育人深、动人快、感知力强的作用。舞蹈是通过人体直接表达情感的,所以在欣赏舞蹈时,不用像体育赛事那样需要解说,也不用像纪录片一样加以文字的说明,更不用像新闻那样古板正统的播音,就能很容易地理解舞者所传达的感情与思想。

电视舞蹈节目不仅仅包含舞台舞蹈的记录(虽然电视的记录性要远比其他形式的记录优越、便捷),同时还包含了舞蹈创作后带来的可视化效果。就这一思路而言,电视舞蹈节目可分为两个大类:电视舞蹈专题片、电视舞蹈晚会。

1. 电视舞蹈专题片

专题片这一概念是伴随着电视而产生的,是对某一事物、问题或现象进行的专题性报道。电视舞蹈专题片大致有人物专题、知识教学片、舞蹈集锦以及舞蹈赛事等四种不同的节目形态。舞蹈人物专题片,主要记录舞蹈家以及舞蹈创作者们的历程,如20世纪80年代盛行的《杨丽萍的舞蹈艺术》、《雪落心灵——一个舞者的独白》等作品。舞蹈知识教学片,主要用于舞蹈教学、舞蹈培训等,如《舞之灵》、《跟我学跳芭蕾舞》等,其中《舞之灵》主要反映我国少数民族现存的原始舞蹈及部分民间舞蹈,其内容分为两部分:《舞之缘》部分以民族为线索,通过大量精美的图片、录像表现了我国现存原始舞蹈的瑰丽风采;《舞之源》部分则从舞蹈与宗教、民俗等的联系中探寻舞蹈艺术的迷人特质及其深厚广博的社会人文根基。舞蹈集锦,是将一系列的舞蹈作品进行集中整理,按照一定的顺序进行编排、收录,如《古韵今风——中国秧歌集锦》,该片收录了"陕北延安武鼓"、"山东胶州秧歌"、"安徽花鼓灯"、"东北大秧歌"等各种秧歌艺术形式,并展现它们的历史、风貌特点。舞蹈比赛,人们最熟知的国内舞蹈比赛有央视举办的CCTV

杨丽萍的舞蹈《雀之灵》

舞蹈大赛、"桃李杯"舞蹈大赛等专业性的舞蹈赛事。

2. 电视舞蹈晚会

晚会已成为人们度过重要节日的一种方式，同时也成为电视文化的一种现象。电视舞蹈晚会，以每年央视的春节联欢晚会为代表，在晚会中总有编排精美、制作精良的电视舞蹈作品呈现给观众，如2011年春晚中，来自深圳民间的工人舞蹈者表演的街舞《我们工人有力量》给观众很深的印象。舞蹈个人专场晚会相对少一点，但这些少有的个人专场晚会，都具有极高的艺术价值，如《刘敏舞蹈晚会》等。

电视如何与舞蹈结合产生新的节目形式，满足观众更高的艺术追求，是一个颇值得深入探讨的艺术与美学问题。荧屏期待熟知舞蹈语言的电视人以及更加电视化的舞蹈节目，如央视综艺频道的《舞蹈世界》、星空卫视的《星空热舞俱乐部》、《舞状元》、东方卫视的《舞林大会》等。各类电视舞蹈要在原有的基础上更加注重电视语言表现形式，多借鉴其他电视节目的特点，从构思、镜头到语言、剪辑方面都得到质量上的提高。晚会中的舞蹈则要改变在晚会中的尴尬境地，使之成为有特色的艺术形式。

事实上，从央视的舞蹈比赛到东方卫视的《舞林大会》，应该算是电视荧屏"舞蹈时代"到来前的萌芽期和发展期。前者舞蹈节目内容比较传统，环节也略微死板单调，专业性很强，大众化程度偏低，格调十分高雅；后者包装豪华，加入了明星元素以增强可看性，但舞种较为集中。《舞林大会》在开创性地把舞蹈类节目做得具有可看性的同时，也留下许多可以上升的空间，让开始关注舞蹈题材的电视行业可以把同类节目做得更好。

五、电视小品

电视小品，是电视中的轻骑兵，它播映时间短，人物、情节都比较简单，常常撷取生活中的一件小事或一个人的某些特征，迅速及时地反映生活的某个侧面。由于电视小品短小明快、新颖活泼、形式多样，因此也就成了极受大众欢迎的一种电视节目类型。其中比较突出的作品有：《烤羊肉串》、《小偷与警察》、《小偷公司》、《超生游击队》、《昨天今天明天》、《卖拐》、《不差钱》、《同桌的你》等等。作为一种以演员为中心、以地域色彩为特征的独立的艺术样式，小品的流行已是不争的事实，甚至到了"无小品不成晚会"的地步。即使在拥有最大受众群体的央视春晚上，小品也占有不可撼动的地位。赵本山一次又一次戴着蓝布帽收获大奖，便是最好的证明。

在我国悠久的文艺传统里，一方面是"文以载道"的道德教化，另一方面又充满了富有民间趣味的谐谑化表演。早在春秋时代，即有优孟的滑稽讽谏，秦汉时又有了俳优，专事戏谑表演。到了唐宋，又出现了"参军戏"，由参军、苍鹘两个角色做滑稽的动作和对话，引人发笑。这可以看作是相声艺术的最早渊源，而相声的具体起源据说是更近时代里北京一带的民间笑话。20世纪80年代以来，传统意义的相声演出虽日渐衰微，但相声艺术的精华——幽默性话语方式，却被电视小品吸纳进来。今天的许多小品名段，其脍炙人口处、哄堂大笑处，就每每得益于相声"抖包袱"等手法的运用。

早期的电视小品与今天的相比，尚处于即兴、客串、试验的草创阶段，其创作基础是戏剧艺术。1983年央视首届春节联欢晚会上，小品首次在电视上亮相。编导为了热闹凑趣，赶排了小品《虎妞阿Q逛北京厂甸》，由演员斯琴高娃、严顺开表演。两个角色一个泼辣俏皮，一个憨傻滑稽，有极好的喜剧效果，虽然仅仅作为一个小插曲，但颇受观众好评。

从1984年到1990年，电视小品可以说是陈佩斯与朱时茂大放异彩的时期，两人在1984年春晚合作的《吃面条》使小品成为以后历届春晚的保留节目。1989年春节晚会的4个小品都堪称佳作，像赵丽蓉、侯耀文表演的《英雄母亲的一天》，笑林、黄宏等4人表演的《招聘》，赵连甲和宋丹丹等3人表演的《懒汉招亲》，陈佩斯、朱时茂表演的《胡椒面》。从这年开始，小品取代相声成为晚会的第一主角，这种局面延续至今。1994年春节晚会中有《越洋电话》、《上梁下梁》、《打扑克》、魔术小品《大变活人》等8个小品节目；2004年春晚中，39个节目中小品占了6个，时长将近70分钟，占全部节目时长的1/4强。

陈佩斯、朱时茂表演《吃面条》

近年来，电视小品已形成相当可观的表演阵容和作品规模，出现了一大批长久为人们喜爱的小品演员，如赵本山、赵丽蓉、黄宏、宋丹丹、潘长江、巩汉林、郭达、蔡明、陈佩斯、朱时茂、范伟、高秀敏、黄晓娟、小沈阳等，也涌现了一大批质量上乘的小品节目，如《相亲》、《超生游击队》、《如此包装》、《追星族》、《主角与配角》、《红高粱模特队》、《拜年》、《钟点工》、《卖拐》、《不差钱》等。这些作品或讴歌了新的时代、新的社会风尚,或张扬了适应时代发展的新的思想、新的观念,或讽刺和嘲弄了社会生活中的浮华、浅薄及根深蒂固的迷信思想,堪称寓教于乐,雅俗共赏,在精神文明建设和净化公民心灵方面起到了良好的作用,其中尤以东北、唐山、西北等地方口音的作品群为重中之重。用普通话表演的小品虽然也有相当一批优秀作品,但普遍为人们所喜爱的小品大都带有浓重的地方口音,表演者也多是曲艺和地方戏曲演员出身。这反映出近年来中国电视小品的某些基本品格:喜剧性、地方性、民间性,大多数观众对小品的审美期待也差不多集中在这三个基本品格上,而特定地区的口音恰恰吻合了这三个基本品格。赵本山和赵丽蓉如果说起标准的普通话,他们表演的小品,其喜剧性、地方性和民间性就要大打折扣。当然也有少数例外,既说西北话又说普通话的郭达,在他的两种话语的小品中都达到了较高的艺术水准,从而为不同需求的观众所普遍认可。

2010年春晚小品《不差钱》

从表现手法与内容上划分,电视小品可以有两个大类:一类是特色小品,如魔术小品、戏曲小品、音乐小品、哑剧小品、口技小品、体操小品等。它们用一种或几种其他门类的表演手段(包括道具)来组织作品,这些表演手段是作品的主导,是贯通上下左右、传达愉悦信号的中枢神经。另一类是语言小品,它以对话作为外在形态,又可分为相声小品和喜剧小品两种。相声小品最早时曾被称作化妆相声,它以岔说、歪讲、谐音、倒口、误会、点化等语言包袱取胜。喜剧小品则借鉴了戏剧的结构,以情节的发展和变化见长,常以人物错位、关系错位制造结构错位和情节错位,进一步导致行为错位和情感错位,从而产生幽默效果。

电视小品主要具有以下类型特点:

(1)可以兼容各种艺术手法和表达手段。电视小品可以兼容各种艺术品种的长处,为己所用。它不但可以融合与运用戏剧、电影的艺术手法,同时还可以吸取小说、散文、报告文学的长处,有时还可以利用新闻、通讯的手法,形成各种有着完全不同特色的小品节目。电视小品凭借着先进的电视技术,将声音与造型、叙述与描写、戏剧性与纪实性、诗意与哲理最大限度地综合起来,这种综合不是简单的相加,而是再加工、再创造,因而在新的综合中形成新的特质、新的形态。

(2)选材上源于生活,又高于生活。电视小品的内容多来自生活,所反映的大

著名小品演员赵本山

多是人们关注的热门话题,塑造的形象以小人物为主,有血有肉,而且小品所反映的客观事物比较直接、以小见大、讽刺性强、内涵深刻。由于题材来源于生活,观众看后会产生"似曾相识"的感觉。比如杭州为创建和谐城市,提出了"住在杭州、游在杭州、学在杭州、创业在杭州"的城市品牌发展战略,外地人、外国人纷纷来杭州落户创业。无论是来自何方的创业者,他们都会自豪地说,"我们都是杭州人"。编导抓住这一时代的声音,在杭州市庆祝国际"五一"劳动节大型电视综艺晚会上播出了小品《我们都是杭州人》,观众看后感觉非常亲切。任何一种艺术创作都离不开生活,离开了生活,就像一所没有打好地基的房子,一定会塌掉,就像离开了土壤的花朵,必然要枯萎。

(3) 艺术效果上追求喜剧性。小品是"麻雀虽小,五脏俱全",在喜剧性上,更可以套用潘长江的那句小品台词:"浓缩的就是精华"。作为一门"说"和"演"的艺术,小品的最大特点就是要在较短的时间内,充分调动人们"笑"的神经,给人以精神的刺激和心灵的启迪,所以小品主要有两种常见的修辞方式:一是"系包袱与抖包袱",这里的"包袱"即笑料;二是"耍贫嘴",以赵本山和冯巩早期的小品最为突出,它完全以一种调侃的方式引人发笑。在这两种大的修辞背景下,创作者还可以利用一些小技巧的营构,把小品推向前进,深入人心。如歧义与误解,歧义往往与误解联系在一起,如谐音歧义,小品《心病》中,医生把"谈话治疗"简称"话疗",敏感脆弱的老头把它理解成"化疗",从而导致极端可笑的言行。再如间歇与突转,小品表演过程中,角色往往说出一句话,然后稍作停顿,当观众形成某种思维定势后,角色说出与前面的话或者与受众的期待完全不同的话,这种停顿与转折,就会产生意想不到的幽默效果。

电视小品是改革开放后电视文艺节目特别是电视春节联欢晚会发展的伴生物,是在经济繁荣、思想活跃的状况下产生的,反映出鲜明的时代特征。但是近年来随着社会转型和人们欣赏水平的提高,电视小品也面临着一些危机,如缺乏人文内涵,文化品位和审美格调、审美价值取向与道德标准出现偏差,人物性格模式化、小品风格雷同化、小品语言套路化以及教化色彩浓厚而讽刺功能式微等问题,这些问题亟须解决,才能使小品更加健康稳定地发展。

六、电视音乐节目、音乐电视(MV)

电视音乐节目和音乐电视都是音乐这一传统艺术形式与现代化的大众传媒电视相结合而产生的新的文艺节目类型,其本身均包含着两个独立的存在样式:画面与音乐。音乐和画面的组合方式不同,节目本身的特征也就不相同。

1. 电视音乐节目

所谓电视音乐节目,是指以电视的特殊手段对原有的各类音乐演出进行二度创作,通过电视屏幕传播给广大观众的电视音乐形态①。

根据音乐与电视媒介组合的紧密程度以及其中的电视化程度,可以将电视音乐节目大体上分为两个层次:浅层次的是运用电视技术将音乐原型直接搬上荧屏,即电视直播或录播的音乐演出,比如每年一度的《维也纳新年音乐会》,全球很多电视台和电台都进行现场直播,听众、观众数以千万计。深层次的是采用电视手段,运用舞台演出、实景拍摄、静场录像、特技组接、灯光调配等手法,按照栏目的时间要求制作的电视音乐节目。如《同一首歌》是央视最权威的音乐名牌节目,以制作独具特色的系列演唱会和编播国内外音乐机构、电视台提供的高水准演唱会为主,最有意思的是《同一首歌》还在演唱会中穿插名人嘉宾的访谈,政治、经济、文艺、体育等社会各界名流纷纷登上《同一首歌》这个舞台,表达对音乐、对人生的独到见解和感悟。

无论是浅层次还是深层次的电视音乐节目,其根本原则都是要忠实于音乐作品本身,保持音乐作品本身的艺术魅力和现场演出独特的气氛,使观众更容易产生身临其境的参与感。

高鑫教授的《电视艺术学》一书根据音乐节目中使用的乐器将电视音乐节目细分为:电视声乐节目、电视器乐节目、综合电视音乐节目和专题音乐节目。本书参照央视音乐频道的栏目设置,按照节目本身的对象和预期功能,将电视音乐节目分为以下这么几个类型:

欣赏类音乐节目,主要为转播国内外音乐会、经典音乐会回放、中外歌曲、乐曲、歌剧、舞剧等音乐欣赏,欣赏中外各地区、各民族的音乐文化及风土人情,比如央视音乐频道的《CCTV音乐厅》、《经典》、《风华国乐》、《民歌中国》、《影视留声机》、《世界音乐广场》、《每日一歌》、《每周一曲》、《星光舞台》等。

普及类音乐节目,主要向观众介绍音乐历史和各种乐器、乐理等相关知识,讲

---

① 徐舫州、徐帆:《电视节目类型学》,浙江大学出版社2006年版,第97页。

述古今中外音乐史上发生的传奇故事，引导观众更好地欣赏音乐，如央视音乐频道的《音乐告诉你》、《感受交响乐》、《音乐故事》。

专题访谈类音乐节目，主要是访问国内外著名指挥家、歌唱家、作曲家等音乐界的知名人士。如《音乐人生》主要采用主持人访谈的形式，邀请活跃在国内外音乐舞台上的知名作曲家、指挥家、演奏家、歌唱家等，讲述他们与音乐相伴的多彩人生，和观众共同分享他们的人生感悟。

观众参与互动类音乐节目，此类节目重在为广大电视观众提供一个展示音乐才能的平台，通过多种方式与观众形成交流和互动，如2011年1月3日，央视音乐频道实施自2004年开播以来力度最大的一次改版，新推出大型群体音乐互动性栏目《歌声与微笑》和音乐娱乐互动性栏目《快乐琴童》。《歌声与微笑》每期推出三支民间合唱团进行互动PK，其间由嘉宾评委进行点评，节目以鼓励老百姓合唱兴趣为主，不以专业水平论英雄，是央视音乐频道首个面向平民大众、同时不失音乐品位的大型互动节目。

信息服务类节目，主要为广大观众提供最新的音乐信息，如《音乐在线》为广大观众及时提供国内外近期较有影响的音乐活动、音乐人物、音乐演出、音乐赛事、音乐书籍、音乐唱片等。

2. 音乐电视（MV）

了解什么是音乐电视，首先需要区分"MTV"和"MV"这两个不同的概念。"MTV"是英文 The Channel of Music Television（音乐电视频道）的缩写形式，是指专门播出音乐录像带的电视频道。"MV"则是 Music Video 的缩写，是指音乐录像带，即为了宣传某一歌曲或某位歌手而专门制作的影像与歌曲相结合的录像带，亦即人们在电视上看到的音乐电视。虽然"MTV就是音乐电视"的说法已经在国内非常流行，然而近两年，MV的说法开始大行其道。实际上由于音乐电视频道（MTV）在美国的出现，真正把音乐电视录像带（MV）这一电视音乐样式推向了世界，所以今天国人常常用 MTV 来称呼电视屏幕上的音乐录像带 MV。本书为正本清源，一律用 MV 来指代 Music Video（音乐电视）。

音乐电视（MV）最早出现在20世纪70年代的英国。"女王乐队"的一首歌曲《波西米亚狂想曲》被首次制作成音乐电视录像带作为广告在电视上播放，这是电视历史上第一部真正的电视音乐录像片。80年代美国音乐电视频道 MTV 的出现则使得音乐电视成为一种音乐时尚，一种潮流，风靡欧美等国，成为所谓"后工业时代"一个显著的商品性质与艺术性质合一的标志性现象。

MTV 频道诞生之后，音乐电视神奇的商品促销能力，在由迈克尔·杰克逊演唱的 MV 作品《恐怖之夜》身上得到更加充分的展现。这部录像片自 1982 年播出至 1985 年,三年间其同名唱片竟然售出了 3 800 万张——这是自唱片业诞生以来从未达到的销售纪录,堪称音像销售史上一个空前绝后的吉尼斯纪录,并在 1982 年连续 37 周获得流行歌曲排行榜冠军。到了 1983 年,这部 MV 又在美国最具影响力的格莱美音乐评奖(Grammy Awards)中,总共获得 12 项提名和 8 个奖杯——这在格莱美奖历史上,也是一个史无前例的纪录。此外,该专辑还获得了 7 项美国音乐奖,并在全世界赢得了 150 多个金唱片和白金唱片奖。

音乐电视 MV 于 20 世纪 80 年代末、90 年代初传入中国。1988 年,央视在《潮——来自台湾的歌》中首次播出了"小虎队"演唱的音乐电视,这是中国国家电视台第一次承认 MV 的存在。1993 年 3 月 25 日,央视第一个 MV 栏目《东西南北中》正式开播,第一期播出的 MV 作品,是上海电视台王国平执导的《青春寄语》。《东西南北中》的开播,为来自西方的 MV 体裁与风格的中国化、合法化及电视栏目化开启了先河,并为后来 MV 栏目乃至频道在中国的出现,奠下了最初的基石。同年 12 月 15 日,央视举行了"首届中国音乐电视大赛",极大地推动了中国 MV 的蓬勃发展。

1996 年可以看作是中国大陆 MV 步入成熟之年。继 1995 年广州电视台的 MV 作品《阿姐鼓》获得全美音乐电视网最佳外语片提名之后,央视 MV 作品《黄河源头》又在 1996 年 7 月于罗马尼亚举行的第九届"金鹿杯"国际音乐节上,获得了大奖第一名。继此之后,我国的音乐电视在内容和形式上基本完成了"民族化"和"中国化"的改造,营造出一个与西方音乐电视迥然不同、具有鲜明中国特色的时空风格。如《黄河源头》这部作品,将大面积的红色调作为主色调来运用,歌颂黄河,歌颂中华民族,歌颂中华五千年文化,在视觉上、听觉上形成对应。再如宋祖英的《辣妹子》,主要突出辣妹子的热情和性格火辣的特点。在画面处理上,其场景设在美丽的湖边,一群可爱的、身着红裳的姑娘在湖边晒辣椒。虽然只是简简单单的一个生活画面,却给人留下相当深刻的印象,再配以宋祖英清亮、甜美的嗓音,就把这首歌曲演绎得相当完美。

如今,音乐电视的迅速普及和深入人心,使它不论在音乐领域还是在电视领域,都占据着极为重要的地位。当音乐和视觉的画面相结合时,音乐就不是以独立的艺术形式而出现的,而是作为影视综合艺术的一个要素在与其他要素相综合中产生影响、发挥作用。随着数字时代的到来,受众已经不满足于最初纯音乐和电视画面的简单结合,而是站在审美的角度来审视音乐电视的艺术性和感染力。

真正符合 MV 要求的作品,首先是以歌曲为表现主体,以演唱者为表现形式,通过镜头语言将歌词的内涵与意义,音乐的主题与完整的旋律以及所要赋予的主观情感抒发出来。音乐电视的双重结构,音乐与画面的相互贯通、相互交融,形成统一的音画关系,以电视手法构成情景交融、声情并茂的电视画面,呈现出独特的艺术品位,这是音乐电视追求的最高境界。这样的概括,可以粗线条地指出音乐电视的基本特征:充分利用现代先进的电视技术手段;多画面、多时空来表现音乐的个性、情绪、状态;画面不受时空限制;音画的有机结合等。

这样看来,音乐电视是音乐与电视的高度结合,作为一种电视节目样式,充分运用了电视画面、声音、特技等多种表现手段,目的是为了展示音乐作品的内涵、风格与精神。所以本书将音乐电视界定为:充分利用电视的手段,根据对音乐歌曲的内涵和节奏的理解与处理来进行创作,设计和拍摄出包括演唱者在内的有感情与内涵联系、包含多组艺术形象的电视音乐节目。

七、电视文艺节目专题

所谓电视文艺节目专题,是指用电视技术制作的、以艺术主体为对象的文艺类及文化类节目,以写意、抒情及自由的时空跳跃为主要制作手段,为电视观众带来特殊的审美愉悦。

电视文艺节目专题是我国电视文艺节目创作领域专有的一类文艺节目,形成于20世纪70年代末80年代初,电视体裁上出现了各种艺术元素融合杂交、生动活泼的改革创新浪潮,电视表现手法逐步实现了多样化,电视文艺节目专题逐渐从新闻社教专题中剥离,形成了独有的新兴的文艺种类,无论在内容还是在形式上,借用音乐、舞蹈、文学等元素对专题片重新包装,真正具有了可称为艺术的电视节目。比如陕西电视台拍摄的电视艺术片《音画三秦》,以珍贵的航拍镜头为主要依托,运用镜头和音乐语言,以音画艺术独特的魅力表达了陕西人浓厚的家国情怀。一幅幅美轮美奂的航拍画面,在雄浑、优美、荡气回肠的秦腔曲牌音乐烘托下,展现了三秦大地极富魅力的自然景观和独特的历史、人文气息。

"一湾一河一土一塬,这就是古老的大江山;

一曲一歌一腔一吼,咱就感动了天地间。

一朝打江山,纵横八百里望秦川,

一心思家园,千年又千年……"

在飞机的轰鸣声里,在翻卷奔腾的黄河浪里,在汉家歌激越的曲调里,谁能不为陕西人对家乡、对祖国的由衷礼赞而动容呢?《音画三秦》播出后,网络上很多条留言都询问有关该节目如何下载的问题,这种自然流淌到观众的心间、用艺术独特魅力打动观众的片子,淡化了宣传痕迹,是真正意义上的传播,其巨大的传播效应取得了艺术与宣传的双赢,它的成功经验无论对新闻宣传还是艺术创作,都有值得借鉴的地方。

从《音画三秦》这部建国90周年献礼片中,不难概括出电视文艺节目专题的主要特征:

一是新闻性。电视文艺节目专题从艺术原理上讲,应该是文艺节目与新闻节目相结合的产物,是电视专题节目中分离出来的属于文艺范畴的那部分节目组成,因而新闻性属于电视文艺节目专题的固有属性之一。与电视文艺节目其他种类相比,这种新闻性不仅可以具有纪实风格,也可以迅捷有效地对某些题材进行宣传报道。

二是艺术性。这种艺术性,一方面表现在,电视文艺节目工作者拍摄节目时,必须利用现有技术对审美对象进行新的艺术设计和艺术创造;另一方面表现在电视感知手段的艺术处理和处理手段的艺术性上。所谓感知手段,就是编导对审美对象的外在形式,如画面、灯光、音响、文字、舞美等的情感认识和审美感觉,用个人的体验将外在形式内在化。处理手段的艺术性是指对生活中的素材进行再处理、编辑制作等电视艺术处理手段的艺术创造过程。

三是文化性。电视文艺节目专题具有较高的艺术价值和审美价值,并且拥有较强的感染力和吸引力,它们通过审美来完成娱乐,并最终达到审美目的。电视文艺节目专题的形式和内容拥有较高的文化口味,受众也应拥有较高的文化素养。另外,从文化品格定位上讲,无论主题、形式都必须是表现和引导文化消费时尚的东西。编导首先要有敏锐的嗅觉和深刻的洞察力,知道画面、音乐、解说中包含的文化信息,也懂得应该用什么样的网格和结构完成一件散发着浓厚文化气息的作品。

在我国电视荧屏上,目前常见的电视文艺节目专题主要有以下几类:

(1)人物类。人是社会生活的主体,大至政治、经济、文化,小至日常生活的点点滴滴,皆可以通过电视文艺节目专题来加以反映,反思人与自然、人与社会以及人与人、人与自我等多重主题。《呼兰河的女儿》采用纪传体手法讲述已故著名作家萧红的一生,用历史性的叙述将大量照片资料与空镜头串联起来,从不同角度讲述了萧红的人生故事,传达出复杂的人生况味与审美情怀。

(2)作品类。介绍艺术作品的专题片,在制作过程中必须考虑到此片要适合该作品的艺术特点,并且电视文艺节目专题片应成为相对独立、有自身品格的艺术作品。如《世界电影之旅》是电影频道节目中心于2000年开始筹备并于2002年元旦在CCTV-6正式推出的、报道世界各国电影产业及文化的大型国际性电影专题栏目。《世界电影之旅》栏目在中国首次建立了一个以中国视角介绍世界电影现状与趋势的电视平台,它为中国的电影工作者和所有关注世界电影文化、关心中国电影发展的人们开通了一条与国际影坛即时互动的通道。

（3）事件类。一般来说，拍摄事件类的文艺专题必须考虑到该事件在一定范围内具有一定影响，并且还具有一定的新闻价值。从范围来讲，文艺专题大到国际、国家举办的大型文艺活动，小到地方各级政府、街道乡村举行的文艺演出，这些事件在一定范围内具有较大影响，且具有一定的新闻价值。电视文艺节目专题反映这些活动的情况，透析出社会的变迁发展。如《永远的长恨歌》，就以三维动画、具有强烈视觉冲击力的声光电等手段，让早已湮没于历史尘埃中的爱情故事又活了起来，生动地展现在观众面前。该片的结构有明暗两条线，明线是讲述缠绵悱恻的爱情悲歌，暗线则是大型山水实景歌舞《长恨歌》挖掘旅游资源、进行市场化运作的启示意义。现代、时尚的包装制作手段让李、杨二人的爱情悲歌在华清池畔"复活"，这对华清池景区乃至陕西旅游的宣传和推介，无疑会产生积极的作用。

（4）风情类。风情类文艺专题是以充满色彩的自然风光、充满情趣的地域文化为主要拍摄对象的专题片。如何把创作者的情感融入风土人情中，而不是一味为拍风情而拍风情，这是风情类文艺专题应该注意的问题。如《昆曲六百年》展示了昆曲六百年的历史以及博大精深的艺术体系和卓越的艺术魅力，更有现实最新发生的事情，涉及大陆、港台以及海外等地，内容涉及历史和当代，在节目形式上力求丰富并有所突破，具体形态体现为动画、访谈、空镜、再现、纪实等等，是国内第一部全景式展现昆曲的古今全貌的文艺专题片，力求以影像的记录与呈现去探寻一个民族的艺术精神，恢复中国人"对于传统美学的自信"。

第三节　电视文艺节目的策划

鉴于作为电视文艺节目之源的艺术本体如音乐、戏剧、杂技、魔术、文学、舞蹈等艺术形式之间存在很大的差异，电视综艺晚会除了有音乐、歌舞、小品等艺术表演之外，还夹杂有各种新闻性或专题性的非艺术表演，再加上诸多的电视传播手段如晚会与栏目、直播与录播以及纪实与特技之间存在着巨大差异，电视文艺节目的策划就难以像电视剧、电视纪录片或真人秀等节目类型那样有一个统一的流程和模式。因此，本书根据电视传播手段与其他文学、艺术形式或非艺术形式结合程度的差异，有区别性地采用"本体性"、"电视化"两类不同的思维来处理电视文艺节目的策划与创作问题。所谓本体性处理的文艺节目，是指忠实、完整地把各种文艺表演或非文艺表演传达给电视观众，电视传播手段仅仅是在作为记录载体的基础上进行一定限度的二度创作，比如晚会类文艺节目，如央视春节联欢晚会、各种主题性、行业性综艺晚会；再比如综合类、集纳性的电视综艺、电视音乐栏目，如《曲苑杂坛》《红星艺苑》《空中戏苑》《中国音乐电视现场版》《世界电影之旅》等。在这些节目中,电视仅仅起着"家庭剧场"的作用,是对文艺本体进行"转载"的手段,原汁原味地加以记录、展现,就是此类节目的主要任务。所谓电视化处理的文艺节目,是指文艺形式进入电视之后,或者说电视传播手段进入某种艺术形式之后,导致这类艺术形式的特性发生变化的节目形态,比如电视诗歌、电视散文、音乐电视、电视戏曲 MV 等。也就是在电视创作者的主观思想上,节目是为了"电视播出"而创作的,创作的第一步就是要考虑电视的存在,使得电视传播手段能够与原先的艺术形式充分地融合、和谐完美地统一起来。此时的电视手段的运用,是对文艺本体形式进行再创作,电视是重要的创作元素,"电视意识"贯穿整个创作始终。

由于电视传播手段与音乐、舞蹈、戏曲等其他艺术形式之间关系的不同,不同思维方式对节目的策划也提出不同要求:本体性处理的文艺节目主要包括主题、定位策划、效果策划等,而电视化处理的文艺节目主要包括本体性艺术作品的挑选、创意、画面、特技、效果等。本书主要选择电视综艺晚会和音乐电视来加以讨论,分别说明不同关系下的不同节目类型的主要策划流程。此外,鉴于各种综艺晚会、综艺栏目中经常出现时下电视观众非常欢迎的电视小品,本书还专门就如何策划电视小品进行了说明。

一、电视综艺晚会的策划

众所周知,电视综艺晚会是电视文艺节目类型中的支柱性节目,通常在元旦、春节、"三八"、"五一"、"七一"、"国庆"等重大节日、重要事件纪念日等播出,再加上综艺晚会所需要的资金、人力、技术投入都相当大,所以重大的电视综艺晚会的策划和构思尤其是创意策划的周期就相对较长,如一年一度的春晚从拿出策划方案参加招投标、中标成立导演组到除夕之夜的最后直播,前后竟有大半年时间。

所谓创意策划,是指策划过程中具有新颖性、创造性的观念、思路或想法,主要包括晚会的主题、内容和形式三个方面。其中,主题是一台晚会的灵魂,是晚会所要表达的主观意愿和主题思想,属于晚会的指导思想,直接决定着晚会的构思创意、节目选排、演员挑选、舞美风格等;节目内容、表达形式则属于完成和达到晚会主题的承载手段,包括晚会的具体节目安排、艺术样式、整体风格。一般来说,电视晚会都有明确的主题和定位,晚会的主题与定位取决于主办者理想中想要达到的社会效果,而晚会本身就是要表达主旨与定位、制造社会效应的手段[①]。如 2008年北京奥运会开幕式的文艺表演,其主题就是要重点展示中华民族的悠久历史、灿

---

① 胡智锋:《电视节目策划学》,复旦大学出版社 2010 年版,第 112 页。

烂文化，当代中国改革开放的建设成就和当代中国人民的精神风貌。为了展示这一宏大主题，创作团队将孔子、中国画、四大发明、丝绸之路、武术、汉字、中国戏曲等这些中国元素重新包装，舞蹈作画、孩子们填充色彩、各国运动员足迹印染、中国画与外国行为艺术结合起来，使开幕式文艺表演和运动员入场式、领导人致辞和谐地融合起来，主题与形式合而为一，实属匠心独运。

1. 主题策划

晚会的主题犹如文章的主脑，直接关系到节目创作、演员选择、风格色彩等各个方面，是主创者首先需要认真面对的问题。如资深导演邓在军所说："一台大型综合性综艺晚会，如果没有明确的主题，并贯穿于晚会的始终，就会显得东拼西凑、杂乱无章，即使有好节目也给糟蹋了，或者只有个别节目给人留下印象，而整台晚会人们也会很快忘记。因此，在设计晚会的开始，必须把确定晚会主题作为首要课程，精心地考虑研究。"

因为我国的文艺晚会通常跟某个重大节日、重大事件或某个行业活动联系在一起，一般说来，主创者在接受这样的任务之前，主办方往往有模糊的价值或文化预期。在这种情况下，主创者如何根据主办方要求，将模糊的预期变成具有可操作性的主题呢？

（1）主题要明确而具体。一个明确而具体的主题是一台晚会的方向和旗帜，只有明确而具体的主题才会对晚会起到统摄作用。"明确"、"具体"不但指主题内在意义的指向明确、不含糊，而且在形式上也要求主题凝练且响亮，甚至达到让观众过目不忘的效果。许多晚会把明确而响亮的主题往往确定为晚会的名称，起到了很好的效果，如中国电视文艺节目星光奖颁奖晚会取名为"今夜星光灿烂"，央视《2008 抗震救灾大型募捐活动特别节目》定名为"情系玉树、大爱无疆"，青海卫视《2008 抗震救灾大型赈灾晚会》取名为"永不放弃，向生命致意"，央视国庆 60 周年文艺晚会定名为"祖国万岁"等，这些主题都给人留下了深刻的印象。

（2）主题要富有内涵。一台晚会的主题必须有深刻的内涵，唯有如此，晚会才能拥有潜在的无限张力。营造欢乐祥和的节日气氛，让人们在欢声笑语中度过除夕之夜，是 20 多年的央视春节联欢晚会的主要功能，但同样是表达联欢、团圆、喜庆、祥和的节日气氛，每年的春晚则有不同的侧重点。如 2008 年春晚主题是"盛世中国，和谐社会"，主要体现了人文奥运、嫦娥飞月等大事件，重点关注民生；2009 年春晚主题是"中华大联欢"，突出"中华"特色，坚持中国风格、中国气派，让全球华人喜闻乐见；2010 年春晚以"和谐盛世、团结奋进"为主题，以"和"为主要诉求，展示时代风貌，突出年度特征，积极营造和谐向上、欢乐喜庆的节日氛围；2011 年的春晚以"欢天喜地,创新美好生活;欢歌笑语,共享阖家幸福"为主题,把"幸福"和"美好"确定为本届春晚的核心字眼。

（3）主题要贴近民生。今天的电视观众一方面渴望了解国家大事,另一方面也关注那些与自己生存发展有关的事情,关注那些真切地发生在自己身边的事情。在每一次灾难面前,电视综艺晚会仿佛是一声被吹响的全民总动员的"集结号",在贴近真实、贴近民生方面,以公益为主题的大型电视综艺晚会,具有很强的示范作用。从2001年起,《蓝天下的至爱》更首创了24小时全天特别节目《蓝天下的至爱——爱心全天大放送》,直播了"点亮心愿"慈善捐赠名品义拍活动和"蓝天下的至爱"大型慈善义演晚会,在社会上产生热烈反响。再如2007年央视举办了大型公益晚会《春暖2007——我有一个梦想》。该晚会是为帮助2 000万进城农民工子女筹集助学善款、改善他们上学条件而举办的。从2007年之后,形成了"春暖"系列,对慈善公益事业产生积极的推动作用。

从主办方模糊的价值或文化预期到主创者心中明确具体、富有内涵的主题,需要主创者在众多的信息与方向中进行仔细的提炼与归纳,这里主要提出三个思维运动路径[①]:

路径一：捕捉社会潮流与热点,提炼具有一定高度和前瞻性的主题,其中通过当年、当时、当地的社会热点来提炼晚会的主题是一条被

王小丫主持公益晚会《春暖2007》

多年实践证实了的捷径。"春晚"一直是借用艺术形式来凸显党和国家有关政治经济与社会发展宏大主题的,但是这一主题毕竟与晚会这一节目形式存在着很大的距离,必须从社会热点、社会重大事件中加以概括与提炼。比如,2010年是"十一五"的最后一年,中国以举世瞩目的成就为"十一五"规划的主要目标画上了圆满句号;2011年是"十二五"的开局之年,这一年,中国将进入全面建设小康社会的关键时期,将迎来中国共产党成立90周年的庆典,展示尊严与自豪,再度焕发和激励继往开来、更创美好的信心和动力,所以主创者将2011年春晚的主题确定为"欢天喜地,创新美好生活;欢歌笑语,共享阖家幸福",就很贴合形势和观众的需要。

[①] 胡智锋:《电视节目策划学》,复旦大学出版社2010年版,第113—114页。

路径二：根据节日、假日与主题日的特点，提炼富有时代特色的新主题。如前所述，我国的电视综艺晚会大多选择在传统佳节、法定假日以及一些固定的主题日，如"中秋节"、"世界环境日"、"植树节"、"3·15"等。这些节日、假日或主题日是我国社会生活中具有特定意涵的文化符号，有着较为固定的文化心理与情感诉求，如"春节"对应着"团圆、祥和、祈福"、"3·15"围绕着消费者的权益保护等等。在这种情形下，主创者在主题策划时，既要考虑到这些特殊日子的文化和情感诉求，又要在此基础上提炼出与时俱进的新的主题，才有可能博得观众的共鸣。比如湖南卫视打造"小年夜"春晚已有九年之久，每年都会设定不同的晚会主题。2011年的主题是"快乐一家人"，国际天后莎拉·布莱曼和赵本山同时出现在小年夜春晚的舞台上，一个国际最顶尖的天后，一个国内最顶尖的小品王；一个最洋，一个最土，两人成为2011年湖南卫视春晚的最大亮点。

路径三：把握主办方的目的与意愿，提炼适合电视表现的主题。晚会不仅仅由电视台主办，一些行业系统、社会团体、大型企业、文化公司都有可能出资主办大型晚会。一般来说，主办方都有明确的主办预期意愿，主办晚会的目的无外乎通过电视媒介的影响力，来宣传本单位或本组织进而提高自身的知名度。因此，这些晚会在策划时一定要充分照顾到主办方的目的与意愿，尽可能把他们的利益着眼点转化为可以普遍接受、适合电视表达的主题，使其目的与意愿潜移默化地转化为晚会的各种艺术形式所要承载的内容。通过熟悉主办方的各种背景，挖掘其适合电视表达、晚会表现的内容和精神，这样才能丰富晚会的主题内涵，使主题变得更鲜明，更具有操作性。比如北京电视台与北京市旅游局合作，联合推出2011年第二届"环球春晚"，以"北京请你来过年"的新理念，邀请国内外知名演艺明星共同诠释"世界城市，欢乐北京"的主题。"世界城市，欢乐北京"这一主题既避免与央视春晚的迎面撞车，又凸显了北京旅游的特色，在十足的年味中达到了旅游局主办晚会的意图。

2. 内容策划

晚会的主题、内容与形式在策划进程中是同点进行、互为一体的，当策划人员在斟酌和筛选晚会的主题时，就已经在权衡和设计节目的构成、表达的形式以及晚会的总体风格了。这里先说晚会的内容策划。

所谓内容策划，是指对晚会节目创作的指导原则、品位格调及其价值取向的设计。晚会既要完成特定的宣传任务，又要面对电视机前最普通的社会公众，雅俗共赏、喜闻乐见是晚会走向成功的最高境界。

第一，要有精品意识。精品，原是用来指制作精良、品质优秀的物品。用它来指代电视节目,就是指那些具有深刻的思想内涵和精致的外在形式,舆论导向正确,思想性和艺术性高度统一,深得受众喜爱,能引起强烈社会反响的优秀电视作品。精品节目具有四大特点:倡导文明进步的时代性、独家风格的特色性、无可辩驳的权威性和意义深刻的附加性。20多年的春晚给人们留下各种精品节目,如2006年的《千手观音》、2007年的小品《策划》、2008年的小品《火炬手》、2010年的近景魔术《千变万化》、2011年"旭日阳刚"和"西单女孩"的演唱以及农民工组舞《咱们工人有力量》等,这些节目几乎已经成为年度春晚的代名词。

第二,平衡好经典与流行的关系。经典是具有权威性、代表性、突出价值的艺术精品;流行指的是在一定时期流传、引人注目、具有一定时尚意义的艺术作品。经典与流行都具有时代性、历史性,晚会要兼顾和平衡经典与流行的内容比例,用经典提升晚会的审美品格与文化品格,用流行拓展晚会的受众群体和创作空间。如东方卫视的《华人群星新春大联欢》区别于央视春晚,围绕"海派"这一内核,导演们逐渐形成了稳定并有共识的创作理念:汇聚歌舞、小品各种综艺形式,以多元文化的融合、碰撞体现"海纳百川"的内容定位,以炫目、时尚的"综艺嘉年华"的风格定位呈现清新、亮丽、时尚的"海派魅力"。在尊重"春晚"文化经典元素的背后,更强调国际和流行元素,增添了时尚气息。

第三,要巧妙设置悬念,使晚会叙事更具吸引力。电视节目要做到好看,就要有悬念,悬念是艺术创作中造成受众某种急切期待和热烈关切的心理状态的一种手法[①]。悬念设置得好,就能收到吸引观众始终怀着紧张情绪或关切心情看下去的艺术效果。在新闻节目、娱乐节目、社教节目、电视剧等多种类型中,悬念的设置已经被编导人员充分重视,而在电视晚会的策划中却很少被提及,也没有得到充分的重视。浙江卫视2008年8月的"浙江卫视新概念揭幕晚会"在这方面作出了有益的尝试。在晚会进行过程中,现场主持人从一开始就爆料:观众将看到两位魔术师以独特方式登陆晚会现场,而且,将表演世界"魔术巨人"大卫·科波菲尔曾表演过的魔术节目。晚会进行到半程,导播切入了魔术外景地的实况。现场没有人,只有一个巨大的浙江卫视台标。然后,现场主持人将悬念继续推进:"这个巨大的台标会在瞬间消失,浙江卫视的神秘'核武器'将在魔术师的'魔杖'中横空出世。"一直到晚会临近结束时,这个谜底才被揭开,原来是浙江卫视的两个资深主持人充当了魔术师,他们搬动了一个暗道机关后,那个巨大的台标被四周的屏风遮挡了起来,瞬间魔术外景地出现了一架直升飞机。悬念的层层推进让受众在充满期待的

[①] 潘知常、孔德明:《讲"好故事"与"讲好"故事——从电视叙事看电视节目的策划》,中国广播电视出版社2007年版,第2页。

心理中逐步接近和认同了浙江卫视的这个"核武器"。同时,这个"悬念"的发出、铺陈、推进一直到最后的揭晓,也为晚会串联起了一条中心线索,始终能抓住观众的好奇心理,牵引观众的目光,成为晚会策划的一大创新。在电视晚会的策划中巧妙地引入悬念,有助于打破电视晚会叙事的程式化,突破旧有的条条框框,最大限度地吸引大众。

3. 形式策划

所谓形式策划,是指晚会呈现形式及其技术表现的策划与设计。主题和内容固然是节目的根本,形式也同样重要。对于综艺晚会的策划者来说,在主题确定的前提下,形式问题已超越了"表达内容的手段"的范畴。事实上,形式不仅仅是一个用来装载晚会主题的容器,而且已经成为主题本身的一部分。在综艺晚会的策划过程中,这样一种理解和对待形式的态度,也许恰恰是特别重要的。而这样一种对节目形式的极端重视,实际上也是对节目中创意灵感的极端重视。

北京奥运会开幕式文艺晚会

形式策划主要考虑的是晚会主持人的配置、舞台空间、舞美手段、观众互动、整体结构、晚会风格等各个层次的问题。其中,新颖的形式与富于技术含量的形式设计是晚会形式创意中的关键。具体而言,需要注意以下几点:

第一,运用高科技带动形式创新。高科技的发展为晚会的形式创新增添了新的可能性,但是对于晚会,观众所接受的主要还是内容,所以要防止盲目的技术崇拜。在成功的晚会中,技术肯定是有内容的技术,是与艺术表现相得益彰的技术,是为节目内容表现所需要的技术,而不是喧宾夺主的技术。北京奥运会开幕式文艺演出中,高科技手段让北京向世界呈现了一场精彩的视觉盛宴,如开场的画轴打开在一个巨大的LED屏幕上,屏幕长147米,宽22米,是科技含量极高的一个巨大平台,LED制造的光影效果和表演密切结合,幻化出各种图案,将观众引入梦幻般的世界中;"地球"的创意十分新颖,也是最能表现"同一个世界,同一个梦想"的亮点。"地球"上装有9个轨道,58名演员用钢丝拉着,像失重般进行倒立行走及空翻等高难度动作。这项技术是国内首次使用,国外也不多见。

第二,提高现场效果,保证屏幕效果。现场效果与屏幕效果是两个不同的概念。很多晚会现场效果好,屏幕效果并不一定好。因为电视晚会是要面向最广大的观众的,所以在提供现场效果的基础上重点来保证屏幕效果是最好的选择。比如2010年广州亚运会开幕式没有搭建传统的舞台,却充分利用了海心沙得天独厚的城市中轴线和珠江东西交汇点的地理位置,以珠江为舞台,以城市为背景,把江水、两岸、城市地标建筑尽收其中,充分利用激光、焰火、喷泉、船、帆、塔六大实物和光影元素,融天、地、水、桥于一体,声光电交相辉映,打造全新的舞台概念,屏幕效果也特别好。

目前,综艺晚会从演播厅到体育场,再到更多的实景广场等场地的转换,为晚会的形式创新创造了更多的可能性。在这一过程中,晚会增加了多表演区的设计,这种设计可以满足节目的无缝衔接,保证晚会的流畅,但这也造成了主表演区热闹、分表演区冷清的现象。此外,不同的节目类型对表演的空间也有相应的规定性。如语言类节目在较大的演播现场就面临较大的挑战,相声、小品等节目,人数相对较少,但空间又很大,没有一连串的包袱很容易冷场,所以要通过道具、布景的设计减弱表演空间的空旷感。

二、电视小品的策划

在策划阶段,电视小品的创作必须考虑的问题有:选题、创意、矛盾冲突、喜剧性以及语言等几个方面,其中尤其重要的是选题和创意。

1. 策划选题

小品的选题应该具备以下几个基本特点:

首先,要有广泛的生活基础。赵本山的小品从90年代初在我国电视荧屏上崭露头角,从讲述百姓家庭小事的《相亲》、《小九老乐》,到反映农村基层干部工作的《牛大叔提干》、《三鞭子》,再到反映现代化、市场化对生活的冲击和影响的《昨天、今天、明天》、《策划》,每一部小品都被赋予了深刻的内涵,耐人寻味。赵本山的表演为什么这样真实、这样传神?究其原因,还是那句老话:生活是艺术的唯一源泉。

赵本山、宋丹丹、崔永元表演小品《昨天、今天、明天》

赵本山从小在东北农村长大,对农民的生活境况和内心世界了如指掌、烂熟于心,他总是习惯于把生活中那些典型的、有趣的细节收集和珍藏在头脑中,一旦要用,便派上用场,而且表演起来形神兼备。譬如说,当今社会上流行的那些顺口溜,他就收集和背诵了很多。他说:"当代民谣生动、形象、幽默而且深刻,很能一针见血地揭示生活的本质,是我们小品创作取之不尽、用之不竭的东西。作为艺术家,应该多在老百姓的生活中吸取养分。"小品的创作和策划应该多向老百姓学习,多向生活学习。古今中外,凡是能够以经典或精品流传于世的,其表演者无一不具有深厚的人生阅历和扎实的生活积累,所谓"台上一分钟,台下十年功",所谓"功夫在戏外"等等,这些理论命题都同样适用于小品的创作。

其次,小品的题材应该是生活中具体的事件,用黑格尔的话来说,必须是具有感性素材的"这一个"。因为只有具体的事件才有可能在舞台上表现出来,才有可能"以一当十",通过这个事件折射出这类事件的普遍性。有时候,创作者对生活中某一类现象产生感想,有表现的欲望,但如果这一类现象还没有具体到某一件特殊的事件,小品就无法表现。比如小学生课业负担重,这是一个社会现象。新闻节目或新闻评论节目,只要有纪实性的电视镜头就可以较好地再现这些现象,说明其严重性。但是,对于小品而言,创作者则一定要让这一类现象在一个具体的家庭、具体的学生身上,通过一件具体的事表现出来。比如奇志和侯耀华表演的《父与子》就是学生"减负"的典型。

第三,这个具体的事件还必须是曲折的、有点意外的、有智慧含量的,可以演绎出一点起承转合,制造出一点幽默来。据说2011年春晚小品《同桌的你》就是根据赵本山的亲身经历改编而成的。上初中的时候,因为家里很穷,赵本山每次带的盒饭都是最差的,有一天,他突然看见饭盒里多了半个咸鸭蛋,他以为是自己拿错了饭盒,就在教室里等着大家把饭盒都拿完,自己再去拿,没想到,那就是他的同桌偷偷放的。后来,同桌就这样默默地帮助着家庭贫困的赵本山一直到毕业。这件事,赵本山一直没有忘记,而他的妻子马丽娟也知道,为了感谢这位同桌,马丽娟还亲手把这位同桌的照片放在丈夫的钱包里,直到现在,赵本山的钱包里都有当年那位同桌的照片。

第四,这个具体的事件还应该不乏生活中的"细节",有一定内涵的"细节"。小品《张三其人》描述的是一位心地善良却不善言词的老实人张三的一组生活细节,在舞台上表现出来的不过是晾床单、数鸡蛋这样的生活画面,可以说很琐屑、很不起眼,可就是在这些不起眼的小事中,寄寓了创作者并不简单的生活态度。张三做好事总被人误解,越解释就越说不清楚,越说不清楚,就越尴尬,观众的笑声就在这种尴尬中被引发出来。更重要的是,几乎每个观众都可以在观看的同时联想起生活中存在的同类场景,那些场景在这个小品的映衬下忽然有了不同的意义。小品题材的选择最重要的就是要找到这样的"细节",可以在舞台上以比较简单、比较直接的方式表现出来,而其中的内涵又并不简单。

第五,具体的事件还需要时空浓缩。小品是在舞台上进行限定时间表演的作品,和小说、散文等文学作品不同,是要在一个特定的时间和空间完成的作品,因此,小品的时间、空间都必须十分集中,在这一点上,它和电视剧也有所区别。由于选材时的用心,创作者要处理的材料很多发生在一个时空,如《英雄母亲的一天》、《手拉手》、《超生游击队》等等,但也有一些本来不是发生在一个时空的事情,通过创作者的特殊处理,使它们集中到一个时空中来。小品《的哥》说的是一个开出租车的司机和一个女孩几经变故的恋爱故事,时间跨度相当大,场景也比较复杂。于是作者将场景放在男孩的家里,将时间安排在女孩结婚的前夜,通过这样一个最有表现力的时空,让那些前面发生的事情和后面将要发生的事情全都通过浓缩的时空窗口展示出来。

小品既然要反映和针砭时弊,其选题的来源当然主要来自社会,具体来说,小品选题来源大致有三条路径可以参考:

路径一:传媒的新闻报道。众所周知,大众传媒是社会转型和变迁的瞭望窗口,政经时世、众生百相、国际动态、百姓心声,皆可以在传媒中得到及时的反映。注意包括网络等新媒体在内的传媒上的各种社会新闻,可以使创作者及时掌握社会动态,对老百姓的需求和心理状况心中有数,同时,还有可能获得直接的写作材料,如小品《超生游击队》就是在报刊新闻的启发下创作的。

路径二:现成的作品改编。改编的作品可以是微型小说、新闻故事等。这种改编有可能是比较忠实于原作的,也可以是只取原作的一点一滴来加以改编。有一些现成的寓言故事本身就带有比较强的针对性,又有一定的智慧含量,这些故事无论是现代的还是古代的,都有可能成为有意思的小品创作材料。有一些现成的故事或寓言、典故,甚至小说、戏剧片段,中间有可以利用的成分,小品也可以拿来为我所用,小品《孙二娘开店》就是这样的作品。在古代的东西中融合现代的观念和语言,造成一种错位,幽默和笑声就出来了,一些值得思考的东西也就出来了。

路径三:主创者自己的感知和生活体验。应该说,留心生活中的有意味的场景和细节也是获得小品创作材料的一个途径。像《张三其人》这样的作品,没有对生活的长期细致的观察,没有对生活认真思考的习惯,就不可能得到写作的材料,也不可能把那些看似平常的生活场景写得生动有趣、发人深省。即使是前两种路径,也离不开作者自身对生活的感知与体验。

2. 策划创意

从材料到小品完成的过程有时并不十分顺畅，一种可能是从关注一类现象开始，对这一类现象有很多感触，不吐不快，但迟迟未能发现一个贴切的具体事件作为载体。更有可能是从对一个具体事件的兴趣入手，直觉地感到这个事件里面有东西、有戏，但究竟能够表达什么样的主题一时还比较模糊。这样一个从思想到形象，或从形象到思想的思维与策划过程，实际上就是小品的创意。创意可以说是形象与思想、具体与抽象之间相互联通的桥梁。

创意是小品创作与策划中一个相当重要的过程，是构思和筹划的焦点，是使一个小品焕发出光彩的能量源泉，是主创者思想和智慧的结晶，是打动观众的奥秘所在。比如小品《打牌》中，用名片打牌就是一个创意，通过这个创意，许多被讽刺和鞭挞的社会现象化身为具体的形象，许多同类的问题找到了典型性的代表，整个小品就因为这个创意而气韵生动、充满幽默、充满智慧、焕发出了不同寻常的光彩。打牌是一件很平常的事，官场的腐败也是一件大家不再感到新鲜的事，可是用名片来打牌，一下子化腐朽为神奇，为反对官场腐败找到了一种独特的、奇妙的、出人意料的表达方式，让观众得到一种意外的惊喜和会心的乐趣，这就是创意的作用。同样，在小品《警察与小偷》中，让那个化装成警察的小偷碰上一个真警察，就是一个很好的创意；在小品《手拉手》中，让男主角谎称两人的手被胶水黏住也是一个相当不错的创意。

由此可见，创意在小品创作中确实有不同寻常的作用。有人说，创意是打破常规的哲学，是大智大勇的同义词，是破旧立新的创造与毁灭的循环。这说明，一个好的创意不是轻易得来的。在创作心理学中，创意属于文学家、艺术家灵光乍现的东西，但并非完全无迹可寻。可以肯定的是，有兴趣从事小品创作的人，首先应该是一个热爱生活，对一切事物充满好奇的人，是一个对生活中许多细节十分敏感的人，是一个有幽默感的人，是一个联想丰富的人。只有在生活中处处留心，善于联想，才有可能获得灵感，捕捉到小品创作的绝妙创意。

3. 策划冲突

小品虽然短，却也少不了矛盾和冲突，这些矛盾和冲突有时表现得十分激烈，有时也就是一种差异、一种情感的纠葛、一种个性的反差。像小品《英雄母亲的一天》，记者热心于编造假新闻，母亲却急于摆脱记者的纠缠，目标的背离造成两个人物行动的错位，这就构成了矛盾。这个矛盾是一步一步激化的，一开始老太太还挺配合，后来开始敷衍，再后来就不耐烦了，不时给记者碰一个软钉子，最后是以老太太逃离采访而结束。这里的起承转合很有层次，小品的创作就是要注意设计好这样的矛盾和冲突。再如小品《捡钱包》,说的是上海、北京、西安三个地方的人对捡到钱包这件事的不同处理方式。情节几乎是在一次又一次地重复,可就在这样的重复中,让三个地方的人表现出了不同的心理特点、不同的性格特征和不同的处理问题的方式。在这类作品中,冲突是以个性差异的形式表现的,不同的个性造成反差,互相对比又互相衬托,使每一种个性都得到了更好的表现。这个小品的成功之处就在于设计了三种个性的对比,独立地看,每一种个性都没有什么奇特之处,可是将三种个性放在一起,立即有了"戏",有了由对比造成的既有趣又有深意的东西,有了让人回味的地方。

4. 策划喜剧性

对小品特别是晚会小品而言,观众已经形成了一种特殊的期待,希望小品能带给人们笑声,因此不能带来笑声的小品多少让人有点失望。其实,小品并不注定与笑有关,有些小品可以是没有笑声的,甚至有的小品有可能催人泪下。不过由于小品在晚会中出现比较多,我国的观众已经形成了收看习惯,总希望小品能让人们开怀一笑。这几年,大家看小品看得多了,评价和挑剔的本领也有了很大长进,要想跟小品刚开始出现的时候一样轻易地赢得老百姓的笑声是越来越难了,所以,认真琢磨小品的喜剧因素,恰到好处地使用这些因素就显得特别重要。

小品的喜剧性和幽默、和笑紧紧相连。幽默、笑都是一种智慧的表现,仔细分析,生活中人们的幽默或笑大概分为以下几种:

一种是会心之笑。这是对智慧者的成功和成功的过程的赞许,在这种赞许中包含了对自己能够理解和赏识智慧的自豪感,一个能够理解和赏识智慧的人,自己也一定是一个具有智慧的人,所以这样的笑也是一种自我赞赏的笑。小品《英雄母亲的一天》中,赵丽蓉演的老太太使用了多种手段企图摆脱记者都没成功,最后,老太太谎称自己的高血压犯了,一下跌坐在椅子上,记者慌了,忙乱起来,老太太却乘记者忙乱的当儿站起身一溜烟地走了。看到这里,大家忍不住大笑,那是为老太太的智慧而发出的赞许之笑。

第二种是嘲讽之笑,是对荒谬的东西、不协调的东西的嘲讽。嘲讽这种荒谬是为了将自己和这些荒谬区别开,使自己显得高明。在《警察与小偷》中,陈佩斯演的小偷穿着警察的衣服,打扮得和警察一个样,可他的行为举止却离一个真正的警察相距甚远,这样的不协调就引发了笑声。同样,在小品《正角反角》中,那个拼命要演正角的陈佩斯虽然穿上了八路军的衣服,举手投足却处处还是一个汉奸,这也引起大家的哄堂大笑。这种笑就是为不协调和荒谬而发出的。

第三种笑是为纠缠不清而笑。小品中有时会出现两个人物为一件事纠缠不清的情况,这时,观众心里是十分清楚的,可人物却弄不清楚,他努力想说得准确,却越说越纠缠不清。这时观众的笑,虽然没有太多嘲讽的成分,但显然也感到自己比人物要高明。在《英雄母亲的一天》里,记者要求老太太表演给孩子讲故事,说到"司马光砸缸",老太太怎么也说不好,要不就是"司马光砸光",要不就是"司马缸砸缸",纠缠不清中,观众早就笑倒了一片。

第四种是为露馅而笑。小品中的人物在努力地掩饰一些东西,可在某个关键的地方却露出了底细,这个底细被观众发现,可剧中人物还不知道,仍在竭力掩饰,这样就造成越想掩饰越露馅的效果,让观众忍俊不禁。在《警察与小偷》中,小偷穿着警察的衣服,一心想以警察的身份与真正的警察搭讪,可在警察问起他的姓名时,他马上立正,用在拘留所或监狱里犯人对看守人员报告的语气,恭恭敬敬地一口气报出了自己的姓名、住址,这就露馅了,笑声就出来了。

此外,还有夸张、曲解、误会、巧合、双关等等,也是制造笑料的重要方法,在运用这些方法的时候要注意下面几点:

一是要自然,要有内在的智慧。不是用一些外在的形体动作或者自我丑化来赢得观众的笑声,不能卖弄,不能过火,要将充满智慧的笑料自然地融入情节的发展之中,那些巧妙之处、聪明之处是在构思的时候就存在的,而不是写到某个地方硬加进去的。

二要通俗而不是庸俗甚至恶俗。小品是大众喜爱的电视文艺节目形式,内容自然应该是通俗的、接近老百姓的,小品中的笑不一定要有什么深刻的内容,不一定要时时想着教育意义,有时只是为聪明而笑,为愚蠢而笑,但这种笑又一定不能迎合人群中那些庸俗的不健康的东西。

三要和作品的整体内容有内在的紧密联系。笑料应该与整个小品内容水乳交融,而不是如狗皮膏药一般生硬地与内容扯在一起,显得苍白空洞。

5. 策划台词

小品是一种表演艺术,但说到底,这种表演是紧紧依附于语言的,没有新鲜活泼、充满趣味的台词,小品就不可能有强烈的感染力。所以,说到底,小品更是语言艺术。小品的台词既要简洁又要生动,既要明白又要有意味,在策划时要做到以下几点:

第一是要生活化。生活化是指所说的内容与人们的生活紧密联系,是老百姓所熟悉和感到亲切的,而且要求忠实地再现日常对话的特征,即表述的方式也是老百姓所熟悉和喜欢的。比如表达老年人衰老之类的意思不用"年纪大了"、"老年妇女"之类书面化的语言,而是这么说:"岁数还不算大,可这浑身的零件咋就不好使了呢？八成呢也该大修了"；"这秋后的庄稼，掰了棒子，割个穗，就剩秆了。还有那心思？"

第二是要符合人物的个性和身份，符合事件发生的情境。《鞋钉》说的是一个在街头修鞋的老师傅和一个将要成为汽车交易市场主人的年轻人之间发生的事。双方由于年龄、身份、个性的不同，说话的语气和方式就有很大的不同，老人平和冷静，又有一些焦虑和失落；年轻人则心高气盛，又是事业兴旺发达之时，不免有一些志得意满，强人所难，于是两人之间的对话一刚一韧、一急一徐，形成了有趣的对比。

第三是要注意台词的目的性。小品的台词中固然可以有少量没有特别意义的话来增加语言的生活真实感，但从整体上来讲，台词应该是经济的，不能有废话。人物的对话必须有明确的目的，有时一句话可能有多种作用，既交代了背景，又推进了情节，还有助于表现人物的性格，乃至起到深化主题的作用。

第四是要注意台词的动作性。小品不是相声，小品的对话应该使人物动起来，使剧情不断得到推进，所以小品的台词一定是和动作紧密联系在一起的。这一点在选材的时候就要注意，有些动作性不强的题材就不适合用小品的形式来表现。

三、音乐电视(MV)的策划

音乐电视的策划和创作能够透析出创作者的人生经历、价值观念、生活背景等，需要创作者具备一定的文化修养、艺术品位以及摄影、用光、构图等专业素质，能否将个人的艺术感转化为电视手段加以充分表现，这是一个电视意识的问题。一般而言，专业的电视制作人将会最大限度地利用电视技术的潜能和优势，使之全方位地为艺术服务。

音乐电视的策划大概有以下几个重要环节：

1. 歌曲的挑选与策划

音乐电视题材很广泛，品种与样式也有多种。拍摄题材多样的音乐电视作品要从我国的国情出发，从观众的需要出发，这是总的要求。中国音乐电视作品的题材要广，但不等于说，所有的歌曲都能拍摄成音乐电视，这就要求对将要拍摄的歌曲加以选择。第一，要看唱法。一般地说，流行歌曲容易拍，民族唱法居中，美声歌曲难拍；第二，看词曲本身。有的歌曲，词本身有局限，太实、太直接，给编导提供再创作的余地少；第三，样式品种要多些，应该注意改变目前拍女歌手多、拍男歌手少等格局。

我国幅员辽阔，各种唱法，各种风格的民族歌曲非常之多，不但可以把优秀的流行歌曲拍成音乐电视,还可以把民歌、影视歌曲和艺术歌曲拍成音乐电视。总的来看,可以投拍 MV 的音乐作品本身应具有这样几个特征:

一要具有鲜明的民族性。我国是一个音乐歌舞之乡,人多、歌多、乡音多,为音乐电视的创作提供了广阔的天地。成功的音乐电视往往在创作中注入民族化的色彩和丰富的地方风味,引入我国的传统文化和民间艺术,体现出浓厚的民族韵味和民族风情。如在《好日子》中以象征喜庆的红色为主色调,背景时而是白雪覆盖的山野,时而是湛蓝的天空,通过红、白、蓝的色调对比体现出和谐,表现出中国的"瑞雪兆丰年"的民族心理。

二要具有鲜明的时代特征。优秀作品《走进新时代》、《一九九七,永恒的爱》、《九九归一》等就是紧扣主旋律,体现出了与时俱进的时代精神。即使是古代题材也可以注入当代意义,就拿《愚公移山》来说,创作者将寓言中的愚公投影在现代的通街大道、高架桥、斜拉桥与铁轨之中,使观众在引发思古幽情时,思考愚公移山精神的当代意义。

三要具有很强的通俗性。音乐电视在欧美主要是表现摇滚音乐,在我国主要是通俗歌曲或通俗民歌的再创作,这样音域不宽,容易传唱,而且结构简单,制作较为容易。

2. 创意策划

好的创意是成功拍摄音乐电视作品的关键所在。创意,亦即表现主题的画面风格样式,是较为抽象、含蓄的音乐主题的外化和宣泄。每首歌要表现一种情感,歌曲的内涵和它所表达的情感是创意的依据和出发点。拍摄时,如果不去理解词曲的内涵,创意停留在写山拍山、写花拍花,那是注定要失败的。因此说,创意好的音乐电视作品,能升华主题。然而,创意好要靠对歌曲本身的深刻理解。

音乐电视《红伞》以"红伞"作为意念化了的物象,"红伞"象征友谊、友情和友爱,喻义为"雷锋精神","红伞"越来越多,象征着雷锋精神不断发扬光大,精神文明之花越开越鲜艳。又如《春天的故事》,通过南方新建的城市、街头的大幅宣传画,构造了一个叙事空间。MV 的叙事空间虽然实在,但它不同于电视剧、电视文艺节目的叙事空间。它的构造大多只是用来容纳和营造氛围,而不容纳连续发展的情节,即它总是和其他空间交错组接,是一根由点构成的直线,因此,它的叙事空间必须简洁,具有空间表现力。《春天的故事》就抓住了某种具有特征"表情"的真实空间——南方新建的城市的变化,折射出改革开放带来的巨大成就。河北电视台制作的 MV《我和奶奶跳皮影》通过"看、学、跳"展开故事叙述,把传统皮影戏曲"影人"表演发展为真人表演,以夸张、幽默、诙谐、浪漫的艺术形象,形成了创意新颖、富有品位、制作精良的整体风格。

3. 画面策划

在音乐电视的创作中,音乐是基础和出发点。当创作者有了完整的听觉音乐之后,可以说是画面为音乐、歌曲谱写视觉篇章,形成新的音画结构的一种创作过程。创意在此过程中就显得非常重要,必须通过富有意象的画面载体,引发观众的形象思维和视觉冲击力,从而衍生音乐的内涵与意境①。创意好表现在画面组合上要合理,安排要得当,歌曲和画面要有有机联系。前面说过,音乐电视的画面组合往往是多组画面齐头并进、互相联系,因此,创意时各条线间的关系要理顺,前后衔接要合理。

有了好的创意、好的音乐,还要有精美的画面和造型手段。在音乐电视《渔家大鼓》的画面构思中,强调了歌曲内容与画面在整体上的神似,力求以动为主,动静结合,使画面营造出渔家汉子击鼓时宏大热烈的氛围。策划和编导用高亢、有力、粗犷以及带有浓浓胶东特色的男声对唱,和背靠大海的排排大鼓,以及渔家汉子们挥动鼓槌,手执大铜锣,酣畅、有力地敲打,编织起一道有浓郁渔家特色的民俗风景线。

"情中有景,景中有情",历来是艺术家努力追求的艺术境界。王夫之曾指出:"情景名为二,而实不可离。巧者则有情中景,景中情。"在他看来,情为内隐,景为外观,情是主观映现,景为客观的自在之物。如何使这主观的情和客观的景交融,不但取决于作者对情的感悟,更主要的是取决于作者对自然物象和社会形象典型化的把握,以便创造一种歌曲表达的感情所需要的意境。

由苏芮演唱的《牵手》,它的MV上半段的音乐和画面是这样设计的:

歌　词	画　面
因为誓言不敢听, 因为承诺不敢爱, 所以放心着你的沉默 去说服明天的命运, 没有风雨躲得过, 没有坎坷不必走, 所以安心牵你的手, 不去想该不该回头。	一对青年男女穿着西装和婚纱举行婚礼 一对老人在公园漫步 一对老人在劳作 (特写)一对老人夫妇的手放在一起

---

① 梁永革:《音乐电视的音画关系创意》,《辽宁师范大学学报》,2005年第5期。

这首歌想要表达的是亲情关系,但由于创意好,歌词内容在画面中得到了延伸和扩展。它不仅传达出歌词的主要含义,而且增强了主题的信息量,告诉观众:人生不易,从青年到老年,一生坎坎坷坷,需要亲人的相互提携。音乐电视使无形的感情具体化了,如结婚时的誓言和承诺,风雨同舟中走过的坎坷不平,以及相依相偎的牵手等等,这些画面,不仅为人们所熟知,而且让人魂牵梦绕,在音画结合的独特结构形式中,造成浓烈的感情色彩和思绪。这说明,音乐是一度创作,画面是二度创作,音乐确定以后,好的画面策划会为音乐增色不少。

4. 策划画面的综合效果

音乐电视十分重视综合艺术效果。所谓综合艺术效果,是包括摄影、灯光、舞美、服装、表演和演唱各种艺术形象的画面设计。摄影或摄像是画面设计中最直接、最主要的,其他灯光、舞美、服装和演唱、表演等,也都要通过摄影或摄像,以谋求达到最佳的艺术效果。第一,音乐电视的摄影或摄像,除了要求画面构图讲究、体现画面的美感外,还要注意画面语言的节奏。音乐电视的画面与舞台演出相比,变化更大,节奏更快。因此,画面的景别跳跃性要快,镜头要短,画面的组接不一定非得按照音乐节奏,也不一定非得和歌词保持一致,一句词一个镜头。第二,注意遮幅画面的应用。在音乐电视作品中,应用遮幅画面应当从实际出发,根据不同题材对画面造型的不同要求确定画幅比例。

同样,画面中的舞美、服装以及演员的表演对于综合效果也很重要。在演员表演方面,无需把舞台的表演程式搬到音乐电视中去,演员的服饰也不是越漂亮越华丽越好。至于环境的选择、舞美的布置,也都要符合作品本身所要表现的内涵。

5. 歌手的选择与策划

歌手的形象远不仅是外貌,歌手真正的形象是歌声,要将歌声作为形象的组成部分来选择。歌手的气质、音色、音域要与歌曲的风格相和谐,在歌词的选择和创作定位的过程中,还包含一个非常重要的因素,即对歌手选择的同时,对歌曲的内容、风格进行定位。策划和编导在制作之前一定要做到歌手与演唱的歌曲之间的和谐默契。比如田震的《好大一棵树》,其声音与歌曲达到了完美的境界;甘萍的《亲亲美人鱼》就完全是另一种声音形象,青春甜美,如果将两个歌手、歌曲形象对调一下,将是不可想象的。

通常从歌词看,一类歌词内容比较简单、叙事性强、内涵不深,这种类型的歌曲或轻松,或委屈,容易歌唱,较适宜选择青春活力型歌手。另一类是感觉性歌词,歌词多为触景生情,有感而发,事中有悟,抒发作者独特的内心感受,抒情性强。在歌手的选择上,需要有一定的生活阅历、情感丰富、嗓音有磁性、感情色彩较浓的歌手来演唱。还有一类是哲理性歌词,对歌手的要求就更高些,要选择一些稳重、深沉型的歌手。

6. 策划特技画面的应用

在音乐电视作品中,应用快动作、慢动作和定格、分格等多种特技画面可以增强效果,更好地吸引观众,但这些特技画面的应用也要从主题出发,也要符合观众的视觉要求,不可盲目应用特技。

思考题
1. 电视文艺节目有哪些基本特点?
2. 电视综艺节目和电视真人秀节目有何区别?
3. 音乐电视和电视音乐节目在概念上有哪些不同?
4. 电视戏曲节目有哪些基本特点?
5. 电视小品有哪些基本特点?
6. 如何策划电视综艺晚会?
7. 如何策划电视小品?
8. 如何策划音乐电视(MV)?

第四章　电视剧

案例4.1　《蜗居》

电视剧《蜗居》是一部有关"房奴"、直面现实的都市题材电视剧,2009年年末因为"禁播"风波而格外引人注目。该剧被称为《双面胶》的姊妹篇,是继《王贵与安娜》、《双面胶》之后,当红编剧六六、导演滕华弢的又一力作,在各电视台一亮相就得到了观众的好评。该剧收视率一路飘红,不断飙升。除了此前积累的好口碑和六六《双面胶》的成功之外,真正持续吸引观众的还是该剧关于当代白领买房的主题。全剧饮食男女,却彰显世态本色;尽是家长里短,却深蕴生存哲学;随处峰回路转,却无一跳脱常情,可谓集情感、职场和反腐三类电视剧之大成,每个人都会在其中找到自己或周围朋友、同事的生活剪影。

《蜗居》

案例4.2　《大长今》

这是一部在东西两半球均创收视奇迹的电视剧。《大长今》2003年9月15日开始在韩国播放,收视率一直保持在50%左右,并以47.8%的高收视率获得2004年度收视之冠,尤其是2004年3月23日大结局时的收视率竟然达到57.8%。整部剧播放达七个月之久,直接收益100亿韩元。更有趣的是,《大长今》播完后相当一段时间,电视观众急剧减少,有人称这种现象为"大长今后遗症",因为《大长今》之后没有可以和它媲美的电视剧出现,所以造成了收视率严重滑坡。

2004年5月起,《大长今》在台湾八大电视台GTV热映3个月,不仅创下历年来韩剧最高,跃居全台湾地区第一,甚至连本土剧《台湾龙卷风》也甘拜下风。

2004年10月8日开始,日本NHK卫星电视台开始播放《大长今》,前半部分的收视率就已经达到了《冬季恋歌》的2.5倍,打破了韩剧在日本的收视纪录。

《大长今》中的两位主角

2005年4月,《大长今》在香港无线电视台播出,大结局时平均收视47点,最高收视50点,收看观众人数多达321万,差不多占全香港人数的一半,为无线自1991年设立个人收视纪录仪以来最高的收视节目,同时也跻身于香港25年电视剧收视纪录排行榜三甲之首。

2005年9月1日起,《大长今》在湖南卫视播出,自开播以来,平均收视率稳定在4‰,平均收视份额为17.3‰,收视表现一直稳居全国同时段的第一位。

《大长今》不仅在亚洲地区取得了收视奇迹,这股劲风甚至刮到大洋彼岸的美国。2004年,美国芝加哥的WOCH-CH电视台播放了该剧,引得很多芝加哥的中产阶级每周六晚准时聚集在咖啡馆,集体观看讨论。据说除了芝加哥之外,纽约、西雅图、夏威夷、加利福尼亚等地也有很多《大长今》迷。

案例4.3 《越狱》(Prison Break)第一季

《越狱》第一季的主要剧情是弟弟救哥哥。迈克尔·斯科菲尔德正陷于无望的困境中——他的哥哥林肯·巴罗斯被认定犯有谋杀罪,被投入了FoxRiver监狱的死囚牢。虽然所有的证据都指出林肯就是凶手,迈克尔却坚信兄长是无辜的。林肯的死刑执行日越来越逼近,在没有其他选择的情况下,迈克尔持枪闯入了一家银行,被捕入狱后来到了林肯的身边。身为建筑工程师的迈克尔参与了监狱的改造工程而对这里了若指掌,他设计了史上最完美的越狱计划,入狱的唯一目的就是要把林肯救出并还其清白。迈克尔在狱中艰难地准备着越狱计划的同时,意想不到的人和事接连出现在通向自由的道路上……

《越狱》

2005年8月29日晚,美国FOX电视台播出了《越狱》第一季的第一集,前13集首轮播放中平均每集吸引了860万观众。据FOX官方网站的统计,全球有超过1 800万观众收看了《越狱》;而尼尔森的收视统计显示,这个数字已经创下了电视淡季7年来最高的周一收视纪录。

美国《娱乐周刊》曾对2005年9月开始的电视季进行过大盘点,《越狱》以极具个性魅力的男主角、出色的创意和严密紧凑的故事,当选年度新剧第一名,并获得了第63届金球奖最佳剧情类电视剧与最佳剧情类男主角两项提名。主流媒体纷纷用革命性的突破来形容此剧,纽约著名剧评人则称赞"《越狱》是一部好得让你心脏都要停止跳动的美剧"。

《越狱》在美国的热播风潮很快蔓延到了中国,成为在中国最受关注的美剧,这部只能通过互联网观看的美剧超过了很多国内热播的电视剧,成为粉丝的最爱。越来越多的"越迷"在自己的博客和相关网站力推这部电视剧,该剧引发的轰动效应和人们对它的痴迷程度绝对不亚于1983年版的《射雕英雄传》。

电视剧伴随着电视而诞生,在最初的电视试播中,就有了最早的电视剧。1928年9月11日,美国通用电器公司试播的独幕剧《女王的信使》是美国历史上第一部电视剧,也是世界范围内出现最早的电视剧。1930年,英国广播公司BBC在伦敦播出意大利剧作家皮兰德罗的《花言巧语的人》,又称《口叼鲜花的人》,被认为是世界上第一部完备的电视剧。电视剧由此成为继舞台演剧、银幕演剧、电声广播演剧之后所谓的"第四种演剧形式"。

第一节 电视剧的界定与类型特征

从世界范围来看,对于电视剧这种所谓的"第四种演剧形式",不同国家有不同称谓。"电视剧"这个说法是我国在电视发展初期自行确定的,从1958年第一部电视剧《一口菜饼子》起,就将这一新兴的艺术类别定名为"电视剧",之后包括港澳台地区在内就一直沿用这一名称。当然这一说法并非世界通用,比如美国人通常将国内熟知的"电视剧",再进一步细分为情节系列剧、日间播出的肥皂剧、情景喜剧等三大类;而在前苏联则有所谓"电视艺术片"和"电视剧"之别;日本人则把电视剧称为"电视小说"。

一、电视剧的定义

从《一口菜饼子》开始,"电视剧"这一称谓完全是土生土长的"中国货",国内关于什么是电视剧的界定也随着电视技术与艺术观念的发展而具有鲜明的时代特色。比如20世纪70年代末之前,因为观念、技术的局限,那时几乎所有的电视剧都采取直播方式,篇幅短小,更多的像是舞台剧,这时有人把电视剧界定为:"在演播室里演出的戏剧,经过多机拍摄、镜头分切的艺术处理,运用电子传播手段,通过电视屏幕,传达给观众特定的艺术样式,它主要以戏剧美学为支撑点。"[1]70年代末至80年代以来,电视剧开始突破时空限制,场景由室内转为室外,而国外和香港地区电视剧的适时涌入,一并刺激了内地长篇电视剧的发展,《蹉跎岁月》《夜幕下的哈尔滨》《四世同堂》《凯旋在子夜》《红楼梦》《三国演义》等许多作品均展现出很高的艺术水准和艺术特色。这时不少相应的定义应运而生,如"电视剧作为一种新兴的审美的社会意识形态,是在电视屏幕上演剧的艺术,它驱动观众通过电视接收机的屏幕显示加以接受,使观众参与它的艺术审美活动"[2]。"电视剧是融合了文字、戏剧、电影的诸多表现手法,运用电子传播的技术手段,以家庭传播方式为其主要特征的一种崭新的综合艺术样式"[3]。

这些定义分别反映了一定时期、一定地域之中人们对电视剧的认识与思考。本书认为,对电视剧下定义要注意三点事实:一是电视剧作为艺术形式,既以电视为传媒,又以演剧作为审美载体。以电视为传媒不难理解,而所谓演剧,就是在导

---

[1] 高鑫:《电视艺术学》,北京师范大学出版社1998年版,第215页。
[2] 吴素玲:《电视剧发展史纲》,北京广播学院出版社1997年版,第3页。
[3] 赵玉明、王福顺:《中外广播电视百科全书》,中国广播电视出版社1995年版,第158页。

演的指挥下，在一定的场合或载体上由演员扮演角色，运用多种艺术手段表演故事情节，是包容了编、导、演等艺术群体的创造活动，其艺术形式主要是通过矛盾冲突去展开故事情节和塑造人物，剧中角色以动作和语言为基本的表演手段。二是电视剧作为电视节目，是观众人数和社会阶层最为广泛普及的节目类型，这一点是目前其他已有节目类型无法比拟的。比如2009年我国国内电视剧生产总量达到11 460集，在全国1 974个电视频道中，播放电视剧的频道占到1 764个，占总数的89.4%；电视剧的广告收入普遍已占全国各级电视台广告总收入的50%以上，成为大多数电视台举足轻重的收入来源。最后，电视剧还是一种多方力量博弈的场所，政府、投资方、制片方、广告商、电视台、观众、主创人员等构成博弈力量的几个重要方面。综合考量这三点以及已有的各种定义，本书将电视剧界定为：

电视剧是以电视为传播媒介，以演剧为审美形式，将艺术审美与家庭传播、人际传播、大众传播等各种传播手段进行结合，综合运用文学、电影、戏剧等诸多艺术手段，深入展示历史、社会、生活的方方面面，给人以普遍深切的人生体验，在当下社会影响最大、收视份额最足的电视节目类型。

二、电视剧的影像特征

要准确了解电视剧的概念，不能不说到电视剧的影像特征和叙事特征，本书先说明电视剧的影像特征。因为电视剧运用技术化的视听符号和传播路径，融合多种艺术表现手法，在电视荧屏上进行演剧审美，其影像特征与号称"姊妹艺术"的电影有较大区别。

首先是艺术综合性。电视剧不仅综合了电子技术与视听技术，包容了同为演剧综合艺术的戏剧与电影的手法，同时还兼备了小说、广播、电视等传媒形式的长处。它凭借先进的电视技术，具备了将一切艺术中的各种因素——声音与造型、叙述与描写、戏剧性与写实性等最大限度地综合起来的可能性。"兼容"就是电视剧"真正的形式"，电视剧可以说是"占有的艺术"，这正是电视剧强大生命力之所在。

其次是视听独特性。这主要表现在电视剧吸收了电影、文学等艺术形式的独特语言符号，并以此为基础进行了超越：从时空形态上看，电视剧单个镜头的空间容量比不上电影，但电视剧连续性的空间容量则可以超过电影，电影的优势在空间，电视剧的优势在时间。电视剧可以是一二十分钟的短剧，也可以是几十集，甚至上百集的连续剧，可以表现时空浩大、漫长和情节曲折复杂的长篇小说，如《水浒传》、《红与黑》、《战争与和平》等。从动静表现来看，电影擅长于动态场面的表现，电视剧则擅长表现微观环境和人物心理，多用特写、近景和中景，镜头语言具有同观众促膝谈心之感,这也是电视剧视听语言的重要特质。

第三是逼真性。逼真性不是人们现实生活中一般理解的真实,而是将生活化的人物造型、景物造型及表演统摄于摄像镜头,通过艺术创造而获得一种心理上的真实感觉。电视剧是将艺术融于观众日常生活的文化行为,这就要求电视剧具备真实自然的生活氛围和生活气息。即使有假定性、戏剧性,但仍为逼真性所制约,是能给观众逼真感的假定性。为达到这种逼真性,电视剧甚至借用、模仿新闻记录手法来力求创作出酷似生活原态的空间。

第四是时空自由性。电视剧的时空自由不仅指电视剧的传播突破了时空制约,播出与接受同步或异步进行,更重要的是电视剧的时空结构完全不受现实生活中的时间与空间的影响:既可以根据剧情的需要表现现实生活的"此在",也可以表现过去与未来;既可以表现一个空间内发生的事件,又可以表现多个空间内发生的事件。换言之,电视剧的时空可以是现实的时空,也可以是虚拟的时空,不同的时空可以根据需要进行自由转换。同一个时空可以被放大,也可以被缩小、缩短,从而改变事件进程的客观时间,使得电视剧容纳极为广阔的社会生活内容。

三、电视剧的叙事特征

叙事就是讲故事,而故事讲述的是在人、动物、物体、想象中的生命形式等身上曾经发生或正在发生的事情。也就是说,故事中包括一系列按时间顺序发生的事件。因此,单个的场景不是叙事,但是当其被放置在一个时间链条之中,它就成了叙事的一环。将多个场景或事件联系在一起,就成为一个有前因后果的整体故事。

电视剧的艺术本体确立于故事性,故事是电视剧之所以为"剧"的最有说服力的注释。电视剧在电视中的存在,就是以"讲述一个故事"的方法来满足大众想听故事的愿望,逐渐建立起一套格式化的符合观众审美的叙事模式,即如何讲故事的艺术性。在这方面,我国电视剧吸收、继承章回体小说以及说书艺术的长处,初步形成以下成功经验。

1. 强化戏剧性

戏剧性一般包含这样一些主要因素:动作、情境、冲突、情节、假定性。亚里士多德在《诗学》中提出,戏剧之所以被称为戏剧,"就是因为它们摹仿了处于行动中的人"。自此之后,人们普遍认同行动或动作在叙事中的重要性,行动是戏剧的最基本要素;而一定情境下导致人物出于各自目的而有所行动,不同的人有着不同的动机,冲突由此发生。作为叙事艺术,电视剧把行动与冲突主要寄寓于二元人物冲突,试图通过二元对立的人物编排故事,并以二元对立的矛盾冲突来制造戏剧效果。因而,电视剧叙事强化戏剧性主要有两个方面:注重对人物命运的设置;注重戏剧冲突的设置。

(1) 注重设置人物命运。一部电视剧能够吸引观众投入剧情的,往往是存在着一个被热烈关注的可寄托情感的对象。对象一般总是剧中的主要人物,其命运起伏往往构成了电视剧的情节中轴线。成功的电视剧对人物的塑造离不开以下三类手段①:

一是赋予人物令人同情、惹人怜爱或吸引人的性格特征。别林斯基说"人是戏剧的主人公",表现人的最有力的手段就是刻画人的性格和心理。电视剧中的人物形象往往是单向度的、扁平的,即所谓的类型化、平面化,主要人物往往具有鲜明的伦理特征,通过凝聚在不同人物身上的善恶、美丑、真假、忠奸等的对立来制造戏剧冲突,同时唤起一般观众的情感投入,如《潜伏》中的余则成、翠平与吴站长、李涯,《蜗居》中的宋思明与海萍、海藻。

二是在危难中表现人物,也就是将人物放在一种危机状态,使得人物命运不断变化与起落,这也是电视剧叙事强化戏剧性的一个重要手段。让片中人物始终处于一种危机状态中,危机使主人公处在一种悬而未决但又势在必决的境遇里,他(她)或者陷入了一种前途难卜的冲突中,或者受到几方面的攻击或争夺,或者失去了宝贵的东西。《我的兄弟叫顺溜》中的新四军战士顺溜埋伏在姐姐家附近准备伏击日军司令的那场戏,顺溜眼看着姐姐被日本人糟蹋、姐夫被杀害,却因为军令如山而不能扣动扳机,场景中反复出现顺溜的特写,冒着火的眼睛、狰狞的表情和颤抖的手足,以反映他内心的痛苦和压抑。

三是人物命运不断变化与起落。电视连续剧中的人物关系呈网络状,纵横交叉,构成一个以家庭为单元的世俗社会的生活圈子。如果说戏剧和电影所表现的是或密切或松散的人际关系,那么电视连续剧则一般都表现密切的人际关系。在这种复杂的人际网络中,人物命运总是处于一种非平衡、非静止、不断的变化与变动中,其命运、性格、其与周围人物的关系不断地发生变化。如《亮剑》中李云龙与楚云飞从惺惺相惜、同仇敌忾的友军,变成国共内战中不共戴天、你死我活的敌人。《乡村爱情》则充分发挥出电视剧的独特优势,篇幅很长、人物众多、纠葛复杂。其中长贵、谢大脚、王大拿的三角恋爱,王小蒙、谢永强、王兵的曲折恋爱,刘英、赵玉田、陈艳南的复杂恋爱,甚至香秀和李大国、小梅和刘一水的恋爱过程,都表现出了

---

① 此处对电视剧叙事特征的分析参照了百度文库之《第六讲 电视剧艺术特征》,http://wenku.baidu.com/view/24bd8a8da0116c175f0e4862.html。

非常独特的恋爱韵味,可谓农村中的恋爱大全。每组人物恋爱关系都在意料之外,又在情理之中,各具特色,绝不雷同。电视剧《闯关东》在抓住了朱开山这一主要线索的同时,全景式地描绘了闯关东这一大的历史活动中,社会的动荡变迁和民生百态。剧中人物众多,上至皇亲贵胄,下至流民土匪,人物的命运随着社会的风云变幻彼此间不断碰撞出火花。王府的格格那文一夜之间家财散尽,流落到东北农村,成了朱开山的大儿媳。而剧中与朱家老大有过婚约,又与老二产生感情的鲜儿,更是经历了与亲人失散、与爱人分离、又在投江之后九死一生的磨难。她去过林场、拉过江纤,最后竟然入了匪帮,多舛的命运成了推动剧情发展的一条重要线索。

《闯关东》中朱开山一家人的全家福照片

（2）注重设置矛盾冲突。戏剧冲突往往蕴含在特定的情境中,主要指人物与环境、人物与人物之间的抵触、矛盾和斗争,它是情节发展的基础和动力,体现着电视剧创作的内在规律。就形态而言,戏剧冲突可分为内在冲突与外在冲突。内在冲突主要表现为思想和价值观念的冲突,是一种内在的心理冲突;外在冲突主要是指那些我们可以看见或感觉到的冲突,主要以外在行为和语言的方式表现出来。《潜伏》中余则成在军统内部深入虎穴的智勇周旋,暗含了当代人在社会的重重压力下不同身份和角色的游离与契合,也令人联想到办公室中的明争暗斗,并从主人公的智慧和勇气中学会从容淡定。

在电视剧里,没有蕴含矛盾冲突的情节是没有意义的,电视剧在故事编排中正是通过矛盾冲突来制造戏剧效果。事实上,对电视剧传播来说,根源于故事情节的戏剧悬念而产生的期待心理已经成为受众热情地守候电视剧开播,并直到结局的重要动力。目前我国电视剧对矛盾冲突的设置主要有以下三类途径[①]:

一是困难的重重设置与反复。平衡到失衡的不断连续运动正是在困难的不断设置中得以实现的,而人们欲望的牵动与满足也正在其中。电视剧中的困难有三种:一是环境,即静态的障碍;二是有事故及一些复杂事件;三是反意愿,即违背人

---

① 此处对电视剧叙事特征的分析参照了百度文库之《第六讲 电视剧艺术特征》,http://wenku.baidu.com/view/31bd8a8da0116c175f0e4862.html。

物的意愿,如坏人贪图财宝,他们竭力阻拦主要人物得到。一般剧作,三种情况可能都会出现,不绝对分开。

二是巧合与误会。电视剧艺术并不排斥在生活里看来是偶然和巧合的因素,要使戏剧冲突典型化,常通过偶然的事件反映必然的生活规律。在电视连续剧中,戏剧性的出现比戏剧和电影更多地借助于偶然性,使每一集都有惊变。因为巧合,故事的起、承、转、合既易操作,又可以根据需要集中最富有戏剧效果的因素,使得电视剧的每一集都能吊足观众的胃口。

三是绝境与目的相结合。在电视剧中,为了有故事,导演通常一开始就为主要人物设置一个必须追求的目标。而故事讲述过程中,"为了增强故事的曲折性,则无论最终是否会达到这个目的,目的总是与绝境相连,也只有这样,才能让人牵肠挂肚"。

2. 制造延宕性

如果戏剧创作是基于命运模式的意象表现,那么电视连续剧则是基于生活流模式的意象表现。这种生活流的叙事形式,以其所呈现的生活形态几乎与现实生活同步进行的开放性和播映方式的每日连续性,使电视连续剧在现代家庭观众中间开创了日常连续性的叙事格局。对没有尽头的故事的讲述过程就是一个不断延宕的过程。

(1) 电视剧叙事的延宕性。

在电视剧,尤其是连续剧中,为了使观众始终处在一种兴奋期待的状态,总是故意延长观众的期待,拖延获得满足的时间,让观众始终处于高潮前或最终结局前的期待中跟随电视剧的叙事进程,因而,延宕就成为电视剧,尤其电视连续剧叙事的重要特征①。

延宕是一个过程。在这一过程中,矛盾冲突迟迟没有得到解决,人物关系迟迟不能确定,因而观众的愿望也迟迟不能满足。在情节处理上,连续剧由于篇幅长,所以它往往并不是只有一个叙事高潮,而是具有多次间断性的叙事高潮,目的刚刚接近,又被推向了远处,平衡刚刚恢复,却又遭破坏。电视剧就在这种恢复平衡、失去平衡、再恢复平衡,愿望满足、落空、再满足的交替运动中,用一系列小高潮推向最终的大高潮。这种延宕在外在情节上看是山重水复,在内在逻辑上却是柳暗花明,化险为夷,使整个电视剧跌宕起伏,引人入胜。有学者对《大染坊》的分析可以

---

① 此处对电视剧叙事特征的分析参照了百度文库之《第六讲 电视剧艺术特征》,http://wenku.baidu.com/view/24bd8a8da0116c175f0e4862.html。

很好地说明这一点①。《大染坊》主要描述了陈寿亭从"五四"前后一直到抗战爆发这一段时间的个人传奇经历。第 1 集是全剧的引子,说明了陈寿亭的身世以及在周村的发展。第 2 集从陈寿亭到张店商议与卢家合作到第 11 集卖厂给滕井是第二阶段,其间的主要故事有与孙明祖的竞争和与滕井的斗智斗勇,包括截走孙明祖客商、借学生游行为自身做宣传、利用配方将计就计制服明祖、借抵制日货逼滕井低价卖布和以高价卖给滕井一座空厂等几个大的情节。从第 11 集后半结束到陈寿亭最后吐血而亡是第三阶段,主要有济南开业、到上海挖走林祥荣技工并赚 8 千件布、反击林祥荣、与滕井和訾家的价格之战、彻底击败訾家以及吐血而亡等几个高潮。以上主要情节分别安排在第 3 集、第 6 集、第 9 集、第 11 集、第 13 集、第 14 集、第 18 集、第 22 集、第 23 集和第 24 集,这样的结构安排使得精彩场面迭出,充分吊起观众的胃口,形成巨大的命运悬念,又能够腾出足够的时间来从容

《大染坊》

照应,故事的节奏既出人意料,却又合情合理,形成疏密匀称的叙事结构。

(2) 电视剧延宕的表现方式。

一是通过设置悬念来实现。所谓的悬念是对情节的一种搁置,是欣赏者的兴趣不断地向前延伸和欲知后事如何的迫切要求。悬念是通过作者有保留的交代造成的,通常是后文将要表现的内容,于前面稍稍显露一下,但又不予以马上解答,故意在欣赏者心中布下疑团,使观众对剧中人物的命运、情节的发展、事件的结果牵肠挂肚。如系列电视剧《神探狄仁杰》由《使团惊魂》、《蜜蜂记》、《滴血雄鹰》三个故事组成,这三个故事既各自成篇,又息息相关。三个故事都充满了惊险和悬念,每一集都有包袱,关键处,神机妙算的狄仁杰站出来娓娓道出谁也没有想到的事情缘由,颇有东方福尔摩斯的味道。

连续剧是最具有电视剧特征的,也是最能体现留下悬念(系扣)和解开悬念(解扣)特征的剧作类型。西方一位电视剧作家曾说,典型的故事总是以四平八稳的局势开始,接着是某一种力量打破了这种平衡,由此产生不平衡的局面。另一种力量

---

① 陈国钦、夏光富:《电视节目形态论》,中国传媒大学出版社 2006 年版,第 189—191 页。

进行反作用,又恢复了平衡,第二种平衡与第一种相似,但不等同。

二是通过阻断叙事来实现。电视剧阻断叙事的方式有两种:一种是分集,每一集都有一个小高潮,但同时又要挑起观众新的期待,把幸福或灾难的可能性延续到下一集,驱使观众在下一集中重新延续他的期待。另一种方式是多重叙事链的交替。一般连续剧除主要人物、主要事件外,往往设置了一些辅助性人物和情节轴线,从而形成多条叙事线索,而对主要人物和中心情节来说,无疑又因这些辅助性人物、事件的掺入而延长了自己的叙事进程。"多重叙事链的交替可以延宕叙事高潮的到来,并同时造成观众的多重期待,增强叙事的吸引力。因而,实际上断是为了更好的链。"[①]比如《越狱》在很短的时间内就设下了"越狱"这个足够吸引观众的悬念,让整部电视剧有了一个极具人气的开头。同时在悬念之外还穿插了政治阴谋、惊险谋杀,并在展示政治阴谋、惊险谋杀的过程中,将社会黑暗暴露无遗,令人目瞪口呆。

3. 追求大团圆结局

有人说,唐代有诗、宋代有词,而今则有电视剧,电视剧是最大众化的文化形式。为什么? 因为从古至今,人类自我观照的精神需求始终作为一种最原始、最有冲动的力量推动人们去探寻一种最能临摹生活本身的方式来表达自我,从最古老的图腾、舞蹈、绘画到戏剧、文学等的发展,无不是以这种需求为动力,然而没有一种方式像电视剧这样逾越知识层面和地域的限制传播同一个故事,在一个短暂的时间范围和广大的空间范围内迅速而有效地征服大多数人,并在情感上形成共鸣。

电视剧的大团圆心理正产生于这种情感共鸣,它是叙事者将某些特定的世界观纳入到人们既存的价值体系中。具体来说,电视剧的大团圆心理表现为叙事中追求故事的完整统一性和浪漫性结局。中国电视剧的叙事要符合具有传统文化背景下的中国观众的独特审美要求;要具有东方民族传统文化特色的艺术范式,如善良战胜邪恶、幸福取代苦难、丑变为美、脸谱主义等传统审美范式。

"大团圆",这一自古以来为中国人津津乐道的传统心理模式,在悠长的华夏文化长河里,曾给遭遇过险恶风浪和无情磨难的人们以巨大的情绪安慰,诱惑过芸芸众生[②]。王国维在其《红楼梦评论》中就有言:"吾国人之精神,世间的也,乐天的

---

① 此处对电视剧叙事特征的分析参照了百度文库之《第六讲 电视剧艺术特征》,http://wenku.baidu.com/view/24bd8a8da0116c175f0e4862.html。
② 程麻:《中国心理偏失:圆满崇拜》,社会科学文献出版社1999年版,第11页。

也,故代表其精神之戏曲小说,无往而不着此乐天之色彩,始于悲者终于欢,始于离者终于合,始于困者终于亨……"他认为中国的传统悲剧,充满了乐天的色彩,着意于"团圆之趣"。

好莱坞影片的结局最终总是"大团圆",曲终人散,无论过程如何浪漫、惊险、千变万化,都趋向一个圆梦的结局,这正好吻合了电影"白日梦"的性质。在电视剧中,我们不难发现演绎"善有善报,恶有恶报"的朴实道德观的剧作。家庭伦理剧或历史题材剧中对立元素的二重组合也总是具有一种相对的定向性,即善良战胜邪恶、幸福取代苦难、丑变为美、欢压倒悲。

电视剧叙事的完整性抹去或消解了剧作呈现的现实生活中的尖锐矛盾与冲突,构造了一个个由对现实世界的种种幻想所凝聚起来的温情脉脉的童话,成为观众永不厌倦的文化大餐[①]。

四、中美电视剧发展简史

1. 美国电视剧发展

"美剧"是国人对美国电视剧集的简称。20世纪80年代,一部拍摄于1970年的《大西洋底来的人》成为敞开国门之后中国人窥视美国的窗口,麦克·哈里斯脸上的蛤蟆镜一度成为时尚青年的标志。《加里森敢死队》的热播、停播与复播更是中国人观念变化的晴雨表。《成长的烦恼》让我们走进美国家庭,体验了代际沟通的可能及其背后的美国式幽默。凡此种种,都已成为那个年代的文化意指符号。

1928年通用公司制作的《女王的信使》在纽约州WGY广播电台播出,这是美国(也是世界)第一部电视剧。这部长40分钟的作品,标志着人类历史上第一个全新的戏剧类型的诞生。30年代,电视系统尚处于实验阶段,NBC和CBS两大商业广播电视公司进行了大量有益的尝试,其实验性播出的作品,大部分根据百老汇戏剧和经典作品改编而成。

30年代末,电视系统走向成熟,NBC和CBS成立了自己的电视台,但"二战"来袭,所有计划与试验被迫停止。战后,电视才得以正常发展。在20世纪50年代的头5年里,电视在美国以迅雷不及掩耳之势发展起来。在1950年到1955年期间,电视接收机的数量从460万猛增到3 200万,与此同时,电视台的数量也从98个增加到522个。与之对应的,电影业的毛收入从1946年的17亿美元下降到10年后的6.8亿美元。

[①] 此处对电视剧叙事特征的分析参照了百度文库之《第六讲 电视剧艺术特征》,http://wenku.baidu.com/view/24bd8a8da0116c175f0e4862.html。

电视媒体的出现成为 50 年代最重要的里程碑,最初的美国电视剧在这个环境中应运而生。1947 年 5 月,NBC 推出了第一个直播电视剧栏目《克莱夫特电视剧院》,第一部电视作品为 Double Door(《双门》)。

直播电视剧最早出现在纽约。不过,此时所谓的电视剧,实际上是在直播现场进行的戏剧表演栏目,基本上还是从百老汇戏剧或者经典戏剧中移植一些角色少、场景少、动作性不强、时间又大致在一小时之内的作品,在简陋的演播室内直播。最初的直播方式对后来美国的影视剧还是很有影响的,情景剧、肥皂剧等假设观众在场的方式,都明显深受直播的影响。这种节目培养了整整一代知名制片人、演员和剧作家。直播电视剧道具简单,由特写镜头和现场表演构成。因此,它特别强调演员和台词的作用,人物的表情至关重要。这种模式的出现源自各方面的需要,早期的电视台需要大量制作成本低廉的节目,而纽约正好拥有大批初出茅庐却才华横溢的廉价剧作者和演员以及基础的生产设备。但其自身的缺陷不可回避,演员必须记住所有台词和动作,一旦开始就不能中断,出现错误也无法弥补。

1955 年,安派克斯(Ampex)公司发明的录像机使得电视直播节目不再是唯一的选项。电视节目可以先进行录制,然后编辑并纠正错误。随着胶片技术、磁带录像技术等的运用,以及其他技术方面的进步,电视剧的类型越来越多,制作也越来越成熟。

与此同时,好莱坞的主要电影制片厂开始用胶片制作电视节目。由于制作经验丰富,他们的电视节目对观众更具吸引力。《我爱露西》(I Love Lucy)是第一部采用胶片摄制的电视剧,大受欢迎。它改变了电视剧的制作和播放套路,此后的电视剧基本上采用这种录播方式,真正从戏剧的限制中解放出来。该剧在 1957 年下档后,直到 60 年代初,都是西部剧的黄金时代。但观众很快腻烦了西部牛仔剧千篇一律的打打杀杀,渴望新的样式出现。

《我爱露西》

此后,从 60 年代中期的惊险系列剧、幻想剧和魔幻剧,到 70 年代与生活贴近的情景喜剧,再到 80 年代叙事日渐复杂的现实题材系列剧,美国的电视剧经历了类型上的极大丰富。进入 90 年代以后,大型商业电视网的黄金时段由情景喜剧、普通系列剧和电视电影三分天下,美国电视剧的发展进入了空前的繁荣时期。

在长期的发展历程中,美剧的许多传统得以逐步确立,其中"季"的运营模式最为现代中国观众所了解。"季"是各大电视网播出新作品的季节,一般从9月中旬开始到次年4月下旬,时长约30周。每年秋季,美国电视网纷纷推出自己的新剧,或者延续之前已经获得成功的经典剧集。这段时间天气较冷,人们一般较少外出,电视的开机率和收视率自然大幅提升。通过这种每年固定的播出时段,我们可以在许多长寿的美剧中找寻美国社会变迁的轨迹。比如在《老友记》(*Friends*)中,观众可以看出十年来从家庭氛围到音乐类型等各种趋势的更迭。

《老友记》里的几位主要演员

纵观美国电视剧50多年来的发展,其成功的主要秘诀是其对观众口味的把握和迎合,收视率一直是其生存的法宝,再成功的剧集一旦收视率下滑,立刻"下课"。美国电视剧正以越来越考究的艺术品位、越来越奔放的自由创意,区别于日趋僵化的好莱坞。法国《电影手册》甚至敏感地认为,在工业化的电影制造领域,美国电视剧的成就已经超越了好莱坞的大多数电影。

2. 我国电视剧发展

1958年6月15日,北京电视台(中央电视台的前身)试播《一口菜饼子》,电视剧由此走上了具有中国特色的发展道路。之后,北京电视台又相继创作播出了《党救活了他》、《新的一代》、《相亲记》等一批有一定影响的作品,为改革开放后电视剧事业的恢复和发展打下了基础。不过,从电视剧艺术诞生一直到"文革"结束,在文本意识形态层面的主导倾向下,电视剧"为政治服务"的色彩更为明显,且创作成绩极为寥落,几成空白,乏善可陈。值得记入历史的有这样几部作品:"反修防修"主题的《考场上的斗争》(1967年),学大寨主题的《架桥》,知识青年上山下乡主题的《公社党委书记的女儿》(1975年)、《神圣的职责》(1975年)。其中,《考场上的斗争》是中国电视史上唯一一部用黑白录像设备制作的电视剧,它也标志着中国电视剧生产此后脱离直播时代,跨入录像制作时代和彩色时代。

1978年,党中央召开了十一届三中全会,确立了以改革开放、经济建设为中心的党的基本路线,标志着中国经济、文化的全面转型。作为整个文化艺术系统的一个重要组成部分,我国电视剧艺术在这一阶段获得了审美意识的自觉,开始了对中国特色电视剧艺术规律的探索和开拓。1980年2月央视播出的《敌营十八年》具有标志性的意义,这是我国第一部电视连续剧,也是第一部采用情节剧的模式制作的最早产生广泛影响的通俗电视连续剧,标志着电视剧从最初所理解的"纯艺术"形式逐渐被越来越多的人看作是一种流行的大众文化娱乐形式,也标志着通俗电视连续剧逐渐成为中国电视剧的主导形式。以此为先导,一批引起社会强烈反响的长篇连续剧问世了,一批样式新颖的戏曲电视剧和专为少年儿童录制的电视剧,如《今夜有暴风雪》、《新闻启示录》、《走向远方》、《巴桑和他的弟妹们》、《希波克拉底誓言》、《太阳从这里升起》和《寻找回来的世界》、《四世同堂》、《新星》、《红楼梦》、《努尔哈赤》、《雪野》等,引起了社会和文艺评论界的广泛瞩目。

20世纪90年代以后,随着电视剧产业化、市场化、社会化步伐的推进,以电视剧精品战略的提出为标志,电视剧创作生产迈上了一个新的台阶。一大批优秀电视剧的涌现,成为电视剧繁荣发展的重要标志。《长征》、《延安颂》、《亮剑》、《任长霞》、《乔家大院》、《恰同学少年》、《士兵突击》、《戈壁母亲》、《金婚》、《闯关东》等一大批"思想精深、艺术精湛、制作精良"的优秀电视剧作品,以昂扬向上的激情、深厚的文化内涵、精湛的艺术制作、高雅的思想格调,营造了良好的文化氛围,起到了教育、鼓舞、激励、鞭策的作用,为广大观众提供了丰富多彩、健康向上的精神食粮。

1990年第一部长篇室内电视连续剧《渴望》的播出,标志着我国电视剧艺术走向了"基地化"制作和电视剧作为文化产业的正式登场。此后,基地建设成为中国电视剧事业发展的必然,陆续兴建了上海"东海基地"、山东"齐鲁基地"、湖北"九真山基地"、四川"新都基地"和中央电视台的"无锡基地"、"涿州基地"、"横店基地"等等。同时,电视剧的投资方式和流通方式也越来越市场化。2003年8月和2004年6月,国家广电总局先后两次给24家实力雄厚的民营影视制作机构发放了长期的电视剧制作许可证。可以说,这一举措对电视剧市场具有重要的意义,民营电视机构从非法生存转向了合法经营,走到前台,开始大展拳脚,迈进了一个新的发展时期。

第二节 中美电视剧的主要类型划分

一、美国电视剧的主要类型

美国电视界对电视剧类型的划分完全根据商业电视体制的需要,并不具备理论分类的意义,而且在实际分类上夹杂各种标准,如从体裁特点上将电视剧划分为肥皂剧、情景喜剧；从叙事角度又强调有所谓的科幻剧、警察剧、冒险剧、医疗剧等。苗棣教授认为，从历史渊源和制作方式上，美国电视剧可以分为直播型和影片型。直播型电视剧包括早期的直播电视剧集、日间肥皂剧与情景喜剧；影片型电视剧主要是指采用胶片拍摄，大量采取电影语言，能够展现更多、更大、更富于变化场景的电视剧①。本书根据这一说法，按照直播型、影片型两大种类以及单本剧、系列剧、连续剧、肥皂剧四种形式，将美国电视剧样式分类列表如下：

美国电视剧的类型划分

	直播型电视剧	影片型电视剧
单本剧	早期直播戏剧集	电视电影
系列剧	情景喜剧	情节系列剧
连续剧		微型系列剧
肥皂剧	日间肥皂剧	晚间肥皂剧

1. 肥皂剧（Soap Opera）

最早的肥皂剧实际上是指 20 世纪 30 年代美国无线电广播中播放的一种长篇连续广播剧，由于当时的赞助商主要是日用清洁剂厂商，其间插播的广告也主要是肥皂广告，"肥皂剧"之名便由此诞生。

肥皂剧的主要模式来自广播。主人公常常和亲密的朋友或亲人发生冲突，并必须作出决定解决这些冲突。每一个段落之间用"且听下回分解"的方式联结起来，一个冲突可以延长至几个星期才解决，音乐用来帮助转换场面，对话中很少幽默。不像晚间电视连续剧或情景喜剧的人物，肥皂剧的人物会从他们的错误中吸取教训，并不断地被前面发生的事件所影响。某些肥皂剧，例如《指引之光》(*The Guiding Light*)和《天长地久》(*As the World Turns*)，在电视上已经播出了 30 多年并培养了一批忠实的观众。

日间肥皂剧以家庭妇女为主要观众，以家庭日用品商家为赞助商，以普通生活环境为舞台，以无休无止地营造无中生有的话题来引人注意等，这些都是肥皂剧的固定模式。日间肥皂剧的特征大体有几个方面：一是剧中人物都有着错综复杂的关系，最突出的是家人、恋人、朋友关系，主要内容是反映情爱与暴力、心理问题等。

---

① 苗棣、赵长军：《论通俗文化：美国电视剧类型分析》，北京广播学院出版社 2004 年版，第 36—40 页。

二是情节高度公式化，人物类型化，普遍存在着"原型人物"。三是情节的转折点是戏剧性的，就像埃德加·威廉斯和卡米尔·艾利恩佐在《电视脚本创作》中说的："以不幸为表现重点的特征意味着肥皂剧所描绘的是变异的生活，虽然表面看起来剧中人都是些普通的人。肥皂剧中充斥着阴谋诡计和邪恶的流言蜚语，夫妻间的不忠不贞，犯罪、经济的诈骗及各种疑难或不治之症，如健忘症、突发性失明、莫名其妙的麻痹症等。肥皂剧的人物几乎从来不会患感冒之类的常见病。肥皂剧中经常出现另一种日常生活的人很少有的经历：被指控犯有杀人罪而经受法庭审判。在肥皂剧的剧情发展到家庭之外的社会环境中时，医院和法院是最常见的场景。"四是故事主要靠人物的对话而非动作和画面语言来表现。事实上有人就是通过调频广播收听电视网的肥皂剧信息，因此有人把日间肥皂剧叫做"配画广播剧"。日间肥皂剧的对话内容重复较多，一方面是使观众随时都能进入戏剧情景，另一方面也让每个剧中人通过谈论，表明自己对于其他人的态度、立场，这也正是肥皂剧表现人物的基本手法之一。五是本来平淡无奇的内容经由秘密和谎言的包装而生出无数波折；常常喜欢用全知视角叙事，使观众处于对各种秘密无所不知的状态，但同时却又让剧中人永远处于不知情的状态，被各种谎言和假象所迷惑。六是每一集中的广告和每周5集的周期形成了固定的节奏。具体说，就是每隔6分钟要有一个小高潮和一个普通力度的悬念，每一集结束要有一个中高潮和一个较强力度的悬念，每星期五那集的末尾处要有一个大高潮和一个力度很强的悬念。七是永远是多线索叙事，一般情况下同时讲三个故事。

虽然媒介批评家经常把日间肥皂剧放在"二等公民"的地位上，一再指责其雷同与无趣，但日间肥皂剧仍然凭借其独特的商业优势而备受青睐：一是成本低，每周5集共5小时的电视剧成本在100万美元以下，是晚间电视剧制作成本的1/5；二是产量高，工业化的拍摄流程可以保证一天完成一集的拍摄任务；三是广告收益可观，其插播广告的时间可以比晚间节目多出50%。尽管舆论界对日间肥皂剧颇有微词，但其精确的观众定位与稳健扎实的类型化路线，却奇迹般地确保了其数十年来长盛不衰，并成为美国三大电视网的支柱产业。

晚间肥皂剧在1980年代出现，最典型的就是《达拉斯》，在80年代传遍全球90多个国家，以至于当时法国的文化部长杰克·朗在一次会议中说，《达拉斯》是美国文化帝国主义的象征。除《达拉斯》之外，比较著名的还有《豪门恩怨》、《鹰冠庄园》。但1991年之后，晚间肥皂剧随着《达拉斯》的淡出，逐渐烟消云散。

2. 情景喜剧(Sitcom/Situation Comedy)

情景喜剧从一开始就是美国电视的一部分，它的目的是逗乐观众，给观众带来最纯粹的娱乐。当然,这不是一个简单的任务,需要有才华的作家和演员紧密合作,才能一周又一周地创造出幽默的台词和动作。通常一部成功的情景喜剧,其一般秘诀是:角色在一个具有无穷的情节可能性的情景中展开,产生了一些问题,问题变得复杂而严重,然后问题被解决。遇到的问题常常是产生于误解而不是罪恶,观众可以放松,因为问题将会被解决。

情景喜剧与肥皂剧经常被部分电视观众搞错,甚至有些媒体工作者也经常会犯下混淆概念的错误,其实两者之间有着明显的区别:第一,情景喜剧往往有固定的角色和故事环境。通常每一集讲述一个相对独立的故事,每集都有自己的小标题。比较起来,肥皂剧的主角通常是几家人或几代人,有的剧集发展到最后,除了电视剧的名字,其他诸如角色、地点和事件已经与开始的设置毫无关联了。第二,情景喜剧的题材远比肥皂剧广泛。70年代以来,其内容涵盖了科幻、间谍、犯罪以及战争等多种领域。当然,情景喜剧中故事的焦点依然是大背景下普通人物之间的矛盾纠纷,尽量回避复杂的问题,回归生活的质朴。第三,发源于广播喜剧的情景喜剧是一种语言艺术的集中体现,所有的矛盾冲突和情节发展都要依靠语言来完成。根据规则,每集情景喜剧要有35个笑料,也就是说差不多每半分钟就要让观众大笑一次。第四,大部分情景喜剧会采取舞台剧的布景方式,现场观众会看到布景内演员的表演。大多数喜剧演员认为:只有在观众面前表演才能得到淋漓尽致的发挥,所以现场观众的笑声是至关重要的,它不仅可以刺激演员的灵感,更可以激发后期电视观众观看时的热情。事实证明,没有笑声的情景喜剧大部分都难逃失败的命运。最后,情景喜剧每集会分成两大段落,称为"幕"。每幕又根据时间与地点的不同,分为3—4场,过渡较大的场次之间往往会加入一个外景,比如车流、人流、楼群等等。这一点,读者可以参照国内的情景喜剧《家有儿女》。此外,情景喜剧虽然也以处理家庭和社会人际关系为主,但由于大都在晚上黄金时间首播,每周播出一次,所以制作更为讲究,故事节奏也更快,其长度为30分钟左右(包括广告时间),播出时往往伴随着现场观众(或后期合成)的笑声。

《我爱露西》开启了美国情景喜剧的新时代。这部剧生动地描绘出整整一代美国女性的生活:女主角露西是一个居住在郊区大房子里、头脑简单的中产阶级家庭主妇,她所有的故事全是围绕家中的客厅和厨房展开,所有的喜怒哀乐都来自与丈夫和婆婆的相处。她的愚蠢、浅薄、邋遢、狂热、易怒、固执,被认为是一种放大了女性特质的喜剧元素,该剧也成为美国电视史上最受欢迎的喜剧剧集。

近年来,著名的美国情景喜剧主要有:《成长的烦恼》、《欲望都市》、《老友记》、《人人都爱雷蒙德》等。《老友记》由NBC制作,自1994年9月22日开播,风靡世界10年,到2004年共播出236集。它以曼哈顿一家公寓为中心,讲述了发生在6名青年男女身上的各种搞笑、离奇、浪漫和感人的故事。这部关乎友谊的喜剧无疑是美国电视史上的一个奇迹。6名青年男女,性格鲜明,心地善良,友好相处,但是各自身上永远有改不了的缺点和毛病,使观众预见到以后可能会发生什么,形成特定的心理认同感,成为观众一直看下去的理由。

当然,情景喜剧也由于对性的强调、对少数民族不适当的描写、太屈从于收视率等而常常受到批评。但是大多数情景喜剧的制片人主要关心的是使人们得到快乐,就像制片人诺曼·利尔所说的:"我希望……当人们关上电视时会因为看了这些节目而感觉快乐一点。"

3. 黄金时间的情节系列剧(Drama)

情节系列剧是中国观众最为熟悉的电视剧类型,它每一集都是一个基本独立的故事,情节上具有高度的灵活性和与观众的互动性,可以根据需要不断调整未来的发展路线,同时不会受到人事变动的影响。目前,情节系列剧基本上都是每集60分钟,绝大部分在美国全国性商业电视网中的晚间黄金时段播出。首播的系列剧基本上是在每年9月至第二年4月的演季内,以每周一集的频率放映,每个演季的播出量在25集左右。

在美国电视的早期年代,黄金时间的电视剧主要由原封不动地从舞台搬到电视上的戏剧作品所构成,它们原来大都是经典的戏剧和文学作品。《克莱夫特电视剧院》(1947—1958年)是最持久的节目之一,它给电视"黄金时代"的观众留下了美好的印象。《90分钟剧院》(1956—1960年)也是如此,它每个星期提供一个完整的原版的电视戏剧。这些节目大多数是实况完成,这赋予了它们类似剧场演出的性质。

随着电视节目变得越来越成熟,自成段落而又互相联系的电视系列剧代替了这些经典剧。新的系列剧有一套固定的角色和能够在60分钟之内解决的问题。在电视系列剧《硝烟》(1955—1975年)、《马库斯·韦尔比医生》(1969—1976年)和《迈阿密飞虎队》(80年代)中,惊险、激动、紧张的情节,情节主导的角色,圆满的结局成为关键的因素。

同肥皂剧、情景喜剧一样,系列剧也有着特有的固定模式。首先,其主要人物是固定的,即所谓的"常规角色"。此外,还会有"辅助角色"和"临时角色"。以《越狱》为例:第一季有6位常规角色,分别充当各集的主角,而大量的监狱狱警则是辅助角色,同时每集里的病人或家属等都是由客座明星出任的临时角色。其次,大部分系列剧都是用35毫米电影胶片单机拍摄的,具有强烈的电影风格。由于系列剧最为钟情于动作戏和戏剧性突出的场面,所以对于镜头的处理要求较高,像《越狱》中那些动感十足的长镜头以及激烈的街头追逐等,都让人叹为观止。最后,系列剧在技术结构上也是一成不变的。每集都分为:序幕、四幕主戏、尾声,每一幕之间是加插广告的时间。最好的例子仍是《越狱》,其每次出现的×点×分的说明,也就是广告插播的时间。

美国电视剧《越狱》

仔细区分一下,系列剧类型当中还有一些亚类型:一是科幻剧。观众定位于青少年,注重的并非科学理性与严密的逻辑,而是善恶分明的对立冲突与最终的正义战胜邪恶。二是犯罪剧。其中较有影响的有 1952 年推出的《天罗地网》,它的每一个故事都是以洛杉矶警察局的档案材料为依据改编的。该剧带动了一批纪录性犯罪剧的出现,1993 年推出的《纽约警局》在 1994 年的艾美奖评选中获 26 项提名。虽是虚构,却刻意追求纪录片的风格。三是医疗剧。比较有代表性的是《急诊室的故事》。该剧由《侏罗纪公园》的作者创意,斯皮尔伯格监制,技术上比较讲究,内容上关注现代都市问题。四是冒险剧和奇想剧——以动作和惊险见长的系列剧,故事来自畅销小说和漫画书。

4. 电视电影和微型连续剧

一般以为,电视电影是用胶片拍摄,制作比较讲究的 2 小时或 4 小时的电视节目,本书有专章加以说明。微型连续剧是指篇幅在几小时到十几小时的影视剧,这种节目现在已很少在电视荧屏上出现,曾经有过的名作主要有《根》、《荆棘鸟》。

美国最具权威性的电视评奖是一年一度的"艾美奖"(Emmy Awards),这个奖始于 1949 年,由"电视艺术与科学学院"(The Academy of Television Arts & Sciences)颁发。其余比较有影响的还有"金球奖"电视奖、"美国作家协会奖"、"美国导演协会奖"等。

在全球化的时代背景下,美国电视与其他美国文化一样,也在世界范围内形成了广泛影响。无论是剧作样式还是操作手法,在不少国家的影视剧范畴之内都能看到美国的影子。

二、国内电视剧的主要类型

由于所持标准、划分角度不一,我国学界对于电视剧分类向来有多种方法,如依据题材、风格或电视剧结构方式等进行划分。由徐舫州、徐帆编著的《电视节目类型学》把电视剧划分为两大题材:现实题材和古装题材。其中,现实题材电视剧主要有主旋律剧、青春偶像剧、涉案剧、家庭伦理剧、传记类电视剧等,古装题材电视剧有历史剧、言情剧、武侠剧、喜剧、神话剧等。该书还描述了当前电视剧市场上的9种热点类型,如红色经典剧、续拍剧、商贾剧、戏说剧、动漫游戏改编剧、情景喜剧、方言电视剧、戏曲电视剧、音乐电视剧等[①]。国家广电总局于2006年4月公布的《电视剧拍摄制作备案公示管理暂行办法》则将电视剧题材作了如下分类:当代题材:年代背景为改革开放以来的各类电视剧;现代题材:年代背景为1949年至改革开放前的各类电视剧;近代题材:年代背景为辛亥革命至1949年以前的各类电视剧;古代题材:年代背景为辛亥革命以前的各类电视剧;重大题材:特指广电总局关于重大革命和历史题材文件规定的题材。

综合各种观点以及分类方法,本书采用《电视节目类型学》一书的观点,以"题材"作为关键词来进行中国电视剧的类型划分,同时从浩如烟海的作品中提炼出"现实"和"历史"两大范畴,对电视剧主要类型进行相对完整、科学和准确的划分。

1. 现实题材类电视剧

(1) 主旋律题材电视剧。中国电视剧,无论就其主要在国有电视台播出的传播方式来说,还是就其传播环境来看,尽管受到市场经济、西方文化、消费逻辑的深刻影响,面临着市场经济和个性文化的双重挑战,但是其主流意识形态仍然是政府主导的,既体现了以爱国主义、集体主义、国家主义、英雄主义为核心的主流政治意识形态,也体现了以核心家庭为主体的传统主流价值系统。主旋律电视剧的出现,是国家意识形态表述的重要现象。由于电视收看的方便性,也使电视剧在传达主流意识形态方面,远远超出其他任何媒介形式和艺术形态,成为主旋律传播最通畅的渠道。近年来代表性的主旋律电视剧主要有《走西口》、《人间正道是沧桑》、《我的兄弟叫顺溜》、《我的团长我的团》、《解放》、《潜伏》、《永不消逝的电波》等。主旋律电视剧的生产大多得到各级党政军部门直接或间接提供的拍摄资金的资助。主旋律电视剧的主要类型包括重大革命历史题材剧(重大历史事件剧/重大人物传记剧)、英模剧、军旅剧、农村题材电视剧等。

---

① 徐舫州、徐帆:《电视节目类型学》,浙江大学出版社2006年版,第179—204页。

第四章 电视剧

——革命历史题材电视剧,主要以中国历史上真实的革命事件和人物为创作素材,这些事件与人物不仅在中国解放和中国共产党成立的历史进程中具有重大意义,而且也具有现实教育意义。无论是以"记事"为主的文献性电视剧如《长征》,还是以"记人"为主的传记性电视剧,如毛泽东、周恩来、朱德等人的传记电视剧,直到后来的传奇性革命历史剧《激情燃烧的岁月》、《历史的天空》、《亮剑》等等,都将视野投向那段创世纪的辉煌历史和那些创世纪的伟人。"历史在这里成为一种现实的意识形态话语,它以其权威性确证着现实秩序的必然和合理,加强人们对曾经创造过历史奇迹的政治集团和信仰的信任和信心……主流政治期待着这些影片以其想象的在场性发挥历史教科书和政治教科书无法比拟的意识形态功能。"

——军旅题材剧,即以表现军旅生活、塑造军人形象为主的电视剧。军旅题材剧有广义和狭义之分,广义的包括战争题材电视剧,狭义的则仅指表现和平年代的军旅生活和军人风貌的电视剧,本书指狭义层面。早期军旅题材的电视剧宣教色彩比较浓重,多数是表现英雄模范人物,他们要么在艰苦、严酷的环境中站岗放哨、守土戍边,过着苦行僧式的生活,要么在平凡的岗位上为国家、为人民默默无私地作出奉献,恪尽职守,取得了不凡成绩,如《为导弹筑巢的人》(1992年)、《天路》(1995年)等。

2000年以后的军旅题材剧转为以军人情感和内心世界为主要表现对象,对军人的事业、生活、爱情进行深刻描绘和全新开掘,或反映现代军队的作战水平、科技水平、军队的改革和建设,强调科技强军,建设现代化的军队,或揭示军队内部的矛盾、不正之风、阴暗腐败的一面。这些电视剧除了塑造一批具有传统奉献牺牲精神的军人形象外,还展示了现代职业军人的风采。《DA师》(2002年)、《沙场点兵》(2006年)等,则借助外来威胁、中国崛起、军事强大的叙述框架,在爱国主义的主题中,将民族主义与国家主义结合在一起,创造了一种有效的政治共同体。从《和平年代》、《突出重围》、《DA师》到《垂直打击》、《士兵突击》,都是用爱国主义完成的民族共同体的文化塑造。

——农村题材电视剧,将关注的焦点转向占中国人口大多数的农民身上,以农村建设、农民物质生活和精神生活、小农文化与都市文化

电视剧《DA师》

163

的冲突与交融为主要创作素材,如《篱笆·女人·狗》《辘轳·女人·井》《古船·女人·网》等。近年来,从《刘老根》《马大帅》《圣水湖畔》《希望的田野》《当家的女人》《美丽的田野》到《乡村爱情》《喜耕田的故事》,更是将农村题材的电视剧推向了高潮。

农村题材的电视剧不仅丰富了广大农民群体的文化生活,充实了他们的精神生活,还满足了在城市里打拼的农民一族的思乡情怀,同时也为世代生活在城市里的观众群展现了别样的天空——农村的世界。因此,农村题材电视剧一定要为广大的农民观众服务,理解他们的想法,了解他们的疾苦,创造出乡土气息浓厚的新农民形象,这也是农村题材电视剧成功的关键。同时,农村题材电视剧的创作也体现了主旋律的话语色彩,属于主流意识形态的范畴。

——英模题材电视剧,如《铁人》《焦裕禄》《党员二楞妈》《中国神火》《任长霞》等,也是近年来最重要的主旋律电视剧。这些电视剧用"好人受难"的模式塑造了低调的"道德楷模",当然,这种受难模式也在一定程度上限制了"好人"价值观的示范和引导功能。

值得强调的是,中国电视剧与主流政治意识形态一直保持着高度的同步性。不仅许多主旋律电视剧都与当时的"时代性"中心话题,甚至中心题材息息相关,通过大的历史或政治背景来表现人物,用戏剧化的方式来解决个体与历史整体之间的疏离,完成对生活图景的意识形态塑造。即便在那些相对流行的电视剧中,现实矛盾也往往都按照主流政治的社会阐释,将各种社会矛盾转化为一种以人为的二元对立为基础的、具有先验的因果逻辑的戏剧性矛盾,通过善恶分明、赏罚公正的结局,来恢复人们对现实社会的信心。这一点,在大量的反腐题材电视剧中体现得尤其典型。

(2) 家庭伦理剧。家庭伦理剧以家庭人物为中心,表现普通百姓家庭的种种遭遇、家庭成员之间的矛盾和亲情,其故事架构放在家庭伦理道德、人情世故等方面,通过生动的情节和家庭成员之间的浓厚感情来表现家庭生活,题材较为写实,既有喜剧式的幽默,又有悲剧式的凝重,寄托了观众对美好生活的向往和温暖情感的渴求。家庭伦理剧有两种倾向:苦难叙事和温情讲述。苦难叙事以家庭及其成员所经历的大悲大喜、大起大落、非正常的重大变故等为表现的重点,形成一种苦情戏模式,如《嫂娘》(1998年)、《大哥》(2002年)、《亲情树》(2003年)、《母亲》(2005年)等均属此类。倾向于温情讲述的家庭伦理剧在形式及内容上都比较平实、恬淡、朴素,忠实地记录发生在现实生活中鸡毛蒜皮的小事和观众熟悉的生活细节,看电视剧就如经历现实生活一样,观众随剧中人一起喜怒哀乐,如《咱爸咱妈》(1995年)、《摩登家庭》(2002年)、《家有爹娘》(2007年)等均属于此类电视剧。

1990年,中国"第一部长篇室内电视连续剧"《渴望》的出现,标志着中国通俗家庭伦理剧进入了中国电视剧主流。《渴望》利用社会赞助资金,采用基地制作、室内搭景、多机拍摄、同期录音、现场剪辑的工业化制作方式,用善恶分明的类型化人物、二元对立的情节剧模式和扬善惩恶的道德化手段来叙述普通家庭中普通人的悲欢离合。这部当时中国最长的电视剧在中国各地都引起了巨大的反响,多家电视台轮流播放,正处在文化消费匮乏时期的数亿中国观众收看了这部电视剧。此后,《渴望》的制作模式成为一种范本,引导出现了大量表现普通家庭传奇故事的电视情节剧。直到今天,家庭伦理剧、"苦情戏"等仍然是最重要的电视剧类型,拥有较高的收视率。

电视剧《渴望》

血缘为本、家族至上的价值观,忍辱负重、克己勤俭的人生哲学,这些曾经被"五四"新文化运动和1980年代的思想解放运动扬弃的价值观,在家庭/苦情戏中,重新成为正面理想,在各种"大哥"、"大嫂"、"婆婆"、"咱爸咱妈"的电视剧中,被无限放大。一方面,这种题材的"苦情"唤起了观众的同情和怜悯,另一方面,这种价值观的传达,也将人们从公共社会空间再次拉回到血缘的家庭空间。这种价值选择,既体现了中国文化农耕传统的特殊性,也为走向现代化的中国留下了如何解决家庭/私人与社会/公共之间的关系这类令人困惑的文化难题。应该说,以"家"为核心的电视剧文化价值观,与以"国"为核心的主流价值观,虽然其"变革"、"进化"的诉求被抑制了,但却与"稳定"的主流价值趋向之间形成了"家国同构"的天然联系,从而被塑造为中国电视剧的主流传统。

(3) 涉案剧或公安剧。涉案电视剧是指反映犯罪与反犯罪故事的电视剧,其特征是在电视剧叙事中存在着犯罪与反犯罪故事,或涉及犯罪与反犯罪叙事元素。如果再进行细分,涉案剧可分为反黑、反腐、刑侦、监狱等不同题材。当然,虽然题材上此类电视剧各有侧重,但常常彼此关联,叙事元素彼此混杂,因而很多时候被业界、理论界拿来共同讨论,如《刑警本色》、《苍天在上》、《大雪无痕》、《永不瞑目》、《罪证》、《红色康乃馨》、《大法官》、《绝对权力》、《公安局长》、《重案六组》、《荣誉》、《国家公诉》等。也有相当一批涉案剧虽然引起巨大争议,但仍然紧紧吸引着观众的视线,比如《不要和陌生人说话》、《黑冰》、《黑洞》、《绝对控制》等。应该说,涉案剧因其反映与揭示当下转型期社会的重大事件,触动整个社会最敏感的神经,具有当下性、敏锐性、重大性等特点。但是,该类作品时常出现某些违背法律常识的"硬伤",这也是为人们所诟病、不断引发人们讨论的一个问题。

涉案剧曾经在所有电视剧类型中占有绝对重要的地位。上海电视节组委会和央视—索福瑞媒介研究公司2004年发布的《中国电视剧市场报告》中指出,根据2002年对33个城市156个频道17:00到24:00电视剧收视的检测数据,中央级频道和省级卫视频道共播出了681部电视剧,其中现代剧数量最多,占423部,涉案剧和都市生活剧均为98部,在现代剧中并列第一,而观众收看涉案剧的时间最多,占了17%的收视份额。可见,2004年前的涉案剧一度成为荧屏"霸主"。

2004年5月,国家广电总局下发了《关于加强涉案剧审查和播出管理的通知》,明令正在播出和准备播出的涉案题材的电视剧、电影、电视电影,以及用真实手法表现案件的纪实电视专题节目,均安排在每晚23时以后播放。黄金时间"禁播令"对法制题材电视剧的生产和经营(创作和市场)带来很大的冲击,对整个电视产业的影响也特别大。国家广电总局2008年1月再次下发通知:"近几个月来,各地申报电视剧拍摄制作备案公示的涉案剧的数量有所回升……关于涉案剧再次申明以下三点:第一,不提倡情景再现形式的涉案剧;第二,不提倡纪实形式的涉案剧;第三,不提倡以重大刑事案件为主要描写内容的系列涉案剧。"广电总局有关负责人说,总局从来没有禁止涉案剧播出,经过审查得到电视剧发行许可证的涉案题材电视剧是可以播出的,只是在播出时段上要执行新的管理规定。其次,此规定不是针对一般意义的涉案剧,主要是把以刑事案件为主要剧情的、剧中含有暴力、凶杀、恐怖、色情、黑道等内容的电视剧,转出黄金时段。其他的涉案剧,通过对其中一些情节、镜头、画面、台词作适当处理后,是可以进入黄金时段的。

尽管对涉案剧有各种指责的声音,如情节人物雷同、违背法律常识、人物塑造"越界过多"以及过分渲染暴力等,但是从大众文化以及大众接受心理而言,涉案剧是打造白日梦、创造大众情人的重要手段,从这一创作范式中可以把握大众审美心理的微妙变迁及情感道德观的基本趋向。比如,正义与邪恶的二元对立冲突构成了该类电视剧中主要的叙事动力和叙事程式。正面力量与反面力量各自形成一个或隐或显的阵营,正面人物中存在主要英雄、精神/行政支持者(家人/上级)、英雄助手(部下、同事、合作方)的角色配置,反面人物中也存在相似对应的角色安排;其中,主要英雄与其家人——妻子、女友、孩子等人物之间的情感戏主要是展现英雄侠骨柔情的性格侧面,同时也常常可以成为反面势力遏制英雄的手段,绑架、戕害英雄的家人可以构成叙事冲突的一个线索。主要英雄与领导的关系是适应作品的精神格局的,在叙事核心上,传统戏曲中清官戏的故事套路再次显示出其对当代创作者的特殊吸引力,而它在广大观众中所引起的强烈情感共鸣也恰恰彰显了上千年中国传统审美心理的深层结构。

（4）都市情感剧。顾名思义，就是以表现都市人情感故事、情感历程、感情生活为主要内容的电视剧，反映都市人的价值观、伦理观和道德观。都市成为故事发生的背景，是剧中人物活动的环境，酒吧、豪华饭店、茶座、高档写字楼、高级住宅小区、时髦的发型服饰、名牌车等构成了都市情感剧的主要视觉图谱。感情在都市情感剧中呈现复杂的状态，爱情、友情、亲情的界限不再那么明了，多种情感交相纠缠、渗透，人物关系也不再单纯明朗，朋友、恋人、夫妻、情人、仇人，各种关系互相转换、变化。

1999年《牵手》热播，真正奏响了都市情感剧迭兴的序曲，情感剧由此踌躇满志，逐年升温。至2004年，《中国式离婚》登陆荧屏，更是带动情感剧一路走高，几乎每年都有不同题材、不同内容的情感剧面世，年年播出后都能引发一定的轰动效应，如《靠近你温暖我》（2006年）、《新结婚时代》（2008年）、《蜗居》（2009年）、《不如结婚》（2010年）、《婚姻保卫战》（2010年）等都颇受观众喜爱。

《新结婚时代》的出现在都市情感剧的发展历程中某种程度上具有反思与回归的标志性意义和价值。作品主要讲述了顾小西与何建国的城乡婚恋、顾小航与简佳的个性婚恋、顾父与保姆小夏的黄昏恋等两代人、三种不同状态的情感故事。作品从"离婚问题"入手来探讨当下婚姻中的现实矛盾；但是，与前期的言情剧相比，《新结婚时代》没有简单重复那些杂乱无章的情感，而是将叙事和审美的重心定格在回归与坚守传统婚姻家庭这一层面上，该剧的价值与意义正在此处。

电视剧《新结婚时代》

转型时期的中国，浮华躁动的当代都市，无处不在的诱惑和日益膨胀的欲望使传统的价值观、人生观以及伦理道德遭到质疑和拷问，也使爱情、亲情、婚姻、家庭面临着更多的变数。欲望与理智反复纠缠，烦恼痛苦挥之不散，生活饱经困扰，心绪跌宕起伏，情感问题受到前所未有的更普遍也更深切的关注。这一现实状况，一方面为情感剧提供了丰富的创作资源，另一方面也为其培育了相当可观的收视群体。在电视剧尤其是现实题材的电视剧中，生活的现实性与文化的终极关怀两者不可缺其一。当代中国，亟需文化关怀。当前的都市情感剧大多具有一定的现实性,但在人文追求和文化内涵的拓展上还有很长的路要走。

2. 历史题材电视剧①

我国古代没有"历史剧"这一概念。在建国前后很长一段时间内,"历史题材戏剧"和"历史剧"的概念经常是混同来使用的。所以,对"历史剧"这一概念内涵也有广义和狭义两种理解方式:广义上说的历史剧可以等于"历史题材电视剧",分为电视历史剧、电视历史故事剧、电视神话神魔剧三个大类。狭义上的历史剧则是根据历史上曾经真实存在的重要人物和重大事件来改编拍摄的电视剧。这里采用的是广义上的历史剧。

历史题材电视剧在我国的电视剧产业市场上占有重要地位,有外媒甚至认为,"大约85%的中国本土电视剧讲述的是历史题材:历史上的大战、获得成功的毛泽东革命、抵抗日本侵略者或者反抗英国殖民统治等"②。

(1) 电视历史剧,即狭义上的历史题材电视剧,亦即人们一般所谓的"正说剧"。其中主要人物和事件有比较充分的历史根据,属于"真人真事"的叙事模式。按照时间纬度,它又可分为古代题材、革命历史题材等。一般来说,电视历史剧无论采取审美再现还是审美表现的文本策略,都要具有对"艺术真实性"的主体追求,或追求客观艺术真实性,或追求主观艺术真实性,从而具有现实主义或浪漫主义美学风格,这是由电视历史剧的类型属性所决定的。

狭义上的历史剧要求主要人物和核心事件尊重历史记载,相对次要的情节、次要的历史人物及事件、感情纠葛则在历史可能的范围内进行合理的艺术虚构,力图既营造出真实的历史感,又使人物形象比较生动、丰富、立体,剧情回环曲折,具有较强的戏剧性和观赏性,如《雍正王朝》(1999年)、《天下粮仓》(2002年)、《汉武大帝》(2005年)、《长征》(2006年)等。

"历史"远离了当代中国各种敏感的现实冲突和权力矛盾,具有更丰富的"选择"资源和更自由的叙事空间,因而,各种力量都可以通过对历史的改写来为自己提供一种"当代史",从而回避当代本身的质疑③。历史成为获得当代利益的一种策略,各种意识形态力量都可以借助历史的包装登场发言。无论是国家立场,或是市场立场,以及知识分子立场,几乎都不约而同地选择了"历史题材"作为自己的生

---

① 此处关于历史题材电视剧的说明部分参照了王昕的观点(《中国历史题材电视剧的类型与美学精神》,《当代电影》,2005年第2期)。
② 墨西哥《改革报》网站:《中国电视剧产业不同于西方》,《参考消息》,2011年4月15日第9版。
③ 王昕:《中国历史题材电视剧的类型与美学精神》,《当代电影》,2005年第2期。

存和扩展策略。无论是历史人物题材如《司马迁》、《林则徐》、《孔子》等传记电视剧,或者是历史事件题材如《北洋水师》、《走向共和》、《解放》、《长征》等史实性电视剧,它们都以弘扬中国传统文化、表达爱国主义精神为基本视角,用中国文化的历时性辉煌来对抗西方文化的共时性威胁,用以秩序、团体为本位的东方伦理精神的忍辱负重来对抗以个性、个体为本位的西方个性观念的自我扩张,用帝国主义对近代中国的侵略行径来暗示西方国家对现代中国的虎视眈眈,用爱国主义的历史虚构来加强国家主义的现实意识。

当然,电视历史剧的审美价值并不必然高于电视历史故事剧以及电视神话神魔剧,在对它们进行的文化诗学研究中,要具体情况具体分析。

(2) 电视历史故事剧。根据剧中主要人物和事件的历史根据充分性以及在美学精神方面究竟是追求艺术真实性,还是大众文化文本的游戏精神追求,电视历史故事剧又可分为以下四种亚类型:

——"真实追求中的真人假事"类型。它们是作者在"尊重"已有历史传说故事基本框架基础上加以改编的电视剧,如《水浒传》、《杨家将》、《孝庄秘史》等。

——"真实追求中的假人假事"类型,亦即故事情节中主要人物和主要事件两假(相对于历史记载),但具有历史意蕴真实性和艺术真实性追求的电视剧,如《红楼梦》、《东方商人》、《昌晋源票号》、《大清药王》、《乔家大院》、《大宅门》等。

——"游戏追求中的真人假事"类型,主要指"电视戏说剧"(主要故事情节不符合历史记载),它们多具有戏仿(parody)与反讽的后现代文本特征,属于当今颇有社会影响力的通俗文化产品,如《戏说乾隆》、《宰相刘罗锅》、《康熙微服私访记》、《铁齿铜牙纪晓岚》、《还珠格格》等。

——"游戏追求中的假人假事"类型,它们是以娱乐游戏为宗旨的大众文化文本,如《新梁山伯与祝英台》、《皇嫂田桂花》。多数武侠历史故事也属于这一类型,如"金庸系列"。

一部电视历史故事剧,可能是具有"艺术真实性"追求的再现文本或表现文本,也可能是以娱乐游戏为宗旨、以戏仿为文本策略的大众文化文本,具有后现代文化倾向。其中,"电视戏说剧"以"背离历史"、"戏说历史"为策略,以"游戏和狂欢"为旨趣,文本中的主要人物名称仅仅具有"符号"性质,剧中不少人物、事件及其组成的故事情节,是当代许多社会热点问题的"置换与浓缩",以文本的现实相关性吸引观众的注意力,从而具有某种"荒诞现实主义风格"。

以《武林外传》为例。尚敬导演的《武林外传》,假托明代七侠镇同福客栈发生的一系列故事,塑造出一批个性鲜明的人物形象,如郭芙蓉、佟湘玉、祝无双、白展堂、吕秀才、李大嘴、莫小贝等。郭芙蓉善良任性,大大咧咧;佟湘玉热情泼辣,善解人意;白展堂爱面子,富有正义感,有时好冲动;吕秀才满腹经纶,胆小怕事,优柔寡断;李大嘴比较憨厚,但好吃懒做;小贝聪明好动,天真烂漫;祝无双率真自由,玩世不恭。该剧中的江湖大侠并不像传闻中那样神乎其神,他们像普通人一样有各种缺点,有的则是欺世盗名之辈,这是对所谓的侠客的揶揄与嘲讽。郭芙蓉自以为行侠仗义,替天行道,事实上她只会那一招三脚猫功夫。声名远播的"盗圣"白展堂自称武功高强,行侠仗义,其实是善良胆小之辈,说的那些江湖光辉事迹其实都是胡编乱造,并且每月会斤斤计较自己是否提薪等等。

在感情与思想方面,该剧中的人物表现出了与现代人相同的认知和期待:对于爱情的忠贞,对于幸福生活的向往,对于亲情的渴望和对于爱情的珍惜;提倡诚实做人、与人为善、反暴力、戒赌。另外,对古今时代的颠覆,也使该剧造成了奇异的时间感受,造成喜剧效果。该剧没有遵循故事内容与故事发生的年代背景一致的原则,剧中人物虽然身穿古装,但是语言、眼神、动作等都是现代人的。他们生活在古代,却说着现代的话,思索着我们这个年代的问题。明朝时计算机没有出现,英语在我国没有得到广泛使用,更不会出现电视节目。但是,该剧片头却是以计算机的 Windows 界面作为背景,运用箭头点击图标来介绍剧中角色。这个独具匠心的设计从一开始就吸引了观众,特别是使用计算机较多的年轻人。

《武林外传》中的几位主要演员

由《武林外传》可以概括出"戏说剧"的一些主要特征:一是以反为正,即把过去历史叙事和艺术叙事中被批判的反面人物或非正面人物转化为令人喜爱或崇敬的正面人物;二是以古喻今,即以古代故事或掌故借喻当代现实情况,借以表达或宣泄当代历史意识冲动;三是以今释古,即按照今天人的生活趣味或价值标准去重新诠释古人,并为此而不惜违背基本史实或历史逻辑;四是以谐代庄,即以轻松谐谑的格调取代过去庄重、严肃的格调,目的不是引发理性的沉思,而是寻求感性的愉悦。

中国传统历史题材影视创作往往文献大于审美,政治大于情感。在20世纪50年代、60年代的电影、电视中,历史的丰厚性逐渐被一种革命化的历史编码取代,历史的复杂性被简化为单一的社会政治历史图谱。而"戏说剧"在某种意义上是对这种倾向的一种拨乱反正，是对艺术的娱乐本质的强调。"戏说剧"既是所谓"本我"的表露，又是对传统主体的解构，同时还是对人所处的现状的某种不满与反抗。但另一方面，"戏说剧"极易走向抛却历史理性而进行主观臆造的极端。对深度模式的解构成为它消费古装的一种策略，解构了历史和当下之间的时间界限，有意将过去与现在的时空代码相互重叠，叙述历史的动机不再是为了追求历史的真，而是成为对历史的一种消费，在历史的时空中尽情放纵宣泄着当下的各种欲望。

可以说，"戏说剧"文本比较复杂，但并不意味着必然"低俗"，对戏说剧的审美分析要采取一种辩证观。

（3）电视神话神魔剧。比如《炎黄二帝》、《西游记》、《封神演义》、《聊斋》系列、《新白娘子传奇》、《春光灿烂猪八戒》、《欢天喜地七仙女》、《宝莲灯前传》、《神医大道公》、《又见白娘子》等。一般来说，像《炎黄二帝》、《西游记》、《封神演义》这样的电视神话神魔剧，或具有久远的民间传说作为再创作基础，或本身就是古典"神魔小说"的电视剧改编，具有"天然的"民间文化底色。其共同点在于以尊重原作、忠实再现民间传说的故事原型为原则，属于古代民间文化文本的电视剧版（虽然不可避免地要加上创作者自身的理解）。《新白娘子传奇》、《春光灿烂猪八戒》等则是当代人新编的大众文化文本，同电视历史故事中的"戏说剧"有某种相似性，它们以游戏娱乐迎合消费者的口味，是一种神话和神魔"戏说剧"。

（4）武侠剧。从分类上说，此类电视剧应该属于电视历史故事剧，但因为其在我国电视屏幕上的独特地位及我国独有剧种的属性，这里单独提出来，进行专门说明。

武侠剧与我国传统武术联系在一起，是武术和武侠文化的结合，宣扬侠义精神。侠客们一般都喜欢打抱不平、善良正直、侠骨柔肠、除恶扶弱，侠客们往往以自己的道德力量和绝世武功对自身、江湖甚至是民族所遭受的种种攻击和变故作出回应，力挽狂澜，最终感化、击退或消灭恶势力及入侵者，暂时还江湖或民族一个和平、稳定的秩序。

武侠剧一般将故事情境奠基于代表侠义道的集团与代表旁门左道的邪派人物之间的斗争舞台上，往往容易组织起尖锐复杂的矛盾冲突，情节跌宕起伏，有时甚至充满血腥屠杀之类的凶险场面。武术动作经过影视手段的处理，也会令人眼花缭乱，目不暇接。然而，对于武侠剧，我们还应该从更高意义上来理解。无论如何，电视剧总是要写人、写人性的。以金庸、梁羽生、古龙为代表的武侠小说家最成功的地方就在于他们对人性的深刻揭露，他们把险恶丛生的江湖作为演示人性的舞台，侠客也好，邪派人物也好，一个个都在这里脱下了自己的外衣，展示着自己的本性。在金庸那里，人的善恶并不是以所谓"正"和"邪"来划分的，在他看来，正派人物中间有恶人，邪派人物中间也会有好人，那些看上去道貌岸然的正人君子们也可能包藏祸心。这些思想在他的小说《笑傲江湖》里表现得最为充分，这也是他写得最好的小说之一。

武侠剧既有传奇性，又有奇观性。传奇性是指其故事和情节离奇复杂、跌宕起伏、一波三折，侠客与邪派人物之间的较量扣人心弦，矛盾尖锐复杂；奇观性是指武打招式天马行空、出神入化，令人眼花缭乱、目不暇接，尤其是一些特技动作，非常具有视觉冲击力，让人叹为观止。

《笑傲江湖》

另外，武侠剧的动作具有虚拟性和写意性，追求动作的飘逸洒脱，有些优美的武术动作简直如舞蹈一般使人如痴如醉，是体育美、影视美和艺术美的结合，这在《射雕英雄传》、《神雕侠侣》、《笑傲江湖》中都有所体现。

一言以蔽之，中国文化史上有"四梦"之说：神仙梦、明君梦、清官梦、侠客梦，而侠客梦是中国人孜孜不倦追求的梦想。在大众传媒时代，武侠剧融入诸多现代元素：大制作、电脑特技、名山大川、帅哥美女、绝世神功、弘扬侠义的主题甚至明星绯闻等等，编织出美丽虚幻的武侠梦，生活在世俗社会的人们随心所欲地畅游在虚拟的世界里，享受着现实生活中不能达到的梦想和欲望，消费着电视剧所带来的短暂的情感快乐。

当然，电视剧也有类型混杂现象。一些电视剧可以归入某一种类型，但是另一些电视剧则很难归入某一种类型，往往体现出两种类型或三种类型电视剧的特征。有言情剧与伦理剧混杂，如《贫嘴张大民的幸福生活》、《结婚十年》等；青春偶像剧与言情剧混杂，如《奋斗》等；军旅剧与言情剧混杂，如《激情燃烧的岁月》、《历史的天空》等；历史剧与涉案剧混杂，如《神探狄仁杰》等。

另外，我国的类型电视剧与美国的相比，在制作方式、分工合作等方面还有一段较大的差距。美国类型电视剧按照已经确立下来的规则、模式、框架、公式进行生产，对应的是制片厂制度下的工业流水线。而我国的类型电视剧缺乏一个对其生产进行统筹管理的机构,无法使各类型电视剧严格按照本类型的特征进行生产,所以各类型之间的界限并不是那么清晰、明了、纯粹,发展也还不成熟,我国电视剧类型的发展还有很长的路要走。

第三节 电视剧的策划

得电视剧者得天下,电视剧历来是电视媒体角逐收视份额的利器。2008年中国电视剧产业稳步发展,从制作来看,电视剧制作机构2 511家,生产完成并获批发行国产电视剧502部14 498集,电视剧产业投资额达50多亿元,与2007年基本持平,电视剧内容以现实题材为主。从播出来看,全国共有1 974个电视频道,其中播放电视剧的频道有1 764个,占总数的89.4%。无论制作还是播出,中国都已成为世界第一的电视剧生产大国和播出大国。此外,近年来,"独播剧"、"联合购片"、"定制剧"、"自制剧"、"全频道贯通"等电视剧竞争招数层出不穷,不仅搅动了电视业的竞争格局,也吸引了社会各界的广泛关注,国家广电总局接连出台电视剧市场调控措施。

面对复杂多变、竞争激烈的电视剧市场,如何评估、预测电视剧的收视率？短期内电视剧市场将向哪个趋势发展？如何创新电视剧购买模式,节约成本？如何有效编排电视剧,大幅提高收视率？如何进行电视剧整合营销？这些问题成为电视剧策划、交易和编播人员长期存在的困惑。要解决好这些问题,就要进行科学、合理的电视剧策划。所谓电视剧策划,就是电视剧运作者根据市场对产品的需求状况,从自身条件出发,结合电视剧本身的特点,所制定出来的旨在获得最大收益的运作规划和经营策略。

电视剧的生产与传播流程一般有：创意调研、创作剧本(策划书)→立项(申报题材规划)→筹措资金、制定预算(投资与融资)→成立剧组、拍摄制作→审查(获得发行许可证)→营销宣传、发行销售→播出。在这个过程中,立项和审查是一部电视剧必经的环节,由国家广电总局相关部门负责,制片机构和制片人需要配合工作。此外五个环节中,前四个环节主要由制作机构和制片人负责,而播出通常由电视媒体把关。因此,从制作机构和制片人这个角度来看,电视剧策划主要解决四个方面的问题：剧本策划、融资策划、制作策划和营销策划。下面先说明影响电视剧策划的主要因素,而后分别就这四个方面的问题进行说明。

一、影响电视剧策划的主要因素

对于制作机构和制片人来说,每个电视剧产品的运作都必然受到市场状况、资金条件和产品本身等因素的制约。

1. 电视剧市场状况

对制作机构和制片人来说，了解电视剧产品的市场需求状况是从事这一行业的基本前提。在国内电视台数目稳定的情况下，每年电视剧的市场需求量是相对稳定的。目前我国有上千家电视台，但对电视剧制片商来说，真正具有市场开发价值的也就只有中央台及各个省市台。据首都广播电视节目制作业协会会长尤小刚指出，从2003年突破万集大关开始，我国国产电视剧产量每年以千集速度递增，2006年至2008年，平均每年电视剧产量都在15 000集左右。当然，每年1万多集中仅有近3 000集能播出，而其中真正能盈利的不超过三分之一。随着影视制作公司的战略调整，电视剧市场也显现出新的态势，那就是剧集减产。据资料分析，2009年国内电视剧产量近13 000集，自2003年连年攀升以来首次回落。其间，诸如华谊、中视等大型民营公司都未扩容增产，慈文影视公司甚至是减产保质，2011年只与卫视联手重推定制剧。与电影"大片时代"类似，电视剧正在迎来大腕挑大梁、高投入高产出的"大剧时代"。

另一方面，中国是电视剧的消费大国，虽然电视剧只占播出节目的2.52%，但播出时长却超过了新闻和综艺节目之和。据统计，2009年全国所有电视台广告收入总计600多亿元，其中11%用以购买电视剧；央视2010年广告收入161亿，购片投入为10亿，不足10%；部分影响力越来越大的省级卫视，则用30%以上的广告收入来购买电视剧。专家估算，2011年中国电视的广告投放量约在800亿左右，倘若按照10%的广告收入购剧的比例计算，2011年中国电视剧的交易额将达到80亿。

此外，目前中国电视剧市场发育状况仍然不容过于乐观，还存在诸多缺陷：电视剧制作与播出机构之间的购销关系尚未形成良性循环，电视台仍处于较为强势的一方；统一、规范、开放的电视剧市场格局仍有待完善；还有一点，2008年以来，随着一些大剧如《潜伏》、《人间正道是沧桑》、《红楼梦》等出人意料的市场反应，一线演员片酬暴涨导致电视剧的制作成本迅速上升，将会进一步挤压制作方的盈利空间。

一般来说，电视剧的收入包括两个方面：一是电视剧产品发行所获的收益，二是相关产品的开发所获得的效益。前者取决于电视剧所占有的市场份额，尽可能地扩大发行量，最大限度地占有市场，就意味着最大限度地获取经济效益。从国内情况看，电视剧发行如果走一级市场卖给中央台，利润可能较低，但资金回笼快；如果走二级市场在各省市台发行，有可能获得更大的利润，但资金回收可能需要一两年以上。如果再能够发行到海外市场又能增加更大的利润。倘若想拓展相关产品就要力争把自己的产品做成一个品牌,使之产生品牌效应,而做到这一点可能也意味着更大的投入①。

2. 资质与资金

制作机构和制片人在进行项目策划的时候除了考虑产品的市场需求外,还应该考虑到自身的条件,主要是资金实力和资质。根据《广播电视管理条例》和《电视剧管理规定》,电视剧制作机构就是根据有关规定取得电视剧制作许可证后从事电视剧制作的单位。电视剧制作机构可以是市级以上的电视台、电视剧制作中心、电影制片厂、音像出版单位和有专门制作电视剧机构的专业宣传、文艺单位,也可以是取得了相应许可证的以企业形式设立的电视剧制作单位。除各级电视台以外,要想设立电视剧制作机构,必须首先取得《广播电视节目制作经营许可证》,然后由国家广电总局批准,另行领取《电视剧制作许可证》(甲种或乙种),才可以拍摄电视剧。目前我国的电视剧制作机构形成了"国家队"、"地方队"、"民营队"三足鼎立的格局。央视和省级电视制作机构一般题材立项便利,而且队伍起步较早,实力相对比较强大;民营制作机构起步较晚,但由于民营机构市场适应性强,近年来发展势头强劲,也出现了一批实力较强、品牌形象较好的公司,如华谊兄弟、唐龙等。

每个制片公司都有自己的资源优势,也同样有自己的劣势。诸如《长征》、《雍正王朝》、《大宅门》这样大制作的电视剧,市场前景虽然十分诱人,但也只有如央视所属的制作公司才有能力去拍,一般的民营小公司可能更愿意拍那些小制作的类型剧,如武侠剧、言情剧、戏说剧、涉案剧等。

3. 主创人员与社会资源

演员尤其是明星演员的片酬是电视剧制作成本的主要开支之一,如果制作机构有签约演员,则可以节省不少成本。10余年间,通过制作7部金庸武侠剧,张纪中成为中国电视界的"江湖老大"。这位形象彪

著名制片人张纪中

---

① 陈晓春:《电视剧制片管理(二):电视剧的总体策划》,《中国广播电视学刊》,2004年第7期。

悍的"大胡子"打破了电视界"导演中心制"的常规,以金庸剧总制片人的身份独步江湖,今天提起《笑傲江湖》、《射雕英雄传》、《天龙八部》、《神雕侠侣》等一系列金庸剧,多数人都说不清导演是谁,但却都知道是张纪中的作品。能拥有现今的知名度和金庸剧品牌效应,其实离不开他身后那个庞大的武侠剧团队的支撑,包括导演、演员。

制片人在进行项目策划的时候必须考虑到自身所拥有的资源状况,包括资金、主创人员及各种社会资源等等。没有赵本山、高秀敏、范伟这样的喜剧明星,《刘老根》、《乡村爱情》这样的电视剧就很难取得成功。没有军队的人力和物力的支持,就不可能拍摄如《导弹旅长》、《DA师》这样的军事题材电视剧。没有中央台作为后盾,就很难拍摄如《长征》、《康熙大帝》、《解放》这样的大制作电视剧。制片人手里如果没有长期建立起来的销售网络,电视剧的发行可能就会更艰难些。

4. 制片人的素质和观念

制片人对剧本项目的认知与判断是决定电视剧策划的一个重要因素。众所周知,人们对项目价值的判断往往是主观性的,向来都是仁者见仁,智者见智,再好的项目也不可能被所有的人认可。承担一个好的项目同时可能意味着承担更大的风险。很多优秀的电视剧项目在开始的时候并不被人认同,当初《牵手》、《大宅门》的项目运作历经沉浮,几度易手,最终取得了成功。制片人由于其知识结构、个性和经验的不同,往往会形成不同的观念和思维定势,这些观念和思维定势影响着他们对市场的把握和对观众的判断,当然也会影响到他们对电视剧项目价值的判断。对项目价值的判断说到底取决于制作公司尤其是制片人自身的素质,一个优秀的制片人应该看到并发掘他人难以发现的价值,同时要不断适应社会的需要,把握住时代的脉搏,更新知识和观念,不断地突破自我的局限,这样才不会被时代所抛弃。

5. 电视剧项目本身因素

每个制片人都渴望拍出如《渴望》、《贫嘴张大民的幸福生活》、《还珠格格》、《我的团长我的团》这些轰动一时的电视剧,但成功者毕竟只是少数。这与他们选择的电视剧剧本有着很大关系。剧本乃一剧之本,电视剧的项目运作其实是从剧本开始的。我国每年拍摄的电视剧1万多部集,每年策划和运作的剧本估计在10万部集以上,而据业内人士估计,国内真正优秀的职业编剧不会超过30人,每年所创作出来的优秀剧本不会超过10部。对于制片人来说寻找一个好的剧本,如同大海里捞针一样困难。事实上很多制片人在项目运作方面经常是很被动的,他们的选择余地很小,有时明明知道剧本不行,项目运作起来很困难,但出于某些原因也不得不硬着头皮上,在这种时候他们能想到的只是在现有条件下怎样把这个项目运作得更好。

电视剧项目运作的质量除了剧本之外,还有类型的因素。如前所述,我国主要有现实题材电视剧和历史题材电视剧,其下还有各种亚类型电视剧。每一种类型的形成,都经过多年的探索,其叙事模式、人物关系、故事情节等都形成了基本套路,容易为观众接受,市场风险较小。当前国内电视剧制作一般有两种考量:一种是类型化的电视剧,如《金婚》、《幸福来敲门》等,另一种则是反类型化的电视剧,如《借枪》。制片人在策划和制作电视剧的时候一定要给自己的产品进行准确的定位,想清楚自己到底要做一个怎么样的产品,是类型剧还是非类型剧,即便要做一部类型剧,也要考虑到怎样突破原有类型剧的创作模式,融入更多的戏剧因素。

二、剧本策划

一部电视剧能否成功,很大程度上取决于剧本的质量。韩国影视剧大体采取边制作边播出的模式,先制作出若干剧集播放,然后根据观众的反应随时量体裁衣,调整口味,改变剧情。电影《我的野蛮女友》在制作的同时就找了不少普通观众看,提意见,并根据意见修改,前后多达十余次。因此,韩剧虽然节奏慢,但是戏好,人物扎实,所以他们的编剧有时候比导演还重要。在日本,电视剧则奉行"编剧中心制",大牌编剧甚至比大牌演员还有号召力。在我国,导演向来在电视剧制作中处于核心地位,不过随着剧本市场的繁荣,目前中国电视剧的制作重心正从绝对的以导演和演员为核心转变为以编剧为中心。

目前中国电视剧剧本主要有三个来源:一是投稿,投稿人主要由作家、高校教师、在校学生、自由撰稿人等组成。这种途径的剧本往往良莠不齐,但也不乏优秀作品和别出心裁的创意。二是改编,不少电视剧的剧本直接改编自小说、戏剧、漫画等,如《林海雪原》、《粉红女郎》、金庸系列武侠小说等。三是策划,由制片机构结合市场调研,做出策划方案,由制作机构和投资商认可,再寻找合适的编剧来编写剧本。这种方式因为"从市场来,到市场去",是真正符合电视剧剧本策划规律的一种途径,也是未来我国电视剧制作最有前景的一种途径。

当获得一个剧本后,其价值几何,是制作机构和制片人最为关心的事情,通常集中于剧本的可行性、剧本的可操作性以及剧本的投资价值上。可行性主要考虑两个方面,一是剧本需要的资金投入是否与制作机构及制片人的投融资能力相匹配。不同的剧本需要不同的投资规模,如果严重超过本机构或制片人的投融资能力范围,只能暂时搁置;二是能否寻找到合适的导演和符合角色需要的演员。不同的导演擅长不同的电视剧类型，演员也不是越知名越好，关键要看是否适合剧中角色的要求。

可操作性主要包括：政治倾向、思想品味、情节的合理性等。我国对电视剧剧本有着严格的审查规定，不符合标准的将不予颁发拍摄许可证。制作机构与制片人必须具有成熟的政治头脑和政治意识，熟悉审查标准中的相关内容规定，严把政治关，避免产生因政治问题而导致的市场风险。有一些电视剧就曾因存在着各种各样的政治问题或内容上的低俗、庸俗问题而被禁播。

剧本的投资价值，主要是指投拍而成的电视剧能否被市场认可并被电视播出机构购买，实际上主要考虑电视台的广告客户和受众。电视剧售卖具有明显的二重性特点：电视剧的经济功能，并未在它售出之后即告完成，因为在它被消费的时候，又转变成一个生产者。它产生出来的是一批观众，然后，这批观众又被卖给了广告商。剧本的投资价值在第一次售卖中实现，但制作机构和制片人必须考虑到第二次售卖中的广告客户与观众。所以，制作机构和制片人在对剧本进行价值判断时，要结合深入的市场调研，以及目标观众的收视需求、审美心理和价值取向，对剧本的市场价值作出准确的判断。

(1) 题材本身的社会影响力。《亮剑》、《士兵突击》、《我的团长我的团》几度掀起军旅战争题材的热播潮，《潜伏》带动了2009年、2010年谍战题材的热播，古装剧、宫廷戏、家庭伦理剧、情感戏、青春励志剧等更是成为经久不衰的荧屏常客。但是过分看重题材的影响力也会导致一种误区：某种题材的电视剧市场反应好，制片公司往往就一窝蜂地去跟风拍摄此类题材，加上很多公司怕亏损，宁可一再重复翻拍这几种题材，也不敢尝试市场上暂时冷门的剧种，也就导致了电视剧在题材上的局限性越来越明显。2010年7月推出的电视剧《毕业时刻》，以80后阳光、诙谐的语言和积极乐观的精神面貌，挑开了现实中大学生"就业难"这一普遍牵动各阶层人群的沉重问题，给人们带来了一股久违的新鲜空气。此剧属于新型社会热点电视剧，它的诞生带动了一种新的潮流，有人认为《毕业时刻》的播出再现了当年《十六岁的花季》所带来的轰动效应，将引领一轮青春、现实题材剧作的热潮。

(2) 世俗性主题与人性化叙事。电视剧是大众文化的主流产品，关注和满足观众的世俗性追求是电视剧的分内之事。获得第27届电视剧"飞天奖"一等奖的9部电视剧《潜伏》、《金婚》、《士兵突击》、《闯关东》、《戈壁母亲》、《静静的白桦林》、《喜耕田的故事》、《十万人家》、《周恩来在重庆》等，表现生活常态的作品占据了绝对优势。比如《金婚》以佟志与文丽的婚姻线索来贯穿当代中国史，以佟志和文丽的爱情、家庭、事业发展变化为经线，以二人为中心的夫妻、婆媳、父母、子女、同事、朋友、邻里以及他们相互之间多重复杂的矛盾冲突为纬线，用举重若轻的方式勾画出当代中国的社会变迁,真实地再现了家国50年的变化历程,体现着浓郁的平民意识,对日常生活的诗意品质进行了有力的开掘和提升。电视剧《沂蒙》中那些原本连名字都没有的普通农民成了故事的主角,那些李忠厚、李忠奉、孙旺、栓柱、孟奎、三喜们,是那样的淳朴善良,又是那样的铁血飞扬;是那样的谨小慎微,又是那样的豁达勇敢。尤其是那些以于宝珍、心甜、心爱为代表的沂蒙大娘大嫂们,是那样的隐忍退让,又是那样的奋发抗争;是那样的温良贤淑,又是那样的强悍倔犟。呈现平民日常的生存现实,这正是平民叙事电视剧的叙事主题;对普通小人物"活着"的状态进行自然呈现,反映其日常生活及价值观念,这就是电视剧的人性化叙事。

《金婚》中的主角文丽(蒋雯丽饰)、佟志(张国立饰)

(3) 故事情节的观赏性。观赏性是衡量电视剧是否具有市场价值的主要标准,其中主要取决于电视剧的故事情节。一般来说,具有独创性的情节、个性化的人物形象、富有张力的悬念设置是电视剧具备观赏性的基本潜质。这一点,前文在分析电视剧的类型特点时已有说明,此处不再赘述。

制片人看中了某个剧本以后首先应该想办法取得对它运作的合法权利,也就是说要把它的版权收为己有。这时,剧本的策划就很具体了:一是获取剧本的权益以保证项目运作的合法化;二是要最大限度地提高剧本质量,为项目运作提供良好的基础。有关剧本的版权有两种:一种是原作改编权,另一种是剧本所有权。对于那些根据诸如小说、戏剧、纪实文学等其他艺术形式改编的剧本,要先向原作的版权拥有者购买改编权,而对那些原创的剧本则只需向编剧支付商定的稿酬即可。制片人在取得剧本版权以后应该先向国家有关部门提出项目申报,内容涉及公安、国家安全及宗教和少数民族题材的电视剧还要经相关部门审查,在获得批准以后才能真正使项目运作合法化。

三、融资策划

从电视剧生产流程来看,解决了本子"问题",接下来需要认真面对的就是融资策划了,要解决的就是电视剧的"票子"问题,即电视剧资金的筹集、使用与回收等。

在原来的计划经济条件下,电视剧拍摄几乎是一种行政行为,投资主体也仅局限于拥有播出权的电视媒体及其下属影视制作机构。随着国内影视节目市场的逐渐成熟,电视剧的运作也越来越商业化,投资主体也呈现多元化的发展趋势。从国内情况来看,电视剧目前的主要投资主体包括:电视台所属的影视制作机构如中央电视台影视部、中国电视剧制作中心、中视传播股份公司及各地方电视台;各级地方政府或政府部门及企事业单位;国有企业或民营企业;各种基金会或投资公司;民营广告公司及影视制作公司;海外投资公司或影视制作公司。

不同的投资主体有着不同的目的和要求。电视台及所属机构属于国家所有,实行"事业单位,企业化运作",除了要像企业那样获取商业利润之外,更重要的是完成政府所赋予的宣传教育功能。比如中国电视剧制作中心是一个具有国家级规模、拥有各专业高级人才、用现代化设备装备起来的、制作体系齐全的专业电视剧生产机构,以大批精品力作建构了自己的品牌形象,被誉为电视剧制作业的"国家队"。因为有政策、题材、播出渠道以及人才队伍的强大支撑,类似"国家队"性质的投资基本上能保证资金的回收并能创造一定的利润,因而其运作方式至少带有半政府运作的性质。

某些地方政府和某些企业之所以要投资拍摄电视剧,并不是完全属于商业行为,而是想要达到宣传政府或企业的目的,或者说是为了给地方政府或企业树立形象,此类主体投资拍摄电视剧并不一定要求经济上的回报,而是要造成社会影响。比如由湖南广播电视台、长沙电视台及上海麟风创业投资有限公司联合摄制的26集电视剧《黎明前的暗战》,是湖南省、长沙市文化建设精品工程的重点项目,由中共湖南省委宣传部和中共长沙市委宣传部主抓,同时也是作为庆贺中国共产党建党90周年的献礼片而创作的。

各种资产性质的投资公司、各类民营企业尤其民营影视制作公司,还有境外投资公司、影视机构,则把拍电视剧看作是一种商业行为,如华谊兄弟传媒股份有限公司2005年取得广播电视节目制作经营许可证后,先后投资摄制了《少年杨家将》、《嘉庆传奇》、《钻石王老五的艰难爱情》、《功勋》、《末路天堂》、《士兵突击》、《鹿鼎记》、《身份的证明》、《人间情缘》等优秀电视剧。其中,《士兵突击》卫星频道累计播出21次,排名2007年第一位。

融资策划要有针对性,首先要对投资商的情况有所了解,要符合他们的口味。假如要找中央电视台投资,那么需要着重强调其社会效益,让投资者认识到剧中的内容对宣传政府所倡导的主流意识形态所具有的意义;对那些意在宣传地方政府或企业的投资机构,则要突出所要融资的电视剧对提高地方或企业知名度所产生的影响;对那些意在获取商业利润的投资机构和企业,则要强调其获取利润的前景以及利润分配方式的合理性。

四、制作策划

制作策划是整个电视剧生产与传播过程的重中之重,主要目标在于确保质量,抓好制片管理。制作策划主要包括两个方面的内容:一是要筹建优秀的制作团队,以确保剧本策划的目标能够保质保量地完成;二是进行良好的过程控制,建立有序的管理体制和管理制度。

制作策划首先是筹建剧组。电视剧剧组一般包括导演部门、摄像部门、美术部门、录音部门、制片部门等,其中最重要的在于导演、演员和制片人。选择导演的工作一般在剧本策划和融资策划阶段已经开始进行,便于导演提前介入,对保证电视剧的质量有一定好处。选择导演时,主要注意其是否具备二度创作的艺术才能,是否具备题材定位要求的创作风格,是否具备良好的信誉与丰富的工作经验。

导演确定之后,导演的首要任务是为电视剧选择合适的演员。角色是一部电视剧最核心的艺术元素,演员是否适合角色、演员表演的好坏直接关系着观众对电视剧的总体评价。挑选演员主要考虑:演员是否适合电视剧角色的需要,因为导演的创作意图要通过演员的表演来实现,只有挑选到与剧中角色定位适合的演员,创作意图才能得以实现;演员是否有收视价值,因为明星演员是电视剧永远的创作"看点"与"卖点",部分忠实观众甚至追着明星演员选看电视剧;演员的声誉和艺德,因为其声誉和艺德决定了演员的工作责任心以及与其他人员、部门的合作,决定了摄制工作能否正常、顺利地进行;演员之间的和谐搭配,不仅是年龄上要有层次,风格上也要统一,演技上也要相互映衬。

在电视剧拍摄阶段,制片人不一定凡事亲历亲为,这时选好执行制片人就比较重要,主要选择标准是:具有政治与法律素养,具有艺术鉴赏力和工作能力,尤其是处理突发事件的能力。

剧组筹建之后,制作策划的主要任务转向剧组的过程控制。其中前期准备阶段主要进行剧本的修改与完善,制定详细的拍摄计划,进行经费预算和控制,签订合同、购买保险。中期拍摄阶段是制片管理的中心环节,这个时候制片部门的主要任务有:财务管理、督促生产、后期保障等,在此期间,制片人要全面掌握情况,善于发现问题,及时解决问题。后期制作阶段是对前期拍摄素材进行精加工,并组接成为一部完整电视剧的过程,制片人要从画面剪辑、声音、音乐录制和制作、特技制作、片头片尾、字幕的设计制作、混录合成等方面协调几个部门的工作,保证较好的创作条件,严把质量关。

总的来说,在整个制作策划阶段,作为剧组的最高管理者,制片人主要负责剧本的宏观把握,一方面要知人善任,用人不疑,疑人不用,尊重艺术规律,尊重并善于激发而不是压制创作者的创作积极性,并通过良好的机制和制度来保证剧组工作的正常运行;另一方面,制片人要抓住剧组工作的关键性环节,处理好与导演及其他创作人员的关系。

五、营销策划

电视剧的产品销售包括电视剧的发行及相关产品的开发或开发权的转让。要完成电视剧的整个商业运作,尽可能赚取商业利润,制片人必须对国内电视剧市场的情况有所把握,并熟悉发行渠道和发行方式,同时还要尽可能地挖掘出电视剧作为文化产品所具有的商业元素①。

我国电视剧产品的主要销售渠道有三个:一是在中国内地电视台播放;二是发行音像制品;三是在海外发行。处于产业链中游的发行公司则扮演分销商的角色。目前我国电视剧产品的主要发行方式为自主发行和委托发行两种。自主发行是由生产商直接发行或由发行商自办发行,基本影视产品的生产制作者及其所属的发行公司自产自销。目前我国电视剧的发行大多是以传统的自主发行方式为主,反映了电视剧的生产、销售的专业化分工程度仍然比较低;而国外影视产品的制作商自身并不直接从事发行,而是委托专业化的发行公司代理发行,这是明确的市场细分的专业分工。

电视台主要通过电视剧吸引广告运营实现盈利,体现电视剧产品的价值和使用价值。由于电视台的强势地位,电视台采购方的态度变化会对电视剧制作方的剧本策划、导演、演员的选择等产生重要的影响。我国电视台设有节目购销中心,负责日常的电视剧购销业务,采取"一对一"的营销和交易方式。这种方式虽然简便易行,中间环节较少,但是供片方营销成本相对较高,双方存在信息不对称,公平性和透明度较差。

电视剧的营销是一个系统工程,从项目策划起就必须考虑到产品的销售,在很多情况下融资当中已经完成了部分产品的销售。有些制片人在制作以前就已经完成了产品的销售,直至发行结束,这里体现着这些制片人的现代市场营销理念。目前,电视剧营销工作主要集中在宣传与发行上,电视剧营销策划也主要体现在宣传策划和发行策划上。宣传策划主要是提高电视剧的知名度,引导电视台和观众产

---

① 陈晓春:《电视剧制片管理(二):电视剧的总体策划》,《中国广播电视学刊》,2004年第7期。

生购买和收看的欲望,并达到为发行服务的目的;发行策划主要是通过市场、渠道、价格策略的把握,直接为电视剧发行服务。

电视剧发行或者说向电视台出卖播出权是目前制片商获取收益的主要来源,而且大多数电视剧发行的市场还都仅仅局限在国内。电视剧由于出卖的只是可以无限延伸的播出权,其边际成本几乎等于零,所以从营销的角度看,制片商应该尽可能地占有市场份额,最大限度地获取利润。在现实中可以看到有些很优秀而且收视率很高的电视剧如《激情燃烧的岁月》、《空镜子》等在商业上却惨遭败绩,而一些质量很差而且收视率很低的电视剧反而取得了商业上的成功,这里面除了体制方面的问题以外,还与制片人的营销策略和营销能力有很大的关系。

电视剧发行的收益取决于两个方面:一是卖给各电视台的价格。同样一部电视剧卖给不同的电视台,价格是不一样的,譬如卖给北京和上海这样的经济发达地区,每集可达 3 万—10 万,而卖给新疆、青海这样的经济欠发达地区,则可能只卖到每集数百元;二是市场占有量,卖得越多收益越大。

从电视剧宣传策划来说,2004 年春节前后,湖南卫视隆重推出自行拍摄制作的具有传奇色彩的古装电视剧《还珠格格 3》,由于成功的市场营销,该剧为湖南卫视创造了这几年电视剧收视的最高纪录,也为频道创造了可观的广告收益,而且在一定程度上扩展了频道品牌价值。可以说,《还珠格格 3》的媒介宣传是湖南卫视近年来投入人力、精力最大的一次。湖南卫视总编室通过已经在全国建立的媒体网络和推广平台,依托省内外主流报纸、相关电视栏目、强势广播电台及互联网和路牌灯箱等对《还珠格格 3》进行了全方位立体宣传,而且《还珠格格 3》的媒介宣传有重点、有层次,基本上以观众市场大、报业发展好的北京、杭州、成都等城市为主。

以第二轮《还珠格格 3》宣传热潮为例,这次热潮与湖南卫视频道的宣传联动,相互呼应、渐次递进。北京、杭州、成都等地的主流报纸相继刊发若干《还珠格格 3》即将播出的相关消息,《北京广播电视报》在头版刊发《还珠格格 3》开播的消息,新浪、搜狐、TOM 等三大门户网站则相继在首页醒目位置转载各主流媒体刊发的《还珠格格 3》的新闻。湖南卫视网站更是开辟《还珠格格 3》专页,提供丰富资讯。从 2003 年 12

《还珠格格 3》影迷见面会

月 15 日起,湖南卫视的名牌栏目《娱乐无极限》、《卫视中间站》每天都在节目中播报《还珠格格 3》的专题新闻。这些举措吊足了观众胃口,在观众中形成了极高的期待度。

另外,目前电视剧制作已经有了大剧化、大片化趋势,在市场营销上也将逐步走向大片化。电视剧的大片化营销,一方面体现在对人们收看电视的单一方式的改变上。如一部电视剧开播前,同名图书就先出版发行,同时,各大电视台、网站纷纷推出该剧专题,同名网络小说不断获得点击率,版权还同时卖给多家视频网站,打开新兴的视频媒体和电视剧合作的局面。另一方面是用联盟形式进行协同营销,各个环节进行资源和销售渠道的整合,面对市场去推同一个产品。如采用某剧联播模式的几大卫视各自拿出营销绝活:有的借鉴美剧播出和制作经验,特别制作"前情提要"和"主演解密剧情"环节,每天都由一位主演为观众解读剧情,并请观众参与问答竞猜;有的则将电影大片"午夜首映礼"模式完整复制,实行零点首播,打造电视剧大片概念;有的还定做该剧主要角色限量版人偶,尝试电视剧衍生产品。比如《潜伏》首播时,上海、北京、黑龙江、重庆四大卫视分别为该剧录制首播典礼。北京卫视还制作了名为《潜伏秘密档案》的 15 集专题片,解密该剧的删减镜头和拍摄花絮;此外,还联合网站创建"百万名博剧评"活动,让网友和观众一起体会"同城观剧、即时评论"的乐趣。再如重庆卫视重金购入新版《三国》后,特别策划了"剧风尚·英雄志——重庆卫视三国季"启幕仪式大型活动。启幕仪式上邀请到多位《三国》研究专家、《三国》导演及主演等亲临晚会现场,对《三国》历史以及重庆卫视的英雄内涵与《三国》的契合之处进行分析,让广大观众对重庆卫视的内涵和定位有了更深入的认识和了解。在"三国季"期间,重庆卫视频道还大量围绕该剧的资源集中释放,从影视娱乐的角度,更从文化的角度解读《三国》,在频道上掀起一股"三国"文化热。这是重庆卫视区别于其他卫视的独有特点,也是重庆卫视能成功播出《三国》并独占鳌头的优势所在。

电视剧运作是个系统工程,从项目策划、融资到产品的制作,再到最后产品的发行与营销,每个环节都不可或缺。任何一个环节的失误都可能导致整个项目运作的失败,所以对于制片公司和制片人来说,要有全局的概念和观念,对每一个环节都要精心策划、精心运作,这样才能保证项目的最后成功。

思考题

1. 试围绕某部电视剧,分析说明电视剧的影像特征和叙事特征。
2. 请以两部电视剧作品为例,说明中外电视剧在类型特征上有何异同。
3. 现实题材电视剧有哪些主要类型?试分别说明其主要类型特点。

4. 历史题材电视剧有哪些主要类型？试分别说明其主要类型特点。
5. 试结合《笑傲江湖》、《天龙八部》等，说明武侠剧的主要特点。
6. 电视剧策划主要有哪些影响因素？如何进行剧本策划？
7. 如何进行有效的电视剧营销？请结合当地电视台播出的电视剧，分析说明其营销的主要方法。

第五章 电视纪录片

案例5.1 《鸟的迁徙》

2001年,法国著名导演雅克·贝汉拍摄完成了轰动世界影坛的纪录片《鸟的迁徙》。影片以真实而质朴的镜头描写了各种候鸟为了生存而艰难迁徙的历程,以及它们在为梦想的天堂而飞翔的过程中所表现出的勇气、智慧和情感。为了完美而真实地再现鸟儿迁徙的神奇与美丽,整部影片历时4年,行程10万公里,仅拍摄胶片就长达460公里。除此之外,影片还动用了17名世界上最优秀的飞行员和两个科学考察队,以及300多名摄影师,使用了滑翔机、直升机等8种不同的飞行器。该纪录片甫一上映,就在短短的三个星期内掀起了法国本土2 500万人次的观影热潮,并获得了2003年奥斯卡最佳纪录片奖的提名和法国凯撒奖最佳剪辑、最佳音乐等多项大奖。

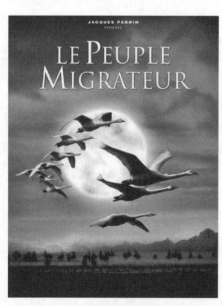

《鸟的迁徙》

当冬雪消融,田野里拔翠生绿,候鸟们就开始向北迁徙了。它们在一瞬间就挣脱了陆地上的束缚,以天空为图腾,把疏松的苇草丛和沉静的水面留在了身后。一个小男孩儿在镜头的凝视下放飞了一只被渔网纠缠的鸟儿,并且目送它挣扎着飞向蓝天。也许在这一刻,鸟儿简单意义上的飞翔已经被神奇的镜头幻化成了一种寄托与渴求,它承载着爱,承载着梦想,更承载着永恒的承诺与守候。

影片用大量的长镜头近距离地跟拍鸟儿飞翔的姿态和过程,用特写捕捉鸟儿生活的细节和生动的表情,用远景和全景展现鸟儿群栖的场面,用航拍和特技表现鸟儿穿越地球的速度与力量,让我们真切地感受到来自人类生命以外的爱与勇气,以及大自然本身所孕育的丰富情感。

镜头和鸟儿一起飞翔,一起升高,一起翱翔在天空,穿过湖泊、穿过田野、穿过沼泽、穿过大海,飞跃峡谷、飞跃雪山、飞跃城市、飞跃农庄。与迁徙的鸟儿一起聆听低低的鸣叫,聆听翅膀骄傲地划破空气的声音;看到它们身上细小的羽毛在风中闪动,永远向着太阳的眼睛闪烁着执著的目光。

同时,影片还以令人伤感的镜头展现了生命的脆弱。掉队的灰雁孤独地走向沙漠;一只受伤的小鸟被海滩上成堆的螃蟹所吞噬;草丛中的雏鸟惊恐地面对着无情的收割机的刀叶;城市上方的空气让野鸭中毒;石油泄露使得鸟儿陷入泥潭;还有那些飞翔的野鸭在遇到诱饵时等待它们的枪口。鸟类迁徙的诗情与宿命被悲伤的镜头升华到了极致①。

案例5.2 《英与白》

纪录片《英与白》在2001年四川国际电视节"金熊猫"奖评选中独得"人文与社会"类四项大奖,以独特的魅力征服了各国评委,给人留下了深刻的印象。

纪录片的两位主角是"英"与"白"。"英"是世界上仅存的一只被驯化的、可以上台表演的、唯一与人生活在一起的大熊猫。"白"是武汉杂技团的一位驯化师,她有一半的意大利血统,已经和"英"生活了14年。她与"英"在一个房间内,与他们相伴的是那台终日不关的电视机。为了遵守国际公约,"英"已经多年不能公开上台表演,"白"每天的工

《英与白》中的两位"主角"——"英"与"白"

①《〈鸟的迁徙〉——为了生命的承诺》,http://blog.sina.com.cn/s/blog_652db8b40100hane.html。

作就是精心照料"英"和对它进行可能毫无意义的训练。

虽然该片用了 10 个月的拍摄时间,但他们每一天的生活几乎一模一样,像是枯燥的复制,但通过湖北电视台导演张以庆的编辑,使这些素材有了思想。他说:"《英与白》带给我们的全部思考远不限于 14 年,甚至也不限于人类社会进入现代化以来的历史,而是根植于人类与自然界漫长的关系之中……'英'与'白'的生活发生了异化,他们在这种异化的生活中建立了互相的认同。人与自己的同类开始疏远,反倒和异类亲近起来,人类大步前进的社会成了'英'与'白'共同的异化物和背景。"美国评委、芝加哥风城国际纪录片节主席玛莎•福斯特评价道:"它的不同之处重要的一点就是影片中的人格化,不仅是驯养员的人格魅力,就连大熊猫也有它的性格。我喜欢这部影片,因为它深入了驯养员的内心。"四川国际电视节评审团认为:"这是一部人文内涵丰富的影片。在变得越来越现代化的世界里,人类的情感元素却顽强地沿袭着。这一发现,使得影片具有绵长的冲击力。影片以独特的角度切入'英'和'白'的生活,又从她的平淡生活中发掘出带普遍人性的美。"

在"白"的生活中,"英"和"英"的世界里的人类以及电视机所展示的人类社会的事件中,浓缩进了对人类的孤独和人类文明发展过程中的失误的思考,透出对人性与人格的观照。这也许就是《英与白》的魅力和纪录片的艺术力量。

第一节 电视纪录片的概念与类型特征

虽然从 20 世纪 90 年代至今,国内电视界一直围绕纪录片的本质特性及其叙事技巧争论不休,但有一点是肯定的,即与新闻资讯、真人秀和电视剧等其他大众化的节目类型相比,纪录片明显属于小众化类的电视节目,以致国外有学者说,纪录片仍然属于电视广播中一个有威望的领域,并为制片人和电视机构赢得荣誉。

一、纪录片的概念

Documentary(纪录片)一词源自法语 documentaire,意思是游记(travelogue),这与纪录片图画讲解的源头是相契合的,但真正作为一种与剧情片、叙事片、故事片相对立的片种,名称的确立应归功于英国纪录电影奠基人约翰•格里尔逊(John Grierson)。格里尔逊于 1926 年在《纽约太阳报》上撰文,用"documentary"一词来评论美国纪录片创作者弗拉哈迪的最新作品《摩阿拿》(Moana),由此一举诞生了

"纪录片之父"弗拉哈迪和"纪录片理论之父"格里尔逊。

从纪录片实践到理论的初步总结,大约经历了20年。但此后,这种初步共识却因纪录片的定义一直困扰着业界与理论界,无法兼容,难以取得共识,成为理论研究众所周知的主要难题之一。更为复杂的是,在纪录片飞速发展的整个20世纪,伴随着整个世界格局、政治利益、经济水平、文化交流、军事战争、技术进步等领域的全新剧烈变革,在哲学、艺术、思想、文化、意识形态等方面产生了诸多流派,这些对纪录片创作的影响颇深。与此同时,作为艺术、宣传工具和商品性兼具的纪录片,也在受到相关领域巨大影响的同时,反过来又影响了这些领域的理论,导致其定义头绪纷杂,牵涉范围博杂,厘清难度更大。

"纪录片理论之父"约翰·格里尔逊称:"凡是摄影机就所发生事件在现场拍摄的(不论拍的是新闻片还是特写片,集锦式趣味还是戏剧性趣味,教育影片或是科学影片,正常影片还是特殊影片)那一事实的影片,便都称为纪录片……它们代表着不同性质的观察,不同目的的观察,以及在组织材料阶段差别很大的力量和意向。"①

著名的革命家和导师列宁认为,纪录片是"形象化的政论"。

1948年在捷克斯洛伐克举行的世界纪录片联盟大会上,来自14个国家的会员对纪录片下了一个相对得到共识的定义:"纪录片是指以各种方法在胶片上录下经过诠释的现实的各个层面。诠释的方法可以是纪实的拍摄,也可以是诚恳而且有道理地去重演发生过的事,以便能透过理性或感情,来满足求知欲,拓宽人类视野,并真正提出经济文化和其他人际关系等领域中的问题及这些问题的解决方法。"②

美国1979年出版的《电影术语词典》对纪录片的界定是:"纪录片,纪录影片,一种排除虚构的影片。它具有一种吸引人的、有说服力的主题或观点,但它是从现实生活汲取素材,并用剪辑和音响来增进作品的感染力。"

央视研究室于1992年组织全国100名专家、学者历时一年多的研究,形成了对纪录片定义的相对共识:"电视纪录片,是以摄像和摄影手段,对政治、经济、文化、历史事件等作比较系统完整的纪实报道,并给人以一定的审美享受的电视作品。它要求直接从现实生活取材,拍摄真人真事,不容许虚构、扮演,其基本报道手法是采访摄像或摄影,即在事件的发生发展过程中,用等、抢、挑或追随采撷的摄录方法,记录真实环境、真实时间里发生的真人真事,在保证叙事报道整体真实的同

---

① 游飞、蔡卫:《世界电影理论思潮》,中国广播电视出版社2002年版,第145页。
② 欧阳宏生:《纪录片概论》,四川大学出版社2004年版,第87页。

时，要求细节真实。真实是纪录片存在的基础，也是它最可宝贵的价值所在。正是物质现实复原的真实，才使纪录片有着它永恒的魅力。"①

欧阳宏生教授认为，电视纪录片是指运用现代电子、数字技术手段，真实地反映社会生活，展现真情实景，着重展示生活原生态，排斥虚构的节目形态。纪录片是审视当代现实生活的非常重要的窗口，同时也是电子时代高品格的文化代表，是媒体制作水平的重要标志。

复旦大学新闻学院吕新雨教授认为，纪录片是以影像媒介的纪实方式，在多视野的文化价值坐标中寻求立足点，对社会环境、自然环境与人的生存关系进行观察和描述，以实现对人的生存意义的探寻和关怀的文体形式。

原中央电视台台长杨伟光给出的定义是：电视纪录片，是以摄像或摄影手段，对政治、经济、军事、文化、历史事件等作比较系统完整的纪实报道，并给人一定审美享受的电视作品。

1993年由北京广播学院诸多专家教授集体编著的《中国应用电视学》则将纪录片界定为："纪录片直接拍摄真人真事，不容许虚构事件，基本的叙事报道手法是采访摄影，即在事件发生发展过程中，用挑、等、抢的摄影方法，记录真实环境、真实事件、真实时间里发生的真人、真事。"②

上述关于纪录片定义的简单罗列，并非为了指出其存在的"缺陷"与"不足"，或是为了标新立异，以建立一个涵盖一切，放之四海而皆准的全新定义。这种想法早就被比尔·尼可尔斯给否定了。他认为："要想对纪录片这个概念进行准确的界定，就像给'爱'或'文化'下定义一样困难，纪录片的定义经常表现为一种相关性的或是相对而言的解释……纪录片的含义体现在它与故事片、实验电影或先锋派电影的相对性中。"③

不过，反思中外理论家们给出的这些定义，我们可以发现一些有趣的共性：一是强调纪录片是对现实生活进行非虚构性的反映，把非虚构作为纪录片区别于其他节目类型的主要特点；二是国外的学者们强调纪录片的艺术性、吸引力、感染力或审美特征，而中国学者大多数强调纪录片拍摄技巧上的"真实性"，如真实环境、真实事件、真实时间、真人真事等。

但是，仔细辨析一下，强调纪录片的非虚构性以及说明拍摄过程中的所谓"四真"，并不能把纪录片与新闻节目、真人秀节目以及社教节目等类型区别开来，因为

---

① 杨伟光：《中国电视专题节目界定》，东方出版社1996年版，第2页。
② 朱羽君、王纪言、钟大年：《中国应用电视学》，北京师范大学出版社1993年版，第319—324页。
③ 比尔·尼可尔斯：《纪录片导论》，陈犀禾等译，中国电影出版社2007年版，第28页。

在这些类型的节目中,其共同的特点都是对真人、真事、真环境、真时间等因素的记录和反映,比如真实性是新闻报道的生命,"对现实生活的非虚构反映"也是新闻报道的基本要求。

另外,强调纪录片的艺术性、感染力、审美属性,同样也无法把纪录片与虚构性的电视剧、电视广告、电视动画等节目类型区别开来。因为,对于这些节目而言,艺术性、感染力是其存在的前提和基本价值,比如新《红楼梦》导演李少红就认为,电视剧要"自然地融入现代的时尚感和审美情趣"。

比较之下,本书认同徐舫州教授的观点,并稍加修改:电视纪录片是一种通过电视屏幕播放的、非虚构的、审美的,以建构人和人类的生存状态的影像历史为目的的电视节目类型,是人类个人记忆或某一集团记忆的载体,是对现实生活的有目的的选择①。这个定义具有较强的兼容性和区隔性,兼容性在于把中外各种类型纪录片,包括在电视上播放的电影纪录片都可以包容进去;区隔性在于既区别于新闻资讯、社教、真人秀等纪实类节目,又不同于广告、电视剧、电视文学等虚构性节目,强调纪录片必须具备审美属性。

二、纪录片的主要类型特征

电视纪录片作为一种独特的电视节目形态,主要有以下三个基本特征:

1. 真实性、非虚构性是纪录片第一"道德律令"

电视纪录片"要求反映未经修饰的自然和社会,记录当事人的真实语言",就必须以真实作为灵魂,不仅人物、事件是真实的,而且在时间、空间和细节等方面也都是真实的。纪录片的真实元素要求创作人员必须深入到事件的中心,对于所反映的事件应当找到全面的"证据链条",而不能是道听途说的"孤证"。有些时候,创作人员还要查阅大量的历史文献,旁征博引,以求最大限度地贴近真实。

当然,所谓"真实"其实是有条件有范围的。在人们对真实的礼赞中往往忽视了一点:"客观真实"是一个意识形态的神话,从哲学意义上说,"客观真实"只是一个形而上学的命题,它强调用"摹写"方式使主客观达到统一的理论,其缺憾在于它忽视了观察者,忽视了观察者的观察视野对结果的影响,而实际上任何一个观察者都必须立足于地球,立足于他的文化背景,立足于他的个体经验,这在哲学解释学中被称为"前见"或"前理解"。这种"前见"从某种意义上说,正是揭示人生活在历史中的真实状态。对于一个客观事物来说,并不存在唯一具有真实意义的描述,真

---

① 徐舫州、徐帆:《电视节目类型学》,浙江大学出版社2006年版,第150页。

实需要多元的描述,事实与事实的关系是多元的。只要这种观察者的角度是存在的,是现实合理的,它就是有效的。

对于纪录片的创作者而言,"真实"实际上包含着三重意义:一是生活真实,源于客观真实又高于客观真实的概念,它更注重的是道德价值、伦理价值,迫使制造者保持对社会、对生活的虔诚与敬畏;二是选择性真实,源于观察者或记录者的"前见"或所谓"合法偏见",这种"前见"渗透灌注于纪录片的影像纪实和价值选择,是多元的、非排他的,随时保持着对他人、对公众的质疑与拷问;三是本质真实,或者说是价值真实,其中,价值真实更应该被强调。从某种角度上说,纪录片的文化意义其实就是它的价值意义。在纪录片创作过程中,价值意义正是我们选题、拍摄和剪辑的根本标准。

纪录片当然是对一个真实事件的记录行为,但它同时又是作者的创作行为,它是人类的文化产品和传播产品。实际上,纪录片的创作行为分为两个层次:一是在全片拍摄之前的创造行为,它建立在对拍摄任务、材料的理解和接触上;二是在拍摄过程中,随时地超前创造一个新的现象、一个新的认识,马上产生一个新的拍摄计划,在此基础上再进行下一步拍摄。从这个角度上说,"记录"实际上是一种手法,它旨在使整个片子看起来有"真实感",从而促使受众接受作者的思想。

因此,对于纪录片创作者来说,生活真实、选择性真实、本质真实三者本来就是辩证统一的,它们互相包容,缺一不可。其中生活真实是基础,并且是唯一客观存在的真实。它不能重构,更无法复原。尽管选择性真实经过多重审美选择,它仍根植于生活真实之中。而本质真实则应当是创作者孜孜以求并与电视观众共同对选择性真实进行感悟,从而达到共鸣的一种文化境界和理想。它来源于生活真实,是对生活真实的超越和升华。

非虚构性、真实性是纪录片不可逾越的底线。即使在纪录片的制作过程中,有些瞬时发生的事件或者已经成为历史的事件不可能用摄像机同时同步进行记录,只好借助于"真实再现"这一辅助手段时,真实的道德律令仍是衡量这一手段是否采用和采用到何种程度的最后底线,必须服从总体纪实基调,扮演或搬演仅仅是记录手法的特殊补充,是集中摄影、访谈和解说词的综合叙事的一种过渡和衔接,是特殊的时空桥梁,是写实写意的结合,借以突出某些特定时刻中的人物、环境和氛围的历史感。

2. 故事化的结构载体

用一句话概括来讲,故事,就是以前的事,这个事可能是真实的事,也可能是虚构的事。故事是人类对自身历史的一种记忆行为,人们通过多种故事形式,记忆和传播着一定社会的文化传统和价值观念,引导着社会性格的形成。叙述者通过对过去的事的记忆和讲述,构建着社会的文化形态。

从这个意义上说,纪录片如同神话、传说、小说、戏剧等一样,是借用电子设备将原先以文字形态出现的故事影像化,或干脆说,纪录片就是影像化的故事。电视纪录片不是零星资料的堆砌,而是经过了主创人员精心的编排,围绕着事件的前因后果,叙述一个完整的故事。即使是以传播知识为目的的科教电视纪录片,从头到尾也需要贯穿一条明确的逻辑线索,使观众感觉到似乎在倾听一位现场亲历者讲述故事。

从观众接受的角度上讲,优秀的电视纪录片应该同时让观众在心扉和大脑、心理和生理、感性和理性方面都产生愉悦的感觉。电视纪录片的内容往往是理性的,但必须通过感性的故事形式来表现,通过这种途径被人们记忆、产生共鸣。以为大众文化辩护而著称的约翰·菲斯克,就力主电视新闻节目应当冲破客观性与社会责任感之类的阅读文本概念束缚,从大众生活的相关性出发,"不要将自己表现为已发生的事件的记录,因为这是书籍和电影的文学化叙述,而要表现为肥皂剧正处于进行状态的悬而未决的叙事,这才是口头叙事的电视中的等价物,从中可以理解我们的日常生活"①。

DV 纪录片《山有多高》讲述了一位台湾老兵和他的儿子来大陆省亲的故事。该片虽然是用 DV 拍摄的,画面质量一般,但是它采用交叉蒙太奇的方法,用台湾和大陆两条线索不断交替讲故事,充分发挥了纪录片的故事化手法,增强了纪录片的可看性。北京奥运会期间,在非奥运节目收视率普遍下降的背景下,上海电视台纪录片编辑室播放了《骑虎难下》一片,获得了当期上海电视台纪实频道收视率的第一名。该片主要采用故事化的手法,讲述了政府法规和民间养虎的矛盾冲突,提出了保护和合理利用濒危动物资源的新话题。故事化使一个涉及政府法令的严肃话题变得平民化,从而获得了观众的普遍欢迎。从 2006 年开始,纪录片编辑室对购买的成片纪录片进行全新的包装改革,首次在片中引进适合节目总体风格的新闻节目主持人出镜,采用面对面讲故事的方法对播出的纪录片进行段落切割,在片头、片中分别用故事化的文字和语气对纪录片的内容进行提示、过渡,并且设置悬念,引人入胜,以达到吸引观众收看的目的。2008 年 5 月,纪录片编辑室又改版新设置了日播栏目《眼界》,它沿袭、强化了纪录片的故事化,并在结构上做了调整,试图将戏剧编剧理论运用到栏目的编辑上,不断提出悬念、解决悬念,再提出悬念、解决悬念,故事一环扣一环,从而牢牢抓住观众,最终达到提高收视率的目的。

---

① 约翰·菲斯克,《解读大众文化》,南京大学出版社 2001 年版,第 212 页。

央视著名的纪录片类栏目《探索·发现》则系统性地探索和总结出一些突出的故事技巧,它有着一般纪录片难以抗拒的吸引力[①]:强化故事段落,力图将简单的历史事件情节化、戏剧化;以细节来刻画与描摹历史事件背后的戏剧性;以真实再现技法来提升画面的表现力与冲击力;以密集的"钩子"来强化历史矛盾冲突的内在张力。

故事化的纪录片之所以受欢迎,原因就在于故事化符合受众的收视习惯。电视是大众收视的平台,也相应有传递信息、愉悦性、教育性三大功能。愉悦功能不仅是电视功能的一个重要方面,而且是实施另外两大功能的必要手段。受众的文化层次有一定的差异,但不可否认的是,其中很大一部分人收看电视,是出于获得愉悦的目的。电视作品一旦丧失了愉悦性,另两大功能便无从谈起。

其实,讲故事是人们最早、最常见的口头传播方式。中国民间传统的评书、相声都是以讲故事的方式得到了人们的喜爱,如今电视这种最现代化的传播工具与最传统的传播方式结合在一起,这正是现代传播人性化的体现。故事化的纪录片具备许多影视剧的元素,能够吸引观众,这种取长补短的做法丰富了纪录片的表现力。纪录片的故事化可以看作是在纪录片这个特定领域内向影视剧的靠拢、借鉴、互补和融合。

3. 人文化的审美旨归

对电视节目而言,创作者的动机、赋予文本的思想内涵以及作品的选材及文体特点已经决定了特定的收视群体、特定的收视和体验方式。有的电视节目,观众只能以认知的态度去面对,如新闻资讯、科教类节目,从中获得帮助自己认知和解惑的信息。有的电视节目只能以功利的态度去面对,比如生活服务类节目、真人秀节目乃至广告类节目。而对于电视纪录片而言,建筑在非虚构基础上的影像人物故事,所呈现的是一个陌生化的人性世界,这就要求观众以一种非实用的、非功利性的态度去面对和欣赏。这种态度就是所谓的审美态度。

那么,什么是审美态度或审美活动?朱光潜先生曾经说过,面对一颗古松,不同的人会产生不同的态度。木材商人关心的是木材值多少钱,植物学家关心的是古松的根茎花叶、日光水分,但画家面对古松则是另一种态度,他仅仅是聚精会神地观赏松树苍翠的颜色、盘曲如龙蛇的线纹以及不屈不挠的气概。这三种态度迥然不同,木材商是实用态度,植物学家是认知态度,而画家则是审美态度。"实用的态度以善为最高目的,科学的态度以真为最高目的,美感的态度以美为最高目的。

---

① 张健、于松明:《故事化:是对文化知识的去蔽还是遮蔽?》,《中国电视》,2007年第4期。

在实用态度中,我们的注意力偏重事物对于人的利害,心理活动偏重意志;在科学态度中,我们的注意力偏重事物间的互相关系,心理活动偏重抽象思考;在美感的态度中,我们的注意力偏重事物的形象,心理活动偏重直觉。"①

从现象上看,人的审美活动,是人类多样性活动中的一项特殊活动,是日常生活中的欣赏活动及艺术欣赏活动,不同于人类的物质生产活动、生存活动、认识活动、宗教信仰活动。这种活动排除了日常生活中为了满足单纯的生存需要所进行的理性工作、认识活动、宗教信仰等精神活动以及其他社会活动,这些活动都是非审美活动。换言之,审美活动首先是一种超功利性的人类活动。这里的功利性是狭义的,指的是物质功利性。审美活动的超功利性,使它与一切有着直接或间接功利目的的活动相区别,那些功利性的活动包括生物本能活动、物质实践活动以及某些精神活动与社会活动。

电视纪录片对于观众而言,可以排除日常生活的"平均状态",排除为专业社会分工所倡导的工具理性主义,超越日常生活的琐碎、枯燥和平庸,摆脱各种认知性、功利性的束缚,把人升华到一个更加自由、愉悦的理想境界。优秀的纪录片,蕴含一种最高的、本质的人性,给予观众一种形而上的慰藉,唤起人的终极关怀。纪录片《鸟的迁徙》把思考的领域从自然扩展到人类,用飞翔参照人类的生存处境,反思人类的未来命运,让镜头从自然的角度出发将鸟儿作为世界的主角反观人类,巧妙地将人类的世界与自然的世界糅合在一起,达到天、地、人、宇宙的统一。自然赋予鸟儿生命,鸟儿则给了自然一个承诺,于是它们年复一年、日复一日在同一条航线上飞翔,完成对自然的誓言。在接受自然恩惠的同时,也要挑战自然为它们设下的重重阻碍,它们创造了自然的奇迹,也创造了飞翔的奇迹,更创造了生命的奇迹,这奇迹恰恰就代表着一种自由的境界和追求的梦想。

吕新雨教授提出电视纪录片应该是人类"生存之镜",通过"他者"观察自身的存在。通过审美精神的释放,纪录片实际上是以一种美学精神塑造一种新型的人生,提升了作为社会主体的人的精神境界。

三、电视纪录片与电视专题片的异同

要准确理解电视纪录片,还必须了解电视专题片,这是两个在我国经常会引起歧义的概念。所谓电视专题片,是电视所特有的概念,准确地说是中国大陆所特有的概念,一般主要是与电视屏幕上大量存在的"综合"性节目形态相对应,是集中对某一社会现象和人生课题给予深入、专门的报道、反映的电视节目形态。

---

① 朱光潜:《朱光潜美学文集》第一卷,上海文艺出版社1982年版,第451页。

尽管采用的也是纪实性手法，但允许创作者在作品中直接阐述对生活的理解、认识和主张。

之所以在业界和理论界，电视专题片与电视纪录片这两个概念或类型之间还存在种种混淆与模糊的认识，是因为专题片与纪录片存在着众多相同之处：首先，它们都取材于真实的现实生活。无论是电视专题片还是电视纪录片，都是以现实生活中的真人、真事、真情、真景作为自己的拍摄对象和表现内容，具有较强的现实性和时代感，是及时、迅速反映社会生活的一面镜子。其次，它们都以真实性作为创作前提，都强调反映生活的真实，排斥虚构和扮演。作为纪实性作品，专题片与纪录片如果在事实上失真，就会失信于社会，失信于观众，无法区别于电视剧等虚构性节目，从根本上失去了存在的价值和意义。再次，它们都需要运用纪实主义的拍摄方法。无论是电视专题片还是电视纪录片，创作者在提炼生活素材的过程中，需尽量保留其自然形态，不能做过多的变形处理，排斥远离生活具体形态的戏剧性创作方法。

虽然有这么多相同之处，但是在节目类型体系中，专题片与纪录片毕竟承载着不同的类型使命与社会价值。

首先，专题片有直接的主题目标、宣传的功利效果。在反映社会生活的时候，专题片具有较强主体意识的渗透，它直接表现创作者对生活的看法和主张，允许作者传达自己对社会生活的认识，表现作者的主观情感。故而，专题片是一种"以情感人"或"以理服人"的电视节目类型。

纪录片聚焦的主体是人，传达人的本质力量和生存状态、人的生存方式和文化积淀、人的性格和命运、人和自然的关系、人对宇宙和世界的思维等人文性内涵。与专题片不同，纪录片的主题趋向于更为深层、更为永恒的内容，它从看似平常处取材，以原始形态的素材来结构片子，表现一些个人化的生活内容，达到一种蕴含着人类通感的生存意识和生命感悟，强调人文内涵、文化品质。《望长城》之所以能够成为中国纪录片演进的分水岭，一个主要原因就在于它关注的是一个人文主题，占据镜头最多的就是普普通通的人，给观众印象最深的也就是这些普通人。其后的《藏北人家》、《半个世纪的爱》、《沙与海》、《龙脊》等都体现了对人的深层关注，都是以人为核心，直接关注人，体现人的本质力量，去除了许多直接的功利心，多了一些人文性。

简单说，专题片是为了表现一种思想、观念，而纪录片则是再现生活，纪录片的创作渗透在生活表现之中。

其次，纪录片需要较长的时间积累和动态过程，注重感受与体验的共时性。时间是纪录片的第一要素，它与栏目化的专题片不同，栏目化的专题片，往往定时定点播出,制作周期短,关注的是正在进行的生活层面,结构较为自由、宽容度大。而纪录片对生命的本质关注是需要一定的时间保证的,只有在一定的时间积累中,才能为观众提供人类生存的某个阶段的活的历史,才能保留生活自然流程的偶发性以及丰富的细节,包括蕴含其中的人物关系、情绪氛围、环境生态,展现更为丰富的人文背景。《我们的留学生活——在日本的日子》拍摄历时三年,由于在主要人物发生重大变动的几个阶段摄像机都在现场,记录了完整的过程和细节,在动态取材中使生活的各种原始信息得以保留,节目自然具有绵延的生命力。

第三,纪录片要求自身有独立的结构和个性化的风格样式,创作者还要把握叙事的技巧,注意节奏和韵律,并根据不同的内容、不同的叙述方式,形成不同的风格样式。此外,纪录片还需要较大的精力和资金投入、较长的创作周期和个性化的操作方式。专题片则相反,因为有现实的宣传任务及时间上的制约,往往在思维方式和建构手法上与纪录片存在很大差异。

另外,从节目与社会政治的关系而言,纪录片的拍摄制作往往徘徊于商业或政治体制之外,更多地淡化、远离政治与商业主流意识形态的干预,比如国外纪录片80%以上不是在商业电视台播放的,而是在博物馆、展览会、电影节或者公共电视台与观众见面。而专题片更多地属于体制之内,往往有直接的创作目标和宣传指向,有固定的宣传标准,有积极正面的主题,服从或听命于政治或商业主流意识形态的召唤。

四、中外纪录片发展简史

1. 西方纪录片简史

电视纪录片最早来源于电影纪录片,是电影纪录片概念、思路、手法在电视上的引入和应用。因此,早期的纪录片演进史实际上是电影纪录片的演进史。同时,由于纪录片资料和创作者极为庞杂,用流派史的方法来说明纪录片的发展简史便是一种省时而又快捷的方法。

从某种意义上说,电影艺术始于纪录片。1895年3月前后,人们看到的第一批影片如《工厂大门》、《火车进站》、《婴儿午餐》、《水浇园丁》等,都是对现实生活场景的朴素还原。当约翰·格里尔逊于1926年2月用"documentary"来评价罗伯特·弗拉哈迪的第二部作品《摩阿拿》时,意味着"纪录片的概念是与故事片相对而言的",非虚构由此成为纪录片区别于剧情片和故事片的基本出发点。

(1)罗伯特·弗拉哈迪与人类学纪录片。电影诞生初期,英、法、美等几个发达资本主义国家的摄影师将镜头集中在远离西方文明世界的土著或野蛮人身上,出现了《伐木人》、《金边的象队》、《西贡的苦力》等一批反映土著人生活的民族风情片。罗伯特·弗拉哈迪先后拍摄了《北方的纳努克》、《摩阿拿》、《亚兰岛人》、《路易斯安那州的故事》。四部纪录电影均采取了《北方的纳努克》的拍摄模式，将镜头对准那些即将消逝的文明，在一家人或一个人的经历中，展现人和自然的关系。这种模式后来被命名为"人类学纪录片"：用影像记录社会，用影像挽救文化传统。1993年，由孙曾田主创的《最后的山神》就是此类杰作，该片获第30届亚广联纪录片大奖。

(2) "电影眼睛"与"真实电影"(Cin'ema v'erit'e)、"直接电影"(Direct Film)。"我是电影眼睛，我是机械眼睛。作为机器，我才能把我看到的世界展现在你们面前。"这是前苏联电影导演吉加·维尔托夫(Dziga Vertov)的一句名言。吉加·维尔托夫，原名丹尼斯·考夫曼，1918年进入莫斯科电影委员会纪录片部工作，专司制作新闻纪录片《电影真理报》。在此期间，维尔托夫发起"电影眼睛派"运动，认为摄影机的眼睛比人的眼睛更完备，电影应该展现摄影机看到的世界，任何从戏剧基础上发展出来的故事片都是一种麻醉，是病态的，排斥故事片式的创作方法。1924年，维尔托夫拍摄了反映少先队员夏令营生活的《电影眼睛》，以节奏和速度来组织场景，创立了一种全新的电影语言。摄制于1929年的《带摄影机的人》，完全依照节奏和镜头内部的联系讲述了现代城市一天的生活，成为"电影眼睛"理论的代表作。德国最著名的纪录片创作者无疑是莱尼·里芬斯塔尔。她的两部著名纪录片是《意志的胜利》(1934年)和《奥林匹亚》(1938年)，这两部影片几乎是所有的纳粹宣传性质的影片中，仅有的因为它们的艺术价值而在今天仍为人们所重视的两部。其中《意志的胜利》长90分钟，没有一句解说词，集艺术性与记录性于一体，整体风格趋于凌厉，而经过艺术的美化，意识形态以一种更具杀伤力的方式渗入人心，让人在毫无防备的状态中接受了影片的宣传意图。前苏联的纪录片往往强调由于德国入侵而带来的巨大伤痛，而随着战争的进展，电影工作者也能以真实的英勇胜利的事件来激励民众，其中，《莫斯科的反攻》获得了奥斯卡金像奖。

20世纪60年代初，以罗伯特·德鲁和理查德·利科克为首的一批美国纪录片制作人提出这样的电影主张：摄影机永远是旁观者，不干涉、不影响事件的过程，永远只作静观默察式的记录；不需要采访，拒绝重演，不用灯光，没有解说，排斥一切可能破坏生活原生态的主观介入。这一流派被称为"直接电影"，其主要代表作为《初选》，其宗旨就是把"影片制作者的操纵行为严格限制在最低的工艺范围里，以使电影自身成为一种尽可能透明的媒体"。

弗雷德里克·怀斯曼(Frederick Wiseman)，生于1930年，1967年放弃律师行当，拍摄了第一部纪录片《提提卡蠢事》(Titicul Follies)后，30多年来，拍摄制作有30余部纪录片。有人认为怀斯曼真正理解了"直接电影"的真谛，并成为美国60

年代"直接电影"运动的主要人物。怀斯曼的作品总体风格是以美国的各种机构为主要关注对象,如《法律与秩序》(*Law and Order*)、《医院》(*Hospital*)、《基本训练》(*Basic Training*),一直沿着"用镜头解剖各种机构与人的方式并展示 20 世纪下半叶的美国综观"的记录方式,"一条道走下去"。

20 世纪 60 年代,同样在"电影眼睛"理论影响下,法国人让·鲁什和美国人阿尔伯特·梅索斯开创了"真实电影"流派。比如让·鲁什和埃德加·莫兰 1961 年拍摄完成的《夏日纪事》是其代表作。真实电影作为一种拍摄方式或流派主要有下列特点:直接拍摄真实生活,排斥虚构;不要事先编写剧本,不用职业演员;影片的摄制组只由三人组成,即导演、摄影师和录音师,由导演亲自剪辑底片;导演可以介入拍摄过程。这最后一点,成为"真实电影"有别于"直接电影"的最重要因素。当然,类似的拍摄手法要求导演能准确地发现事件与预见戏剧性过程,摄制动作要敏捷且当机立断,而这种方法也必然限制了题材的选择方向,因此纯粹意义上的真实电影的作品很少。

(3) 约翰·格里尔逊与综合性纪录片。约翰·格里尔逊是纪录电影当之无愧的"教父",是他将"纪录片"正式作为一个名称、一种电影类型提出来,从此,纪录片才彻底从剧情片中分离出来,有了自己独立的生命。作为电影理论家,约翰·格里尔逊建立了纪录电影的基本体系:形态、功能、语言;作为非职业教师,他通过写作、演讲、建立纪录片小组在全世界培养了众多的纪录片制作者;作为制片人,他负责制作过上千部纪录电影。格里尔逊第一个将机构赞助引入纪录电影摄制,使纪录片彻底摆脱了票房依赖;他还为纪录片开辟了非电影院发行的途径,让纪录片进入工厂、学校和电视台。

1927 年,格里尔逊制作了记录英国渔民捕鱼过程的《漂网渔船》,这部着眼于普通人生活,表现劳动的尊严和价值的影片为纪录电影历史翻开了新的一页。从 1931 年开始,格里尔逊和一批热爱电影的年轻人组成了纪录片小组,创立了一种全新的纪录电影制作模式:从现实社会现象和普通人生活中取材,以电影为工具,以公共利益为目的,参与到各个机构的服务性事业中去,利用字幕、剪辑以及后来出现的解说词等对现实进行创造性处理。

格里尔逊开创了我们今天所熟悉的专题片式的综合性纪录片模式,或"画面+解说"模式,《漂网渔船》是这种纪录片的原型,而他所领导的纪录片小组更是给世界纪录电影培养了一批大师级人物,英国电影大师汉弗莱·詹宁斯(Humphrey Jennings)便是其中一位。在詹宁斯的著名作品《消防员》、《莉莉·玛莲的真实故事》中,他将记录、虚构与扮演娴熟地运用在一起,将综合性纪录片的形式推到了顶峰,为后世纪录片工作者广为借鉴。

格里尔逊模式在"二战"期间取得了辉煌的成就,成为被任何宣传机构最普遍采纳的纪录片形式,产生了诸如美国电影大师弗兰克·科波拉(Frank Capra)在"二战"期间为美国军方制作的7集战争纪录片《我们为何而战》等作品。在当代,综合性纪录片仍然起着重要的作用,除了宣传用途,其商业价值也被开发出来,我们所熟悉的Discovery系列就采用了这种制作模式。

尽管在"二战"之后,格里尔逊创作模式在西方已经式微,但在被西方世界封锁隔离几十年的中国,格里尔逊模式却演化成了"主题先行"的纪录片创作模式,成为20世纪80年代中国一种主流的纪录片创作模式。

西方真正意义上的电视纪录片探索可以追溯到20世纪二三十年代,当时一些图片摄影记者进行了一些类似于电视纪录片的创作。真正意义上的电视纪录片始于1946年,美国著名记者爱德华·默罗在其主持的新闻节目《现在请看》(See it Now)中播出了大量从世界各地采访而来的电视纪录片,首开电视纪录片之先河。电视纪录片的出现,构成了电视屏幕上以真实地记录或阐释现实生活为己任的电视节目类型。70年代以来,许多电视机构纷纷投资制作大型电视纪录片,并将其视为自身实力的标志。专业的科教电视纪录片频道Discovery更因在电视纪录片上的成就而成为全球十大知名品牌中唯一的媒体品牌。Discovery利用15颗通信卫星,每天以24种语言向全球160个国家和地区播放探索节目,内容涵盖了科技、自然、历史、探险和文化等诸多领域。1997年,联合国教科文组织授予Discovery"人类探索特别贡献奖"。

2. 中国纪录片演进简史[①]

跟国外纪录片演进史类似,自纪录片作为一种拍摄和叙事方法传至中国,发端于1905年的中国纪录片也在相当长的时期内以电影纪录片为主,直至20世纪末随着电视媒体的迅速崛起而走向影视合流。

(1)中国纪录片发端期(1905—1921年)。电影发明不久就传到了中国。1896年初开始,法国人路易·卢米埃尔陆续向南极洲之外的各个大陆派遣了近百名摄影师奔赴世界各地拍片,拍摄了750多部影片,电影正是在这个时期传入中国的。据统计,外国人在中国拍摄的纪录片有50多部,拍摄题材主要包括八国联军攻占北京、日俄战争等。中国人自己拍摄电影的活动开始于1905年,北京丰泰照相馆拍摄了记录京剧名角谭鑫培表演京剧《定军山》片段的短片,片名也叫《定军

---

① 本部分内容参照了单万里《〈中国纪录片简史〉,http://www.douban.com/group/topic/9245043/》和何苏六《〈中国电视纪录片史论〉,中国传媒大学出版社2005年版》的相关著述。

山》。稍后,谭鑫培表演《长坂坡》等剧目的片段也被拍成影片。而关于"纪录片"的说法大约出现于 30 年代初期(较早见于 1931 年出版的梁实秋主编的《实用英汉词典》)。

(2) 新闻纪录片的发展繁荣期(1921—1949 年)。20 年代以来,随着民族资本纷纷投资电影业,中国电影获得了较大发展,新闻纪录片的数量比过去有所增加,内容也丰富了许多。除了北伐战争,还有反映 1925 年五卅反帝爱国运动的新闻片《五卅沪潮》、《上海五卅市民大会》、《满天红时事展》,以及反映当时其他重大社会事件的新闻纪录片,如《上海光复记》(1927 年)、《济南惨案》(1928 年)、《张作霖惨案》(1928 年)。民新影片公司创始人黎民伟可谓中国纪录片史上第一个重要人物。与当时大多数把电影当作娱乐或赚钱工具的电影商人不同,黎民伟认为电影不仅能供人娱乐,而且能移风易俗,辅助教育,改良社会,明确提出了"电影救国"的口号,并在当时中国电影业远离中国革命的情况下,拍摄了大量表现孙中山革命活动的新闻纪录片,如《孙中山为滇军干部学校举行开幕礼》、《孙中山先生北上》、《孙大元帅检阅广东全省警卫军武装警察及商团》、《孙大元帅出巡广东北江记》等。孙中山去世之后,他拍摄了新闻片《孙中山先生出殡及追悼之典礼》(1925 年)和《孙中山先生陵墓奠基记》(1926 年)。后来,他将以往拍摄的影片汇编成大型文献纪录片《国民革命军海陆空大战记》(1927 年),并于 1941 年重新编辑了此片的有声版,名为《勋业千秋》。

从 1931 年至 1945 年,拍摄抗日新闻纪录片是多数中国电影工作者的共识,成为新闻纪录片的主流。"九一八事变"和"一二八事变"爆发后,许多影片公司都认识到了拍摄抗战新闻纪录片的意义,纷纷派出摄制组奔赴战场拍片,如《抗日血战》、《十九路军血战抗日》、《上海之战》、《十九路军抗日战史》、《暴日祸沪记》、《淞沪抗日将士追悼会》、《上海抗敌血战史》(亚细亚影片公司)、《淞沪血》(暨南影片公司)、《上海抗日血战史》(慧冲影片公司)、《中国铁血军战史》(锡藩影片公司)等。这些影片均拍摄于 1932 年,其中明星影业公司的《上海之战》和联华的《十九路军抗日战史》是两部内容较为丰富的影片。

进入 30 年代,中国共产党也意识到了新闻纪录片的重大影响,在艰苦条件下建立了自己的电影机构,开始拍摄新闻纪录片。1938 年,中共中央创办延安电影团,先后拍摄了《晋察冀军区三分区精神总动员大会》、《聂荣臻司令员检阅自卫队》、《晋察冀军区欢送参军》、《白求恩大夫》、《毛泽东同志在延安文艺座谈会上》、《中国共产党第七次全国代表大会》(1945 年)等新闻素材。这些新闻片和素材虽然数量不多,但发挥了新闻片的宣传鼓动作用。在当时极端困难的条件下,这些活动的规模还很小,但取得的成绩是极其宝贵的。

解放战争开始之后，1946年，成立了延安电影制片厂和东北电影制片厂，先后拍摄了30多万英尺关于东北解放战争的新闻纪录电影素材，这些素材被编入17辑杂志片《民主东北》(其中的13辑全部为新闻纪录片)，第17辑《东北三年解放战争》全面记录了东北解放的过程。从1949年4月20日到10月1日，北影制作完成了5部短纪录片(《毛主席朱总司令莅平阅兵》、《新政治协商会议筹备会成立》、《七一在北平》、《解放太原》和《淮海战报》)，1部长纪录片(《百万雄师下江南》)以及《简报》1至4号。

（3）政治化纪录片时期(1949—1977年)。这一时期是一个特殊的阶段，由于受社会政治因素的影响，此阶段的纪录片几乎都带有强烈的政治化色彩。政治化纪录片在语言上显得空洞，在题材上出现雷同，在风格上则很单一，缺少甚至可以说几乎没有人性色彩和人文精神。由于特殊的政治气候，党和国家对这一时期的纪录片拥有绝对的话语权，而宣传也成为纪录片头等重要的功能。然而由于缺少宣传的经验、不熟悉宣传的策略，加上受到前苏联政论性纪录片的影响，使得这一时期的纪录片大多空洞无物、浮夸做作。

当时纪录片的总体特征可以概括为"形象化政论"，宗旨是宣传和教育：宣传中国共产党及其政府的路线方针，教育广大人民群众贯彻执行党和政府的路线方针，为实现共产主义理想努力奋斗。这种创作主张既是向苏联学习的结果，也是当时新闻纪录片主管机构的历史抉择。

这一时期的电视新闻和纪录片之间的界限仍然比较模糊，拍摄手段和节目形态也是大同小异，重要的、需要多点报道的题材自然就成为纪录片。这一阶段主要题材是政治及外事活动报道、建设成就展示、工作经验介绍、英雄人物宣传等。

1958年成立的北京电视台(中央电视台的前身)，起初主要播放电影新闻纪录片，不久也开始用摄影机拍摄自己的新闻纪录片。"文革"前夕，它摄制的纪录片《收租院》在全国范围内掀起了持久的"《收租院》热"。该片系根据四川美术工作者创作的大型泥塑群像《收租院》而拍摄的，反映了解放前四川地主刘文彩逼迫农民交纳租米的情景。1966年4月，这部影片在电视上播出之后产生了很大的反响。为了适应当时的形势需要，有关机构发行了数千部电影拷贝，在全国各地连续放映长达8年之久。

（4）人文化纪录片时期(1977—1992年)。这个阶段中国纪录片领域发生了两个显著变化：一是新闻片与纪录片分离，以及纪录片观念的演进。电视新闻的迅速发展迫使电影新闻片淡出银幕，新闻片与纪录片的分离促使电影工作者和电视工作者共同探讨纪录片的观念。二是电影纪录片逐渐衰落和电视纪录片迅速崛起。当然,任何新兴媒体的出现都不可能完全取代原有媒体,而是利用原有媒体的优势和历史积累加以发展,电影纪录片与电视纪录片之间既存在矛盾又相互依存。

这个时期纪录片最大的特点是没有了前一个时期的政治说教味道,带有民族象征意义的山川河流以及长城运河等成为这个时期纪录片尤其是电视纪录片的主要反映对象之一。有学者认为,这是中国纪录片历史上最为豪迈、最有成效、最有影响力的一个阶段。中央电视台1978年开办的《祖国各地》播出过不少纪录片,在当时的电视纪录片栏目中独树一帜。进入80年代,中央电视台制作的系列电视纪录片《丝绸之路》(1980年)、《话说长江》(1983年)、《话说运河》(1986年)等曾经引起强烈的反响。此后,宣传改革的政论片《迎接挑战》(1986年),为纪念红军长征胜利50周年而制作的《长征,生命的歌》(1986年),为纪念建军50周年而制作的文献纪录片《让历史告诉未来》(1987年),也都在当时产生了轰动的社会效应。

1991年,中央电视台制作和播出的大型系列纪录片《望长城》,被普遍认为是中国电视纪录片发展史上的一部里程碑之作。该片以摄制组的活动为线索,动态地表现了长城两侧人民的生存状态。创新之处主要表现为自始至终的同期声、主持人的积极参与、长镜头的广泛运用、追踪拍摄事件的进程,所有这些手法都在当时的中国电视界引起了广泛的注意和争鸣。这部纪录片带动了一大批同类风格的电视纪录片的出现,如《远在北京的家》、《大三峡》、《沙与海》等。此后,电视纪录片迅速成为电视节目的新时尚。

(5) 走向多元化的纪录片时期(1993—2005年)。从20世纪末到21世纪初是中国纪录片走向多元化的时期,总体特征可以概括为:影视合流(电影纪录片与电视纪录片合流),内外接轨(国内纪录片与国外纪录片接轨),官民互补(官方纪录片与民间纪录片互补),新老并存(传统纪录片与当代纪录片并存),这是改革开放不断深化产生的必然结果。

影视纪录片合流的标志性事件,是1993年10月中央新闻纪录电影制片厂整建制地并入中央电视台。不久,北京科教电影制片厂也划归中央电视台,上海科教电影制片厂并入上海东方电视台,八一电影制片厂将新闻纪录片的摄制任务移交给了中国人民解放军电视制作宣传中心。影视合流的积极影响是优势互补:电影厂的创作人员开始用摄像机拍摄作品,电视台的创作人员获得了拍电影纪录片的机会;电影厂为电视台提供了丰富的历史资源,电视台为电影纪录片提供了广阔的播映空间;电影纪录片的传统得到电视纪录片工作者的继承,电视纪录片的创作观念对电影纪录片工作者产生了强烈的冲击。这个时期的电影纪录片虽然数量不多,但是产生的社会影响却很大。《较量》(1995年)、《东方巨响》(1999年)、《挥师三江》(1999年)、《周恩来外交风云》(1998年)、《灾难时刻》(2004年)等表现了党和国家的重大事件,均具有清新独特的风格。

电影纪录片走向市场,电视纪录片采取了栏目化的生产方式。1993年2月,上海电视台开辟了全国第一家以纪录片为主题的电视栏目《纪录片编辑室》,而且是在主频道晚8点的黄金时段播出。该栏目播出的《摩梭人》、《德兴坊》、《毛毛告状》、《远去的村庄》、《大动迁》等,由于反映了普通百姓的命运与情感而受到广泛欢迎。继上海台之后,新成立的上海东方电视台和上海有线电视台也相继开辟了纪录片栏目。1993年5月,中央电视台开播的《东方时空》栏目更是产生了全国性的影响。在这个栏目的四个板块中,以"讲述老百姓自己的故事"为广告语、以纪录片形态呈现的《生活空间》力图帮助人们改善生活品质,提高文化教养,以反映普通人生存状态的方法,在平凡中见惊奇,激发人们热爱生活和创造生活的热情。此后,全国各地的电视台都掀起了创立纪录片栏目的热潮。

与名称相比,国内外纪录片接轨更重要的表现是,越来越多的中国纪录片参加了国际影视节,并且获得了认可。在这方面,电视纪录片发挥了积极作用。进入90年代,在国际上获大奖的纪录片大多数是电视台摄制的作品。1992年,宁夏电视台和辽宁电视台合拍的《沙与海》获亚广联电视大奖,这是中国电视纪录片第一次获得这个奖项。1993年,中央电视台选送的纪录片《最后的山神》(孙曾田)再获亚广联电视大奖,这是中央电视台首次获此殊荣。1997年,法国的真实电影节将大奖颁给了中国电视纪录片《八廓南街16号》(段锦川)。这些影片的共同特点是,影片制作者花费很长时间与拍摄对象相互交流,深入观察和体验他们的生活,然后才开始影片的拍摄工作,他们继承的是纪录电影鼻祖罗伯特·弗拉哈迪的传统。这

《最后的山神》

些影片还具有人类学纪录片的特征,而长期以来专门从事人类学纪录片拍摄的影视工作者(如杨光海、范志平、郝跃骏等),更是频繁参加世界各地的人类学影视节,虽然他们的作品不为广大观众所知,但为我国的人类学研究留下了不可多得的影像资料。

民间纪录片的出现,是90年代以来纪录片领域出现的新现象。依照制作主体划分,官方纪录片是指官方影视机构制作的纪录片,民间纪录片是指民间力量制作的纪录片(也有人称之为独立纪录片、边缘纪录片或体制外纪录片)。通常认为,完成于1990年的影片《流浪北京》(吴文光)标志着民间纪录片的开端,之后陆续出现了其他类似的影片。官方纪录片重在传达官方意志,民间纪录片强调表达个人观点。在技术设备昂贵的情况下,民间纪录片与官方纪录片之间存在着千丝万缕的联系,直到90年代末价格低廉的DV摄像机及相应的编辑设备的出现,民间纪录片才获得了比较迅速的发展。

进入新世纪以来,我国出现了越来越多个性鲜明的纪录片,如张以庆的作品(《英与白》、《舟舟的世界》、《幼儿园》)。在电影工作者转向拍摄电视纪录片的同时,电视工作者也开始拍摄电影纪录片(如陈真的《布达拉宫》、陈建军的系列电影纪录片《中华文明》和电影纪录片《牧魂》)。另外,长期以来故事片导演与纪录片导演相互隔绝的状态得到了改变,一些故事片导演也拍摄了纪录片作品,如田壮壮的《德拉姆》、张元的《疯狂英语》,更年轻一代的导演(如贾樟柯)也十分关注纪录片的创作。

第二节 纪录片的主要类型

从分类功能上来看,纪录片的类型分类如同纪录片概念一样也是"公有公说,婆有婆理",出现了五花八门的分类方式与类型。比如任远教授将纪录片分为新闻纪录片、创意纪录片、历史纪录片、评论纪录片、电视风光片、社会性纪实片;欧阳宏生教授将纪录片分为新闻纪录片、历史文化纪录片、理论文献纪录片、人文社会纪录片、自然科技纪录片、人类学纪录片;美国学者比尔·尼克尔斯将纪录片分为诗意型纪录片、阐释型纪录片、观察型纪录片、参与型纪录片、反射型纪录片、表述行为型纪录片六大亚类型。Discovery频道则根据其播出纪录片之批量制作、流水线作业的创作特点将纪录片分为六大类,即人文历史类、科技与科学类、自然生态类、精品栏目类、实况电视与人类探险类、儿童科普类。为便于初学者掌握和区别,本书综合各种分类方法的优点,根据纪录片的镜头存在方式以及纪录片的题材对纪录片进行分类。

一、根据纪录片的镜头存在方式来划分

所谓镜头存在方式主要指画面中呈现出来的拍摄者与被摄对象之间的关系状态。按照这一方式,纪录片可以分为参与式记录、旁观式记录、超常式记录、"真实

再现"式记录 4 种①。

1. 参与式记录

即拍摄者参与到所记录的事实、事件当中，摄像机和被记录对象之间形成一种亲密的关系，发掘事件的真实面貌，推动事件的进程，并将整个参与的过程拍摄下来，作为纪录片的有机组成部分。参与有两种方式：一是声音参与式，即拍摄者在拍摄过程中只出现声音，在关键时刻用提问或对话方式与拍摄对象交流，但始终隐匿拍摄者的形象。比如王海兵主创的《深山船家》中，女记者与船家一问一答，但是观众始终未见到女记者的芳容。

二是出镜参与式，即拍摄者在现场将全部身体、行为出现在镜头中的现场介入方式。比如《望长城》第二部《长城两边是故乡》中，主持人焦建成先是在包头砖茶店偶遇一对新婚夫妇，之后在寻找中来到王向荣家，记录王向荣妻子和母亲这几天的生活，最后与大娘依依惜别……这些平常的场景通过主持人与拍摄对象的互动与交流，表现了长城人民的淳朴与真挚。

参与式记录是电视纪录片的主要工作方式之一，可以运用在各种题材的记录当中。其长处在于记录者可以尽可能地去探究表象之下的真相，对表现内心世界、过去时空以及赋予记录戏剧性、情节性非常有效，但由于是以对生活的介入而激发出一些非常态的东西，掌握不好，就会在一定程度上改变生活的原生态。

2. 旁观式记录

亦即朱羽君教授所谓的"作壁上观的直接记录"，指记录生活的过程中尽量不在镜头中出现摄制组成员的形象与声音，同时在节目的后期编辑中努力消除摄制者在采访现场的存在痕迹；最理想的是争取把摄像机对被拍摄者的影响降到最低，剪接时强调一种连续性，从技术的角度尽力避免表露作者的感情色彩和道德取向，尽量完整地真实地表现人物与事件的本来面目。

前面提到的怀斯曼一直坚持旁观式的直接记录，以视觉形象和片中人物的话语来呈现事件，其记录方式俨然已经成了一种信仰，体现了空前的执著与坚持。这与他一贯选择的记录题材有关：学校、军队、警察、医院、监狱以及为人们提供帮助的各种社会服务机构，以此探索当代美国生活的方方面面，其作品《缅因州的贝尔法斯特》中，一如既往地用镜头解剖机构和人，借此得到"对 20 世纪最后 1/3 时间

---

① 此处内容部分参考了孙宝国所著《中国电视节目形态》第四章"电视纪录片"（新华出版社 2007 年版）以及朱羽君、雷蔚真所著《电视采访学》第四章"电视采访的整体策划"（中国人民大学出版社 1999 年版）。

中美国生活的一个印象化概述"。我国的纪录片《八廓南街16号》、《重逢的日子》、《龙脊》、《山洞里的村庄》、《影人儿》等也是在沉静的观望中，解剖了一个家庭、一个山寨、一个村庄的方方面面，同时也物化了一段历史。

旁观式记录的目的是要对现实作直接的观察，从而让观众对现实有个直接的了解，其长处在于充分地还原了生活的原生态，保留了更深度的心理真实和观众自由诠释的空间。但同时，旁观式记录在表现人物内心活动、情感及非现实时空等方面有许多不便，观众在接受过程中也可能因为那种强烈的不确定性而无所适从。

3. 超常式记录

即以超常的视野、特殊的手段，去记录人文世界、自然世界和精神世界的活动。

人的本质力量常常会辐射在各方面，人与自然、人与动植物、人与宇宙星空都能对话。纪录片的题材范围也越来越宽广，已深入到人的科学活动、野生动物、地理生态等层面，对历史、心理、生命等进行科学探索。雅克·贝汉为拍摄《鸟的迁徙》，带领摄制组横跨了五大洲，生活在飞行的候鸟群中，与它们一同飞越大地和海洋，选择了50多个国家中的175个自然景地，拍摄了460多公里长的胶片，动用了17个世界上最优秀的飞行员和两个科学考察队，为观众捕捉到了生存的本能和希望的动力，为人们留下了永恒的奇迹。获选2010年第82届奥斯卡最佳纪录片的《海豚湾》在2008年拍摄期间，由于在日本太地町受到警察及渔民的跟踪、恐吓，导演路易·皮斯豪斯竟组建了自己的"特种部队"。他找到获得8次潜水世锦赛冠军的克鲁克·沙克和她的丈夫，让他们帮忙在海豚湾水下偷偷装上摄像机和听音器；找到一个摄影助理，制作了几块假岩石，里面藏着高清摄像机；

《海豚湾》中被血腥屠杀的海豚

前加拿大空军技师哈金斯也加盟进来，制作了无人驾驶的遥控飞机模型，下方装着一架同样能够远程控制的高清摄像机。此外，许多私人朋友也参与进来，他们是各个领域的专家。摄影团队化装成摇滚乐队，将装备器材装了47个大箱子托运到日本，其中包括禁止离开美国的军事器材无热源高清摄像机（用于夜间无光线拍摄）。

再如纪录片《爱的凯歌》,也是将摄像机同一个深入人体的、直径只有1毫米的内窥镜连接在一起,拍摄了从精子的产生到受精,从胚胎的形成到胎儿生长的过程,既真实又神奇。

4."真实再现式"记录

"真实再现"有广义和狭义两种用法[①]。狭义的真实再现,是电视纪实类作品的一种创作技法,指在客观事实基础上,以扮演或搬演的方式,通过声音与画面设计,表现客观世界已经发生的或者可能已经发生的事件或人物心理的一种电视技法,在纪实类节目中主要起补充叙事、烘托情境等作用。广义的真实再现,是一个节目层面的概念,一种节目创作形态,泛指一切运用了真实再现创作观念与技法的纪实类节目,不仅包括作品中再现部分内容,而且包括与真实再现结合使用的采访与资料部分内容。

其实,不论是广义的还是狭义的,"再现"仅仅是对某一特定人物过去的有意义的经历由本人或演员重新演示并进行拍摄。这种对于过去发生的事件的溯源表现一般限于一个人的行为,前后相隔时间不长,周围环境没有变化。"再现"的内容与整个作品内容没有明显视觉差异,即是对象"自身"的重演。在大量的实拍和历史素材中,运用真实再现,可以表现某段无法实际拍摄获得的内容,营造某种情景氛围,增强视觉的感受,形成一种特殊风格的电视纪录片。

再现式电视纪录片大多在表现旅游风光、文化遗产、历史人物的内容之中运用。比如《大学最后一课》,讲述了一群即将毕业的大学生第一天实习的经历,分为早、中、晚三个部分,但这三个部分的拍摄时间和顺序同最终纪录片里看到的是不相一致的,可是并不影响人们认可它们之间的关系。纪录片《共产党宣言》中,用抽象的手法借助景物的还原再现了马克思青年时代的革命活动,生动形象。2001年央视完成播出的《"记忆"历史人物系列》,标明了"真实再现",是一次探索历史人物整体形象的成功尝试,成了栏目的特色。其中,对于关键性情节的"真实再现"有效地增强了作品的可视性。2005年7月央视播出的"史诗纪录片"《1405·郑和下西洋》,也是采用"真人扮演"和三维动画合成等手法进行拍摄制作的。郑和等历史人物起用了一批演员进行表演,在荧屏上呈现了一个个亦真亦幻的历史片段。

当然,非虚构性与真实性是纪录片创作的第一道德律令。不论出现何种新形态,不论采取什么手法,对于电视纪录片而言,它的基本特征是拍摄素材必须来自

[①] 胡智锋、江逐浪:《"真相"与"造像":电视真实再现探密》,中国广播电视出版社2006年版。

真实的生活,保证素材的原始状态及历史资料的真实性。即使是"真实再现"的段落或电脑制作合成的内容,也应明确标示出来,以便使观众认同。

二、根据纪录片的题材划分

1. 社会类题材

社会类题材,内在地包含了新闻类题材,关注的是人类生存的当下社会中,与人密切相关的话题、人物、场景、事件,创作者选择此类题材的目的是通过展现或揭示现实社会中司空见惯或隐匿不见的内容,通过自己的主观性认识将其传播给更多的观众,使自己的主观观点被更多的人接受,继而影响社会。20世纪末,在中国新纪录运动浪潮中,社会性题材被集中全面地加以展示,独立纪录片人对原先处于失语状态的边缘人群的重新发掘、体制内电视纪录片人对社会生活中普通百姓平凡生活的跟踪记录、西部纪录片人对非主流的少数民族社会生活的客观展现,最终汇成了社会性题材的极大丰富,展现出之前观众完全不曾想到、不曾接触到的广大的社会领域。如用DV拍摄的独立制片人王兵在长达9小时的《铁西区》中,将镜头锁定在20世纪90年代末期辽宁省沈阳市铁西工业区由盛转衰,并最终倒闭的历史过程。该片由《工厂》、《艳粉街》、《铁路》三部分组成,记录了社会体制转型时期的中国工人阶级,如何由"主流群体"沦落为边缘群体和弱势群体的过程。在这强烈的历史与现实的对比与差异中,影片传达了对过往历史的理性反思和对社会现实的沉重关怀。

2. 历史类题材

代表性作品如《失落的文明》、《清宫档案》和《寻找失落的年表》等。历史类题材,内在地包含了历史资料汇编片,关注的是人类生存和发展的历史进程中已经消失的东西,创作者选择此类题材的目的是通过展现湮灭的过去,通过自己的探索提供给当下一种历史的借鉴意义和知识内涵。比如,中央电视台取得良好收视效果的《见证·影像志》就以"尝试记录变革中的中国,探寻现实变迁的历史纵深感"为栏目宗旨,其选题方向都是那些曾经影响过中国又行将消失或新生的事物,包括精神的或物质的。同时,由于《见证》的栏目化播出压力,在进行选题规划时,创作者和规划者还注意尽量选择有可能形成规模效应的题材,可就某一事件本身进行时间和空间上的延展——《过山车》(5集,表现成昆铁路建设者从勘探到通车历经的18年艰苦修建历程)、《再见,蒸汽机车》(5集,记录工业革命的标志在世界上的干线铁路中彻底消失的历史事件);亦可截取历史发展中的一个特定时段,或在同一主题下展示与其相关的方面——《现象1980》(20集,表现1977—1992年间思想解放对各界人士的影响)、《绝活世家》(7集)、《甲子》(4集,记录中国人日常生活点滴变化的资料类纪录片)。

3. 政治类题材

政治类题材,内在地包含了政论片,关注政治生活领域中与意识形态相关的斗争和宣传,创作者选择此类题材的目的是通过为某一政党或领导阶级某一阶段政策和主张的宣传推广,制造民意支持,具有较强的工具色彩,在观众中易形成强大的影响力。比如以世界与中国近现代政治发展史为题材的《大国崛起》《复兴之路》在2006—2007年推出后取得了"叫好又叫座"的效果,打破了以往政论片一直偏向于政治教化、宏大叙事、高度附和政策条例与意识形态、流于空泛的说教和呆板的驯化、缺乏社会功能关注的弱点,高度宣扬了观众本位意识,依靠生活本身的逻辑来影响受众,变主观灌输为客观分析判断,变以往单一片面的强制性的政府宣传口径为多种声音并存,真理越辩越明的传播策略,是新时期政治类题材的成功转型之作。

4. 自然类题材

自然类题材,内在地包含了科技类题材,关注的是自然科技领域内神秘的、值得探索的广大领域,创作者选择此类题材的目的是通过把记录镜头推进到人类现代生活无法触及的自然界,揭示其知识价值和审美价值,为观众提供休闲娱乐和知识服务。应该说,自然类题材在跨文化传播中是最具普适性、离意识形态最远、文化误读可能性最小的题材类型,因此也成为商业性纪录片最早染指并持续把持的领地,也是中国纪录片创作者以中国丰富的自然类题材资源进入世界纪录片版图的最佳切入点。20世纪末至今,中国创作者对自然科技类题材的热情持续升温,结合中国独特的自然风情创作了一大批在国际国内取得收视佳绩的优秀作品,如《我的朋友》、《红树林》、《峨眉藏猕猴》、《回家的路有多长》、《萨马阁的路沙》、《蛇·鸟·蛇》、《三江源》、《236号麋鹿·孤独者的故事》、《史前部落的最后瞬间》等。但同时也应该看到,由于自然类、科技类纪录片所需的前期投入相当大,而中国纪录片市场尚不发达、不规范,目前还未能形成良性的产业发展链条,因此部分程度上制约了中国自然类题材的创作。

5. 人类学题材

人类学纪录片,是用影视记录的手段来反映、再现有关人类学内容的纪录片。与其他题材不同,此类创作必须进行田野调查,创作者必须深入被反映对象所处的社会群体内部生活,通过熟悉该群体生活来取得第一手资料,最终通过取舍,选择决定拍摄的主题。其创作原则也更为苛刻,如不准有任何虚假导演内容,不干预主体事件的发展,尊重拍摄对象,顺着事件流程记录拍摄;拍摄的角度是正常的视觉范围,不准带有任何猎奇的主观想法,要善于抓取感人的镜头;保持声音的记录和影像色调还原的真实性。在新中国成立之初形成后来又中断的一次对于多个少数民族影像记录的基础上,20世纪80年代以来,我国涌现出大量影视人类学作品,其后随着便携式DV的出现,个体自身的记录又为人类学题材增加了不计其数的影像资料。另外,中国对人类学题材的一个政策性促进工作是设立了专门以少数民族题材为标准的"骏马奖",《最后的山神》、《小苏布达们的故事》等在一定程度上成为人类学题材的典范。

第三节 纪录片的策划

纪录片是最能代表创作主体综合水平和实力的节目类型之一。随着社会文化生活水准的提高,尤其是观众欣赏品位的提高,纪录片把握时代潮流,关怀民众生活,已经成为当代人对人性、生活参与观察思考的重要通道。每一部精心策划制作的纪录片对电视台的声誉形象都会起到较大的推进作用,客观上对电视界的整体制作水平也是一个极大的激励,电视纪录片的策划已然成为纪录片多出精品的必由之路。1993年播出的《毛泽东》,从1991年就开始对被访人员、航拍、出国拍摄外国元首等进行了整体策划。1993年同时获得中国电视奖一等奖和中国纪录片学术奖一等奖的《潜伏行动》,公安部门和电视记者策划了4次围捕行动,最终获得成功。入围法国电影节的纪录片《伴》,连续跟拍5年,是在不断策划、不断拍摄中完成的。张以庆为了拍摄《幼儿园》,将幼儿园的墙壁换成了隔音板。这些中国纪录片精品,都深深地渗透着策划的印记。

纪录片的酝酿与策划主要包括题材的选择、采访、资料搜集、场地勘测、构思、立意、寻找切入点、设计节目形态、节目风格等等,而成功的策划文案应当包括:选题说明(选题简介及现实意义)、作品主题(中心思想)、编导阐述(视角介入、主题开拓、情节支撑、动情点、作品目标)、作品的结构设计、风格展现及制作要求等,下面一一进行说明。

一、策划选题

电视纪录片强调镜头语言和客观事实,淡化作品的主体意识,强调以事实的客观存在去打动观众、感染观众,从而展示个体、人群与自然的原生态和审美意义。

这就要求编导处理好客观事实与"自我"的关系,在众多的题材中淘沙求金,对创作题材走向进行分析和思考。可以说,纪录片是发现的艺术,但这只是第一步,发现绝不仅仅意味着把镜头对准生活中的某个事件或某个人物,就可以拍出纪录片;纪录片不是简单随机的生活流的复述,必须进行慎重的选择与加工。所以,纪录片是发现的艺术,也是选择的艺术。冷冶夫在拍摄女特警系列时就遵循了选材至上的原则。当他听说四川省有这么一支女特警队时,便萌发创作意念。但是女特警队有40多人,个个都是能文能武的巾帼英雄,于是冷冶夫继续观察,发现一个叫雷敏的女兵,不仅训练刻苦,而且活泼好动,潇洒大方,不怵镜头,于是人物性格鲜明的雷敏也就成为《女特警》中的主角,并以她的故事与活动作为主体,前期拍摄的素材内容丰富,后期制作自然就简单多了。

1. 选题的特色

从选题来源而言,媒体的报道、身边耳闻目睹的事件、他人的叙述、自己的亲身经历甚至一段传说都可以成为选题的来源。在这个方面,纪录片创作者要做生活的有心人,深入体验和观察,随时储备生活中的点滴信息和感受。

从选题方向而言,生活中的人物、事件、社会、历史、文化都可以作为纪录片关注的对象。首先可以考虑社会生活中那些非同寻常的、有典型意义的人与事,如人与自然的抗争与关系、个体生命的生与死、人的生存状态、人与人的关系等,表达生存、亲情、爱情、理想与现实的矛盾、生命价值的追问等,它们可以超越时间、地域与种族。其次,可以关注当前生活中存在的具有普遍意义的社会问题。在选题过程中,要注意三个基本问题:一是选题要契合时代精神,反映时代主题。审时而度势,度势而选题。作为电视纪录片的创作者,如何把社会转型期的时代精神,以纪录片的形式渗透在作品中,需要在前期的选题上下工夫。"文章千古事,得失寸心知",策划成功的选题是创作纪录片的关键。同样面对纷繁喧闹的社会生活,同样是在记录客观世界,有的创作者能够独具慧眼,能够以自己的新闻敏感,抓住人们的兴奋点,在平凡的人和事件中挖掘出独特的意境,做出审美档次很高的电视纪录片,有的却在毫无意义的事情上大做文章,或仅仅是自然主义的生活流水账。究其原因就在于电视纪录片创作者是否在选题上体现时代发展的主题,体现电视纪录片的特点,体现电视纪录片的新闻价值、宣传价值和审美价值。二是选题要注重平民化视角,彰显人文关怀。近年来,电视纪录片在题材的取舍上已发生了根本性的变化,创作者以强烈的"平民视角"和"人本"思想,在普通人群中开发选题,讲述发生在普通百姓身上一个个苦辣酸甜、悲欢离合的故事,反映百姓的欲望、情感、意志和要求,让广大电视受众在心灵深处体会到人文关怀,体现出社会的公平和正义及人间的真善美。三是选题要注重选取能够记录心灵的题材。当前电视纪录片的发展已从记录生活本身发展成为记录生活中的人们的心灵。记录心灵就是电视纪录片不仅要记录生活本身,还原生活,展示人们的生存状态,而且要深入到故事人物的情感世界,揭示人的灵魂。个性的自然和人群是纪录片选题的两大主题,而记述人的心灵和自然的完美统一则是纪录片的最高境界,更能给电视受众以强烈的视觉冲击力。

2. 选题的挖掘

从选题的开掘而言,纪录片创作者需要深入挖掘选题内涵及戏剧张力。也就是当我们初步确定一个选题时,应该考虑这个片子拍出来是否有可能引发观众对于现实、人生、历史的思考,是否对观众有启发,是否能真正打动观众,最终从理念上归结到人的价值、人类的发展、人类文明的进程、人性的思考等。纪录片《最后的山神》虽然是围绕老萨满(孟金福)与山神的关系展开情节,然而它并不是简单地记录老萨满的生存状态。它不仅记录了老萨满的心灵,表现了一个游牧民族个体的内心世界,而且记录了大自然的神奇之美,在40分钟的画面中,充溢着一种旷远淡泊、古朴神秘的原始意境美,这些天人合一的景致情调,自然产生了强烈的视觉效果。另一方面,要考虑选题可能会产生的矛盾冲突。矛盾冲突是影视剧创作的戏剧性所在,在纪录片创作时也应该考虑如何充分利用矛盾来反映人物性格,产生戏剧效果,增强作品张力。这种戏剧性冲突在现实生活中有着各种各样的表现,如全球变暖、人口爆炸、战争与恐怖活动、夫妻争吵、小贩黑心、道德沦丧等等。

题材的选择还要考虑到所拍摄对象或人物的新闻性、时效性。比如2010年9月在法国戛纳首映的《内幕工作》(Inside Job),就是时效性极强的题材——全球金融危机。该片采访了大量华尔街人士及相关的政客、记者、学者,来为观众揭开2008年全球金融危机爆发的根由。《内幕工作》戛纳首映后,引来美国记者一片追捧,被誉为近年来最具"重要性"的纪录片,而它揭伤疤的立场也引来了奥巴马政府的高度反感。再如2010年"十一黄金周"期间,大型纪录片《公司的力量》于央视二套开始第四轮播出。短短时间内,《公司的力量》引发的追捧与热议,也再次创下了《大国崛起》后的关注高潮。之所以如此,是因为这部纪录片被认为是"在金融危机过后对中国企业的一次重新思考"。《公司的力量》使人们反思中国公司的现状,思索中国公司以及中国管理的未来,关于中国公司如何迸发力量、如何于全球崛起的思索与探讨,也越来越热。

从这个角度来说,纪录片创作者需要一定的新闻敏感,视野要开阔,要避免题材撞车,注意鲜活的题材才是选择的目标。当然,纪录片不需要像新闻资讯节目那样强调时效性,但可以反映时代风貌,进行宏大叙事,如《东方时空·纪实》策划的《中国建设》(主要反映 21 世纪中国大型建设项目)、《中国人在 21 世纪》、《入世后的中国》等。

3. 选题策划的自身条件和市场需求

纪录片的选题策划还包括对自身制作条件以及市场需求的考虑和审察。随着纪录片生产机制正从自给型转向市场型,由过去的以生产为主导逐渐转变为以市场需求为主导,纪录片制作更加需要重视播出需求和受众需求。同时,纪录片栏目化和频道专业化的迅速发展,使受众市场得到有针对性的开发,节目受众定位的确立使得广告商开始跟进,市场成为纪录片节目和栏目的重要资金来源。在此情景下,纪录片的选题策划就不能不考虑自身制作条件与市场需求。所谓制作条件,是指创作者所拥有的人员、资金、机器设备条件等,而市场需求,是指纪录片播出的栏目化、以收视率为指标的市场运作等。《见证·影像志》栏目一直致力于用影像打捞记忆,用消逝见证变迁,力争为快速发展和变化的中国留下一份影像档案,所以在选题上特别强调规模效应。所谓规模效应,可以从纵与横两个方面去理解。纵的方面是就某一事件本身进行时间和空间上的延展,比如《过山车》(5 集)讲述了被当时许多外国专家认为是"不可能完成的任务"的成昆铁路,从勘探到通车历经 18 年的艰苦修建过程,追寻那些在铁路线上成千上万建设者的激情岁月。横的方面就是截取历史发展的一个特定时段或者在同一主题下去展示与其相关的方方面面,比如《现象1980》把目光锁定在 1977 年—1992 年。20 世纪 80 年代开启了把"人"字大写的时代。在思想解放层面,它表现出"世纪元年"的意义,以充满活力的"西学东渐"和原创成果,启蒙着一个国家内部成员的觉醒;在体制变革层面,它释放了国家生产力和民间的能量,使中国人在这个 10 年中第一次开始有了真正属于自己的、可供选择、可以追求的日常生活。

总的来说,题材的选择与策划是电视纪录片创作中最为关键的第一步,也是纪录片策划的重心所在。主题初选之后还要进行四方面的统筹:主题的出现要顺理成章,循序渐进。主题的选择要恰如其分,不要勉为其难。既要"大题小做",又要"小题大做"。所谓"大题小做",就是选取大事件中的一个段落,或重要人物的某个阶段来做文章,从中分解适当的主题;所谓"小题大做",就是对一个小题材进行联想式或挖掘式的思考,从中引申出一个较深的主题来。选题要有新意,能否创新,是纪录片人是否具有创造力的标志。

二、策划纪实方式

不同于一般纪实性节目的宣教与动员模式,电视纪录片运用真实朴素的纪实手法吸引和赢得观众。纪录片作为一种特殊的媒体艺术,不仅要忠实记录下真实的事件发生状态,更要运用纪实性的电视艺术手法,注重真实中的艺术审美。但纪录片的摄制具有所有纪实类电视节目都面临的一个普遍问题:主客观问题,即纪录片创作者在拍摄时必须出现在采访现场,否则就无法记录到原始的动态画面。然而创作者的介入恰恰会改变被摄对象的现场、环境、范围以及心态等,于是,创作者对现场的介入方式、在纪实采访过程中与被摄对象的关系亦即创作者的现场镜头存在方式,成为创作者必须策划和思考的重要问题之一,这不仅决定着纪实过程中的素材质量,还直接影响着后期制作和最后成片的风格。

1. 长镜头跟拍

如前所述,真实性、非虚构性是纪录片的第一"道德律令",而跟拍、长镜头是营造真实感的一种常用手段。俗称多构图镜头的长镜头,通过对动态活动的连续记录,既能充分地显示其空间的统一性,又可保持情节、动作和事件发展的时间连续性,从而收到使画面信息更真实、更客观的表现效果。因此,长镜头经常被用作纪录片的拍摄手法。譬如早期的中国电视纪录作品《望长城》中,长镜头的运用纯熟巧妙。在主持人沿着长城遗址而行的过程中,长镜头始终跟随着主持人,沿途考察着长城的修建与变迁过程,交代了长城在中国历史上的重大意义

《最后的马帮》中穿过大山的马帮

乃至对当今自然生态环境以及人口迁徙变化的影响。这样的长镜头纪实风格,亦是中国新纪录片的开端。在另一部中国独立纪录片作品《最后的马帮》中,摄像机在恶劣的环境下,对雪山突围、穿越峡谷等场景采用了艰难的跟拍,其强烈的视觉冲击力无疑是作品成功的关键。该片突破了纯粹客观记录的局限,充分运用长镜头运动的特点,在构图光线乃至色彩元素上不断寻找突破,画面在时空里自然转换,偶尔的不规范构图亦能增强纪录片的真实感和现场感,而其间透过平凡的生活表象却揭示出背后蕴含的深刻自然哲理。长镜头所得到的真实虽然只有一瞬间,

而所揭示出的深刻的人物内心情感却具有极强的感染力。

2. 捕捉细节

细节作为纪录片的亮点,是纪录片最能体现本质的地方,正如钟大年先生在他的《纪录片创作论纲》一书中所写:"在一部作品中,细节是十分重要的,细节像血肉,是构成艺术整体的基本要素。"所谓细节,就是影视作品中构成人物性格、事物发展、社会情境、自然景观的最小的组成元素。在纪录片《舟舟的世界》中,舟舟被爸爸骂的情节让观众印象深刻。因为舟舟不愿意做家务,爸爸就斥责了舟舟,舟舟难过地站着,一言不发。小孩子因为做错事被骂是很正常的事情,舟舟的父亲也没有因为舟舟的情况而对舟舟放松管教,这些情节的忠实记录与表现,体现了真实的父爱。在纪录片《幼儿园》中有一个段落,镜头在餐桌旁吃饭的小女孩脸上停住,小女孩面部的表情慢慢地开始委屈,渐渐地哭了起来。人们不禁疑惑,为什么在吃饭的时候小女孩会哭呢?镜头下移,原来小女孩被泼掉的饭洒了一身,于是委屈地哭了,这些细节和悬念的设置,展现了小女孩在面对突发事件时的生动的面部表情,也构成了整个节目的故事脉络。

影视剧中除细节外,更主要的是凭借精心编排的故事情节,去塑造一个个完美的艺术形象,引发人们跟着编创者的步履去领悟、去感动。而纪录片不可能借助虚构来制造情节,它只有通过一个个细节来激发观众的情绪,因此在多数情况下,细节成了重要的情感启动因素,它在纪录片中的地位和作用就更加凸显出来。因此有人提出:纪录片可以没有情节,但决不能没有细节。还有人说:捕捉和运用细节,是纪录片的灵魂。摄取自然体态中事件或人物的典型细节是真实性的要求,也是纪录片的"绝招",认真捕捉细节应该是纪录片创作者一个重要的基本功。语言可以说谎,但是细节不会说谎,捕捉细节也是纪录片策划的核心内容之一。

3. 慎用搬演

另外,搬演也是一种有效手段,但是要慎用。作为一种记录手法,搬演又称"真实再现",特指对时过境迁的重要情节由他人扮演,或者运用光影声效造型,再现某种特定历史性时刻的环境氛围,作为对形象叙事的衔接和强调。搬演是从虚构类影片中借鉴过来的一种叙事技巧,其主要目的是为了增强纪录片的可视性。"搬演"的创作手法存在的前提就在于:当再先进的记录手段也无法记录到事件时,它可以起到一种叙事的作用,所以在许多人类学影片和历史性题材的作品中,经常会用到这一方法。如《李大钊》中,表现李大钊躲避军阀迫害,在偏远山村从事马克思主义理论译著的场景;《齐白石》中艾青与画家对真假画品的谈论;《共产党宣言》中再现马克思青年时代的革命活动等,许多历史人物系列优秀作品就是用"搬演"的手法把历史故事讲述得清楚而生动。

三、策划叙事结构

1. 什么是叙事结构

"结构"一词,来自建筑学,指建造房屋时所立的间架和内部构造。就电视纪录片而言,叙事结构不仅指电视纪录片部分与部分、部分与整体之间的内在联系与外在秩序的统一,同时也是创作者根据生活规律和主观体验感受,以各种手段有主次、有逻辑地安排纪录片内容,并使之成为严密、有机整体的行为过程。

结构作为纪录片创作中的一个重要方面,往往决定着前期拍摄素材的排列组合方式,不同的结构安排也会产生不同的叙事效果。比如纳粹德国时期里芬斯塔尔的《意志的胜利》被前苏联编辑重新进行剪辑,也就是改变了素材的结构方式,就变成了反法西斯的影片《普通法西斯》。原《东方时空·生活空间》曾播出纪录短片《姐姐》,编导原来准备把拍回来的素材编成一个反映先进警察的人物片。后来制片人发现这段素材如果重新编,就可以成为一个更好地反映儿童的纪录片,正是制片人的金手指才有了《姐姐》的出笼。这类似化学中碳原子的排列,一种方式是石墨,如果改变这种分子排列方式,普通的石墨就变成了光彩夺目的金刚石。不过,纪录片创作中的这种"化学变化"毕竟只是少数,大多数结构方式的变化只会引起所谓的"物理变化",即叙事效果的优劣分野。优秀纪录片的结构严谨、统一而又自然,低劣的纪录片结构雕刻痕迹很重,给人的整体感觉是松弛、甚至混乱。结构能力的高低是区别纪录片水平高低的一个最重要的方面。

作为结构的一种,电视纪录片的叙事结构,是电视纪录片形成和存在的基本形式。没有结构的"记录"是不能成其为电视纪录片的,电视纪录片叙事结构的任务就是按照一定的原则和要求,将材料、观点、体验等内在要素,有步骤、有主次地加以安排,形成聚合和支撑电视纪录片各个部件的框架。电视纪录片的叙事结构一旦形成,就会以纷繁多样的艺术形式存在,成为人们认识电视纪录片人物命运和事件发展过程的一种形式存在。

2. 结构的主要种类

纪录片的结构有内部结构和外部结构之分,所谓内部结构是构成形象的各个要素的内在逻辑联系和组织形态,所谓外部结构则是纪录片的外在组织形式,即纪录片的构成框架。内部结构更多的是内容方面的问题,外部结构更多的是一种形式方面的问题,常见的结构有线形结构和板块结构两大类①。

线形结构,又称渐进结构,是指各个单位的内容之间,通过层层递进、逐步深入的切入,保持前后相继的不可逆转的逻辑关系、时间关系、空间关系、程度关系的一种结构思维方式。渐进结构一般具有三个特征:叙述单元容量小,内容相对比较零碎,但单元数量较多;叙述单元之间有一定联系,成为一种线索关系;叙述单元之间有过渡性连接,不是大幅度切换、跳跃。线形结构既可以是内在的、逻辑的,如《远去的村庄》中的缺水问题,《中华百年祭》中画家的创作体会;也可以是外在的、形式上的,如《龙脊》中村口的那个大槐树,《万里长城》中的长城。

板块结构,又称平列结构或块状结构,就是按照人物、时间、地域或主题的不同,将不同的内容分成不同的部分,部分与部分之间可以互无联系,也可以有起承转合的一种结构方式。板块结构一般也有三个特征:情节内容以板块为单元,单元内的容量比较大,但单元的数量比较少;板块之间在内容上是相对独立的;板块之间没有过渡,是段落切换,往往带有跳跃性。电视纪录片《祖屋》就是以板块结构思维进行构建的,它分为五个板块,每个板块都配有一个小标题,依次是"祖宗风水"、"耕读世家"、"族上人物"、"仁者爱人"和"红白喜事",尽管五个板块都是围绕"冯琳厝"这个祖屋展开的,但是这五个板块彼此之间没有什么明显的外在的联系。纪录片《江南》同样采用类似结构,为了总体描绘江南地方文化,创作者选择了《丁山泥土》、《叩访天一阁》、《千年陈酒》、《老房子》等进行记录,构成了江南文化的总体意象。《西藏的诱惑》也是采用板块式结构全篇的,它通过四位宗教信徒跋涉在朝圣路上的情状来揭示作品的主题:人人心中有真神,不是真神不显圣,就怕半心半意的人。

尽管纪录片存在不同的结构方式,但是这些结构方式本身并没有什么优劣之分,只是对具体的纪录片而言,存在一个最恰当的结构方式,此时再选用其他结构方式就是不恰当的了。而且,一般来说,为了方便电视观众的接受,纪录片的结构不宜像艺术电影那样搞得过分复杂,应本着为生活做减法的原则,去除现实中任何干扰叙事表意的视听元素。

四、策划纪录片中的戏剧性因素

在大部分人印象中,纪录片似乎总是以平淡、冷静、毫无戏剧性著称,有时还喜欢说教。然而,看看2003年全球票房火爆的几部纪录片,你会发现纪录片的戏剧

---

① 冷冶夫:《纪录片的叙事与结构》,http://www.94188.cn/JiZheWenGao/XinWenZhuanDiWenGao/D69K5J5IJK_2.html。

性可能丝毫不在好莱坞大片之下。巴西影片《174路公共汽车》(Bus 174)真实记录了一个玩命之徒劫持一辆公交车的恐怖过程,以及警察试图解救人质时丑态百出的闹剧场面。在《抓住弗里德曼一家》(Capturing The Friedmans)中,一对来自中产阶级家庭的父子同时被控猥亵儿童,手段骇人听闻。你能相信美国前国防部长罗伯特·麦克纳马拉曾在越南战争中暗中支持叛变者吗?可这一切都是麦克纳马拉在奥斯卡最佳纪录片《战争迷雾》(The Fog of War)中亲口讲述的。将采访和再现相结合的纪录片《冰峰168小时》,荣获2004年度英国电影学院奖最佳影片奖,是英国票房史上最成功的纪录片:两个英国登山者准备征服秘鲁安第斯山的Siula Grande峰,就在他们接近顶峰的时候,灾难发生了。乔不慎跌下一个陡坡,被绳索悬在万丈深渊之上,而绳索的另一端是同伴西蒙……

可以说,纪录片的戏剧化叙事,已经成为当今纪录片的一个重要特性。因为它抛弃了过去那种平铺直叙的创作方式,在一定的时间和空间内,表现一个相对完整和连续的矛盾冲突过程,因果关系、开端、发展、高潮都有较好的关照,所以它的可视性远远高于那种"原生态记录"的故事。如我国独立制片人拍摄的《纸殇》,记录的是福建大山里的一个造纸作坊的兴衰。50分钟时间展示了老板与工人、老板与旅游局、老板与继承祖国文化遗产之间的三条矛盾冲突线,最终的戏剧化焦点落在了老板与市场销售的环节上,可视性极强。

那么,如何才能构建纪录片的戏剧性呢?

(1) 纪录片要讲故事,精彩的故事才有市场,精彩就是戏剧性的要求。纪录片创作者在选材或者拍摄的时候,首先要看所拍摄的题材中有没有故事,能不能根据情节构建出故事,创作中是否能拍到矛盾或有故事化因素的情节、细节。在后期剪辑中,不妨使用设置悬念、人物铺垫、交叉叙事、加快节奏等故事片创作手法,以加强纪录片的戏剧性。在真实记录的基础上,纪录片故事的叙事方式与故事片并没有多大区别,如悬念、细节、铺垫、重复、高潮等,这不是故事片的专利,也可以在纪录片中加以使用。

(2) 悬念和矛盾是产生戏剧性的有效手段。故事片的故事性以人为地设置悬念见长,并集中了大量叙事技巧甚至语言技巧以推波助澜,其中的激烈曲折、动人心魄,当然是纪录片所不能望其项背的。但纪录片的悬念却也自有故事片所不敢想象的,那就是悬念的模糊性与流动性,如《寻找楼兰王国》、《回家》、《闯江湖》、《毛毛告状》。创作者以动词为据,以现在进行时态来记录一个动态的过程:在这个过程中,一切都处于未知的进行状态中,谁也不知道下一秒会发生什么,因此悬念不是如故事片般具体的一个,而是由不明确的可能出现的一切形成一个悬念流,伴随着过程的推进以链状的形态即时地出现。如在《寻找楼兰王国》中,悬念成为一个茫茫的概念,跟着摄制组走进在1 500年前吞噬了神话般的楼兰王国的大沙漠,纪录片创作者要寻找的是什么,而将寻找到的又是什么,带着一切模糊而又随时都可能改变的悬念,创作者与观众一起经历了一个过程。这样的悬念是故事片所不可比拟的。再如《考古中国》之《河姆渡文明之谜》也是采用悬念建构叙事结构的,它由1973年夏天河姆渡村的村民施工时发现可疑碎石为开篇,铺设悬念,随后讲述考古人员在逐层的挖掘中相继发现墓葬、陶片、石器等物,再设悬念,然后进一步对混在泥土中的褐色颗粒提出疑问,发展悬念,由炭化了的稻谷证实,接着又继续设置悬念——新石器时代河姆渡人就开始种植水稻了吗?又由挖掘出的大量稻谷和骨制农具以及对"干栏式建筑"的复原证实,最后得出结论:河姆渡是新石器时代晚期的一处氏族部落生活遗址,后因洪水被埋藏在地下。

(3)强化冲突因素。没有冲突也就无所谓故事,纪录片中的故事也要有冲突。但与故事片中重表层事件冲突不一样,纪录片更关注的是人与自我、人与自然或人与社会等深层次的观念冲突、价值冲突。纪录片的冲突是隐在的,在表层的事件冲突上一般进行自然化处理,以冷静客观的方式引导观众去体悟深层冲突,而忌讳刻意地强调表层矛盾的激烈性。在《远去的村庄》中,冲突并非没有:起珍家的二儿子同村长赵子平吵架,冲动之下砸了村里的千年老井;乡政府派干部来调查情况,赵子平被停了职;而这时有人要求重新丈量各家的地并清查赵子平的账;小学停课了,刘秀娃家决定搬到镇上……可编导却是对人不对事,并没有对事件冲突大加渲染,而是力求客观地记录一个过程。他将镜头对准了人,虽然村民们往地上一蹲,半天都不说一句话,却真实地呈现出了这里农民的生活状态及深层的思维状态和精神状态。在纪录片《阴阳》中,故事的背景是宁夏连续5年大旱,粮食极度短缺,人与自然的冲突达到了顶峰;而在阴阳先生本身性格矛盾的展开过程中,我们感悟到的是现代文明与传统愚昧的冲突。

另外,在成片过程中,还要考虑片子的情节点在哪里。情节点是能够引发主人公行为动作的事件,它具有推动故事向前发展的动力;情节点有可能是任务外部环境的变化,也可能是人物心理的改变;情节点对于栏目化的纪录片来说是吸引观众的重要因素。

五、策划纪录片的观赏性

纪录片因为有了故事,所以日趋好看。但观众在日常生活中记录的题材,未必都有好看的故事,如古建筑、自然类题材等,就很难拍到人与人之间的那种一目了然的矛盾冲突和好看的故事,这样的纪录片就必须提高节目的观赏性。法国人拍的《微观世界》,也就是人们所熟知的《小宇宙》,画面之精美,视角之独特,曾使其影碟成为很多 DVD 制造商的首选试机碟。影片用最直接的方法,记录了蚂蚁、毛毛虫、蜗牛、螳螂、蜜蜂等昆虫的生存状态。观众随着悠扬舒缓的音乐,得以重温蜘蛛捕食弑杀蚱蜢、蜗牛恋爱缠绵耳语、刺毛虫烈日大游行、暴雨重袭昆虫王国、天牛角斗比拼等一系列经典镜头。

《微观世界》

《鸟的迁徙》是《微观世界》原班人马的新作,只是此次的视角转向浩瀚天空中的候鸟天堂。影片采用大量的航拍技术,真实地记录了雁、鹅、燕、鹰、鹤等大量野生候鸟的迁徙活动。通过影片我们可以感受到候鸟迁徙的艰难:行进间需要躲避猎人的捕杀、天敌的攻击、海浪的袭击、雪崩的吞噬,偶尔的受伤还会使鸟类成为螃蟹的美食,即便是遇见狂奔的马群、呼啸的汽车、工厂的油污都会使旅途中的候鸟不慎离群失落于荒野之间……纵横上万公里的迁徙是鸟类生存的需要,同样也是其对命运的挑战。影片在讲述这种艰辛之余,还一如既往地向观众展示鸟类世界的盎然情趣。观众通过精美的画面不仅得到了兴趣盎然的观赏,又满足了人们的好奇心和窥探欲。在《罗马风情画》中,现实与超现实场面交替出现,现实、回忆和梦幻融合在一起,展示了光怪陆离而又充满活力和魅力的世俗都市。索科洛夫的《俄罗斯方舟》回顾了俄罗斯数百年间的风云变化,展示了它独特的历史与文化,表达了对这个国家过去和现在的反思与质疑。令人赞叹的是,全片运用长镜头摄制完成,无论场面怎样宏大复杂,镜头调度都灵活自如、恰到好处。

国内这种大制作的纪录片不多,但近年也有些上乘之作,像《布达拉宫》《复活的军团》《从化古民居》《百年开埠》等。这些节目的一个最大特点就是,要么影像特别清晰,要么画面构图特别工整,要么制作特别精良,要么音乐画面结合得特别和谐。探索亚洲电视网制作总监维克兰·夏纳,2009 年在广州的一次影展活动中带来一部记录中国的短片参展,虽然它只有 15 分钟,却向观众展示了一个古老、神秘、风景秀美和发展迅速的中国。在这个短片里,出现了悬棺、水墨画和昆曲,展示了"每时每刻都在变化"的上海、北京和"数百年来一直如此"的丽江古城和雪域西藏,在讲述功夫巨星成龙艰辛的奋斗历程的同时,也记述了那些为自己选购寿衣寿鞋的普通香港老人和一辈子生活在中国西北地区的"剪纸艺术大师"。这个节目的观赏性是很高的,而评委们一致看好的就是精美工整的画面,舒缓有致的节奏,以及通过剪辑组接形成的"音乐"情节。

可以看出,这些纪录片在拍摄之前都做了大量研究和准备工作,为了表现主题,调动了各种艺术技术手段,每一个画面、每一段音效、每一段音乐,都经过了精心设计、精心制作。

思考题
1. 试分析关于纪录片的几个概念,说明其各自优劣。
2. 电视纪录片与电视专题片有何根本性区别?为什么?
3. 纪录片可以分为几个类型?各类型有何主要特点?
4. 如何进行电视纪录片的选题策划?
5. 怎样使得纪录片更具戏剧性?
6. 纪录片如何讲好故事?
7. 选择观看一部纪录片,分析其叙事结构上的主要特点。

第六章　电视真人秀节目

案例6.1　《老大哥》

《老大哥》是目前全球最大的"真实电视"节目之一,形成了完整的节目游戏规则和规范的跨国运营模式。它始发于荷兰,随后迅速被澳大利亚、德国、丹麦、美国等18个国家照搬制作了各自的版本,也都在各自的国家高居过电视节目收视率的榜首,是目前传播最广泛的真人秀电视节目。"老大哥"(Big Brother)的名字出自乔治·奥威尔著名小说《1984》中的一句话:"老大哥在看着你呢。"

澳大利亚版的《老大哥》系列的基本游戏规则是:12名背景不同、性格各异、原来素不相识的选手被挑选出来,其中6名青年男性、6名青年女性,他们共同生活在一个特制的有着花园、游泳池、豪华家具的大房子里,大家共享一间卧室、一套起居室和卫生间等。"老大哥"设置了25台摄像机、32个麦克风和40公里长的电缆,一天24小时地记录他们的一举一动,制作成每天半个小时或一个小时的节目,向电视观众展示屋内发生的大事小事。同时观众可以登录到该节目的网站,追踪屋里的实时状况。设在淋浴间和洗手间的摄像机所偷拍的内容,以及夜间在12名选手的共同卧室里拍摄到的内容,这些最为隐私的部分,只要有趣,也会在仅仅最脆弱的遮羞布掩饰下,被放在电视节目里广为传播。

在共同生活的85天里,选手们每周六要选出两个最不受欢迎的人。而每天

《老大哥》节目参与者合影

守候在电视机前的狂热者们则用声讯电话,在这两人中选出一个他们最不喜欢的、最没人缘的选手出局。每周末的提名几乎都对选手们产生了重要的心理影响,无论是被选中的,还是没有被选中的,无论是爆发激烈的争论和情绪的发泄,还是默默无语和风平浪静,大多数情况下,被选中的人会顿时觉得面临巨大压力,认为自己不受欢迎,仿佛脑门上贴上了"讨厌鬼"的字样!《老大哥》中被提名的女性往往会更加焦虑,流露出忧郁的眼神和郁郁寡欢的哭泣,而这些细节无疑都被无处不在的摄像机抓住,以特写镜头的方式无比细腻地呈现在观众面前。经过短期的自我调整,被提名的人会在疲惫之中恢复一种平静,但是他们的处境和心态变得非常微妙,即使恼羞成怒,也必须压制情绪,毕竟还要争取可以幸存的那个名额。为了争取挺到最后可以得到 25 000 美元的奖金,他必须加倍努力地改变自己的态度和表现。

其他国家的《老大哥》在节目的结构和游戏规则上大同小异,仅仅在参赛者、时间、地点、奖金、竞赛题目等上有所区别而已。

案例 6.2 《地狱厨房》

《地狱厨房》(Hell's Kitchen)原本是英国的一档选秀节目,后来被美国福克斯电视台买去(正如《美国偶像》的诞生一样),重新制作后,美国版本的《地狱厨房》于 2005 年正式开播。《地狱厨房》的主角是来自英国的名厨格登·拉姆齐。他拥有米其林三颗星的头衔,写过几本畅销的美食小说,经常在摄影机前展现他对于精品菜肴的苛刻程度,而且性格火暴,并曾在某期现场直播的节目中说一个脏字说了 111 次。他辩解自己火暴脾气的理由是:如果不在厨房里开火,厨师怎么会有热情?

正是因为有格登·拉姆齐的参加,才赋予了"地狱"两字更直接的意义。节目的看点除了让人眼花缭乱的佳肴之外,便是格登·拉姆齐如同

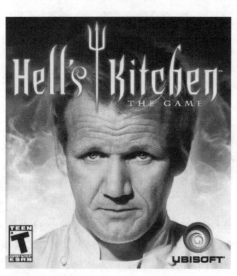

《地狱厨房》里的主持人兼大厨格登·拉姆齐

使唤骡子一样嚷嚷参与节目的12名选手——他们每天都得钻进厨房,受到格登·拉姆齐劈头盖脸的叫骂,而那些无处不在的摄像头、声音捕捉器把他们所有的经历都录制下来。当然参赛选手不是白来的。在节目中获胜的一人,将会获得价值200万美元的"地狱厨房"所有权,还有机会和格登·拉姆齐一起经营一家餐厅,前景十分诱人。从收视统计来看,《地狱厨房》每期依然能有超过600万的观众收看,在18—49岁年龄段观众中,更是成为最受欢迎的夜间节目。连福克斯电视台的总裁麦克·丹奈尔都乐呵呵地说道:有很多很多同类型的真人秀节目,都没有成功,而《地狱厨房》,是个例外。

案例6.3 《非诚勿扰》

《非诚勿扰》是江苏卫视一档适应现代生活节奏的大型婚恋交友节目,为广大单身男女提供公开的婚恋交友平台,精良的节目制作和全新的婚恋交友模式得到观众和网友的广泛关注。

节目每轮24位女生,通过"爱之初体验"、"爱之再判断"、"爱之终决选"三关来了解同一位男生。在此期间,女生亮灯表示愿意继续,灭灯表示不愿意。如果场上只有一位女生亮灯,那么主持人将询问男生意见,同意则速配成功;如果场上所有女生都灭灯,则此男生必须离场。三

《非诚勿扰》节目录制现场

关之后,仍有多位女生亮灯,则"权利逆转",男生将有机会主动挑选自己心仪的女生。

准确的节目定位、合理又充满趣味的游戏规则、细致精美的包装、大胆开放的理念等,使得《非诚勿扰》创造了近年来电视节目收视的新奇迹。

第一节 电视真人秀的界定与类型特征

2000年前后,真人秀节目风靡全球,几乎在每个国家,真人秀节目都成为最具竞争优势的收视率争夺者。这股热遍全球的真人秀浪潮始自荷兰首创、被澳大利

亚、德国、丹麦、美国等18个国家广泛移植的著名电视节目《老大哥》(*Big Brother*)，此后一系列类似节目相继出现，如美国CBS的《生存者》(*Survior*)、福克斯电视公司的《诱惑岛》(*Temptation Island*)、法国的《阁楼故事》(*Loft Story*)、德国的《硬汉》(*Tough Guy*)、日本的《超级变变变》等等。单就美国而言，其国内现在有56%的电视节目为真人秀节目。据统计，在年收入超过7.5万美元的18—49岁观众群中，收视率最高的25个节目就有10个是真人秀节目。全国广播公司(NBC)2007年初统计，在此前一个电视季，共有7 400万人参与了《美国偶像》的投票，比在2004年美国总统大选中获胜的布什还多出800万张选票。美国甚至还有专门播出真人秀节目的真人秀频道。

一、电视真人秀节目的定义

虽然在国内外，电视真人秀经过10多年的发展，已经越来越为更多的人所熟悉，但是究竟什么是电视真人秀节目？对此人们有不同的解释和定义。尹鸿等人提出：电视真人秀作为一种电视节目，是对自愿参与者在规定情境中，为了预先给定的目的，按照特定的规则所进行的竞争行为的真实记录和艺术加工[1]。谢耘耕则认为，所谓真人秀节目，就是指由普通人而非扮演者，在规定情境中按照制定的游戏规则展现完整的表演过程，展示自我个性，并被记录或者制作播出的节目[2]。也有人给出一个非常宽泛的定义，真人秀节目，广义的理解就是真人在镜头前的非职业性表现[3]。百度百科也提供了几个不同的说法："真人秀"多指"由普通人(非演员)在规定的情景中，按照预定的游戏规则，为了一个明确的目的，做出自己的行动，同时被记录下来而做成电视节目"，也泛指"由制作者制定规则，由普通人参与并录制播出的电视竞技游戏节目"，还有人把它定义为"特定虚拟空间中的真实故事，以全方位、真实的近距离拍摄和以人物为核心的戏剧化的后期剪辑而制作的节目"[4]。

从词源上来说，真人秀基本上是一个舶来词；从词汇上看，与好莱坞经典影片《楚门的世界》(*Truman Show*)的名称很是相似。但是，美国人更多地会采用"Reality TV"来指真人秀。其他相似的名称还有游戏秀(Game Show)、真实肥皂剧(Reality Soap Opera)、建构式纪录片(Constructed Documentaries)、真实秀

---

[1] 尹鸿、冉儒学、陆虹：《娱乐旋风——认识电视真人秀》，中国广播电视出版社2006年版，第6页。
[2] 谢耘耕、陈虹：《真人秀节目：理论、形态与创新》，复旦大学出版社2007年版，第1页。
[3] 徐舫州、徐帆：《电视节目类型学》，浙江大学出版社2006年版，第128页。
[4] 百度百科之真人秀解释，http://baike.baidu.com/view/10317.htm。

(Reality Show)。从这些表述不同但意涵又颇为接近的名称来看,真人秀节目起码包含了两个相反的含义:真实(记录)和虚构(肥皂剧、秀)。使截然相反的不同节目元素组合如此和谐地共处一类节目中,说明真人秀节目既是将真实与虚构融合一起,又暗示了真人秀节目与游戏节目、肥皂剧、纪录片以及其他真实类电视节目之间的复杂关系。所以,要具体搞清楚什么是真人秀节目,还需要从真人秀节目与纪录片、电视剧、竞赛节目等类型节目的比较中寻找其独特的内在规定性。

首先,真人秀节目既吸取了纪录片式的跟随拍摄与细节展现手法,但本质上又完全不同于纪录片。按照任远的说法,纪录片"是对某一政治、经济、文化、军事或历史事件作纪实报道的非虚构的电影或录像节目",是"记录真实环境、真实时间里发生的真人、真事。这里的四'真'是纪录片的生命"①。可见,真实性、非虚构性是对纪录片的基本要求。虽然弗拉哈迪在《北方的纳努克》中曾有过摆拍,格里尔逊的纪录片也充满了政论色彩,而且如本书在纪录片节目类型一章中所说明的那样,至今对纪录片的界定仍有争议,但真实记录,排斥虚拟与作假无疑是大多数人的共识。真人秀节目中存在大量记录元素,节目的具体进程和细节展现是真实的,甚至有些真人秀节目还会用偷拍的手法来记录选手的隐私生活,最大限度地满足观众的偷窥需要。此外,竞赛的结果也如同纪录片那样无法预料,如《垃圾挑战赛》中谁将在"挑战"中取胜,《我要上春晚》中哪位参赛者最终有机会参加央视的春晚,是很难预料的。此外,参赛者的言行、个性及品质都会在节目中或多或少地表现出来,往往会出现一些很有趣的细节,如《走过沼泽地》结尾段落疲惫的参赛者端着水的颤抖的手就很有表现力。这些细节以及结果的无法预料,非常像纪录片。

但是,真人秀节目不是纪录片。至为关键的一点是,真人秀节目的大框架或整个运作的情境是虚拟的、人为设置的,比如环境和参赛者的选择、比赛规则的设定等。这些人为情境保证了在有限时间内节目的矛盾冲突和张力,这点是纪录片难以达到的。与纪录片相比,真人秀节目能在短时间内制造相对集中的矛盾冲突,紧紧吸引住观众的注意力,同时也降低了节目的生产成本。但也正因为这一点,真人秀节目更多的是一种娱乐形式,在艺术感染力和生命力上自然无法与纪录片相媲美。人为环境下的真实决定了纪录片与真人秀之间的巨大差异。

其次,真人秀区别于以假定性、故事情节和人物冲突为基本手段的电视剧。真人秀节目与电视剧有共同之处。一是两者都强调戏剧性、情节。真人秀将电视剧的故事情节以日常生活的方式加以展示,同时也如同电视剧一样加入许多游戏化

---

① 任远:《电视纪录片新论》,中国广播电视出版社1997年版,第3页。

的规则,善于调动各种叙述手段来凸显节目的精彩与吸引力,如竞争、对立、情感纠葛、背叛等,但是又建立在真实的基础上,不能像电视剧那样采取导演导拍、演员扮演等方式来增强戏剧性和冲突色彩。如《幸存者》的两个小组吃虫竞赛等游戏都是事先敲定的,但具体竞赛进行的过程和细节都是相当真实的。二是节目的拍摄和剪辑采用了部分电视剧的手段,来增强人物与环境、人物与人物之间的矛盾冲突,即所谓的"延宕策略"。看似绝对真实的纪录片的拍摄方式,经过后期音乐特技的全新包装,每到关键时刻,总是突然"打住",节目起伏跌宕,将悬念留到最后。在《幸存者》中,理查德、凯丽和鲁迪去海滩举行抱柱子比赛一段就大量借用了电视剧中的抒情手法。先是一个圆月破云而出的镜头,紧接着是朝霞的镜头,还有三人走过之处的景物渲染,该段落采用了高速摄影,分别从正面、侧面和后面等不同角度,辅之以战鼓似的音乐,一方面将海岛的奇特景观传达给了观众,另一方面又为竞赛的到来进行铺垫,很有感染力。但是,真人秀对电视剧手法的运用是有限度的,更多地采取纪录片式的手段,特别是要求细节真实。

最后,真人秀不同于一般的游戏竞赛节目。从根本上说,真人秀节目具有游戏竞赛节目的许多要素,如让人心动的巨额奖金、平民化的参赛者、各种淘汰规则等。在《幸存者》中,就有吃虫比赛、求救比赛、掘宝比赛、打靶比赛、救援比赛、屏息潜泳比赛、点火比赛、射箭比赛、拣牌子竞赛、出局竞赛、走竹竞赛、荒岛生活有奖竞猜、泥浆包装比赛、女巫布莱尔似的探寻竞赛、怀念同志竞赛和火中取栗竞赛等,《走入香格里拉》也设置了23个竞技项目。但是,真人秀与单纯的游戏竞赛是有区别的:游戏竞赛注重比赛结果,如《幸运52》、《购物街》这些节目,观众更关注节目的形式体验,关注巨额奖励"花落谁家"。而真正的真人秀不仅关注竞赛过程,更关注在竞赛过程中人的言行举止、内心活动。《走入香格里拉》的总导演陈强就说过:"我们想把社会学与人类学标本融合进来。"可以说,游戏竞赛类节目关注游戏本身,而真人秀节目的指向核心在于特定情境中的人、人性与人格。

根据以上分析,可以对真人秀节目界定如下:

真人秀节目是指综合借鉴了纪录片、电视剧和游戏竞赛等节目的构成要素,由普通人在规定情境中按照制定的游戏规则展现完整的表演过程,从而展示自我个性的电视节目类型。

二、电视真人秀的类型特征

真人秀,之所以今天能够在世界范围内获得广泛的反响,与电视的两个核心概念有关系。一个是它的纪实性,一个是它的戏剧性。由于制定了相应的游戏规则和规定了相应的时空环境,规定了只能在特定空间的某一时段进行规定的游戏,这些规则和有限的时间、空间以及特定的戏剧性,使真人秀节目与电视剧、纪录片等节目类型拉开了距离。换言之,真人秀虽然借鉴了纪录片、电视剧和游戏竞赛类节目的重要构成要素,但这种节目类型并非各种元素复合而成的"四不像",而是具有新的形态特点的、综合性的节目类型。与大部分人所熟悉的节目类型相比,电视真人秀在内容、游戏规则以及与目标观众的互动上都具有新的特点。

1. 真实还原:纪录片式的纪实语言特征

电视区别于报刊、广播等媒介,最主要的就在于直接以鲜活生动的声画一体形象作为符号,将镜头前真实的时空直接作为电视语言的基本单位,这是电视作为影像语言的优势。真人秀在这一点上也如同纪录片那样,在开机与关机之间截取了一段鲜活的生活流程,以自身生活的形态作为符号来展示。这种只有电视方能具备的纪实语言使得真人秀节目的参与者在规定的情境与规则中真实地生活,其自身的活动与心理、氛围、状态、情感等在摄像机的窥视下一览无遗;纪实语言重视对过程的追踪与积累,关注真实情境中的一切事件,记录人们在远离日常生活情境中的不同态度,把人类在相对封闭环境中的心态与情感完整地记录下来。《阁楼故事》、《老大哥》等,在各个房间里(包括浴室和厕所)都有摄像机全天 24 小时记录。《生存大挑战》、《走入香格里拉》、《非常 6+1》等也是由拍摄队、技术传送队采用摄像机全程跟踪拍摄,充分利用摄像敏锐的眼光及时抓取一些细节。

利用细节是影视节目创作中具有共性的特点之一。所不同的是影视剧中的故事细节包括人物的造型细节、故事的发展细节等都是编剧、导演们在生活中提炼出来、设计出来的;而真人秀节目中人物的言行、个性及品质等细节是在真实的情境生活中捕捉到的。从某种角度上说,缺乏好的细节的真人秀节目是不成功的。《走入香格里拉》起用的摄像基本上是纪录片摄像出身,这正是为了利用他们敏锐的眼光及时抓取一些细节。在一些成功的真人秀节目中,我们可以看到不少这样的细节。在《幸存者》的决赛投票一场中,理查德在他的自述中反复强调节目的游戏性质,"这只是一场游戏,评价的标准要看谁玩得更好而不是其他"。在得知自己最终胜出后他对自己的对手凯丽说了一句"这不过是一场游戏而已"(This is just a game)。但在等待最终答案时,镜头给了理查德一个特写:双手紧紧摁在脸上,瞳孔出奇的大,毫无表情的脸掩饰不住担忧。紧接着一个镜头,在主持人宣布"理查德"三个字时,他在好几秒内没有反应过来。这个特写镜头就非常巧妙,理查德的言行构成极大的反差,非常巧妙地展示出他工于心计的本性。

真名真姓、真人真事、真实发生,真人秀不是纪录片,不是剧情片,但其真实性和未知性,让你有看纪录片的感觉,其剧情性和曲折性,又令你觉得似观剧情片。

2. 准假定性:普通人在规定情境中的自由行动

"假定性"概念源于俄文"условность"和动词"условться"(谈妥、约定),属同一词源,接近于中文"约定俗成"的词义,通译"假定性",也曾有"有条件性"和"程式性"等译法。在戏剧艺术中,"假定性"指戏剧艺术形象与它所反映的生活自然形态不相符的审美原理,即艺术家根据认识原则与审美原则对生活的自然形态所作的程度不同的变形和改造。艺术形象绝不是生活自然形态的机械复制,艺术并不要求把它的作品当作现实,从这个意义上说,假定性乃是所有艺术固有的本性。

电视剧因为是人为虚构的,当然离不开假定性,甚至可以说,是假定性保证了电视剧对现实生活的戏仿与模拟。真人秀同样也离不开假定性,但是真人秀的假定性不可能像电视剧那样集中和明显,因为其人物是真实的,竞争是真实的,比赛的结果及其后续影响也是真实的,不过包括人物、环境、规则以及摄像机在内的纪实过程却是特定情境下发生的,是人为设定的,所以仍然属于戏剧化的假定情境。

所以,真人秀的假定性只能是一种特殊的准假定性:一方面,真人秀节目的参赛者都是社会中的普通人。目前出现的真人秀根据空间划分主要包括两类:一类的行为空间是在野外甚至人迹罕至的地方,如《生存者》、《生存大挑战》、《急速行走》(The Amazing Race)等均是如此;另一类则发生在比较狭小的室内,如《老大哥》、《全美超级模特儿新秀大赛》、《赢在中国》、《我要上春晚》。但无论如何,它们都有着一个共同点:参赛者是普通人,有着普通人的追求和烦恼。即使类似《我爱记歌词》、《一呼百应》这样有明星参与的节目,也是试图将其身上的明星色彩去除,更多的是呈现其普通人的一面。普通人的优势在于,除了奖金外,真人秀节目的成本是比较低的,不像电视剧那样邀请明星大腕需要花费巨额费用;从观众的需要来看,普通人与他们的距离更近,不同职业、不同年龄和不同性格的人能满足各个阶层观众的需要;从节目自身来看,来自各个阶层的不同性格、年龄的人更能产生碰撞与戏剧性,使节目充满张力。

另一方面,真人秀节目中的普通人又不是普通的。他们脱离了自己原先按部就班、一成不变的生活和工作轨迹,被人为带到了一种不同的游戏规则之中,这种规则成为他们新生活的核心。央视的《金苹果》是将参赛队员分为红蓝两队,每队三人,他们将携带尖端时尚的高科技装备,在GPS全球卫星定位系统的全程追踪下,通过智能、体能、动手能力、协作能力的比拼勇闯五关,不断获取藏宝地图,取得最终的胜利。CBS的《急速行走》的规则是,由生活伴侣、好友、家人等组成的12个小组极速赶赴竞赛项目的规定地点,每轮挑战将淘汰最后到达的一组。参赛者不许佩戴手机,携带的现金、交通方式或其他方面都有相应限制,摄像机全程追踪,24小时拍摄他们挑战智力、体力极限的实况。跟不上快速步调的,就将被残酷的竞争逐一淘汰出局,谁能完成最具挑战性的任务,谁就将成为100万美元的最后赢家。

游戏规则是节目的重要元素,它控制着整个节目的叙事节奏,确保将最精华的部分展现在观众面前。无论认同与否,所有普通人只有按照既定的规则,一步一步向前推进,才可能有机会角逐最后的大奖。无论采用什么样的游戏规则,"真人"、"规则"、"行动"共同构建了真人秀节目一种奇怪而有趣的准假定性。

3. "有戏": 人物、环境选择和矛盾冲突设置的戏剧性

和"假定性"一样,"冲突"、"动作"、"情节"也是营造戏剧性的核心要素,电视真人秀节目的看点恰恰正是将这些要素融合在一起。因为真人秀参赛者大多不是电视剧主角那样的明星,而是一些普通人,基本上都没有上镜的经历。也正因如此,节目中少了矫揉造作,多了亲切感。但这并非说明真人秀的参赛者就没有经过选择,其实在幕后有一场场"选秀活动",节目的参赛者都是从数以万计的报名者中精心挑选出来的。选择的参赛者一般应具有以下特点:首先,屏幕形象好;其次,要具有代表性,代表某一个阶层;此外,要"有戏",也就是具有独特的个性。以《非诚勿扰》为例,24名女性参与者,从职业上看,来自社会各行各业,职业多样化;从地域上看,来自全国各个城市,地域多样化;从学历来看,有博士、本科、大学在读、高中、中专等不同层次的,受教育程度多样化;从外形来看,不乏气质出众的美女,有长相甜美可人的,有符合中国传统审美特征的,有符合西方审美趣味的,各不相同;从性格来说,有温柔恬静的,有大胆犀利的,有耿直豪爽的;在价值观方面,有重视对方内涵和学历的,有重视男方经济实力的。除男女嘉宾外,还包括一名主持人和两位性格、心理分析专家,这些角色都具有功能性差异,也是为了使人物关系多样化,容易产生戏剧冲突。

从冲突的类型看,真人秀节目主要设计两种冲突,一类是参与节目的普通人与节目制作者所设置的环境之间的冲突,还有一类是发生在节目参与者之间、人与人之间的冲突。从这个角度说,真人秀是人类社会矛盾的一种表现。其实,人物和环境的选择就为矛盾冲突的设置埋下了伏笔。从人物来看,不同阶层、不同年龄和不同性格的人在一起就必然产生矛盾冲突;从环境来看,日常化的人与非日常化的环境的冲突也是不可避免的,生活在大都市中的人要食用草根树皮(《幸存者》),"地球村"中的人要在几个月内与外部世界相隔绝(《阁楼故事》),这种冲突迟早会爆发的。除此之外,还预设了许多环节,如巨额奖金以及围绕大奖所设置的许多竞赛项

目,在竞赛过程中冲突自然会表现出来①。

从目前情况来看,一个有趣的差异是:大多数国外的真人秀节目似乎强调冲突的重要性远远多于合作,强化西方文化中的"丑小鸭"变身"白天鹅"式的"个人奋斗";反观国内,不少真人秀节目对合作的强调要更甚于冲突。

4. 节目与观众:凸显社会族群分化的传受互动性

电视传播多年来一直是所谓的"单向传播模式"占据主导地位,即使是在各种市场调查机构、收视率调查等中介机构的帮助下,"对观众的了解特别是观众的节目口味仍是谜",传受之间的互动性始终是电视媒体的一个天然弱项。而真人秀节目在网络、手机等新媒体的帮助下已经成为目前观众参与度最高的节目类型。真人秀节目的观众已不单纯是节目的接收者了,还是节目的参与者、选手的支持者。类似《超级女声》、《我型我秀》、《中国达人秀》之类的节目,选手的支持者往往会以QQ、BBS、微博、

《急速前进》2009年第七次获得最佳真人秀节目"艾美奖"

短信息、SNS等方式形成各种特殊的"小圈子"或"吧"。在《超级女声》的播出过程中出现了诸如"海选"、"PK"等不少新鲜的流行词汇,其中就包括"玉米"、"凉粉"和"盒饭"三个词,这三个词是根据选手李宇春、张靓颖和何洁名字的谐音与"fans"一词的谐音所组成的。这三个词来源于观众和网友的创造,而非主办者的策划,它充分体现了观众/歌迷与节目中的偶像/代言人的亲密关系,他们不仅通过观看节目关注她们,通过发短信支持她们,而且在网络上发言支持,更有甚者花巨资为自己喜欢的选手建立网站、奔赴全国各地为其拉票,这些在以前是"追星族"对当红偶像的最高待遇。

真人秀节目与受众的互动主要表现在如下几个方面②:

■ 利用各种媒体加强节目宣传和征集参赛者。国内外的多数真人秀节目都

---

① 尹鸿、陆虹:《虚构与真实:电视"真人秀"节目形态研究》,http://media.people.com.cn/GB/5258530.html。

② 谢耘耕、陈虹:《真人秀节目:理论、形态和创新》,复旦大学出版社2007年版,第5—6页。

采用了多种媒体征集节目的参赛者和对节目进行宣传。《走入香格里拉》组委会就通过全国各地的280份报刊、123家网站和20多家电视台进行节目推广并征集参赛者。

■ 利用网络传播节目。网络以其便利、快速而深受观众欢迎。大多数真人秀节目不仅通过电视台播出，而且把节目放到网络上。《生存者》、《老大哥》都有自己的网站。《老大哥》的观众可以登录到该节目的网站，通过特定的五部摄像机追踪屋里的实时情况。真人秀节目借助于电视、报纸和网络形成了多媒体、大规模的立体传播。观众可以通过文字、声音和图像等多种渠道获得信息，并通过群体传播、国际传播等传播方式分享信息。这也是真人秀节目形成热潮的重要原因之一。

■ 真人秀让观众参与节目。观众是节目的接受者、参与者，而不是旁观者，他们的投票具有决定性的作用，甚至可以改变节目的整个进程。在《老大哥》和《阁楼故事》中，淘汰的程序都是先由参赛者内部选出两个被淘汰的候选人，最终由观众通过声讯电话等方式选出最没有人缘的一位并将他淘汰出局。在2006年的《我型我秀》中，一位名叫师洋的快乐男孩，牵动了无数歌迷和观众的心，观众的一次次参与投票将他送进了五强争霸赛，仅2006年9月8日的五强争霸赛，师洋就获得了近4万条短信流量。河南卫视的《你最有才》节目的赛制和播出方式，让参赛者、评委、观众都兴奋地在节目中找到了属于自己的位置及评判权。观众可以自由表达感受，不做评委权利下的沉默者。

传播学认为，传播是一种信息共享的行为，单向传播只能传而不通，无法形成有效地意义分享机制。真人秀节目则是力图通过网络、投票以及声势浩大的节目宣传攻势使电视机前的千万观众当上了"短信评委"，将选手晋级的决定权交给观众。这让观众感觉是自己手中的短信决定了选手的去留，观众从选手的胜出中找到了自身价值的体现，更重要的是习惯了单向式灌输节目的观众有了即时说话的权利，从而产生强烈的参与感、互动感，掀起一次次短信高潮，形成全民参与的娱乐活动。2005年8月26日，《超级女声》即将圆满谢幕之时，新华社发出的专电称："这个看似是一个歌手选拔赛的电视节目，却在短短时间内上升为今年的一大社会热门话题，其对大众生活无孔不入的渗透能力以及毁誉参半的外界评说，构成了中国电视史上一道独特的风景。"《超级女声》正在以'变革'的姿态，成为引导国内娱乐电视发展的一个'风向标'"[①]。

---

① 新华社2005年8月26日专电：《一路风雨一路歌，〈超级女声〉何去何从》（记者叶伟民、段羡菊）。

5. 衍生：产业化大制作的运营方式

真人秀节目的整个规则、参赛者的设计都非常讲究，而且形成产业化的运营模式，整个市场的营销方式都是跨地区经营、跨国经营。《老大哥》在荷兰出现之后，随后就迅速被德国、丹麦、澳大利亚、美国等18个国家照搬制作了各自的版本。美国CBS为购买其节目版权支付了2 000万美元，节目版权先后转让给25个国家的电视播出机构，获利20亿美元。仅在非洲播出一季就需要支付3 300万美元，英国达到4 400万美元。风靡全美的超级选秀节目《美国偶像》(American Idol)，节目版权来自欧洲，福克斯广播公司掏出7 500万美元的版权使用费，之后又有33个国家制作了同样类型的真人秀节目，包括《印度偶像》、《加拿大偶像》，《超级女声》也以该节目为原型。几乎可以说，每一个成功的真人秀节目背后都有一个重要的市场跟随者。

表6.1　国内外真人秀延伸产业一览表[①]

序　号	品　种	
1	版权	
2	音像制品、图书、电影、电视剧等	
3	新媒体业务	短信投票
		短信增值服务
		彩铃
		新媒体互动
4	商业演出	
5	艺人经纪	
6	特许授权的纪念产品	
7	游戏	
8	课程开发	
9	博彩	
10	慈善拍卖	

除了节目版权销售获取巨大利润之外，真人秀节目还在采取贴片广告、冠名及

[①] 谢耘耕、陈虹：《真人秀节目：理论、形态和创新》，复旦大学出版社2007年版，第219页。

品牌赞助、植入式广告、音像制品、图书、电影、电视剧、新媒体业务等方面(参见表6.1)给电视市场上的各路诸侯带来滚滚财源。2006年年初,中国社科院正式发布文化蓝皮书《2006年:中国文化产业发展报告》,追踪了直接模仿美国著名真人秀节目《美国偶像》的《超级女声》节目的整个产业链条,并估算出这个节目各利益方直接总收益约7.66亿元人民币。按照上、下游产业链间倍乘的经济规律分析,"超女"对社会经济的总贡献至少达几十亿人民币。

有学者用更简单的语言概括了真人秀节目的三个基本类型特点[①]:

一是"真"。以电视纪实手段跟踪拍摄和展示细节,用真实性把过程展示给观众,特别是把原本虚构的隐私变成真实的隐私,以满足观众的窥私欲望。

二是"人"。一是参赛者都是普通人,通过普通人在规定情境中按照规则的自由行动,让电视机前的人看到自己的日常行为,有天然的亲近感。二是强调屏幕内外的互动,观众拥有淘汰参赛对手的权利,参与决策过程。

三是"秀"。在保证真实性的前提下,还设置肥皂剧式的特定场景、制造环节和规则,以虚拟情境之下的真实社群、人物之间的矛盾冲突和故事化的情节,以及由竞争产生的淘汰模式,令节目带有表演性质,更具可看性。

三、中外真人秀节目发展简史

1. 国外电视真人秀节目发展简史

真人秀节目虽然在20世纪、21世纪之交才在西方和我国掀起浪潮,但是这种节目类型并非突然横空出世,它有自己的历史起源和发展轨迹。

用现在的标准衡量,早在20世纪50年代出现的一些电视节目如《一日女王》(Queen for a Day)就初步具备了真人秀的雏形。《一日女王》的内容是女性通过各种困难考验后博得观众的同情心,并赢取作为奖品的皮草大衣和家用电器。

20世纪70—80年代,真人秀节目形态初具雏形。1973年,美国公共电视网(PBS)首播一部12小时的纪录片《一个美国家庭》(An American Family),内容是一户刘姓(Loud)家庭从儿子出生到婚姻破裂近7个月的生活故事。为完成这部纪录片,摄制组总共拍摄了300多小时的素材,最后浓缩成12个小时的节目,吸引了数千万观众。而摄录技术的普及使人们能够在电视上看到他们自己,带有纪录片特征的电视节目离真人秀节目形态越来越近,亲和力越来越强。1979年的《真实的人们》从某种意义上说是一个标志。1980年出现《难以置信》;电视栏目《20/20》则介于《60分钟》和《名人杂志》之间;最红的《考斯比秀》真实地反映了抚养孩子方

[①] 雷蔚真:《电视策划学》,中国人民大学出版社2008年版,第151页。

面的问题;《希尔大街布鲁斯》和《圣埃尔斯韦思》则把镜头对准了警局的警察。

1990年1月开始播出的《美国家庭滑稽录像》掀开了真人秀节目的新篇章。该节目已经在美国广播公司(ABC)连续播出14季,内容以精彩搞笑的家庭录像为主,而录像由观众选送,其中笑料百出。观众选送的录像带可以通过评选赢得大奖,评选除每周一次外,每季还会给观众认为最搞笑或者最特别的录像颁发高达10万美金的特别奖。有些节目曾经在国内电视台包括央视的《世界各地》栏目中播放。

真人秀发展的转折点是1992年MTV频道播出的《真实世界》(Real World),7名20多岁的青年男女住在一起,摄像机24小时跟踪拍摄他们的起居生活。该节目已具备了真人秀电视节目的主要元素。到了1997年,瑞典制作播出了被称为"真人秀之母"的《远征罗宾森》,是最早被称为真人秀的电视节目。在此之前的电视节目,虽然已经具备真人秀节目的要素,但还都没有使用真人秀的名称。

1998年好莱坞的轰动大片《楚门的世界》(The Truman Show)无疑是对真人秀节目形态的最佳宣传。作为一个不受期待的生命,主人公楚门(Truman Burbank)被电视网络公司收养,在一个宁静和谐的小岛生活。他与周围的人们愉快融洽地相处,还娶到了一位美丽的妻子。每一天对他来说,都是那么美好。然而,他没有想到的是,这一切竟然都是电视台的安排。他生活的社区是一个巨大的摄影棚,他的朋友、邻居,甚至妻子都不过是演员而已。从呱呱落地开始的30多年里,5 000多个摄像头24小时拍摄他的一举一动,传送给守候在荧幕前的无数双眼睛……影片的结尾,楚门毅然推开了那扇通往未知世界的门,走出了荒诞的"虚拟人生"。而电视制作人却在这部电影的启发下,开始从这种"镜头化生存"中开挖节目资源。

1999年,荷兰一家电视机构恩德莫公司推出了《老大哥》节目,真人秀节目由此开始作为一种独立的节目类型出现并发展起来。《老大哥》精心挑选出若干名背景不同、性格各异的选手,把他们封闭在一个房屋里。选手们每周六要选出两个最不受欢迎的人,而后由观众从中选出一个选手出局。在共同的生活中,选手们可以定期到一个只有一台摄像机的屋子里,面对镜头,向他们心目中的"老大哥"倾诉。更令人瞠目结舌的是,关在玻璃房内的一群俊男美女们竟然对着镜头脱光了自己的衣服。一位年仅21岁的参赛者希尔·姬冰在为各位室友们做晚餐时就全身赤裸,只在腰间围上一条简单的浴巾,她的臀部一览无余地出现在了各位电视观众的面前!而另一位叫维妮莎的女参赛者提出了另一个更大胆的建议,她提议所有人都脱光衣服,她说:"如果我们在直播时让所有人都把衣服脱光的话,《老大哥》的制作人和老板们会是什么样的感受呢?我想他们一定很抓狂吧?"

《老大哥》的播出受到各方面的指责,但这并不妨碍其成为全球流行节目,有18个国家照搬制作了各自的版本。恩德莫公司凭借第一部《老大哥》及其出售版权的总收入就达到了4.68亿美元,利润4 700万美元。《老大哥》第二部同样成功,收视率很高。在英国大选的最终阶段,它竟然占据了所有小报的头版。

2000年5月,美国哥伦比亚广播公司(CBS)推出风靡世界的野外生存类真人秀节目《幸存者》。16个人在一个荒岛上与世隔绝地生活39天,16名选手被分成两组,他们被没收掉随身携带的物品,每天的食物配给只有一把大米和两个罐头。选手们除了忙于生存,同时还必须完成竞赛项目以赢得额外物资和避免淘汰的免死金牌。每3天,在竞赛中失败的小组将进行1次投票,选出1名成员退出游戏。

《幸存者》参与人员合影

当两组共剩10人时,10人合并,继续生存和淘汰。游戏最后3天,只剩3名选手做最后角逐,此前淘汰的7名选手组成"评审团",投票决出谁是最后的胜利者。胜者获100万美元大奖,其他参赛者按被逐出的先后顺序,也会得到6 500至10万美元不等的安慰奖。《幸存者》使得CBS在竞争中扬眉吐气,其收视率从四大电视网的最后一名,一跃坐上了头把交椅。《幸存者》在全美上下掀起了一股连节目制作者都始料未及的狂潮,大到节目"模仿秀",小到最后3位"幸存者"身上的衣着,在一夜之间都成了美国人的时尚。

《老大哥》在欧美有着18个不同国家的版本,《幸存者》也在非洲和南美出了第二、三个系列。《幸存者》播出的第二周,即成为全美收视率第一名的节目,而最后一集更创下收视高峰,家庭收视率高达28.2%,估计全美共有将近44%的家庭、5 800万人收看节目。收视率高,广告价格当然是水涨船高,CBS将最后一集节目延长至两个小时,广告费上涨至每30秒60万美金。

法国电视六台的第一个真人秀节目《阁楼故事》自2001年4月26日首播以来,每天有将近400万人通过有线电视收看此节目。而5月10日的节目中,阁楼中的两位演员以半裸姿态出现在泳池内,更使收视人数飙升到770万人。据统计,15—24岁的青年中有3/4收看了当天的节目。同时当日《阁楼故事》的网站点击率达到一日 2 000 万次,比电视六台官方网站每天 100 万次的点击率高出近 20 倍。茶余饭后,几乎所有法国人都在谈论《阁楼故事》。

《阁楼故事》与美国《幸存者》的荒岛生存大赛几乎一样,唯一的不同是把场景从户外搬到了室内。"不到 30 岁,单身,寻找灵魂伴侣"的男女都可以来报名,奖品是"一幢价值 300 万法郎的房子",条件是"在同一间房屋内待 70 天,在此期间,他们与外界完全隔绝。一男一女组成一组在室内进行各种活动,而电视台将对他们进行每天 24 小时不间断的播出"。观众根据他们的日常起居饮食等诸多方面对他们的言行举止进行评估,参赛者彼此也将进行互相评价,不合格者将失去参与资格,被"逐出"阁楼,一直坚持到最后的一对男女将获得"梦幻房屋"。

与《阁楼故事》相比,美国福克斯电视公司 2001 年 1 月 10 日在一片争议声中推出的强档新节目——《诱惑岛》(Temptation Island)也许有过之而无不及。该节目将选好的 4 对亲密恋人送往加勒比海一个偏僻的小岛上生活两周。这期间,另外 26 位单身且渴求爱情的俊男靓女也一同上岛,这 26 位单身是通过精心挑选脱颖而出的"杰出青年"。他们当中有令人羡慕的律师、医生,还有情感丰富的艺术家,有已经成名的创业人士,还有《花花公子》的封面人物。他们来到岛上,将被赋予特殊的权利和机会,分别同那 4 对按照节目规则将被拆散的情侣相处,"诱惑"他们"发现"对方身上具备的而自己情侣正好缺少的情趣和优点,从而拆散他们。在两周内,除了集体活动,情侣们不能见面,见面时也不能交谈。情侣选手每人每天与一位单身异性共度,活动内容是节目所设定的潜水、山洞探险和骑马等。一轮约会结束后,情侣选手可以要求观看自己情侣的约会录像,然后选出一名潜在情敌出局。这样的程序进行 4 轮后,每个选手选定一名单身异性,与其进行最后的也是相当深度的约会。在节目的最后一夜,4 对情侣重新会合,决定他们是继续厮守,还是另觅佳偶。

德国政府认为这类真人秀节目"肆无忌惮地玩弄人们的私生活",呼吁各方要为电子传媒拟定道德守则。在法国,警察要用催泪弹来驱赶那些试图冲进电视制作中心的抗议《阁楼故事》的群众,他们把垃圾堆放在电视台的门口。

然而,猛烈密集的炮火反而令一部部真人秀节目成为话题性的事件,等于给这些真人秀节目做了另一种宣传。在澳大利亚版的《老大哥》节目中,两名同屋男子和一名年轻女子上了床,并将那名女子按倒,其中的一名男子对那名女子做出了猥亵动作。一直积极支持家庭价值观的时任澳大利亚总理霍华德对这一事件感到愤怒。霍华德称:"这是电视台进行自我约束、取消这一愚蠢节目的大好机会。我认为这是一个品位的问题。"在这一事件发生之前,批评者称英国版的《老大哥》的品位已跌至新低,节目正越来越"粗野、令人反感"。由于听到这一性攻击事件传闻的观众纷纷收看《老大哥》,《老大哥》节目的收视率反倒有所增加。

2. 中国真人秀节目发展简史

国内首个独立制作的真人秀节目《生存大挑战》的创意来自香港亚视与日本电视台联合制作的系列节目《电波少年》的启发。该节目是讲述两位分别来自日本及中国香港的青年结伴而行,互帮互助,历经几个月的颠簸流浪,战胜了饥饿、寒冷、孤寂、疲惫,完成横越非洲艰苦旅程的故事。1995年,广东电视人看到《电波少年》节目,第一次了解到"真人秀"这种全新的电视节目样式,开始萌生出打造"真人秀节目"的念头。1996年暑假期间,广东电视台在一档以青年为对象的栏目《青春热浪》中推出了"生存大挑战"专题节目。该节目跟踪拍摄了一些大学生在兜里只有五块钱的情况下,从广州到佛山的生存经历。在接受挑战的短短几天内,大学生们凭借自身顽强的毅力,在面包店、大排档、职业介绍所、汽车服务站毛遂自荐,自谋职业,赚得餐费和住宿费,全面挑战自身的意志与信心、知识面、交际能力、承受能力等等。

2000年6月18日,广东电视台推出了第一届《生存大挑战》。该节目从全国5 000多名应征者中挑选出3名互不相识的"挑战者"——湖北籍青年诗人吕岛、新加坡航空公司空姐王樱和北京退伍军人张钧,要求他们每人在6个月的时间里只带一个背囊、一双运动鞋、一些药品及地图、指南针、水壶、帐篷和4 000元旅资,完成广西、云南、西藏、新疆、内蒙古、黑龙江、吉林、辽宁八省的3.8万公里边境地带的旅途,历时195天。在活动过程中,贯穿着真人秀节目的原则:制作者制定规则,由普通人参与并全程录制播出,摄制组不能在经济上、交通上提供任何帮助。

第一届《生存大挑战》在国内各地乃至国外都产生了极大的影响,全国媒体的报道铺天盖地,央视王牌节目《实话实说》也曾邀请3名挑战者到现场参加了一期《生存大挑战》专题研讨。

尝到了甜头的广东电视台一年后又推出第二届《生存大挑战》。适逢中国共产党成立80周年,第二届《生存大挑战》选择"重走长征路"为挑战路线,即从江西瑞金正式起步,沿着当年中央红军长征行军的路线,翻越五岭、乌蒙山、夹金山、岷山、六盘山等山脉,涉过湘江、乌江、赤水、金沙江、大渡河等河流,最后抵达甘肃会宁的吴起镇。电视台先初选47名选手进行野外生存训练,然后在他们中间确定了13男7女共20名挑战者,和另外的两名特邀挑战者。挑战者身上没有一分钱,全程都要徒步,晚上则靠自带帐篷露宿。

第二届《生存大挑战》节目借鉴了美国《幸存者》等经典真人秀节目的手法,引

广东电视台《生存大挑战》节目

入淘汰机制、竞技游戏设置等真人秀节目元素。比如《幸存者》中有十几名选手参加竞赛,《生存大挑战》有20名选手参与集体角逐。再比如《幸存者》采取淘汰方式进行竞赛,《生存大挑战》也通过自然淘汰和社会淘汰两种方式,引发挑战者之间的竞争。

《生存大挑战》节目是我国"真人秀"节目的雏形,此后,这类节目在国内被广泛模仿或移植。央视在《龙行天下》基础上推出的《金苹果》,浙江卫视推出的《夺宝奇兵》,贵州电视台在《星期四大挑战》基础上推出的《峡谷生存营》,央视在《开心辞典》、《幸运52》特别节目的基础上推出的《欢乐英雄》等,纷纷登台亮相。以2003年在贵州召开的中国电视真人秀论坛为分界点,前期电视真人秀节目除《完美假期》外,其他节目几乎千篇一律是"野外生存挑战"类的"野外真人秀",而后期逐渐走向多元化。

2005年是国内真人秀快速发展的一年。其中,以"海选"、"全民娱乐"、"民间造星"为主要特征的"表演选秀类真人秀"成为最大赢家,《超级女声》、《梦想中国》和《我型我秀》都取得了不俗的收视成绩。同时,一批职场真人秀节目如东方卫视的《创智赢家》也发展起来,开始引发人们的关注,成为国内真人秀节目的又一大热点。早期的一些真人秀节目也不甘落后,不断创新,新节目、新创意层出不穷。《生存大挑战》在联合北京维汉文化传播公司共同制作《英雄古道》后,开始与加拿大电视台联合制作以北极为基地的新节目;央视体育频道的《欢乐英雄》在连续推出几期以汽车驾驶为主题材的节目后又制作了《好男人训练营》和《实习生》等。

2005年的选秀节目当推《超级女声》最为成功,其颠覆传统的一些规则,使之受到了许多观众的喜爱,成为当时大陆颇受欢迎的娱乐节目之一。据电视调查机构央视-索福瑞公布的资料显示,《超级女声》播出时期,湖南卫视收视率在中国大陆地区排名居第二位(总收视率第一位是央视一套);《超级女声》节目也是同时段节目的收视率第一位。8月26日总决赛的冠军得到352万的短信投票,前三甲一晚共获得约900万的选票。

同《快乐大本营》、《幸运52》、《开心辞典》一样,当《超级女声》成功之后,抄袭、复制的节目大量出现。2006年,在全国播出的大大小小的选秀节目达一百余个。选秀节目迅速进入一个短兵相接的胶着状态,各个节目纷纷拿出各种招式进行炒作。

2006年3月23日,《我型我秀》抢先启动,并首度在上海开设"新声力量训练营"。不到一个星期,中国最大的平民造星运动——2006CCTV《梦想中国》拉开帷幕,规模与声势远远超过上年,节目除了在北京、上海等七个定点城市设置海选现场外,还首次在网上设置赛区。仅仅过了三天,备受关注的湖南卫视2006《超级女声》在长沙揭开神秘面纱。

同年,广东卫视推出《生存大挑战》、《明日之星》、《超模大赛》。天津卫视2006年主推四档"真人秀"节目——《化蝶》、《今晚谁结婚》、《我是当事人》、《成龙计划》,这四档节目全部安排在晚上黄金时段播出。以新闻见长的东方卫视也调整节目策略,重拳出击打造选秀节目。除《我型我秀》之外,还推出了另外三档贯穿全年四季的真人秀节目——《民星大行动》、《赢家》和《加油!好男儿》。

日益混乱的选秀节目终于引起主管部门的注意。2006年2月13日,国家广电总局发布了《关于进一步加强广播电视播出机构参与、主办或播出全国性或跨省(区、市)赛事等活动管理的通知》。按照《通知》规定,暂不批准湖南卫视举办《超级男声》活动,《梦想中国》、《超级女声》等赛事性节目的分赛区比赛将不能在当地省级卫视播出;参赛选手年龄必须在18岁以上,未成年人参与赛事活动必须单项报批;评委点评不能令参赛选手难堪等。

2007年8月,重庆卫视一档《第一次心动》的选秀节目成为观众声讨的对象。在电视荧屏的另一端,混乱的场面也引起了广电总局的注意。8月15日,广电总局下发通报,称《第一次心动》"格调低下",责令停播。9月21日,广电总局再次下发通知,规定从当年10月1日起,省级卫视黄金时段禁止播出选秀节目,并且不能直播、不能由观众投票。电视选秀节目急速走向没落。

重庆卫视《第一次心动》宣传画

2009年4月28日,湖南卫视选秀栏目《快乐女声》正式获得批文,5月初启动选秀。广电总局批文中要求"三不准",此外,还规定前9场都只能在22:30之后播出,最后一场冠军争夺赛可以在黄金档播出。2009年暑期的《快乐女声》再次因为曾轶可等话题人物获得广泛关注,这在一定程度上折射出选秀节目仍然具有深厚的观众基础。

2009年底,湖南卫视在购买了英国Fremantle公司国际经典电视交友节目 *Take Me Out* 中国地区的独家专有版权之后,再次推出电视相亲类节目《我们约会吧》。节目播出后,收视率飙升。早有准备的江苏卫视在2010年初也推出类似的交友类节目《非诚勿扰》。2010年初,随着湖南卫视《我们约会吧》与江苏卫视《非诚勿扰》版权之争的开始,由真人秀发展而来的相亲节目急速进入所谓"乱战时代",安徽卫视《周日我最大》出现相亲环节,浙江卫视13天连播《为爱向前冲》,东方卫视也推出相亲类节目《百里挑一》。作为真人秀新崛起的类型之一,相亲节目没能摆脱被克隆、复制的局面,甚至因为有着极高的关注度,被电视台当作"金矿"疯狂过量开采。

总的来说,真人秀节目类型经过10多年的引进和文化上的磨合,已经从当初的单纯模仿,逐渐与中国国情相适应,日益成为中国电视荧屏上的主力节目类型之一。

第二节 真人秀节目的主要类型划分

真人秀节目作为2000年以来全球流行的电视节目类型,无论是从节目的数量还是节目观众的收视情况来看,它都已经成为电视节目的一种主流形态。根据并不完全的粗略统计,在目前美国无线电视和有线电视网络中播出的真人秀节目已经超过100种,在欧洲各国也是难以计算。而在中国,2007年在央视、地方台播出的真人秀节目也有200多档。真人秀在中国经过2007年前后的短暂消沉之后又重新成为主流的节目类型之一。有学者甚至认为,泛真人秀现象已经成为中国电视屏幕上一道显眼的风景,一个泛真人秀的电视时代似乎正在来临。

目前电视上出现的真人秀节目,亚类型繁多,混杂有真人秀元素的节目更是难以分辨,很难找到统一的标准进行亚类型划分。在欧美国家,经常提及的真人秀类型主要有:游戏纪录片(gamedoc)、约会节目(dating program)、交换/生活类节目(makeover/lifestyle program)、记录肥皂剧(docusoap)、才能竞赛(talent contest)、真实情景剧(reality sitcoms)等。根据一些学者的研究,尤其参照清华大学尹鸿教授的研究成果,本书根据节目内容与形式上的差异将国内外真人秀节目分为9种类型[1]:

---

[1] 参见尹鸿、陆虹:《电视真人秀的节目类型分析》,http://media.people.com.cn/GB/22100/76588/76590/5258492.html。

类　　型	外国节目举例	本土节目举例
生存挑战型	《幸存者》(*Survivor*, CBS)	《生存大挑战》(广东卫视)
情境体验型	《老大哥》(*Big Brother*, Endemol)	《完美假期》(湖南经济电视台)
表演选秀型	《美国偶像》(*American Idol*, Fox)	《我爱记歌词》(浙江卫视)
技能应试型	《学徒》(*Apprentice*, NBC)	《创智赢家》(东方卫视)
角色置换型	《交换配偶》(*Trading Spouse*, Fox)	《相约新家庭》(北京电视台)
益智闯关型	《谁想成为百万富翁》(*Who Wants to Be A Millionaire*, ABC)	《开心辞典》(央视)
游戏比赛型	《恐怖元素》(*Fear Factor*, WB)	《城市之间》(央视)
异性约会型	《为爱情还是金钱》(*For Love or Money*)	《非诚勿扰》(江苏卫视)
生活技艺型	《衣着禁忌》(*What Not to Wear*, TLC)	《超市大赢家》(央视)

一、生存挑战型真人秀

生存挑战型真人秀节目，无论参与者还是观众，都是生活安逸的都市人，原始的自然环境对于他们来说既陌生又刺激。从社会学和心理学的角度来看，恶劣的生存条件及人类在克服种种困难的过程中表现出来的不同能力，都能构成一种对视觉和想象力的冲击。另一方面，以《幸存者》为代表的生存挑战型真人秀在当时的条件下改变了传统电视娱乐节目的形态，将电视娱乐节目从狭窄局促的室内搬向空旷的山川海洋，更加贴近自然，舞台空间大为拓展，预知性与可控性大大减弱，节目的悬念性大大增强。比如 ABC 的《让我离开这里》(*Get me out of here*)让10位名人离开他们奢华的生活，到澳大利亚边远而环境恶劣的雨林生活数周。名人们只能携带一样与现代文明有关的"奢侈品"，必须在原始的环境下露天生活，包括在简陋的吊床上睡觉，每人只分配到少量的米、豆子和水。观众将通过电话和网络投票决定名人们的行动。每天，观众选出一位名人接受"丛林食物考验"，为所有名人赢得额外的食物。"丛林食物考验"考验名人们面对丛林中的动物、昆虫和蛇的勇气。每次"丛林食物考验"都是赢得"金星"的机会，每一枚"金星"对应一份饭；如果赢得十枚"金星"，每位名人都有一份额外的饭；如果没有完成"丛林食物考验"，所有名人都将挨饿。获胜者的决定权在电视观众手里，观众每晚为竞赛者投票，投票积分最少的名人被淘汰。节目不设巨额奖金，大部分奖金由电话投票集资而得。最终留下来的名人将成为"丛林之王"或"丛林女王"，并为他/她最支持的慈善组织赢得这笔捐款。

　　生存挑战型真人秀的主要特点就是将参与者设置在一个特殊的艰苦环境中，借助有限的苛刻的条件去完成各种难以完成的使命，在不断淘汰后，最后决出胜利者。节目将野外生存竞技、奇观化环境作为核心元素；在环境的选择方面，多为远离日常环境的荒岛、森林等原始地域或封闭的内部空间，与日常工作和生活保持距离，强化节目与现实生活的错位；在规则的设计上，很少有核心事件贯穿整个节目，主要依靠游戏和淘汰来维系。

　　生存挑战型真人秀节目可以包含各种形式的竞技类游戏，如贵州卫视推出的《峡谷生存营》节目中，12名现代"鲁宾逊"在与世隔绝的贵州南江大峡谷里，真实体验24天野外求生的"另类生存"，经历斗智斗勇的游戏，如救援比赛、屏息比赛等。野外真人秀节目也可以是一次寻宝探险的历程，制作方预先在某地放置某物，选手按照制作方提供的关于该物的线索进行探险，最先找到宝物者获胜，如央视的《金苹果》就是以"金苹果"为最终目标来结构整个竞赛过程的。野外真人秀节目中还不乏许多极限冒险的体验，如欢乐传媒制作的《勇者总动员》节目中，选手不仅要完成马拉活人、穿越火海等高难度项目，还要吃活蝎子、活蚯蚓等。选手在节目中必须挑战自己的体能和心理承受能力，此类内容引发的争议较多，专家呼吁必须考虑选手的心理底线和安全问题。

二、情境体验型真人秀

　　情境体验型节目从《老大哥》出现以来就饱受争议和诟病。如果说，生存挑战型真人秀展现的是人在非日常化环境中的生存状态，那么情境体验型真人秀则用隐私和情感刺激来吸引观众。

　　这类节目的特点是将人物放置在一种封闭的环境中，记录他们的生活状态和人物关系的变化，让观众能够看到参与者的日常生活特别是隐私内容，并在逐渐淘汰那些不喜爱的人或者不太喜爱的人的过程中，最后选择人们最喜爱的胜利者[①]。这类节目以满足观众的窥视欲和好奇心为切入点，更多地把焦点停留在人身上，关注人的外表、言行、能力、思想，关注人与人交往中的矛盾。《老大哥》、《阁楼故事》等是这类节目的典型代表。

　　《阁楼故事》系法国电视六台推出的真人秀节目，10名青年男女（5男5女）参赛，在一个阁楼里一起生活70天。他们的一言一行及私生活完全暴露在观众眼

---

①　参见尹鸿、陆虹：《电视真人秀的节目类型分析》，http://media.people.com.cn/GB/22100/76588/76590/5258492.html。

前，观众则根据他们的言行举止进行评估，胜出者将获得"梦幻住宅"。

《阁楼故事》的国内版本是湖南经视 2002 年夏天推出的《完美假期》。该节目精心挑选了 12 名男女选手，让他们在长沙市内一幢三层别墅中共同生活 70 天，每天 24 小时被 60 台监视器全程拍摄，渡过 70 天的"完美假期"。每周两次做实时播出，30 台摄制机不分昼夜监控着他们的一举一动。从第三周起，每周选手互相投票进行淘汰，观众还可投出支持票，观众人气最高的选手在当周内可免遭出局。当剩下 3 名选手时，他们共同生活一周，最后由观众一次投票淘汰两名，优胜者将获取 50 万元的房产。

由于此类节目以个人隐私和奇观展示为重点，涉及对个人隐私和人的原始欲望的暴露，即使在欧美等开放和宽容度较高的国家也引起了许多非议。而在我国，因为这类节目在核心价值观上与传统文化、传统道德存在着很大的抵牾，除了《完美假期》以外，目前还比较少见。由华谊兄弟李霞工作室与东方卫视联合打造的真人秀《诚征室友》2010 年 10 月 8 日首播。《诚征室友》围绕着"蜗居"、"蚁族"等热门话题，12 位素未谋面的年轻人将同处 12 周，残酷的规则是，每周有一名室友必须离开，决定他去留的正是合租一室的其他室友，最后的获胜者将

《诚征室友》

交由网友决定。节目播出后在观众中引发了不少争议，不少观众对节目"90 天全封闭生存 24 小时不间断实时监控"的录制方式提出质疑，也有观众认为网友投票淘汰制有失公允。

其实，只有减少对观众窥视欲望的迎合，反映观众对健康人格和健康生活的态度和选择，这类节目才能够走出低俗，健康发展。

三、表演选秀型真人秀

从 2005 年《超级女声》开始，表演选秀型真人秀就一直被同质化、审美疲劳等负面影响包围着，但这并不能影响《加油！好男儿》、《红楼梦中人》、《快乐男声》、《名师高徒》、《中国达人秀》等节目在我国电视荧屏上掀起一波又一波的收视狂潮。比如，2010 年，东方卫视的《中国达人秀》一经推出就引起了广泛的关注，各种能人、怪人、强人吸引了观众的注意，"达人"也成为 2010 年最热的流行词之一。《中

国达人秀》甚至改变了《超级女声》等表演选秀节目将受众群限定在青年群体的怪圈,正如文化学者、北京大学中文系教授张颐武所说,之前的真人选秀节目多是将收视群体年龄层下移,而《中国达人秀》通过扩大选手范围、丰富表演形式,将中老年收视人群带入真人秀节目中,开始吸引对中国电视关注度最高的人群,这一群体或许没有80、90后的狂热,但却是电视收视率的最坚实支柱①。

表演选秀类真人秀的主要特点是让具有一定"表演"能力的参与者,按照预先设置的竞赛规则进行才艺表演,而专家和观众则对这些参与者进行淘汰和选拔,最后的优胜者将获得成为"明星"的机会。福克斯公司播出的《美国偶像》,央视的《我们有一套》、《我要上春晚》、《星光大道》,湖南卫视的《超级女声》,东方卫视的《舞林大会》、《我型我秀》、《中国达人秀》,华娱电视的《我是中国星》,浙江卫视的《我爱记歌词》等都属于此类节目。

从《我爱记歌词》、《我们有一套》、《中国达人秀》等节目取得的成功来看,表演是这类节目的核心元素,形体、歌曲、语言、表情等都构成了节目的娱乐内容。所以,这类节目必须要精心设置表演内容、方式、环境和效果,要充分展示参与者的魅力,要强化表演的娱乐效果和表现力。从参与者的角度来看,表演选秀不是专业表演而是真人秀,它并不是以参与者的专业水平作为节目的核心,而是让许多普通人来参与表演,让观众通过这些普通人产生一种真实感,消除观看专业演出的那种职业距离和神秘感,在视觉和听觉的享受中得到评价的权利。所以,在真人秀中,往往选手数量很多、代表性很强、生活感丰富,像《超级女声》甚至提出了所谓"零门槛"的口号。

此外,这类节目还强调专业评判与大众评判的结合。虽然在淘汰选拔机制中引入专家元素,从专业角度对参与者的专业水平进行评估,但是真人秀毕竟不是专业比赛,观众同样要参与决定选手命运。所以,选手的专业水平和个人魅力都会同样发挥作

《我们有一套》

---

① 李翔:《电视真人秀节目饱受争议,创新需为品牌化奠基》,http://news.sina.com.cn/m/2011-03-24/150822174492.shtml.

用。这种选拔机制正好体现了大众文化、流行文化的特点,成功的不是最好的而是最有人气的。观众投票在真人秀节目中至少具有与专家同样重要的作用,甚至有时候故意强化观众的作用,在有些真人秀中,观众的评判权很可能高于专家。比如《美国偶像》2008年第七届冠军、25岁的摇滚男星大卫·库克经过几个月的苦战,终于技压群雄,成功登顶。据美国媒体报道,夺得亚军的大卫·阿楚莱特年仅17岁,决赛中他发挥超常,在舞台上闪耀光芒,压制了劲敌大卫·库克,但无奈人气不如大卫·库克,最终遗憾屈居第二名。

表演选秀类型的真人秀有广阔的市场,虽然目前出现了同质化、低俗化等问题,但是欧洲的《流行偶像》、美国的《美国偶像》等选秀节目的收视率一直稳定居高,应该说这类节目还是有一定的市场生命力的。

四、技能应试型真人秀

所谓技能,是指通过练习获得的能够完成一定任务的动作系统。技能与知识不同,例如生活常识、物理知识、化学知识,可以通过语言文字等形式传授,而技能必须亲自学习,并坚持练习才能掌握其中的技巧。这种学习、练习乃至熟练技能的展示,再加上竞争规则和淘汰选拔,就成为真人秀节目中的一个重要类别,即技能应试型真人秀。其中最典型的就是人们常说的所谓"职场节目",如《学徒》(NBC)、《绝对挑战》(央视财经频道)以及央视体育中心与银汉联合制作的《谁来主持北京奥运》等。此外,央视体育频道的《欢乐英雄·魔术训练营》、《欢乐英雄·汽车训练营》、央视科教频道的《状元360》、《我爱发明》等也近似于这种类型。

技能应试型真人秀的主要特点是,"参与者被指定完成规定的具有一定专业技能的任务,由评判者根据参与者的完成情况作出淘汰和选拔决定。展示出色才智,满足观众好奇,提供成功梦想,是职场类真人秀节目的最大魅力"①。比如东方卫视2005年7月推出的《创智赢家——全国青年创业精英大赛》,是中国第一档现场直播的才智创业真人秀节目。和此前风靡一时的表演选秀类真人秀节目《超级女声》相似,《创智赢家》也以"海选"和"PK"为噱头,吸引电视观众眼球。经过为期3个月共13个环节的考验,23岁的天津青年陈曦终于战胜了来自四川的选手彭震,赢得了百万风险创业资金。《创智赢家》从开播到大结局,在上海地区的收视率一路攀升。该节目还率先采取全程直播的播出形式,最后一期在节目时长达2小时的情况下,平均收视率达到了2.5%,收视峰值超过4%。同年,浙江卫视也推出职场真人秀节目《天生我才》,通过一系列的商业项目竞赛,决出一名商业奇才,获得

---

① 谢耘耕、陈虹:《真人秀节目:理论、形态和创新》,复旦大学出版社2007年版,第60页。

10万元的创业基金和200万—300万元的风险投资。

央视《赢在中国》108强福布斯中文版特别报道图片

这类节目之所以赢得较高的收视率,还在于技能的难度和新鲜性以及参赛选手行为的动作性和可视性。强调技能的新鲜性是为了保证技能应试的内容对观众而言是陌生的,平常状态下是难以实现的,甚至还可能有一定的危险性。实现比赛的目标不仅需要过硬的技术、技能,还需要坚强的毅力、良好的自控能力、平衡能力、团队协作能力、社会交际能力等。正因为有了这样的前提,才可能保持对观众的新鲜感与吸引力,应试的过程才能够像电视剧一样保持足够的悬念、紧张与刺激。比如央视《状元360》之"中国吊车先生大赛"系列中,来自全国六大行业的顶尖吊车高手同场竞技,用25吨的吊车蒙眼挑战艰难任务;让鸡蛋站在8米竿的尖端,完成无臂吊装的顶级比赛;用汽油桶和玻璃杯垒起最高的胜利之塔。《状元360》之"金牌机械王"系列则设计了装载机扎气球、挖掘机挂啤酒瓶、装载机运乒乓球、挖掘机挂衣服、装载机弹球、挖掘机称粮食、挖掘机走单边桥等任务,参赛选手驾驶复杂的机械,挑战绝妙的任务。

目前为止,像《学徒》、《地狱厨房》、《赢在中国》、《天生我才》等技能应试型真人秀大都瞄准学历较高、收入较丰、技能等级较专的所谓"白领"或高端蓝领型参赛选手,这在某种意义上限定了选题的来源,也限定了节目的参与度和观众面。一定程度上,这并不符合真人秀"平民化"、"日常化"的世界潮流。美国TLC频道2004年

7月开播了真人秀节目《需要帮助者》(Help Wanted),五个选手争夺一个工作机会。这些参赛选手不再是类似《学徒》节目中衣冠楚楚的前地产公司经理、前助理检察官、州选美冠军或者律师,而是救生员、杂技扮演者、厨师等。这些工作申请者尝试战胜一系列的挑战以避免被淘汰并申请到他们需要的工作,幸运者最终由网民投票选出。这样的节目应该是这类真人秀的努力方向,因为只有这样,观众才能在电视机前找到"自己人"的感觉,相似的社会阶层和社会角色、经济状况和生活状况,更容易让观众获得认同感和体验感。

五、角色置换型真人秀

世界上生活着成千上亿人,每个人的出身贫富、受教育背景、生存环境、经济条件等各不相同;社会上也有几百种行当,其中有工人、农民、军人、警察、商人、教师、职员、记者等。这些不同类型的人员和不同职业者,接受着生活和职业对他们千差万别的磨炼,日积月累,造就了独特的成长经历。他们从自身的生活背景、社会背景和职业背景出发,形成了对社会不一样的认识,以及对工作、对生活不同的处置和应对方式。于是,社会学家称之为不同的"社会角色"。

社会角色有着与某种社会地位、身份相一致的一整套权利、义务的规范与行为模式,离开了各自角色所赋予的权利、义务与行为模式,便被称为"角色冲突"、"角色中断"、"角色疏离"等。而角色置换型真人秀恰恰通过特定的情境尤其是特定的环境和特定的规则,以游戏的方式,把每个参与者的环境、人际关系、角色要求以及社会预期全部打乱,类似文艺美学中的"陌生化"理论一样,人们突然发现自己要面临陌生的环境、陌生的人际关系、陌生的话语方式、陌生的角色要求以及他人陌生的角色期待。

《交换妻子》和《交换配偶》,都是角色置换型的电视真人秀。其实,妻子也好,配偶也罢,都是"卖点"而已,主要让人期待的是"妈妈秀",不同家庭互换两星期"妈妈"——一个此家庭的妈妈,要到一个彼家庭里去当别人的妈妈,让彼此有新的体验和感受。节目的主体规则是:节目不涉及男女之性(由此确保节目可以播出),新妈妈必须睡在体验家庭的单独房间中,报名者必须是一个完整家庭(包括父母与孩子),两周后两个家庭可各得5万美元。节目暗中包含一个互相矛盾和总要坚持的基本理念:母亲既是可以交换也是不可以交换的。基本环节是:让两个家庭的妈妈互换做两个星期的别人的妈妈及妻子,第一周新妈妈必须按原家庭所习用的生活方式履行职责,第二周则以本家庭及自己制定的方式履职。这样一来,戏剧性就出现了,已经习惯亲妈妈的孩子,如何适应新妈妈?早就有自己习性的为人之母和为人之妻,怎样栖居他人屋内?这类节目制胜的关键法宝就是反差的社会角色和身份置换所带来的戏剧性和冲突性。再如,央视《非常6+1》以"梦想在你心中,机会在你手中"为口号,以实现普通人的梦想作为核心内容,通过"非常寻找"锁定普通选手后,在专家顾问团的帮助、指导下,通过"针对性设计"、"全方位包装"、"同台竞技"等环节,采取"真人电视"的拍摄方式,凸显出普通人的前后反差,以达到挖掘潜能,展示个人才华的目的。典型的角色置换型真人秀节目还包括央视的《交换空间》、北京电视台青少频道的《相约新家庭》等。2007年8月,山东齐鲁电视台推出了一档新节目——真人秀《交换主妇》,即把城乡夫妻拆开,重组成假夫妻,让假夫妻去体验真夫妻的感受。节目一播出,即引起了轩然大波,多数观众认为这一节目很荒唐,有悖于我国的传统道德。这说明,在我国转型社会的背景下,角色置换型真人秀既有很大的发展空间,也面临着一定的文化与道德障碍,特别考验节目制作人员的智慧和能力。

六、益智闯关型真人秀

益智闯关型的真人秀也许是最早被引进到中国来的真人秀节目形态,或者说是比较广义的真人秀节目形态。在欧美许多国家播出过的《谁想成为百万富翁》(Who Wants to Be A Millionaire)、《最弱的一环》(The Weakest Link)、《幸运轮》(Wheel of Fortune)、华纳公司的《街头生存智慧》(Street Smarts)、ABC的《危险》(Jeopardy!),以及央视财经频道播出的类似英国ITV的《价格正确》(The Price is Right)的《幸运52》、与《谁想成为百万富翁》相似的《开心辞典》、海南旅游卫视的《非常游戏》和央视财经频道2009年收视率最高的《购物街》等都是这类节目的代表。

以《购物街》为例,节目以价格游戏为主体,设置了"一口价"、"价格二选一"、"小心炸弹"、"妙手推推推"、"大转轮"、"对决321"等很多有趣的环节,考查的是参与者的生活经验和推理能力,因此节目对参与者几乎没有年龄、学历、才艺等方面的特殊要求。益智闯关类真人秀一般并不强调参与者的禀赋与才能,而是通过积分积累的方式来决定成败,但是积分越高,风险越大,这样可以改变单纯答题的单调,增加节目的刺激性、紧张性。同时,单纯的数字游戏也较为枯燥,为了增加变化和戏剧性,此

《购物街》主持人高博与节目参与者

类节目一般会设置一些辅助环节来影响闯关过程,如求助手段、抢救环节、规定动作与自选动作的结合等。主持人的个性和亲和力也是此类节目取得成功的主要因素之一。因为益智闯关类型的节目大多在演播室进行,动作性比较弱,因此主持人往往成为节目的重要元素。加上这类节目往往播出频率频繁,主持人的亲和力就显得非常重要。

七、游戏比赛型真人秀

游戏比赛型真人秀可以美国全国广播公司的《狗咬狗》(*Dog Eat Dog*)和央视的《城市之间》为例。《狗咬狗》于2002年6月17日开播,由NBC和BBC联合制作。选手通过智力和体力方面的较量,争夺大奖。节目一开始,6位选手在"集训营"中,用一天时间了解彼此智力和体力方面的优劣。第二天,选手在演播室中争夺2万5千美元。主持人向6位选手提出体能和智能上的挑战,每项挑战开始之前,选手互相投票选出认为最不可能完成这一任务的人,由得票最多者接受挑战。每项任务必须在一定时限内完成,如未完成,就被淘汰。但如成功,他将决定让投他票的竞赛者中的一位到"狗圈"里就位。这种淘汰一直进行到最后两位选手,他们将对决,胜出者暂为"犬王"。《狗咬狗》的结尾很富有创意。"犬王"必须对抗前5位被淘汰的选手,即所谓的"败狗"。5位"败狗"可能通过答对问题反败为胜。问答形式为:节目提出一道问题的类型,包括音乐、电影、商业、名人等类型,由"犬王"决定让哪位"败狗"来回答这道问题,然后主持人再读出问题,如果"败狗"答对,则"狗圈"积1分;反之,"犬王"积1分。双方谁先积够3分,便获胜。如果"犬王"获胜,就获得奖金。如失败,奖金将被均分给5位"败狗"。

央视《城市之间》的版权来自法国电视台于1962年创办的同名节目,由两个或两个以上的城市参加的趣味体育竞技比赛,它通过不同国家、不同城市之间的趣味体育对抗,为世界各地的城市居民们提供了一个展示风采、相互交流的舞台。《城市之间》共有1000多种游戏,个个精彩,样样好玩,载人货车驶过垫在数百只气球上的木板,消防水龙头激起的水柱把轿车托向空中,上千张报纸卷成空中缆索供人攀援等等极富想象力,而节目的道具也异乎寻常的庞大复杂,电动的、机械的,都是真材实料,结构细致精密,且安全系数高,连火车也能开进节目现场。规则也极富创意,以保留竞赛游戏项目"勇攀高峰"为例,4队同时比赛,每队3名男队员参加,比赛器材采用国际版"城市之间"的器材。根据每队前三项比赛成绩得分与网络得分之和,确定该队比赛的起始点(如某队前三项比赛和网络得分均列小组第一,该队得分之和为16分,该队"勇攀高峰"的起始点为第16格。依次类推)。3名队员以接力方式进行比赛。每名队员结束攀登时,必须持攀登棒下滑到斜坡底端,将攀登棒交给同队下一名队员。第3名队员到达顶峰(斜坡顶端)的时间为该队完成比赛的时间,完成比赛用时少的队为胜。3名队员中如1名队员未到达斜坡顶端,该队成绩只计算攀登的格数,不再计算时间。惩罚原则是:队员在攀登中有下列任何一种违反规则的行为均给予警告:用膝盖支撑攀爬,以脚蹬助力,任何一肘超过杠面。每名队员违反1次,给予警告1次,一名队员被第3次警告时,当时的格数为该队员最终成绩。

《狗咬狗》和《城市之间》为了解游戏比赛型真人秀节目提供了很好的参照。与其他类型的真人秀相比,此类节目的观众投票等特点并不突出,而"游戏"是否精彩以及精彩的程度成为此类节目创意的关键。游戏要精彩,必须做到以下几点:一要有难度和强度。难度是对于参与者来说的,有难度才能尽量发挥参与者的潜力,具有挑战性,这样选手的表现才能超出平常状态,用选手的极端性引起观众兴趣。强度是对于观众来说的,游戏要有一定的冲击性和动作性,才能有娱乐性。二要有娱乐性。游戏要具有玩的空间,这个空间也是参与者自我表现的空间。参与者要能够尽情投入,观众也可以模拟参与,而且最好要有强度,要尊重游戏的规律,比如对抗、支援、联合、牺牲、偶然、积累、爆发等等元素,都应该在游戏节目中考虑。三是游戏规则要简洁。游戏可以复杂,但是规则必须简单。规则简单才能被观众掌握,观众掌握了规则才会去判断和关心参与者的胜负,才能作为一个评判者进入到节目的情景中来。四要有新鲜性。游戏的类型很多,如模仿游戏、惊险游戏、技巧游戏、运气游戏、勇气游戏、表演游戏、识别游戏、心理游戏、语言文字游戏等等,关键是必须在游戏中进行创新,包括创新组合。当然,游戏的配置也可以是旧游戏和新游戏的配置,高难度游戏和简易游戏的组合,高级专业游戏和观众可以模仿的日常游戏的结合①。

八、异性约会型真人秀

异性约会型真人秀以性别关系为主要内容,是备受关注也备受争议的真人秀节目,其特点可以红遍一时的《为爱情还是金钱》(*For Love or Money*)和《非诚勿扰》为例。《为爱情还是金钱》由纳什娱乐公司和3Ball制片公司联合制作。15位美丽的单身女子住进一栋豪华别墅,为赢得一位单身汉而展开竞争。单身汉是达拉斯市的一位辩护律师。她们通过各种形式的集体约会和单独约会,与单身汉相互了解,建立感情。节目共6期,每期节目结尾,由单身汉决定淘汰谁。节目体现了人们在面对爱情和金钱时的困惑,及一些人对金钱的贪婪。女士们为寻爱而来,

---

① 尹鸿、陆虹:《电视真人秀的节目类型分析》,http://media.people.com.cn/GB/5258530.html。

但在第一期节目中,这些女子被告知,赢得单身汉爱慕的那位女子将赢得100万美元,而单身汉并不知道这一点。就此,女士们为爱情或金钱展开了角逐。观众们也将通过她们的独白和行动,猜测谁是为了爱情而讨单身汉的欢心,而谁又是为了金钱。最后一期,剩下的两位女士被告知,单身汉最后选择了谁,她并非同时得到100万美元,而是要在单身汉和金钱中做出鱼和熊掌不可兼得的选择。但她们不知道,她们有机会和单身汉共享100万美元。对爱情和金钱的角逐以及在两者之间的徘徊本来就非易事,节目创作人员又通过几次变化游戏规则,不但让参与者和观众大为吃惊,也使得竞争愈发激烈,人物心理愈发复杂。

如果说,《为爱情还是金钱》把爱情的最后决定权交给男性,有"大男子主义"之嫌的话,《非诚勿扰》则试图去颠覆这一传统,把男生能否留下的决定权交给女性,或称"女性中心主义"。每期节目有女性参与者24名,男性参与者5名。每次让1名男嘉宾上场,将他心动女生的号码输入电脑;然后,24名女性参与者根据第一印象选择亮灯或灭灯,称之为"爱之初体验"环节;如果有2盏或2盏以上的灯亮着,就进入了"爱之再判

《非诚勿扰》主持人孟非与女嘉宾

断"环节,主要是关于男嘉宾的一段VCR,介绍男嘉宾的基本情况,如家庭背景、经济状况、职业收入、性格爱好等,女性参与者再作出选择。如果有2盏或2盏以上的灯亮着,进入"爱之终决选"阶段,也是关于男方背景资料的视频,有时是男嘉宾亲友对他的评价,女方据此进行抉择。在规则中,通过"过三关"来了解一位男生,在此期间女生亮灯表示愿意继续,灭灯表示不愿意。如果场上只有一位女生亮灯,那么主持人将询问男生意见,同意则速配成功。如果场上所有女生都灭灯,此男生必须离场。在三关之后仍有多位女生亮灯,则权利逆转,进入"男性权利"阶段,由男性来选择女性参与者,男生将有机会主动挑选自己心仪的女生。

跟我国早期的婚恋交友节目或同时期其他异性约会型节目不同的是,《非诚勿扰》的规则采用了淘汰制,所有的男嘉宾要过三关,这无疑增加了竞争的激烈程度。选手是否被淘汰,能否走到最后的环节,完全取决于场上女嘉宾们的选择,没有任何客观的标准,完全取决于人的主观判断,具有一定的不可预知性和偶然性,使节目充满了悬念和期待。另外,"男性权利"环节的设置,也给节目增加了一定的变动

性。在最后环节，男嘉宾如果坚持选择自己的心动女生，如果心动女生同意则速配成功，如果被拒绝，可能前功尽弃。这种规则的设计就带有一定的冒险性，与高风险高回报的规律非常相似。这些带有偶然性环节的设计，往往能提高节目的刺激性。

总结国内外的异性约会型真人秀，此类节目的关键点有三：

一是要选择具有性别魅力和代表性的选手，并想方设法让参与者在节目展示自己的个性魅力与性别魅力。《非诚勿扰》就制造了许多的"话题女性"，如马诺是一名来自北京的平面模特，因其在《非诚勿扰》中大胆、犀利的言论而迅速在网络上蹿红，被网友们称作"拜金女"。在一期节目中，一位爱好骑自行车且无业的男嘉宾问马诺："你喜欢和我一起骑自行车逛街么？"马诺毫不犹豫地回答："我还是坐在宝马里边哭吧。"有论者更指出，"从某种意义上来说，《非诚勿扰》是80后以及部分90后这个正逐渐成为社会中坚的群体，首次在面向全国的公共平台上如此集中、鲜活、生动地呈现自己的生活态度与生命状态，诠释他们对金钱、爱情、亲情、友情、家庭、人性、贫富问题以及中西文化差异等话题的认知与判断，构建了新一代年轻人具体而清晰的集体形象"①。

二是要充分考虑到社会普遍的性别理想，处理好外形、语言、气质、风度、生活态度、财富、地位、服饰、化妆甚至性感等等重要的性别因素。

三是要满足观众的爱情想象，必须制造一些与生活中的浪漫感情相关的环节，最大限度地调动观众的感情记忆和愿望，如鸳梦重温、一见钟情、才子佳人、英雄救美人、丑小鸭变天鹅、有情人终成眷属等浪漫情节都可以设计到节目中去。

九、生活技艺型真人秀

购买、旅行、服装、烹调、装修、居家、化妆美容、皮肤保养、衣着打扮等与老百姓日常生活相关的技艺，都是生活技艺，生活技艺再引进比赛游戏、巨额奖金、对抗等就成为一类较为流行的生活技艺型真人秀。观众熟知的生活技艺型真人秀节目主要有《大食家》(*Big Diet*)、《衣着禁忌》(*What Not to Wear*)、《粉雄救兵》(*Queer Eye for the Straight Guy*)、Fox 的《天鹅》(*Swan*)、ABC 的《超级保姆》(*Super Nanny*)、TLC 的《交换空间》(*Trading Space*)、Court TV 的《伪装》(*Fake Out*)以及央视经济频道的《交换空间》等。

《衣着禁忌》是一档以服装时尚为主题的节目，帮助着装不得体的普通人改变形象并掌握着装技巧。节目先向观众展示这位普通人在日常生活中的着装，这些影像是她的家人在节目播出前两周偷偷拍摄下来的。因为她的朋友或家人认为她

---

① 沈忱：《〈非诚勿扰〉的混搭与融合》，《视听界》，2010 年第 11 期。

着装不得体，所以给她报名上《衣着禁忌》节目。这位普通人将被节目的两位形象设计师告知，可以用节目组提供的 5 000 美元购置新衣，但代价是，首先，她要在一个装有 360 度镜子的小屋里，展示她现有的几套服装，并在设计师苛刻的指摘下，把自己衣橱中现有的所有衣服扔掉。设计师为她重新设计形象，到商店以一些衣服为例，实地讲解衣着选择和搭配的技巧。然后，她到纽约的豪华服装店，在两天内花掉 5000 美元购置新衣。在此期间，两位形象设计师将通过隐匿摄像机跟踪她购物的全过程。她还将拥有与新服饰相配的新发型、新妆容。

央视《超市大赢家》则把目标锁定在"主妇"这一人群，通过主妇们充满趣味的生活技巧的比拼，巧妙传达消费知识和实用信息，更好地起到了服务百姓的作用。在节目中有专门空间展示主妇们的个人魅力、生活经、消费技巧及其与家庭成员之间的配合、表现等，每期节目中将汇集来自全国各地的 5 位主妇选手，通过"眼疾手快"、"感官总动员"、"心有灵犀" 3 个环节淘汰 2 名选手，最后胜出的 3 名选手进入最后一关"争分夺秒"。3 名选手将在 120 秒内冲进货架免费选取商品，选取商品最多的一位主妇成为当期的"超级主妇"，获得最后的大奖。节目中所有选手全部来自普通百姓家庭，每期参赛的 5 名选手中，有 3 名是通过报名选拔的方式脱颖而出的，另外 2 名选手则

《超市大赢家》

由"超市搜索队"在全国各地的超市中搜索而来，任何一名在超市的主妇只要答对 2 道"超市搜索队"提出的有关生活常识的问题，就可以获得参加《超市大赢家》，成为"超级主妇"的机会。

生活技艺型真人秀将电视所具有的传播信息、提供服务的两个功能融为一体，完全改变了过去的生活服务类节目的"教育"性质而成为真正的娱乐节目。与一般服务类节目相比，此类节目更有人的气息，更有戏剧性，因此也更好看，更实用。有学者认为，生活技艺型真人秀节目一般局限在生活、情感领域，对主流意识形态和伦理道德有益无害，所以，此类节目有可能成为今后中国真人秀节目的增长点[①]。

[①] 张小琴、王彩平：《真人秀节目的中国方向》，http：//media. people. com. cn/GB/22114/50421/58614/4123312. html。

第三节 电视真人秀节目的策划

如前所述,所有的真人秀节目是由普通人、特定环境和赛制规则三部分构成的。普通人,就是节目中那些没有经过专业训练的参与者,也是节目要展示的核心;特定环境,即在设计安排好的场景下进行的活动、比赛等;赛制规则由制作者制定,直接影响到节目的内容、形态、风格,是保障节目收视的关键因素之一。真人秀节目的策划主要也就围绕这三个部分展开。

一、真人秀节目策划的基本要求

1. 策划要符合社会文化背景和大众心理需求

现代社会中,"日常生活审美化"和"审美日常生活化"已经成为人们的新理念。电视节目尤其真人秀节目只有符合社会文化背景和大众心理需求,才会有旺盛的生命力,才能在众多节目中脱颖而出,赢得观众的喜爱和追捧。国外广受欢迎的"真人秀"节目,如《老大哥》来自意识开放的荷兰,《谁是百万富翁》来自博彩业欣欣向荣的英国,《阁楼故事》背后有浪漫奔放的法兰西文化,《幸存者》背后有崇尚冒险精神的美国文化,所有这些无不清晰地带有一个国家或地区的意识形态、文化背景以及审美习惯的烙印。

享誉全球的《美国偶像》也正是满足了大众对于"美国梦"的精神追求——平等和自我表达。不论背景出身、财富容貌,任何在这个舞台上的人都是平等的。节目推崇活力、个性、勇气、率真,强调人人皆有机会,人人皆有魅力。原 Fremantle Media 国际传媒公司总裁汤姆·格特瑞奇曾经这样评价:"《美国偶像》就好像麦当劳或者星巴克一样,已经成为美国文化的一部分。"

《学徒》则更贴近现实生活,节目中安排的商业任务涉及促销产品、制作广告、策划活动等各个方面,而这些是在现实的商业社会中每天都会发生的事情,观众从参赛者的行动中吸取经验、总结教训,并将它们运用到工作实践中。特朗普作为节目的投资方和主持人,拥有决定参赛者去留的权利。从节目中可以看到,作为一名成功的商人,特朗普的眼光确实十分锐利,观众从他的选择里能知道老板最看重的雇员素质是什么,从而体会到特朗普所传达的职场成功之道,并与自身对照,指导自己的职场生涯。也正因为节目的策划抓住了现实生活的动脉,顺应了社会的需求,《学徒》才会拥有这么庞大的收视群体,产生巨大的影响。

值得注意的是,目前我国电视荧幕上的真人秀节目仍处于学习和消化期,首要解决的就是应该对中国社会文化,对本土观众的心理需求、审美习惯进行深入了解。在开发和策划真人秀节目之前,制作人员需要详尽了解观众的收视需求以及观众对节目风格、样式、主持人等各方面的习惯与要求,并通过调查挖掘同处于一个社会中的文化和精神的共性,寻找大众的普遍追求和向往,通过节目来激发和触动观众的情感。

2. 策划要展现本真人格和积极向上的精神主旨

真人秀节目一定要有鲜明的主旨,亦即节目的思想内核需要体现明确的、符合社会效应的、积极向上的主题,而非仅仅着眼于展现表面的浮华与喧闹,这是节目创出品牌、实现电视节目精神与旨趣升级换代的关键。上述《学徒》节目,就很好地表现了职业白领自我奋斗、勇于竞争的美国精神。节目以汗水和泪水中的故事告诫观众:一切梦想的天堂都基于踏实勤恳、吃苦耐劳的精神,这种青春励志式的节目主旨,使节目通篇呈现出积极的风格,非常容易激发观众自我砥砺、奋发图强的斗志。广东卫视第四届《生存大挑战》的规则设置中,不再单纯强调竞争,而更多地考虑了社会的实际情况以及受众的道德评判标准,倡导在做贤者与强者的同时,鼓励帮扶弱者,展示真挚友情。如节目允许挑战者将自己的积分进行转移,对最弱环节的挑战者进行人道救援。为了比赛的客观公正性,积分转移后,曾获转移积分的挑战者,其总积分中相应扣除所转移部分。在这样的对抗中,不只是强者才能胜出,弱者也有机会。弱者如果品行、道德表现出众,人际关系处理良好,也可能成为赢家。这样的规则设置,不仅更符合中国传统伦理道德标准,更契合观众的欣赏心理,而且让游戏有了更多的悬念。

2007年8月,东方卫视新闻娱乐频道播出了大型暑期少年真人体验报道《走出城市》,讲述了3名上海"问题少年",在上海市阳光社区青少年事务中心的组织下前往云南普洱地震灾区,体验当地孩子生活的全部过程。节目一边制作一边播出,3名少年真实又震撼人心的生活体验,引起了很大的社会反响,在"十一"黄金周期间,这档真人秀节目又被重新编辑成5集播出,再次引起了社会关注。该节目有别于一般选秀节目的娱乐性,而是切中时弊,反映地域差异、独生子女教育等问题,发人深省。

3. 策划要体现出对人性、人情的关怀

人性在现实生活中是复杂多面且混杂融合的,而真人秀节目由于其电视表现手段的特性,不可能将它原原本本地展现出来。因此,真人秀节目利用竞赛规则设计的特殊情境对现实生活进行萃取,然后有所侧重地突出人性中的某一侧面。这种经过提炼的人性并不是失真的人性,它依然保持着真实状态下人性的全部特征。

同时,这种提炼有利于深入人性内部,对其进行系统分析,更加详细地考察人性的方方面面。真人秀节目崇尚真实的人情、人心与人性,因为真人秀节目是以人为核心的,每个人背后都蕴藏着故事。"流露真情的激动"、"失败后对梦想的执著与反思"、"家人坚定的支持"……通过特定规则情境下毫无演出成分的片段、人的心理、人的经历和成长,来展现本真的人格与人性,从而引发观众的情感共鸣和心理共鸣,这是真人秀节目策划的最高境界所在。2010年12月9日在深圳卫视首播的《别对我说谎》,是一档深度探索人性的心理节目。该节目扬弃了以往心理访谈和案例分析的套路,用简单、直接、有力的形式,在"是"或"否"的答题过程中,让观众看到一个立体的丰富的人,是怎样一步步勇敢面对自己的不完美,成为中国第一档深度探究人性的心理博弈真人秀节目。

4. 策划要体现出创新性、新颖性

虽然真人秀节目可以移植国外成功的节目模式,但是一定程度的原创性可以增加真人秀的新颖感,引起更多的关注。如2010年湖南卫视的《快乐男声》虽然因为总决赛选手特色不鲜明、歌唱实力平平而被舆论所诟病,但在节目形态以及内容制作方面,《快乐男声》引入了"踢馆"的概念。节目制作方从进入300强的淘汰选手中,经过层层选拔最终确定了7个选手组成快乐天团"8090"进行"踢馆"。"踢馆"概念的引入有利于产生戏剧化的节目效果,更容易增加比赛结果的不确定性,也丰富了电视音乐选秀节目的形态特征与表现元素。

策划过程中还要敢于突破原有的经验与常规思维的限制,比如适度采取逆向思维、求异思维等各种思维方法。如一般真人秀强调"草根"、"海选",浙江卫视《非同凡响》则反其道而行之,提出"高端选秀"的理念,即不通过草根、海选的方式来选择节目的参与者,而是从一开始起就很专业,选手由演唱表演机构、唱片公司等非常专业的机构来推荐,而且选手既要实力非常强,也要非常亲民。另外,节目用"制作人"的概念替代了"评委"的概念,当每组选手表演完毕后,制作人只能评论别人团队的选手,制作人互相之间的针锋相对充当了评委的角色和功能,但是却制造了另一种博弈。

二、真人秀节目的策划要点

1. 竞赛目的的策划

竞赛目的是真人秀节目参与者的主要动力,包括显赫的地位、巨大的财富、绝对的权力、奢侈的经验、英雄的身份等,这些是真人秀节目最重要的娱乐动力,也是观众最感兴趣的竞赛目的,真人秀制作人员必须在这些组合中进行选择。应该说,无论什么样的真人秀节目,目标的设置均具有一定的相似性:与日常状态差异越大,刺激就越强,吸引力就越大。

2. 节目参与者的策划

大致来看,真人秀节目的参与者一般有两种类型:一类是普通人,观众将他们看作是"自己人",因此,这种选手越普通、越平常,阶层、群体的代表性就越强。比如《星光大道》是一档以唱歌为主的平民竞技节目,每周 5 名(组)选手,经过 4 轮 PK,选出周冠军,然后再进行月赛、年赛,但与同类节目不同的是,它的参与者没有性别、年龄的限制,男女老少同台竞技,成为这个节目最大的可看性。另一类是名人:政治家、演员、名流、歌星、大商人、著名学者等,他们是观众既羡慕又妒忌的对象,羡慕的是其身上不凡的光环,妒忌的是机遇给予他们特别的垂青。这种参与者,观众越

湖南卫视《一呼百应》宣传图

关注,他在节目中所展现的东西与他平时所公开展示的东西越是有差异性,就越能吸引观众。湖南卫视《一呼百应》2010 年共吸引到 30 位明星进行人气挑战,加上 2009 年的 34 位明星,共有接近 70 位的明星来到该节目进行脑力、体力大比拼。该节目考验的不仅仅是明星的人气、自尊心、他们的音乐号召力和推广自己的能力,更加考验的是一个明星的心态、性格、耐力和内心真实的品性。同时,《一呼百应》让明星真正拥有了一个可以和粉丝零距离接触的平台,而在这个舞台上,他们用自己的眼泪和欢笑给现场以及电视机前的观众朋友们带来了最真实的内心撞击,最震撼的心灵感受。

3. 以悬念为中心的竞赛规则的策划

真人秀节目赛制规则的设计给节目提供了设置悬念的空间,而悬念正是当今电视节目制作编排的一个经典理念。真人秀节目的赛制规则应具备电视剧连续性的特点,通过"倒金字塔式"的淘汰形成一定规模,以"下期谁会赢"、"最终胜负如何归属"的悬念吸引固定并扩大收视人群,是保障收视率的重要手段之一。比如《美国偶像》、《超级女声》,都是依靠一定的规则产生悬念,在完全没有心理准备的情况

下,参赛者或胜出、或淘汰。在这种类似"突然死亡法"的游戏规则中,悬念会一直保留到最后。由于淘汰选手的决定权握在观众手中,大大强化了观众的观看快感和参与意识,自然就能维持各期收视率并持续上扬。

竞赛规则的设置要凸显两点:一要注意偶然性和必然性的统一。必然性是竞赛的目的所在,或者是赢得大奖,或者胜利者得到荣耀,总归有最后的赢家;偶然性说明竞赛参与者或胜或败,无一定之规,无法准确预测,这样能刺激观众的收视需求。偶然性和必然性要能巧妙地统一起来。二要注意竞赛结果产生的民主性。部分真人秀节目中的竞赛胜利者可以得到豁免权或者投票权,而被淘汰的人或者是作为失败组的成员之一,或者作为失败群体中的一员,由胜利者和其他失败者投票决定;也有些节目把胜利者或失败者的决定权交给现场观众、电视机前的观众,或者是网民。

4. 节目风格与主持人的策划

真人秀节目应按照各自的定位和特殊需要,来决定主持人的风格,或热情或冷静,或严肃或幽默,或成熟或可爱,总之要与节目的整体风格相匹配。比如《我爱记歌词》改变了以往选秀节目邀请明星主持压阵的方式,用本土颇具时尚、诙谐气质的年轻主持人华少、朱丹来贴近节目的主要收视群体。两位主持人上演无评委条件下的精彩脱口秀,致力于营造和保持现场热烈、欢快的氛围,引导现场观众随声和唱、互动,给予平民参赛选手粉丝般的拥戴,激发选手的表现欲。《地狱厨房》的主持人拉姆齐在生活中同时扮演厨师、美食电视节目主持人、餐厅老板及作家等多重角色,而在节目中他则以脾气暴躁、满嘴脏话而名噪一时。他在节目中经常对参赛选手呼来喝去,并大量使用粗俗语言。不过,拉姆齐火暴的脾气跟整个节目紧张的气氛和富有动感的画面节奏却相得益彰。

5. 盈利模式的策划

广告是我国电视节目的主要盈利方式,而大型的真人秀节目尤其需要多方支持,才能在更大的范围内产生热点效应,从而提高影响力和收视率。这是一个互惠的循环体系。因此,寻找多元的赞助商,策划新型的盈利模式,是真人秀节目迅速成长的关键,甚至还可在节目设计期间,让广告主深度参与,以达到更好的效果。例如《学徒》的一大特点便是地产大亨兼执行制片人唐纳德·特朗普本人的高度介入。他的加盟使《学徒》成为"企业入主电视"最为成功的范例。特朗普既扮演"裁判"又扮演"教授"的角色,每集他都会抓住一个矛盾点出镜,教授商业成功的核心理念。再如,可口可乐、福特和Cingular电信这三大商业巨头在每季《美国偶像》中投入的广告费都超过千万美元。比赛各个场景中随处可见的可口可乐,选手为福特公司拍摄的 MV 以及各种包装嵌入、硬广告,以及观众只能通过拨打 Cingular 特有的号码才能投票支持他们喜爱的选手……多种广告方式的结合使这三大企业伴随着《美国偶像》更加深入人心。

6. 事件营销的策划

事件营销是指通过精心策划的具有鲜明主题、能够引起轰动效应、具有强烈新闻价值的单一的或是系列性组合的营销活动,以达到更有效的品牌传播和促进销售的效果;它不但是集广告、促销、公关、推广等于一体的营销手段,也是建立在品牌营销、关系营销、数据营销等基础之上的全新营销模式,是一种高强度的综合性整合营销行为。如今这种营销方式在真人秀节目的宣传中被广泛运用。例如《加油!好男儿》节目借助其冠名商美特斯·邦威集团,在各强势电视台、广播电台、网站和户外媒体上发布广告;在选秀结束后,又不断追踪报

《非诚勿扰》的评点嘉宾黄菡和乐嘉

道选秀明星的最新动态,并组织巡回演出或歌迷见面会等活动来保持影响。江苏卫视《非诚勿扰》则借助"马诺"、"厕所门"、"农民工专场"、"党校教授"、"经典名言"等各种传播手段维持其极高的关注度。

7. 策划节目的衍生产品

如前所述,后续衍生产品的开发也是维持真人秀节目热度、提高收入的重要手段。《美国偶像》的系列产品,除演唱会门票收入外,仅图书、玩具、糖果、杂志等销售收入就为 2.15 亿美元;另外,其系列授权产品全球累计收入逾 10 亿美元。衍生产品可以在两季节目期间维持热度,帮助建立节目品牌,形成标志性特色。

思考题

1. 试结合国内几档不同的真人秀节目,分析说明电视真人秀与纪录片、电视剧等节目类型的异同。
2. 真人秀节目的主要类型特点有哪些?

3. 角色置换型真人秀节目取得成功的关键因素是什么？
4. 中外真人秀节目有何异同点？
5. 策划真人秀节目需要注意哪些基本要求？
6. 如何策划电视真人秀？
7. 在教师指导下，尝试策划一档电视真人秀节目，并写出策划文案。

第七章 电视电影

案例7.1 《兄弟连》(*Band of Brothers*)

《兄弟连》,10集电视电影,是继《拯救大兵瑞恩》后,由汤姆·汉克斯和斯蒂文·斯皮尔伯格联合执行制片、戴维·弗兰克尔和汤姆·汉克斯等多人导演,由Argentina Video Home(AVH)公司于2001年9月推出的有史以来造价最昂贵的微型系列剧。该片动用了500个有台词的演员、10 000个临时演员,由8个导演共同完成,总计拍摄成本高达1.2亿美元。

《兄弟连》描写美国101空降师的一个基层连队Easy Company的真实故事,他们参与了盟军"D日"的任务以及其后整个欧洲的战事。全片是由Stephen Ambrose的著作改编而成,他在与Easy Company幸存者进行长时间的访谈并研究了大量美国大兵的家书后,写下了这本畅销作品。由此改编的这部10集电视电影,有别于战后各国投巨资拍摄的那些以场面宏大著称的"二战"题材电影,而是从细节入手刻画了一个个性格迥异、真实可亲的连队指战员,从"D日"巧取炮兵阵地、败走荷兰、堤防突袭战、坚守巴斯东直至攻占鹰巢,观众仿佛和E连官兵战斗生活在一起,在经历着每一场战斗的同时也感悟着E连每一个官兵,感悟着这场战争。什么是战斗?什么是战争?看过《兄弟连》

《兄弟连》

的人会有更真切的感受。

《兄弟连》获得第59届"金球奖"最佳电影电视系列剧奖,第54届美国电视"艾美奖"最佳连续短剧,是战争电视史上迄今为止最辉煌的丰碑。

案例7.2 《镖行天下》系列片

电视电影系列《镖行天下》讲述的是山西平遥老镖师王兆兴之子王振威到京城闯荡,开设了天下镖局。英俊后生王振威误打误撞,与京城权贵大小姐沈飞燕结成了欢喜冤家。王兆兴念儿心切,到京城看望儿子,却发现自己未来的儿媳妇沈飞燕的父亲竟然是沈荣,而沈荣与自己有一段隐藏很深的恩怨!几经周折,沈荣惨死,沈飞燕成为孤女,她加入了天下镖局,拜王兆兴为师,并与王振威共同走上振兴"天下镖局"之路。在经历了数次重大风波后,天下镖局声名日隆,逐渐名传四海,而王振威也成长起来,为人处世更加成熟老练。于是,一个镖师、镖局、押镖的惊心动魄的故事扣人心弦地展开……

《镖行天下之桃花劫》

案例7.3 《公鸡打鸣母鸡下蛋》

《公鸡打鸣母鸡下蛋》是一部以清新的喜剧情趣和幽默来反映当今农村变革的电视电影。该片层次井然、惟妙惟肖地描述了农村一对年轻小夫妻在奔小康路上性格成长的历程。影片透过真实的现实生存处境,描画了人物的喜怒哀乐,揭示出人物性格的变化。在这个名为鸡爪村的普通山村里,牛兴旺当村办养鸡场的场长,由

《公鸡打鸣母鸡下蛋》

于缺乏现代经营意识,扯不开乡亲邻里间的情面,鸡场亏本,难以为继;在家里,他有了一个女儿,却更巴望着再添一个儿子,偏偏他的媳妇巧巧不依不从。从外到内,兴旺都处于无力"扭转乾坤"的矛盾情势之中。巧巧的文化水平高出兴旺一筹,很有主见,以柔克刚,有情有义地促成了丈夫兴旺一点点开窍并呈现出喜剧性的变化。她先让兴旺和他哥哥一起承包了养鸡场,承诺先"发财"后"生子",并写下一纸"夫妻协议书"。鸡场渐渐火起来,并滚雪球似的将养殖专业户联合组成了"独联体"。随后,老村长牛老万即将"卸任"让贤,他暗中鼓励巧巧与兴旺共同竞选村长,巧巧便以她带领全村致富的智慧和朴素的"竞选宣言",打破了农村千百年来"男人当家"(所谓"公鸡打鸣")的封建传统,被推选为村长。同时,在人前、在家里,巧巧还给兴旺留下了颇为得体的面子和"台阶",使男人心悦诚服,妥善解决了夫妻间"剪不断理还乱"的矛盾。许多带有现实情趣的闪光细节,如"夫妻协议书"一再修订,"洗脚水"里的起伏变化,赋予影片以喜剧性的张力,达到一定的现实深度。

第一节 电视电影的界定与特征

在节目类型系统中,有一类电视节目的数量在类型总体中偏少,或者说从观众的接受体验而言属于明显小众化的、低曝光度的,远不如电视剧、广告、新闻等节目类型"抬头不见低头见",电视电影就属于此类节目。

一、电视电影的界定

电视电影的英文表述为 Movies Made for TV,或 TV Movies。但就什么是电视电影这个问题,国内一直没有一个权威的界定,理论界人士各持己见,基本上有三类意见①。第一种观点认为,电视电影就其本质上看就是电影,只不过在播放形式上区别于影院电影;电视电影是为在电视上播放而拍摄的电影,是电影的又一种形式。电视电影与电影的重要区别在于,电视是电影的后市场,却是电视电影的主要市场,它是影视合流的一个形式。还有人还提出,电视电影是一种"家庭电影"的概念,因为随着数字信息技术的高度发展,不论是电影还是电视,其载体和传播方式日益趋同,无论家庭或者影院都可以通过国际互联网来播放高清晰度、高保真音

---

① 陈迹:《电视电影:民族电影的生存之道》,华中科技大学2007年硕士论文,未刊,第2页。

响的影片,传统意义上的影院将会逐渐被家庭影院所代替。

第二种观点认为,电视电影是电视的一种节目形式,电视电影起源于在电视上播放的电影,而电影在电视上播放就是电视节目。因为电视的传播方式和影院的传播方式有很大的区别,声光电的表现力远远不如影院,所以在艺术规范上应该有区别。

第三种观点认为,电视电影既不是电视,也不是电影,而是一种融合了两种传播媒介特点的新艺术样式。这种观点主张,电视电影实际是一个结合体,是一种将电视和电影优势相加的新品种,是电影与电视高度结合的产物,或是一种多媒体创作。在可能的情况下,应该在发挥电影与电视各自优势的基础上实现新的综合,产生一个新的艺术品种。

第一种观点在国内占有主流地位,比如电视电影的评奖就放在中国电影金鸡奖序列中。有学者认为,第一种观点的持有者"大多是电影界的学者或电影的从业人员,他们更多的是从电影的角度来研究探讨电视电影,而鲜有从电视角度出发考量电视电影的见解"。其实,客观而言,"电视电影受到电视媒介的传播者——出资并提出拍摄要求的电视业的直接控制。电视电影的信息内容即题材选择,信息组织形式——也就是我们所说的艺术特征以及传播技巧,就必须适应电视媒介的传播特点。电视电影的受众不再是电影观众,而是电视媒介的受众——电视观众。电视观众的收视环境、收视状态及心理感受方式都与电影观众有明显的不同,这也会对电视电影作品产生影响"①。

孙宝国则给出了一个所谓"两重性"的定义:"从电视节目形态的角度,电视电影是指模仿电影故事片类型拍摄的类似于电视单本剧的一种电视娱乐节目形态。换言之,电视电影可以说是用电影技巧拍摄的电视单本剧。从电影类型的角度,电视电影是指主要为电视播放而制作的电影故事片。"②

本书同意第二种观点,理由如下:

众所周知,下定义是运用概念来界定思维对象本质属性或特有属性的思维形式。依照逻辑学上的定义规则,要给概念下定义首先要确定被定义概念从属于哪一个邻近的属概念,然后找出被定义概念与共同的属概念下的其他种概念在反映对象上的差别,即种差,将种差加上属概念就构成定义概念。从这个角度而言,"电视电影(Movies Made for TV),是相对于影院电影(专门用于电影院播放而制作的电影)而言,专门用于在电视上播放而制作的电影",这一界定符合形式逻辑的基本

---

① 武斌、魏晓菁:《究竟是电视还是电影——电视电影理论定位初探》,《当代电视》,2004年第3期。
② 孙宝国:《中国电视电影形态简论》,http://media.people.com.cn/GB/40628/10814787.html。

要求。但问题是,这一表述仍旧是非常模糊的,有两个问题没有说清楚:一是怎么样才算是拍电影?拍电视电影与传统意义上的拍电影有何区别?二是电视观众究竟接受的是什么?是电视节目还是仍然属于电影?如果还是电影,但是其观影的方式又是高度电视化的;如果说是电视节目,那么这种电视节目又是采取电影方式制作出来的。

所以,在对电视电影下定义的过程中,必须注意两点:首先要注意的是,虽然在整个节目类型体系中,电视电影在数量上、社会影响上无法与新闻、电视剧、真人秀、纪录片、广告等节目类型相提并论,属于小型化、低扩散型的节目类型,但是,无法否认,电视电影仍处于大众传播范畴约束之内,是一种适合电视播出的节目类型,必须而且仅须符合电视节目的传播特点以及叙事模式,这一点已经被越来越多的学者所重视和承认,并且在部分作者的文章中有所反映。

其次,作为已经有较长探索与实践历史的节目类型,电视电影已经融入整个电视传媒体系和体制之中。如果说,电视电影在诞生之初,仅仅是电视机构为因应"影视战争"而不得不做出的"应急产品",属于电视机构为改变电视播出电影作品之匮乏而"救急"的缓兵之计,那么,今天,电视电影已经成为一种"艺术自觉"的结果,比如基耶斯洛夫斯基的《十诫》、希区柯克的《精神病患者》、美国恐怖片《X档案》、侦探片《神探亨特》等。不少著名的导演、演员也是靠拍电视电影起家的,如斯皮尔伯格。电视电影因其低成本、表达自如、传播渠道(由电视台播出)便捷和拥有广大受众而为越来越多有才华的影视创作者所关注。自1999年中央电视台电影频道"电视电影"工程启动以来,我国的电视电影已从稳定数量的初创期进入提高质量的发展期。电视电影渐受业界重视,华表奖、金鸡奖等重要奖项都专门设置了电视电影奖,涌现出一批年轻的新锐导演。电视电影已成了电影人生存发展的可为空间,成为中国电影通向大众的一个有效渠道,是中国电影业发展的新基地。

鉴于这一系列考量,本书认为,"电视电影"作为专门为电视而拍摄的节目,其相邻的其他种概念是电视新闻资讯节目、电视纪录片、电视剧、广告节目、文艺节目……,这些概念共同从属于一个大概念或所谓的属概念——"节目"。只不过,"电视电影"这一概念后面的中心词"节目"在人们日常交流或论文写作中,被隐藏或省略掉了。所以,"电视电影"这一概念的全称应该是"电视电影节目",如同"纪录片"实际上全称是"纪录片节目"、"电视剧"全称是"电视剧节目"、"电视广告"的全称是"电视广告节目"一样。

简而言之,所谓"电视电影节目"是按照电影的"艺术规律"、按照电视的传播规律而制作的电视节目类型。所谓电影的艺术规律,是指此类节目坚持电影的叙事风格和美学特征,按照电影的艺术规律拍摄,重在人物的塑造,注重导演的风格化和影片的意境追求;所谓电视的传播规律是指此类节目在制作和播出方式上与影院电影有所不同,在技术制作上和艺术审美标准上要符合电视播放要求,还要考虑到电视观众的接受环境、接受习惯等。

电视电影节目将电影与电视的媒介特性相结合,使电影得到了一种新的传播载体,电视也获得了新的艺术营养,不仅为电视播出增加了新的节目来源,更成为扩展民族电影发展的新渠道。电视电影作为电视传媒与电影传媒两种传媒形式相互结合而产生的一种特殊的影视节目类型,既体现出了影视艺术在新传媒时代强烈的整合需求,又反映出了影视艺术同宗同源而又殊途同归的深层美学特质。

二、电视电影的类型特征

电视电影节目的类型特征建立在电影艺术和电视节目类型特征的基础上。尹鸿教授认为,从根本上来说,电影的审美经验是超日常的,观众在一个与世隔绝的封闭空间中面对一个巨大的银幕,无论是银幕上那些恢弘的场面或者是那些局部的特写,无论是那些稍纵即逝的画面或是和谐强烈的音乐,所提供的经验都是与我们的日常生活相区别的一种广义的"奇观",所以电影追求视听的"奇观化"、叙事的"复杂化"、审美体验有限的"陌生化"。相反,大多数电视的收视经验与电影则有明显不同。电视机和电冰箱、电话等日常生活用品一起作为"家用电器"被摆放在观众的起居室,成为观众日常生活环境的一部分,看电视往往伴随聊天、接电话、做家务等其他活动。这样,电视剧一般来说不追求场面的奇观,不追求故事的复杂和精巧,不追求叙事空间和画面空间的张力,不追求人物和事件的超日常性,多数的电视剧都以观众日常的生活空间为背景,以人们的日常生活为素材,即便是帝王将相,也要还原其普通人的生活状态[①]。

电视电影作为电影和电视相结合的产物,决定了它既要遵循电视和电影在艺术创作时的共同规律,即蒙太奇影视思维方法、结构方法及其相应的艺术手段,电视电影的叙事方法、叙述角度、时空结构以及节奏的布局与把握都要遵循蒙太奇思维的规律性要求,又要适应电视播出的特点,特别是符合电视的叙事规律、观众的观看习惯。这样,电视电影节目遵循影视蒙太奇思维时,必然有一套符合自身艺术规律的形式规范,形成其独特的类型特征。

1. 题材内容上富有接近性

题材属于电视节目制作中最基本、最重要的问题。如何选择题材,选择什么样

---

① 尹鸿:《电视化的电影与电影化的电视》,《电影艺术》,2001年第5期。

的题材对于电视节目的生存与成功具有非同寻常的意义。题材选得好,可以事半而功倍;反之,则事倍而功半。尹鸿教授分析电视电影与电影的区别时曾经指出,电影追求一种"奇观"式的审美体验,有意与人们的日常生活体验拉开距离,追求"陌生化"。而电视是一种时尚、通俗的大众传播媒介,任何电视节目都需要发挥电视的新闻性、纪实性特长,以现实题材和纪实性风格取胜。为符合电视这一大众传播媒介的播出需要,电视电影在内容上有一定的新闻性、纪实性和通俗性倾向,在题材选择、叙事方式、思想题旨上强调接近性、纪实性与亲和力。只有贴近生活,贴近百姓,电视电影才能成为大众喜欢的节目类型。如管虎执导的《上车走吧》就是一部反映北京城市生活的热点——小公共汽车现象的电视电影。影片以不规则构图和运动镜头非常时尚地表现了两个开小公共汽车的乡下年轻人在北京的遭遇,车的颠簸和人物的坎坷命运融合在一起,乡下人和城里人的距离、矛盾和交流、沟通都自然地流动在作品中,令人感叹。《网事情缘》借鉴美国影片《电子情缘》和韩国影片《上网》等成功经验,将当下中国最红火的"网恋"现象生发开来,编撰成一个"两女一男"的三角情爱故事。《车事总多磨》则以"学车热"和"买

电视电影《上车走吧》宣传海报

车热"等社会现象为素材,用喜剧讽刺、双线并行的叙述方式改编成了一个极富笑料性的故事。诸如此类的社会热点问题在近年来电影频道播出的电视电影作品中还有很多,比如《男人四十》涉及的是男性下岗再就业、中年再婚问题,《都市迷彩》触及了退伍军人生活以及非法倒卖假药等问题,《男孩,向前冲》凸显了当下的体育热潮,《称心如意》反映了孝顺父母等问题。

在题材选择上,电视电影应该做到在各种题材中,以现实题材、热点题材、新闻题材为主,应坚守为大众服务的方向和立场。因为,电视是一种即时播出的现代媒介,一部电视电影在商业上是否成功主要取决于它在电视机构中第一次播出时的收视率,而在观众对其艺术状况一点都不了解的情况下,能吸引观众的关键是其内容与公众关注热点的结合情况。电视电影没有制作拷贝、发行等过程,剧本通过必要策划与市场调研以及有关导向等内容的审查后,一般50天就可以完成拍摄、制作等环节,直接与观众见面。因此,一部通过正常渠道成形的电视电影往往会选择人们所关心的具有普遍意义的身边话题,而其情节构造、人物关系与主题思想的安排,也都会遵循一种最稳妥、最易被大多数审查者与批评者认可并能顺利

通过的处理方式①。

2. 塑造平民人物形象

与院线电影特别是大片不同,低成本的电视电影是不可能以视听冲击来取胜的,因此,叙事就成为电视电影成功与否的最关键因素,主线的设置、人物的塑造等剧作因素便成为考量电视电影的重要标准。在人物层面,电视电影应注意塑造"平民人物"。平民人物意味着既要在艰难困苦面前有不同的品格和作为,使观众在认同中满足自我实现、安全感等心理需求,又必须强调立足小人物,形象不能过于高大,以免使观众需要辛苦仰视才能看见。《我爱长发飘飘》是一部反映年轻人爱情故事的作品,在人物塑造上大胆追求年轻人时尚的行为方式和生活方式,并用动感镜头去表现人物的行为和情感变化。作品受到年轻观众的热烈欢迎,许多观众说这部影片与众不同,这种对生活独特的观察和反映角度令他们感到非常新鲜,很喜欢看。

2009年度的电视电影中,部分优秀之作的人物塑造得颇为成功,这一特色成为2009年电视电影节目中一个难忘的印记。如《铁流1949》中的连长刘铁柱,具有刚强、倔犟等战争年代军人的共同性格,对他说话嗓门大、爱讲粗话、认死理、顶撞上级指挥官、爱护士兵等方面的刻画又赋予了他独特的个性,使得这个人物更加可爱、鲜明。在《共和国名将系列》之《徐海东喋血町店》中,刻画了徐海东和老乡一家以及和灭族仇人的复杂情感,让人感受到一个真实、个性的开国大将形象。

《曾克林出关》

即使所谓红色经典影片,也坚持人物的平常心、平凡性。影片《曾克林出关》,表现的是解放军的高级将领(及部属),但却巧妙地以善意的喜剧和无伤大雅的调侃方式,一改以往革命历史题材的"红色经典"中高大全式的塑造模式,使观众无形中具备了居高临下的心理优势,反而使人物更具可信性和亲和力。

其实塑造平民英雄这一点,并非低成本的电视电影的特有要求,

---

① 毛琦:《中国电视电影的叙事原则化特征》,《电影艺术》,2003年第6期。

而是在中国电影中具有普泛意义的商业美学特征。在中国商业电影传统中，无论是郑正秋、蔡楚生、谢晋等大师精心打造、风行一时的苦情戏模式，冯小刚炮制的市民喜剧，还是成龙、李连杰等主演的谐趣武打片，主人公或命运悲情苦涩、或行为搞笑鄙俗、或性格幼稚天真……即使面对英雄，中国观众也喜欢通过与自身的对比来确认其某种程度的"低下"特质，寻得俯瞰的优势视点，这种心态可以归纳为"优势认同"。优势认同意味着西方大片中"007"邦德式智勇双全、财色兼收的人物模式必须慎用——这种模式或许可以全面满足观众潜藏的渴望，却大大超越了中国观众可以接受的真实逻辑。而在设计巧妙的中国影片中，即使英雄比之观众的过人之处，也往往被设计成不在"质"上而是在"量"上——通常不是智商高、技能强，而是胜在意志的坚毅顽强，《曾克林出关》中的曾克林、《飞》中的刘百刚、《狩猎者》中的山子都具有这样的特质。如果说智商高、技能强是常人难以达到的"硬指标"，那么意志上坚毅顽强则是概念模糊的"软指标"，这是所有人都自认为可能具有的潜质，影片可以借此暗示观众，只要愿意选择坚持的话也同样可做到，使观众的优势认同心理得以平衡。在这个意义上，就连成龙在动作片中"跳楼"这样的高难度特技，吸引观众的根本原因也不是其技巧更高超，而是成龙具有足够胆量，敢去"玩命"。而成龙"跳楼"的胆量在观众看来，来自取悦于己的谄媚。

3. 高强度的叙事节奏

电视电影的播放环境是大量的电视频道以及其他各种类型的节目，要从各种节目集聚的竞争中突围而出，减小收视环境的影响以及其他频道、其他节目的诱惑，必须依赖高强度的叙事节奏来增强影片的感染力。充满悬念与张力的故事情节容易使观众进入叙事体验的过程中，包袱的设置会抓住观众的观影心理，这是作品叙事成功的关键。比如根据刘庆邦中篇小说《卧底》改编而成的数字电影《谁是卧底》反映的是当前非法煤矿业的故事，一个并不惹火的题材在收视上却取得了很好的业绩，收视率达到了2.29%，其成功的要点之一就是利用悬念来推动情节发展。影片叙述了这样一个故事：报社记者周水明打算揭开非法煤窑的黑幕，乔装后与李振东一同被招进一个私人小煤窑，刚去就被工人老毕欺负。在矿井下，周水明看到了看矿的二锅子对工人的非人待遇，忍不住暴露了记者身份，煤矿郭老板特意从县城赶来，软硬兼施贿赂周水明，最后又把他强行关在井下。周水明无奈，只得托李振东将一封求救信送到县上，但信偏偏到了郭老板手上。李振东因背信弃义被工人惩罚打骂，此时周水明也得知王副县长才是真正的矿主。为了不耽误挖矿，得到郭老板信任的李振东奉命去县城给矿工们买药，第二天，王副县长就来到矿上，群情激昂的工人要求他给个说法，正当王副县长满口仁义的时候，警车呼啸而至,王副县长被双规,矿长一行被带走,周水明和工人都很惊讶,纪委书记告诉了大家答案,原来李振东是纪检委派出的卧底。

《谁是卧底》的情节环环相扣,让观众在跌宕起伏的故事发展中追随人物的命运去自觉思考,不知不觉地跟进剧情。由此可见,叙事上成功的悬念设置是该片高收视率的保证。

《火线追凶之掘墓人》中,两位主要角色于胜男和韩非因掌握了罪犯的重要证据,被疑犯绑架并关在某医院废弃的地下室中,狭小空间中的氧气仅够两人呼吸12小时。由于《火线追凶》系列片之前的剧集已经使于胜男和韩非的形象深入人心,所以他们深陷险境比其他普通的受害人更让观众揪心。此处影片用了倒计时的方式,时间一分分过去,观众简直难以从这个叙事的"圈套"中摆脱出来以旁观的姿态观看。同时,不断出现的新线索又会不时地改变案件的走向,每一个新线索出现都迷雾重重,有时它不过是遮蔽事实的假象,有时它却会牵扯出更大的"惊天阴谋"。抽丝剥茧地交代信息既符合破案的过程,又像好莱坞电影中的"节点"一样,阶段性地刺激观众,真是一波未平一波又起,一下子影片的起伏和节奏都有了,而观众在观看的过程中眼球也被牢牢抓住,生怕错过一点线索。

在《火线追凶之血色刀锋》中,创作者全力进行悬疑类型设计,紧扣"探寻割喉魔鬼"这一线索进行叙事,全片情节紧凑、险象环生,最后结局又出人意料。除了案件侦破外,很少有如个人情感生活、家庭问题等易产生间离效果的旁枝末梢插入,观众始终沉浸在曲折的悬疑情节之中,直到最后真相大白。

《火线追凶之血色刀锋》

电视电影由于时间长度与电影相似,因此,它不能像电视连续剧那样通过时间跨度的延长,通过与观众建立日常的心理和情感联系来赢取观众,而要依赖故事、人物和情节的非日常性来创造一种叙事强度,吸引观众的注意并且使其尽可能地抗拒环境的影响和遥控器的诱惑,顺利进入叙事体验过程中。所以,电视电影的故事必须具备一定的超常性或者说故事本身要有一定的新闻价值,这也是国外许多电视电影采用当下新闻事件为题材的原因。而且,在叙事上,电视电影对节奏的要求、对叙事强度的要求甚至要超过电影,它几乎不能允许叙事积累过程的延长。

电视电影在叙事上还要紧凑,因为在有限的时间内叙述完整的故事,紧凑的叙事节奏就可以做到突出重点,情节有起伏,自然吸引和感染观众。在叙事过程中,有意识地省略掉在电视剧中经常出现的过场戏,这样可以突出故事的情节元素,人物的性格特点等也能充分展现。比如《北京你好》中几个主要人物是怎么来到北京,又怎么聚在一起的,影片都不作详细交代,而是直接把人物在北京发生的故事、他们内心与现实的冲突展示给观众。至于故事结局中博士与女学生到底怎么样了,卖假证的又会走向何方,也是一句话带过。

4. 视听修辞上富有风格化特征

与高强度的叙事节奏相呼应,电视电影对视听修辞的要求远远高于一般的电视剧。

比较起来,电视剧由于播出时间长,节目制作工作量大,加上追求商业化运作,因此,在画面的构图、光线气氛的营造、环境的布置、画面之间的剪接等视听语言运用上都不如电影考究。而电视电影则相反,对视听修辞的要求要远远高于电视连续剧,原因很简单,因为电视电影长度一般约90分钟,而且电视电影的视觉效果、声音的立体感都不如影院,宏大的场面和局部特写都不能发挥有效的视觉冲击力,必须以视听语言的组织取胜,必须依靠每一个画面、镜头和场面的精心营造来吸引观众。这样,电视电影的镜头语言就介于电视剧与影院电影之间,有一套自己的风格规范。

在镜头语言的表现上,电视电影较少使用气势恢宏的大全景或远景,倒是中景、近景、特写等景别更适合作为所谓"客厅媒体"的电视;尤其是在影院电影中慎用的大特写。因为电视屏幕尺寸小、清晰度低,散漫而随意地收看电视的观众对于很多细节并不留意,而中近景等小景别镜头可以引起观众的注意,特写镜头更能引导观众对剧情的自发联想,这也符合观众的审美体验。比如,要描述战前动员大会,在影院电影里,一个大全景就可以把全军将士同仇敌忾的斗志、热烈的气氛表现得很有气势;但在电视电影里,大全景一般难以有效胜任,最简单的方法是使用摇拍或移拍,或者采用近距离镜头分解,通过若干个特写、近景镜头,把同一时间里发生的事情分别加以平行表现:首长面部情绪的特写、战士的豪言壮语、奋勇杀敌决心的近景与特写等,用这些镜头的组合来完成宏观的揭示任务,把战前动员的壮观气氛渲染出来。

近景和特写镜头的大量使用,也对演员的表演基本功提出了更高的要求。他们必须能够在较差的客观条件下,如缺少灯光、布景等前提下做出适应剧情的表演。电视电影可以运用大部分的电影视听语言,但是时间要求和制作成本也促使电视电影在拍摄中采取一些新的镜头技巧,如影院电影中常见的镜头推拉,在电视电影中更多地运用表现为变焦镜头。

另外,电视电影的镜头注重语言自身的表现力,追求画面展现出来的张力,试图通过风格化的镜头表现导演对于内容的深度传达。电视电影摆脱了电视剧镜头的单调,一部分电视电影甚至可以达到通过作品辨认出导演的程度,因为影片镜头表现出了导演个性化的艺术创作风格。比如全国观众投票评选的"双十佳"导演郑大圣,他的影片构图讲究,经常有意识地在影片中设置具有观赏效果的画面,有着明显的个人痕迹。比如《阿桃》中的湘西民居和蜡染;《古玩》里珍宝的细节,民间花会的表演;《流年》中海洋馆的梦幻景色;获得第21届中国电影金鸡奖的《王勃之死》,呈现出了一种华美精致、富丽堂皇的格调,追求极致的视觉美,形式感已经远远超越现实经验,在构图上多注重不规则、不对称的方式,极具个人色彩。

《王勃之死》

5. 人物对白生活化、情趣化

电视电影受到制片方式的影响,既不能像影院电影那样讲究画面唯美,又不能像电视剧那样以行动、行为来展示人物内心世界,人物的对白成为在短时间内展示和组织故事情节的主要手段。这也和观众特定的收视环境有关,因为观众可以在家中随意走动或伴随其他行为,却依旧可以了解剧情的发展。在影院电影中,有时候单纯的影像就可以完成造型和表意功能,电视电影做不到这点,当画面想要表现人物关系、性格特点与情绪变化时,对白语言就起到了关键的作用。比如《刑警张玉贵的队长生活》一片中,大部分场景都是内景,主要人物张玉贵、付明明、郑杰等很少独处,始终和其他人物保持一种对话关系,甚至张玉贵或付明明独处的画面也被二人的画外音或独白代替了。

和影院电影相比,受到多种干扰的观众不会像融入黑暗剧场那样面对电视,而是在心理上与其保持一定的距离,不管多么具备吸引力的影片,电视观众也可能会被突发状况打断,无法约束自己的注意力。这样,从塑造家庭气氛的角度而言,电视电影就不必追求过分隐秘的镜头语言,生活化的对白更容易让观众接受。所以,电视电影的对白、独白不追求戏剧化，而偏重生活化的直白表达，让观众能够对影片一点即通；电视电影中也不宜出现较长时间的沉默，因为这会使观众感到不耐烦。

6. 相对较为低廉的制作成本

一般而言，一部电视电影的投资规模，以每小时节目的平均成本计算，要高出一般的电视剧一倍以上，但较之影院电影则要低廉得多。低成本制作以及电视不太清晰的小屏幕播放的限制，使得电视电影很少追求宏大的场面与壮观的视觉效果，也很少使用耗资巨大的高科技特效，而是更注重叙事本身的趣味与台词语言的魅力。

三、电视电影发展简史

1. 美英电视电影的演进与体制①

美国是世界上最大的电影生产国，也是电视电影的诞生地。美国电视电影的发展简史某种意义上就是世界电视电影的发展简史。而且，了解美国电视电影的生产流程、播出方式和内在特征，对理解我国电视电影十多年来的发展简史也很有借鉴意义。

20世纪50年代是美国电视发展的最初十年，也是众所周知的电视与电影进行"战争"的十年。这个时期电视荧屏主要以新闻、教育片和纪录片等非虚构类节目类型为主，而影视剧等虚构类电视节目、电视网却受到了来自好莱坞电影巨头们的严厉制约。电影巨头联合起来，以版权等为口号，拒绝将电影的播映权提供给电视网，而且对电视网的摄制工作设置障碍，试图通过垄断明星、摄影棚和工作人员等方式对电视网进行封锁。

好莱坞的短视和围堵迫使电视网不得不把目光投到了百老汇。为了吸引更多的观众，从20世纪50年代中期开始，美国电视网直播了百老汇几百场音乐剧，《高岩》(1956年)、《拳手挽歌》(1956年)、《哈梅林的花衣吹笛手》(1957年)就是其中的典型代表。"克莱夫特电视剧院"从1947年一直播放到1958年，是当时最持久的电视栏目之一，给"黄金时代"的电视观众留下了美好的印象。此后，随着彩色电影和宽银幕的发展，制片厂开始把不再放映的黑白电影提供给电视台放映，电视网开始在非黄金时间放映好莱坞的老黑白电影或者低成本的B级电影。1961年，全国广播公司(NBC)从20世纪福克斯公司手中获得了1950年之后影片的播映权，

---

① 本节部分内容参照刘忠波的《美国电视电影发展概述》(《中国电视》，2009年第8期) 文。

提出"让观众坐到客厅沙发上看电影"的口号，推出著名的"周六电影剧场"（*NBC Saturday Night at the Movies*，1961—1978年），在晚间的黄金时间播出由大制片厂提供、刚撤出院线的新电影。"周六电影剧场"也是第一个每周连续在黄金时间播放大制片厂近期制作的彩色故事片的"电影剧场"栏目。

不久之后，其他电视网纷纷效仿NBC的成功做法，竞相在黄金时间推出自己的"电影剧场"栏目。到1968年，三大电视网都开办了自己的"电影剧场"：ABC的电影剧场在周日、周三，NBC的电影剧场在周一、周二、周六，CBS的电影剧场在周四、周五，每天的晚间黄金时间都被三大电视网的"电影剧场"栏目填满。一时间"电影剧场"数目繁多，此消彼长。"电影剧场"栏目的巨大播出量使得片源的短缺现象很快出现，电视网之间的竞争也使好莱坞制片厂不断提高影片的价码，甚至出现了多家电视网高价竞拍同一部影片播映权的现象。

随着美国电视业实力的不断提升，电视网不仅开始采取定向制作的方式，委托制片厂专门为其拍摄影片，也开始独立制作电视电影，其中NBC和擅长生产低成本电影的环球影业合作，制作了第一批电视电影。1964年10月，NBC放映了特意为"电影剧场"量身定制的《无处可逃》，被公认为美国第一部电视电影。同年，环球公司又受NBC委托，拍摄了黑帮题材的电视电影《杀手》，但NBC认为这部影片过于暴力，超出了电视观众的承受能力，最终，环球公司在影院公映了这部影片。好莱坞电影界的介入，使得电视电影题材主要集中在悬疑、恐怖、情感剧等非现实主义题材领域，虽然电视网在题材的处理尺度上仍有所顾忌，但是题材领域已经与电影有了相当的一致性。

20世纪70年代中期是美国电视电影的繁荣期。此时，电视机的普及与电视网广泛覆盖的实现，使得电视电影获得了越来越多观众的认同。三大电视网平均每周会推出至少11部电视电影。仅以ABC播出的电视电影为例，1983年12月，ABC播出关于美国和苏联爆发核战争的《第二日》，据当时的数据统计，大概有1亿的电视观众收看了该影片。当时还出现了越来越多成功的电视电影进入院线的现象，比如1971年，ABC"电影剧场"播放了斯蒂文·斯皮尔伯格的电视电影处女作《决斗》，讲述了一个公路上古怪的重型卡车和小汽车互相追逐的故事，影片在电视台播出后引起了比较好的反响。斯皮尔伯格将影片剪辑成90分钟的"剧场版"，1973年进入了欧洲影院放映，1983年又进入了美国影院小范围放映。同样，ABC根据职业橄榄球运动员布莱恩·皮科罗的感人故事改编拍摄的《布莱恩之歌》（1971年），也由于在电视播映中的成功而进入影院。

题材上，电视电影开始突破电影题材的边界，拍摄了很多具有争议性的影片，涉及了种族、流产、性虐待等好莱坞电影较为禁忌的话题。《我亲爱的查理》（1970

年)涉及了种族偏见问题,影片讲述了一个17岁的黑人流浪青年查理,为了救助一个未婚先孕的16岁白人女孩,而被警察误杀的故事。《如果墙能说话》是一个三段式的影片,讲述发生在一幢房子里的三个年代不同的堕胎故事,影片成为HBO收视率最高的电视电影之一。

近年来,也有不少受到关注的现实主义作品出现,主要集中在传记题材方面,如《神迹》(2004年)以美国南北战争为背景,讲述一个白人外科医生和一个有医学天分的黑人奴隶打破种族界限,合作进行心脏外科手术探索的故事。《温泉疗养院》(2005年)拍摄了美国第32任总统富兰克林·罗斯福——美国历史上唯一一位残疾人总统的故事,影片呈现了罗斯福与病魔抗争期间的坚韧与战胜自我的历程。《铁血风暴》(2002年)是根据英国首相丘吉尔二次大战前后的事迹改编的。这些广受好评的电视电影为HBO赢得了相当的声誉。

数字高清技术及后期数字工艺的发展更加推进了电视电影的市场,也为低成本电视电影提供了更多的操作空间。例如,2001年HBO早期制作的关于1942年纳粹领导人秘密会晤事件的《阴谋》,在摄影指导史蒂芬·戈德布拉特建议下采用超16 mm摄影机手持拍摄,影片还混合了一些当时的新闻纪录片素材。影片后期制作的工艺全程采取数字化方式,给这部影片带来了意想不到的艺术和技术上的提升。《阴谋》和著名的Cinesite合作,在色调氛围上逐个场景进行更改微调,戈德布拉特指挥调色专家将阴影打到演员脸上显出阴郁的表情,将空旷会议室里的玫瑰调整为令人恐怖的鲜红。《阴谋》标准和高清的两种格式在HBO不同频道进行播放,还冲印了35 mm胶片提交给美国大屠杀博物馆为公众放映。

今天,美国电视电影的发展已经与电视剧及好莱坞电影的制作体系密不可分了,艾美奖也设有电视电影的专项奖。如何在电影和电视剧的创作体系中发展自身的创作特征和美学表达也是其一直以来的命题。美国电视电影发展的历史不仅是在电影和电视剧的夹缝中获得形态独立的历史,也是一个不断创新的历史,其今后的发展仍然值得关注[①]。

总体而言,由纽约的商业电视网和好莱坞的制片商联手创造出来的电视电影这种节目样式,在美国的电视节目中不论艺术质量还是思想内涵相对都要算是比较出色的,至今还在对美国电视观众产生重大影响。

英国的电视电影发展晚于美国,始于20世纪80年代中叶。1984年11月,英国广播公司(BBC)第4频道开始拍摄、制作电视电影,很快便成为英国一种新的电影工业现象。由于电视电影拉近了电影和电视这两种有着相互排斥和替代关系的

---

① 刘忠波:《美国电视电影发展概述》,《中国电视》,2009年第8期。

艺术形式的距离,并且在艺术上开拓了电影和电视新的视野,在全球传统电影工业受到美国好莱坞电影巨大冲击的背景下,为英国的民族电影提供了新的生存和发展空间,英国迅速将其纳入民族电影事业之中,加以重视和扶植。近30年来,英国电视电影领域涌现出一大批优秀的作品和优秀的艺术家,不仅推动了英国电影工业的发展,丰富了电影内容,更培养了电影人才。

2. 电影频道与我国电视电影的演进

我国电视电影产生的原因和背景,与美国几乎如出一辙。虽然20世纪90年代初央视《正大综艺》中"正大剧场"最早让中国观众领略到《神探亨特》等电视电影作品的魅力,但真正刺激我国电视电影这样一种节目类型出现的,还是1995年央视开播专门的电影频道。

"打开电视看电影。"事实表明,在很短的时间内,亿万电视观众就成为当代电影的欣赏主体,在通常情况下,一部影片在电影频道的收视率可达到上千万人次。可见,电影频道的开播,是对传统的电影欣赏方式、欣赏习惯的一大冲击和挑战。但随着持续不断的影片播出,电影频道的片源储备不能满足当时每天播映8部、年播3300多部影片的需要。当时电影频道每天要播8—10部电影,并且国产影片与进口影片播出比是3比1,然而此时国产影片的每年产量才100多部,并且国产影片也要首先争取为影院放映,赚取票房利润,无暇顾及电视的播出需要。电影频道只好连轴播放旧的国产影片,观众已经厌烦在电影频道观看旧电影。为满足电影频道每天8—10部电影的播出量,也为了填补国产影片与进口影片3比1播出比例的空白,更重要的是为电影提供一种新的媒介途径,1998年,CCTV-6提出"电视电影"。于是,准备为电视台补充丰富节目源的"电视电影"就在央视电影频道应运而生。

电影频道于1999年起开始自行制作电视电影,同年拍摄完成电影频道的第一部电视电影作品:《牛哥的故事:别了,冬天》(编剧:束焕,导演:杨亚洲)。第一部正式与观众见面的电视电影则是1999年3月2日下午17:00在电影频道播出的《岁岁平安》(编剧:白海云、廉春明,导演:戚建)。该片收视率达1.47%,表明当时近1800万人观看了这部影片。《岁岁平安》也就成为新中国第一部电视电影,1999年也被定为中国电视电影诞生的年份。对于中国电影史和中国电视传播史来说,1999年是值得纪念的具有标志性的历史时刻。

从1999年1月1日经电影局审查通过的《牛哥的故事:别了,冬天》到2008年1月29日审查通过的《无痕取证》,这期间共拍摄了1000部电视电影,其内容涉及人类生活的各个方面,古装片、武侠片、魔幻片、体育片、儿童片等,风格类型丰富多样。

由于电影频道的不懈努力,中国电视电影的整体艺术水准不断提高,平均年产110部,质量上乘的作品超过三分之一。不仅在收视率上屡创佳绩,而且在金鸡百花奖、华表奖、白玉兰奖和中国大学生电影节上屡获殊荣,不仅标志着电视电影进入了艺术世界的殿堂,更标志着我国电视电影的制作和艺术水准又上了一个台阶。值得一提的是,2005年11月,中国电视电影《为奴隶的母亲》一片的女主角何琳在第33届艾美奖的颁奖典礼上凭借着阿秀一角获得了艾美奖最佳女主角奖。这是亚洲女星第一次获得如此殊荣,同时它也见证了中国电视电影迈出国门,走向世界的又一辉煌时刻。

为了能与观众建立收视上的契约关系,同时也为了好的题材能够持续拓展,充分利用已经建立的资源,电影频道从2001年开始打造电视电影系列片,陆续出现了《杨门女将系列》、《刑警张玉贵系列》、《共和国名将系列》、《镖行天下系列》等十多个系列。系列片的出现是电影频道产业运作理念指导下的产物,是电影频道电视电影作品中最具特色的产品。它制作精良,投资较大,播出时间长,"在形式上远远拉大了与电视剧和电影的距离,形成具有自身独有的美学特点","是电视电影在题材开掘和风格类型包装上最为成功的片种之一"①。

从电影频道的实践来看,电视电影在形式上颇为接近电视剧类型中的电视单本剧。由于市场回馈、社会影响、观众欣赏习惯等因素的影响,90年代以来电视单本剧在电视剧产量上日益减少。某种意义上,电视电影的兴起,似乎正从另一方向弥补了电视短剧创作极其匮乏的缺憾,甚至从某种角度来看,它正在替代电视短剧尤其是单本剧的功能。基于这样一种现实,著名影视评论家仲呈祥指出:"电视电影作为近年电影频道大力扶植的新艺术形式,已经成为中国影视剧创作当中短片剧的主导力量,扭转了中国电视剧短片创作每况愈下的情况。我认为这不仅对中国的电影艺术,也对中国的电视艺术作出了一个很重要的贡献。在电视剧语言形态的日益完善、审美能力的日益发现当中,短片创作起到探索的作用,并且在某种意义上成为了电影的一个实验基地。甚至我现在感觉,在一定意义上,可能将来电视电影这种形式要取代电视剧创作里面的短片创作。"②

第二节 电视电影的类型划分

如同本书"电视剧"一章所说明的一样,中国和美国不同的传播制度、文化环

---

① 赵小青:《电视电影1 000部盘点》,《当代电影》,2008年第7期。
② 《电影频道2001年度优秀电视电影作品研讨会》,《中国电影报》,2002年6月6日。

境、产业发展水平、观众的接受心理,带来中美在电视电影类型划分上的巨大差异。

一、美国电视电影的主要类型

在今天世界各国尤其是美国的电视屏幕上,电视电影已经是相当重要的一类节目内容。比如各商业电视网1998—1999播出季的播出计划表上,每周共有5次专门的电影时段播出电视电影(CBS两次,ABC、NBC和UPN各一次)。有些电视网有时还会打破计划,在其他时段或在非播出季播出新完成的电视电影。比如,从1996年10月1日至1997年9月30日,各主要电视网(包括SHOWTIME、HBO等大型有线电视网)播出的新影片总计208部,另外还有在辛迪加市场出售的由各地电视台联播的电视电影,其中绝大部分是2小时的节目,也有少量4小时甚至6小时的节目(参见表7.1)。

表7.1 1996—1997播出季各主要电视网播出电视电影的数量

电视网	哥伦比亚广播公司	全国广播公司	美国广播公司	联合派拉蒙	福克斯电视网	SHOWTIME	HBO	LIFETIME	其他有线电视网	公共电视网	辛迪加节目
一年中播出电视电影的数量	57	35	27	15	10	22	12	10	18	3	2

(资料来源:杰姆斯·莫瑟:《电视年鉴:1998》,奎格雷出版公司1998年英文版,第466—472页。)

美国前橄榄球明星辛普森

与肥皂剧、情景喜剧和普通系列剧绝大多数系原创作品不同,美国各电视网播出的电视电影极少由剧作家原创,大部分由流行的传记、小说、历史著作、报告文学或新闻报道改编而来。电视电影的制作者很少想到要拍出所谓"经典"的传世之作,但大多数这类作品却希望能同政治时事与社会热点结合起来。这一点也跟电视电影诞生的特定市场环境有关。

经过 50 多年的探索特别是经过市场化的磨合与实践,美国电视电影已经形成了相对固定的题材和类型,拥有各自特定的受众群。其中较为突出的有两种类型的作品一类以真人真事为基本素材,有很强的纪实色彩,特别强调题材的时效性,希望作品能同时事热点结合起来。如 1995 年 1 月末,著名前橄榄球星兼影视明星辛普森的谋杀案即将开庭,福克斯电视网就及时推出了《辛普森的故事》,讲述辛普森从童年直到成为犯罪嫌疑人的全部过程,包括他在取保候审期间乘车出走,高速公路上被警方和各电视网进行追击的场面。而这场大追击在几个月前才被各大电视网进行了实况转播,美国公众几乎家喻户晓,都记忆犹新。同年 4 月,为了配合拳王泰森强奸案引起的社会热点,HBO 有线电视网也推出过一部泰森的传记片《泰森》(Tyson)。这些社会上的重大事件或案件,其本身就是很大的新闻热点,被认为特别适合电视电影样式,因而成为这种样式的主流形态。

每一个热门话题差不多都能够引发出一部甚至几部有关题材的电视电影。这种影片制作周期很短,它又总能赶在热点还没有冷却的时刻播放出来。例如戴安娜公主结婚、婚变和不幸逝世等几次大事件,都引出了好几部质量不很高,但播出非常及时的电视电影。

另一类电视电影作品来自畅销书改编。不过,即使由畅销书改编而来,这类作品也特别注意其背后的社会性、现实性,至少作品与一些社会热点话题有着千丝万缕的联系。1992 年,美国陆军医院护士长玛格蕾兹·坎默梅耶上校同军方的一场官司引起了美国社会的广泛注意。这是一位在越南战场上得到过铜星勋章的老资格护士,在美军中地位颇高,可望被提升为将军并成为陆军总护士长。但她却是一个同性恋者(虽然有过 4 个子女),离婚后与一位女艺术家同居。军方本来默认这个事实,但在一次例行的填表中玛格蕾兹承认自己是同性恋者,使得军方最后作出决定让她退役。她为此同美军对簿公堂,要求保护自己的权利,并且在一场马拉松式的审判中最后获胜。到 1995 年 2 月,这个事件虽然早已烟消云散,但玛格蕾兹新出的一部自述书籍,却显眼地出现在所有书店的新书陈列中,再度引起公众的关注。就在新书公开发行的同时,全国广播公司(NBC)的纪实性电视电影《玛格蕾兹·坎默梅耶的故事》(*Serving in Silence: The Margarethe Cammermeyer Story*)应时播出,再次把同性恋者的权利这个美国社会的

《玛格蕾兹·坎默梅耶的故事》海报

热门话题,形象地演示了一番。

如同表 7.1 所表明的,相比其他电视网,哥伦比亚广播公司较为热衷于电视电影作品。美国电视电影的题材类型特点可以哥伦比亚广播公司 2000 年 2 月的节目单为代表。

在 2000 年 2 月的最后 3 周中,哥伦比亚电视网总共安排了 3 部电视电影,共播出时数是 10 小时。2 月 13 日(星期日)和 2 月 16 日(星期三)先后分两集播出《萨莉·海明丝:一个美国丑闻》(*Sally Hemings: An American Scandal*),讲述美国第三任总统托马斯·杰弗逊同他家的女奴萨莉之间 38 年的恋情关系。之所以播出这样一部影片,是因为当时美国报刊上沸沸扬扬,正在炒作一个新闻:最新的基因技术证明,萨莉的后裔同杰弗逊总统有着无可置疑的血缘关系。这是历史事件与现实热点密切配合的一个典型范例。

2 月 20 日(星期日)播出的《给奥杰隆的花》(*Flowers for Algernon*)是一个虚构的故事,讲述一个既是天才又是傻瓜的面包师的心路历程,而这个故事的蓝本则是一部现代经典小说,丹尼尔·柯耶斯的同名作品。

2 月 27 日(星期日)和 3 月 1 日(星期三)先后分两集播出《完美的谋杀,完美的小镇》(*Perfect Murder, Perfect Town*),故事的主要内容是 1996 年圣诞夜发生的一起尚未最终结案的谋杀案。同时这部影片又是根据著名作家劳伦斯·谢勒的一本新的畅销书改编的。就像前面提到的玛格蕾兹的故事一样,把几年前的热点新闻和一本新畅销书结合起来正是商业电视电影的通常做法。

实际上在美国电视电影中,即使是一些完全虚构的纯娱乐性故事,也常常会尽可能地同公众热点联系起来,突出电视特有的即时性。在辛普森案件审判正在乌烟瘴气,控方和辩方争吵不休的时候,全国广播公司播出了一部叫做《亨特归来》(*The Return of Hunter*)的影片。亨特是 80 年代的侦破片《神探亨特》系列剧中的主角,并无特别之处,但亨特的扮演者弗雷德·德里耶却与辛普森一样,是由橄榄球明星转入影视圈的,两个人的年龄、出道时间和知名度相差无几。在这部电视电影中,德里耶出演的亨特与辛普森一样,被卷入一场谋杀案中,被害者正是他的未婚妻(在辛普森的案子中,被杀的是他的前妻)。因此,尽管这只是一部非常普通的惊险犯罪片,但它对现实事件的影射却显而易见。有了这样一个噱头,这部本来稀松平常的影片也就很容易引起注意,成为应时之作。

二、我国电视电影的类型

从 1999 年诞生以来,我国的电视电影基本一直由央视电影频道节目中心生产、制作与播出,而大量地方电视台尤其省级电视台的电影频道鲜有涉足。就类型一词是指每个形态的节目都有其特定的惯例而言,我国电视电影在型构之初,尚未有独立的类型意识、类型追求。2001年12月中旬,电影频道在海南举办了"电视电影类型片研讨会",专门探讨电视电影按类型片制作和播出的新思路,满足广大观众对电影频道节目多样化及创新的要求。自此而后,电视电影作品的类型化问题开始引起学界尤其是部分创作人员的重视。有学者在盘点电影频道1000部电视电影时指出,我国的电视电影作品已经涉及人类生活的各个时代,其中以现实社会为背景的占81%,古装武侠等占12%,革命历史题材占4.5%,其他占2.5%。电视电影的风格类型丰富多样,有古装片、武侠片、战争片、魔幻片、体育片、喜剧片、音乐风光片、人物传记片、名著改编、儿童片、心理探索、散文电影等,在电视电影创作园地里,有着良好的片种生态①。

以此为根据,本书认为,我国电视电影的制作也几乎沿袭了主流电影的一贯路数,其主要叙事模式、类型构成、表演风格、文化意味以及潜在的意识形态特征,似乎也毫无悬念地成为电视电影树立自身文化品格最基本也是最重要的根据。据此,本书将我国电视电影按照题材分为两大节目类型。

1. 现实题材类电视电影

电视电影以反映现实社会生活为主调,这与中国文化传统、电影传统、现行文艺政策、大众审美取向以及低成本小制作的影响有直接关系。

中国电视电影的现实题材创作内容丰富,广泛地覆盖了如今中国城乡各行业的社会活动和普通人的情感生活。电视电影除了表现中国社会的繁荣进步及其昂扬向上的时代风貌、人际关系的和谐友好等社会主流面貌外,一些极少进入历史叙事的百姓生活也成为电视电影的叙述对象。在电视电影现实题材中,农村片、都市青春片、家庭情感剧、现代军旅片、刑警故事、老年生活、都市边缘人生活,以及一批配合性节目和真人真事改编作品使电视电影颇具特色。

农村片是电视电影创作的一块肥沃的田园,在现实题材中占有较大比重。这些作品紧贴泥土,带着不同的地域风貌、乡土气息和文化特色,展示了当今农村生活的新风貌和新动态,为都市人了解中国农村的现状开启了一扇窗口。许多新鲜的故事、新颖的形象都出自其中,代表作有《法官老张轶事系列》《俊俏媳妇开明婆》(2000年)、《公鸡打鸣母鸡下蛋》(2002年)、《村官过大年》(2006年)、《牛贵祥告状》(2006年)、《飞》(2005年)、《幸福的小河》(2006年)、《胖婶进城》(2006年)、

---

① 赵小青:《电视电影1000部盘点》,《当代电影》,2008年第5期。本节关于我国电视电影的类型分析参照该文部分说法。

《黑金子》（2006年）等。

在电视电影作品中，青春题材也很受大众欢迎，其新鲜的形象、新颖的主题、新的艺术表现手法令人印象深刻。电视电影青春片中有许多佳作，如《情不自禁》（2001年）、《我爱长发飘飘》（2000年）、《从今以后》（2002年）、《当爱情失去记忆》（2002年）、《8节课》（2004年）、《我爱杰西卡》（2004年）、《危险少女》（2004年）、《心桥恋人》（2006年）、《警花燕子》（2006年）、《我自己的德意志》（2006年）、《啤酒花》（2006年）、《篮球宝贝》（2006年）等。都市青春片风格各异，有都市喜剧、青春励志、涉案剧、爱情剧、悲剧、文艺片等，其层面涉及大学生活、留学生活、警察生活、职场生存、青春情感等多方面，是电视电影中风格样式最多元、艺术形象最丰富的种类。

由汤唯扮演的警花燕子

青春片中的都市情感剧和涉案片最为年轻观众所喜爱。

军旅题材在现实题材中总的数量不是很多，但这批作品构思巧妙，制作精良，叙事生动，风格新颖，艺术质量较为齐整，如《我和连长》（2001年）、《迅雷之旅》（2006年）、《无懈可击》（2007年）等都是电视电影中不可多得的佳作。

反映老年生活、中年家庭生活、都市边缘人生活等的作品在现实题材中数量也不算多，但主题立意新颖深刻，有着浓郁的时代气息和当下感。为数不多的几部老年题材作品，除了对当今老年人物质生存状态给予关注外，还更深入地触及老年人的情感生活和精神世界，如《星期天的玫瑰》（2001年）、《夕阳无限好》（2005年），有的作品甚至还涉及老年心理学探讨，如《李大爷的烦心事》（2005年）、《爷孙俩》（2005年）。《老妈学车》（2006年）等更是对老年人应有的心态和老有所用、老有所为给予很好的建议和引导。这些作品涉及的话题有一定深度和社会普遍性，主题健康，有积极的人生意义。

电视电影中还有一些配合性节目，经过特别策划创作的节目在配合传统节日、重大社会事件、国家政治活动、历史纪念日以及呼应社会各类文化活动等方面发挥了重要作用。如2002年为配合世界杯而拍摄的《世界杯V计划》、为庆祝2003年抗击"非典"胜利一周年而展播的《义不容辞》等。为配合中国人民抗日战争暨世界反法西斯战争胜利60周年和中国电影诞辰100周年，一批抗战题材作品，如《远东特遣队》、《海啸》、《狩猎者》、《昆仑日记》、《吕正操的1942》、《划痕的岁月》、《王长喜来了》、《遭遇·阮玲玉》、《随风而去》等也适时与观众见面。

此外,在每年的"两会"和五年一届的中国共产党全国代表大会期间,电视电影都有一大批特别制作的献礼片问世,如《红月亮照常升起》(2001年)、《毛泽东的亲家张文秋》(2002年)、《中国桥》(2002年)、《到中国西部的西部》(2002年)、《欢乐树》(2002年)、《家有轿车》(2002年)、《军人本色》(2006年)、《棋王和他的儿子》(2007年)、《大爱如天》(2007年)、《彭雪枫纵横江淮》(2007年)、《悲喜松花江》(2007年)、《买房》(2007年)等。这些影片以艺术的方式或展现在中国共产党的领导下中国社会新时期欣欣向荣的图景和人民群众的精神风貌,或以回顾的方式再现我党的光辉历程,题材广泛,涉及工农业改革、市民生活、革命历史、西部开发、科学家、环保等领域。

《彭雪枫纵横江淮》招贴画

及时将社会生活中人们感兴趣的热点话题、社会新闻、真实事件转换成艺术形式再次向观众表述是各国电视电影的通行做法。我国电视电影中也有一批这样的作品,其中的成功之作有《一米阳光》(2002年)、《女记者和通缉犯》(2003年)、《真情牵挂》(2003年)、《法官老张轶事之审牛记》(2003年)、《金牌工人》(2005年)、《决不放弃》(2005年)等。

配合性作品和改编性作品是符合我国电视传媒之上层建筑属性的特色产品,其充分显示了电视电影在突发事件、新闻事件、社会热点以及时事配合中的迅捷敏锐的反应能力和及时快速的制作优势,播出后以其适时切题的特点取得良好的社会效益和收视表现,因而电视电影在中国有着"影视剧中的轻骑兵"的美称[①]。

2. 非现实题材作品

电视电影非现实题材主要由古装片如《三言二拍故事系列》,古装动作片如《镖行天下系列》,民国故事片如《金沟情仇记》,名著改编片如《聊斋系列》、《为奴隶的母亲》,革命历史题材片如《共和国名将系列》等构成。这些题材多以爱情片、武侠

---

① 赵小青:《电视电影1000部盘点》,《当代电影》,2008年第5期。

片、枪战片、战争片、惊险片、间谍片等类型包装，大多以系列片形态出现。

古装片、战争片等非现实题材在电视电影初期，大都以单片出现，其比例不到9%，在剧作、制作、手法处理、场景设置、氛围营造方面也较为简单。2001年启动系列剧模式后，其比例连年上升，尤其是古装动作片，2002年和2003年分别达到10%以上，到了2005年便达到20%，2007年甚至达到34%。2006年后，这批类型片的制作规模、艺术手段都有很大提高，可以明显地看出其在故事选材、制作规模、场景设置、影调用光、音响效果、武术设计、叙事节奏，包括演员选用等方面的类型化打造。

《镖行天下系列》虽然各个故事独立成篇，但人物塑造有了前后关联，通过一个个不同的故事描写了人物的成长变化。《镖行天下系列》有许多观赏元素：走青春剧路线，演员采用俊男靓女组合；走古装武侠路线，特请《英雄》、《十面埋伏》、《满城尽带黄金甲》的武打导演李才出任武打导演，武打场面精彩绝伦；走情节剧路线，故事编织跌宕起伏；走文化路线，影片中加入许多镖文化常识，如镖旗、镖书的介绍，接镖、押镖的规矩等，同时有对中华文化诚、信、义的宣扬，某些情节还有借古喻今的功能。该系列剧是一部内涵深刻、主题健康、基调明快、制作精良、颇具观赏价值的作品。《陆小凤系列》(2006年)、《父子神探系列》(2007年、2008年)、《火线追凶系列》(2009年)等一批构思新颖、类型鲜明、制作精良、主题健康、内容丰富、故事生动的系列片的出现，显现出电视电影系列片在构思、选材、制作理念上的自觉和成熟。

《共和国名将系列》是八一电影制片厂和广电总局电影频道节目中心，于2003年共同推出的一个电影系列，取材于1955年中华人民共和国首次授衔的1 000多名开国将领。穿越历史时空，回顾烽火岁月，表现戎马生涯，书写辉煌历史，描绘战争壮举，讴歌英雄品格，彰显名将风范，再现传奇色彩。《共和国名将系列》用电影的艺术表现手法，对这些共和国的奠基人和军事将领，真名实姓地进行创作和拍摄，选取他们一生中的某一重大历史时刻、历史事件和著名战役，具有代表性的精彩故事和传奇经历，将他们永远记录在艺术作品中和共和国的历史上，产生了一批如《曾克林出关》、《杨得志围城打援》、《夜袭》、《萧锋血战陈庄》、《徐海东喋血町店》等精品电影。《共和国名将系列》已经成为电影频道电视电影的一个重要的艺术品牌。

第三节　电视电影的策划

电视电影的策划可以向电影取经，但是又不能跟电影完全相同，电视电影的策划有其独特性。随着电视电影的市场空间和艺术空间的不断扩展,其自身艺术创作的个性化发展应引起创作者的重视,应努力提高电视电影(节目)的观赏性、艺术性、思想性,挖掘其自身独有的美学特征。这里关于电视电影策划的分析仅涉及选题、节目类型以及营销等三个方面。

一、选题的策划

电视电影选题的策划不能照搬传统电影的套路,而是要结合观众的群体类别和电视传播的特点,结合当下的社会大众心理和社会思潮的变化,选择有针对性的题材类型。社会转型期间的我国,城乡二元矛盾一直存在,城市化进程的步伐也在不断加快,城市和农村居民面临着各种生活中的问题,诸如儿童心理、青少年心理、农民工子女入学、大学生就业、都市白领工作压力、高房价、社会保障、邻里矛盾纠纷等各种问题困扰着普通老百姓,这些问题与电视观众密切相关,这类现实题材的电视电影作品更能反映当下社会大众心理和大众情感,使观众在心理上感觉更加真实。而历史题材的作品创作,不同于现实生活题材的影片策划,这类题材的挖掘要充分找准观众的审美口味,不能一味地追求传奇性和悬念,而是要在故事传奇或虚构真实的基础上用人物语言和情节来探求突破。

总的来看,电视电影的选题策划需要注意以下几个原则:

一是强化选题的新闻性,利用新闻题材、热点问题来激发观众的兴趣。如前所述,从观众对电视的接受角度看,虽人在家中,却有着切实的现实感和自我意识,这与在电影院看电影时候那种暂时忘我的境界是不一样的。因此,电视电影的选题要把转型期人们的现实关注和心理需求作为切入点。因为这些现实题材的电视电影,更能引起人们的喜爱,他们希望能从电视电影中寻求一种自身情感生活的写照。电视电影需要以一定的新闻性、及时性和真实性吸引观众,而要吸引观众,必然需要创作者将视野投注到社会生活方面或社会焦点问题,这样才能使赢得更多的发展空间。

二是选题要有生活趣味和社会冲突,特别要有内心矛盾冲突。生活状态,是电视电影表现其独特美学特征的主要方法。电视电影题材的选择需要更多地向现实生活看齐,用贴近现实生活的手法去描绘富有魅力的人物,这样既能使影视作品的艺术价值得到提升,还符合为最普遍的人们拍电视电影的制作需求。另外,要使得自己独特的风格在创作过程中得到体现,就必须加大对重点人物刻画的力度,活生生地展现各式主要人物,刻画的人物既是典型的,又必须独具个性,让观众沉醉于主角们的生活世界当中,感受其生活的悲欢离合。

三是选题要符合低成本拍摄的要求。现实中的真实故事题材更多地被电视电影加以应用,而将小人物作为主角,这是因为电视电影的投资具有低成本性。低成本是我国电视电影的一个重要特点,虽在一定程度上限制了电视电影的发展,但是它也赋予了电视电影新的生命力,使其在较小的空间中腾挪跳跃,更加尊重和发挥电视电影的艺术本性和独特魅力。与那些动辄斥资数百万乃至千万的长篇电视连续剧、情景喜剧相比,一般电视电影投资多在 50 万元人民币以下,显然有资金的劣势,而且一般电视电影的作品长度约为 90 分钟左右,在 90 分钟的时间里(大抵只相当于长篇连续剧 2 集左右的篇幅),要想达到 30、40 集长篇电视剧跌宕起伏的叙事效果,其难度是可想而知的。因此,电视电影要想争取观众,在激烈的市场竞争中将观众牢牢锁定,必须要努力寻找到自己独特的文化定位,以策略化、个性化求生存。

二、系列片、类型片的策划

在我国的电视市场上,电视剧的生存保障主要来自广告。中长篇电视剧以其独特的"契约"能力备受广告主青睐,而短篇电视剧因缺乏"规模经济"效应而门庭冷落,一般较难在电视市场上生存。电视电影某种意义属于短篇电视剧范畴,缺乏较好的经济、社会效益回报,制片商也会因为难以有好的经济效益而不愿对影片下工夫。在这种状态下,剧场化、系列片、类型片是电视电影策划过程中一个需要特别重视的问题。就电视观众分众化的观点来看,电视电影也应走剧场化的道路,以不同特点的节目吸引不同口味的观众,会取得更好的收视率。目前,央视电影频道就有几个类型化的剧场,比如"动作 90 分钟"、"情感剧场"、"喜剧天地",另外正在开展数字收费频道试验,这些频道也都属于类型化的频道,如动作电影频道、惊险片频道、儿童片频道、战争片频道等。所以,专业性频道对电视电影的大量需求,就使得电视电影要符合长期使用、重复使用的要求,就要遵循系列片、类型片的拍摄规律,有目的地制作。

电视电影的系列片是由相对固定的元素和变化的元素组成的。电视电影的系列片与电视连续剧的一个重要区别,就是电视电影的每一集都是独立、完整的故事,这要求在一

《陆小凤传奇之决战前后》

集的时长内将一个起承转合的故事清楚明白、干净利索地讲完,因此就一集而言,它对叙事技巧的要求会比电视剧更高,这也是电视电影系列片相比电视连续剧的巨大优势。在著名编剧吴峥的一系列作品中,不管是《陆小凤传奇系列》、《镖行天下系列》还是《火线追凶系列》,固定的是主要人物,变化的则是每集不同的悬案。而令固定的人物与观众建立牢固的认同,对于观众对整个系列的期待无疑会起到事半功倍的作用。《陆小凤传奇系列》中行侠仗义、风流倜傥的陆小凤,《镖行天下系列》中天下镖局的少镖头主仆三人,《火线追凶系列》中钟朗侦探三人组组成的复合主人公,都是极易让观众产生移情的人物形象。

系列片的设计必然涉及类型片的问题。在低成本的条件下,就要放弃投资大的故事设计和类型样式,而选取社会内容扎实,故事构思智慧、巧妙的类型,如在题材类型上言情片、青春片较好,在样式类型上推理片、喜剧片、纪实片等更好。当然我国的电影类型片的发展是不成熟的,还要有一批人下工夫悉心研究类型片的制作规律。目前我国的电视电影系列片多为类型片创作,主要由喜剧、青春、战争、古装、古装武打、古装武打探案、古装悬疑侦破武打、古装青春励志武打、民国悬疑探案、民国探案打斗等类型片组成。

所谓类型电影,是要让类型人物生活在特有的类型空间之中,并按照类型规则行动。类型片的情节、空间、人物及其行动规则,都有其自身的特有标识,与我们习惯的现实主义电影应该有明显的区别。说到底,类型化不是一个学术问题,而是一个经济问题,或是一个操作问题。类型片的创作原则可以借鉴经济学原则作为比照:稀缺性资源的竞争性配置。类型化的制作,可以用20世纪初美国福特汽车厂发明的T型流水线的生产方式来观照,规范化使它的生产方式产生了巨大的利润。因此,类型片就要做到:一是考虑配件的标准化,即人物配置、情节配置的科学标准化;二是时间标准化,即长度、分段标准化;三是心理、情感变化的标准化;四是审美趣味的标准化。类型片要在类型标准化和专业化的基础上节约成本,从而培养观众的习惯性收视,获得较高的收视回报。

电视电影团体化生产的特点,决定了其制作上面临一套复杂的程序。各种、各级的电影频道作为电视电影的播出平台和组织平台,应对制片方的创作特点、优势、劣势予以分析,指导其前期策划工作。例如不同的影视机构,有的擅长拍小人物题材影片,可引导其在喜剧片、励志片领域深入探究;有的在公安题材影片上有所建树,可引导其在警匪类型片上多下工夫;有的在青春题材影片上有拍摄水准,可引导其在爱情类型片上大做文章,寻求自身在爱情片上专有的故事构架、人物形象、视听语言。在这种情况下,不仅相对领域中影片的艺术性有了稳步的提升,而且一部影片若被观众所认可,其他相同类型的影片,就自然有了特有的收视人群。

影片《疯狂的石头》就是鲜明的例子,方言、小人物、诙谐、荒诞等因素成了此类型片重要的标志,之后《疯狂的赛车》即使不宣传,也会有不少观众产生强烈的收视期待。

电视电影的策划在遵循电视专门性传播特点的同时,要把类型化的意识贯穿到节目选题、市场调研和节目编排之中,把类型化的意识贯彻到电视电影的拍摄与后期剪辑之中,在创作中寻求不同类型片的类型化要素,用类型化的要素吸引各自更大范围的观众。

三、市场营销的策划

一般而言,市场营销是指个人或集体通过交易其创造的产品或价值,以获得所需之物,实现双赢或多赢的过程。对电视电影而言,市场营销的本质,就是要建立自己的品牌——系列片、类型片品牌。换言之,当电视电影生产之前,就已经明确了自己的目标市场,给自己的影片进行市场定位——为影片塑造一个与众不同、受人欢迎的形象,可以到影片推广的各个角落进行宣传。这方面好莱坞电影和近年来国内的《叶问2》、《非诚勿扰2》、《山楂树之恋》等电影创造了鲜活的例证。比如《泰坦尼克号》这部电影仅广告费用就达4 000万美元。该片虽然场面华丽、音乐优美、演员阵容强大,但如果不把这些信息通过广告传达给目标观众群,就无法塑造该片与众不同的产品形象。又比如《山楂树之恋》从投拍、选演员开始,就已经被媒体和大众关注,并作为一种"时尚事件"被炒作,它不仅能够制造娱乐新闻的话题,同时也可能成为整个社会关注的话题,成为一种"社会事件"。

电视电影的小成本制作决定其没有《泰坦尼克号》这样的大成本、大制作、大手笔,但是系列片、类型片却可以弥补单部影片的不足,通过连续性的、类型化的人物、故事、叙述路径以及明晰的风格锁定自己的固定受众群。所以,电视电影的营销策划需要做好以下几个方面的工作。

第一,确立自己的受众定位。一部片子在商业上的成功不能只看它在电视上的频频出现或各大媒体的一声叫好,而要看它是否能赢得具有消费能力的群体。这实际上需要解决的是电视电影的目标观众的问题。这个问题,在近年来播出的电视电影中已经引起了重视,但是还需要加强。

第二,从营销的角度来说,应构筑全方位的营销攻势。比如《杨门女将系列》在影片制作之前就出售了海外版权,获得了足够的资金,秘密在于其聘用了有市场号召力的演员。有了好的演员,更能轻松进入海外市场,构成良性循环(该片制片方长时间仍保有前苏联、中东、非洲、东欧等约60个国家和地区的发行权)。所以,相对于其他电视电影,这些系列片由于有明星阵容、恢弘场面、特技运用等视听元素，而呈现出大制作、大规模、大气势的电影化特质。在电视电影中，系列片是唯一进入都市数字院线的作品。

第三，充分利用各级电影频道的宣传平台。《首映》栏目2006年在央视电影频道亮相后，立即成为具有市场号召力的中国电影正式与观众见面前的"第一场视觉盛宴"，电影明星的集中登场，制作悬念的逐步解开，精彩内容的先睹为快，超级巨星的真我风采展示，当红明星的助兴歌舞演出等，这些重要的文化、娱乐元素都通过《首映》放大了影片自身的艺术价值、文化价值和商业娱乐价值。电视电影也可以如国产大片《杜拉拉升职记》、《武林外传》、《惊沙》等一样，通过登陆《首映》，号召和聚集自己的目标观众，放大和传播自身的文化和娱乐价值。此外，电影频道的《中国电影报道》、《爱电影》系列电影之《爱说电影》和《爱拍电影》以及各地电视台的电影频道都可以成为电视电影的宣传平台。

《庐山恋2010》做客《首映》栏目

思考题
1. 试就什么是电视电影谈谈你自己的认知。
2. 电视电影有哪些主要类型特征？
3. 中美电视电影的发展与演进有何异同？
4. 如何策划电视电影的选题？
5. 电影频道对我国电视电影的发展起着什么样的独特作用？
6. 如何进行电视电影的营销策划？

第八章 电视广告

案例 8.1　潘婷泰国广告《你能型》

　　在悠扬的琴声中，一位长发少女专注地观看着街头老艺人演奏小提琴。她的双眼痴痴地盯着老人手中的那把似乎充满魔力的小提琴。"你以为鸭子也能飞吗？一个聋子也想学拉小提琴，你脑子有问题吗？为什么不学点别的？"姐姐愤懑地责难，长大的女孩独自坐在窗边默默地流下了眼泪。

潘婷泰国广告《你能型》中的聋人女孩

　　无助的她找到老艺人。看到惆怅的女孩，老人打着手语问道："还在学小提琴吗？"刹那间，聋人女孩抑制不住的泪水再一次滑落。

　　"音乐，是有生命的。轻轻闭上你的眼睛去感受。你就能看见。"老人将他的小提琴送给了女孩。在老人的鼓励下，女孩重新沉浸在练琴的愉悦中，并报名参加了古典音乐大赛。

　　不顾姐姐的不屑和打击，女孩跟随着老艺人自信地演奏着小提琴。女孩和姐姐同时入围音乐大赛。由于嫉妒和害怕，姐姐在比赛前雇人摔坏了妹妹的小提琴，并打伤了一直在教导妹妹的老艺人。

　　在古典音乐大赛的最后时刻，女孩登台了，手中，是用透明胶布黏合起来的残破的小提琴。此刻的她，是带着病榻上老艺人的嘱托踏上舞台的。她轻轻闭上双眼，拉起琴弓。《卡农》悠扬的旋律从女孩的琴端倾泻而出。随着曲调不断高扬，女孩的动作也越发舒展奔放，顺直的长发伴随女孩激情澎湃的演奏在空中飘散、舞动。

过往的辛酸在心中涌动,曾经卑微丑陋的毛毛虫终于破茧成蝶。热烈的旋律在女孩干净利落的结束动作后戛然而止,悠扬的旋律却久久在场内激荡。全场听众瞬时呆住了,随即纷纷起身,为这精彩绝伦的演出大声鼓掌欢呼。灯光下,舞台上,聋人女孩的身影如此坚定、动人。

屏幕闪黑后,"潘婷 你能型"的字幕打出。

案例8.2 "统一绿茶"广告

2003年度观唐广告对绿茶市场的调研结果显示,市场上各包装绿茶品牌之间,并无明显个性区隔。面对20—35岁追求个性、渴望亲近自然的绿茶消费群,赋予统一绿茶鲜明的品牌个性,建立品牌区隔,便成为2004年度统一绿茶广告活动的重心。

每个人心中都有属于自己的那片绿,拒绝千篇一律,找到属于自己的方式去亲近自然,这就是"统一绿茶"想和目标消费者沟通的生活主张。由此,"统一绿茶"提出2004年度的传播主张:"找到属于自己的方式,亲近自然。"在年度TVC中,则用两支15秒的广告片加以阐释。

1. "滑草篇"

几个年轻人站在高高的草坡上,对着远山尽兴地呐喊。还嫌不过瘾,便干脆坐在草皮上,顺着碧绿的草坡飞滑而下,笑声欢畅淋漓……

"统一绿茶"电视广告

音效:

(年轻人兴奋地对着远山喊)"喂——喂——"

(从草坡滑下时开心的笑声)

(畅饮绿茶声)

(清新的水滴声)咚——男声旁白:找到属于自己的方式,亲近自然,统一绿茶。

2. "滑沙篇"

绵延的沙漠,几个年轻的旅人骑着骆驼行走在高高的沙丘上。随即风镜一戴,年轻人竟然踩着滑板从金黄的沙丘上飞滑下去。一连串动感的滑沙动作后,滑板在一片碧水绿洲旁戛然而止……

音效:(动感的音乐起)

(音乐更加激越,节奏强烈)

(滑板一收,音乐也戛然而止)

(畅饮绿茶声)

(清新的水滴声)咚——男声旁白:找到属于自己的方式,亲近自然,统一绿茶。

案例8.3 台湾大众银行广告《梦骑士篇》

这是由真实事件改编的广告。广告一开始便提出了"人,为什么活着?""为了思念?""为了活下去?""为了活更长?""还是为了离开?"在疑问声中,失去老伴的,得了肺癌的,药不离身的五位老人,在一次悼念昔日伙伴的丧宴上聚首。老人手中那一张发黄的黑白老照片上,曾经意气风发的六位青年和其中一人的妻子依靠着摩托车,在海边幸福地微笑着。而今,照片中那位年轻的伙伴却已离他们远去。

"啪!"其中一位老人将手中的照片狠狠扣在桌面上。"去骑摩托车吧!"他奋力喊道。仓库内,尘封已久的摩托车重见天日,结了蛛网的车灯再次亮起。老人们拔了点滴,扔了拐杖,撒了药片,穿上机车服。

"五个台湾人,平均年龄81岁。一个重听,一个得了癌症,三个有心脏病,每一个都有退化性关节炎。"跑步机上,老人们挥洒着汗水,在互相扶持中坚持锻炼

大众银行广告《梦骑士篇》

着。"六个月的准备",带着昔日伙伴的遗照,他们上路了。"环岛13天,1 139公里。"一路伴随他们的,是风驰电掣的速度,是转瞬即逝的美景。"从北到南,从黑夜到白天,只为了一个简单的理由。"慢慢老去的日子中,生活的麻木无望,身体的病痛折磨,失去亲人的伤心欲绝与对往昔的青春热情的怀念在心头交缠错杂。

海边,老人们静静地凝视着徐徐落下的夕阳。画外音再次响起:"人,为什么

> 要活着?"几十年前,同一个地方,曾经年轻的面庞正满怀期待地看着远方。
>
> 黑色的画面中,白色的字幕"梦"在黑色的画面中徐徐放大。"不平凡的平凡大众"和"大众银行"的字幕在之后依次呈现。
>
> 广告传达了台湾人民坚韧、勇敢、真实且善良的一面,将大众银行关照每一个平凡人和做"最懂台湾人的银行"的信念融于感人的广告之中,在观众心中留下深深的烙印。

第一节 电视广告的界定与特征

电视广告有三大类:第一类是商业性广告(包括广告专题和经济信息),这是电视广告的主体和电视台的经济支柱;第二类是公益性广告,如计划生育、禁毒禁烟、扶贫助残、植树造林等社会公益宣传,一般将其视为以广告形式出现的社教节目,可纳入其他电视节目的讨论范畴中;第三类是为收视服务的广告,如预告、栏目推介和频道形象广告,可将其视为品牌包装、形象策划之列。本书主要讨论商业性广告。

一、电视广告的概念

1. 电视广告的定义

在日本,电视广告被称为"CM",是"commercial message"(コマーシャルメッセージ)的简称,原本是指"商业用的讯息",并没有特别限定是在电视上播出的。但在电视和广播的普及之下,渐渐成为电视广告的专用名词。而广义的"CM"则是包含电视、电影、网络上的广告影片,需要区别的时候,则改称"CF"(commercial film)。电视广告的英文在美国为"television commercial",而在英国则为"advert"。

目前,主要有这样几类电视广告定义:第一类强调电视广告是信息传播活动,如"电视广告是一种通过电视媒体传播,运用音画组合的表现方式,传播特定广告信息内容的广告"[1]。"电视广告是利用电视媒体进行商品和服务的告知以及进行观念意识宣传的活动,是广告家族中的重要成员,是电视节目的一个组成部分。"[2] 第二类强调电视广告是一种经济活动,如"电视广告是以电视为媒介,以传递商品、

---

[1] 王诗文:《电视广告》,中国广播电视出版社2001年版,第4页。
[2] 杨斌:《电视广告的潜信息》,百花文艺出版社1996年版,第3页。

奔驰汽车广告

服务及其他信息为内容,为达到扩大销售和影响舆论的目的进行的一种现代经济活动"①。第三类强调电视广告是一种"社会事件",如美国学者马克·波斯特认为,"电视广告是人们所广泛体验的社会事件,是一种独特的信息模式","它是述行式的符号现象:利用词语和形象来改变信息接受者的行为","对于正在上升的新文化来说,电视广告是决定性的符号标志"②。第四类强调电视广告是推广活动,如"电视广告是由特定的出资者(广告主),通过以付费的方式,委托广告代理公司创意制作,通过电视台播出,对商品、劳务或观念所作的非人员的介绍和推广"③。本书立足于节目类型所特有的程式惯例角度,把电视广告作为一种特别的节目类型,认为所谓电视广告,是以电视为媒介,以传递商品、服务及其他信息为主要内容,为达到扩大销售和影响舆论的目的而播出的电视节目类型。

电视广告是一种经由电视传播的广告形式和节目类型,兼有视听效果并运用了语言、声音、文字、形象、动作、表演等综合手段,通常用来宣传商品、服务、组织、概念等。大部分的电视广告是由社会资本所投资的广告公司制作,并且向电视台购买播放时数。

2. 电视广告的语言要素

丹尼艾尔·阿里洪在《电影语言的语法》一书中指出:"一切语言都是某种具有完整意义的符号。讲故事的人或思想家应当首先学会这些符号及其组合规律。但是,这种情况并非一成不变的。艺术家或哲学家可以影响这个社会,他们可以引进新的符号和规则,并且摒弃过时的东西。"电视广告的"符号及其组合规律"是图像、声音、时间的组合,它们"有一定的成规",但又不是"一成不变的"。一般而言,图像

---

① 杨金德等:《电视广告策划与制作》,福建人民出版社1995年版,第1页。
② 马克·波斯特:《鲍德里亚与电视广告——经济的语言》,天津社会科学院出版社2000年版,第193—194页,第197—198页。
③ 刘平:《电视广告学》,四川大学出版社2003年版,第33页。

(Video)、声音(Audio)和时间(Time)被称为电视广告的三要素。

(1) 图像(Video)。图像,亦即呈现在电视屏幕上的影像,它们是具有动态的事物的形状与颜色的影像,或者说,是摄像机对现实生活景物的忠实记录,再通过电视机还原回来的一种幻象。它生动逼真,只要视觉健全就可以看懂。可以说,图像是影视广告的主要构成要素。图像的造型表现力和视觉冲击力是电视广告获得效果的最强有力的表现手段。比如,麦当劳广告中,一个婴儿面对窗口坐在摇篮中荡着秋千,他笑是因为摇篮荡近窗户看到了麦当劳的标志:金色的拱门;他哭是因为摇篮荡远窗户而看不到麦当劳的标志了。画面造型表现何等幽默风趣。

电视广告图像有运动和定格两种。

先说运动。除模特儿的运动外,电视广告格外重视商品的动态表现。电视广告应该巧妙地创造商品的运动,依靠运动的图像增强表现力和感染力。

——让商品自身运动起来。法国的一条汽车轮胎广告中,只见一位年轻人从直升机上跳伞下来,站在高高的山巅,大吼一声,奋力抛出轮胎,赋予轮胎以阳刚之气。轮胎跳巨石、穿山溪、过索桥、上公路,最后到了小镇的石阶路上,从高处疾驰而来。一位小姑娘正蹲在路中心摆弄布娃娃,猛见轮胎飞驰而来,来不及拿布娃娃就赶紧躲到一边。此时,只听见一阵急刹车声,轮胎在布娃娃身边停住了。小姑娘兴奋地跑过去,抱起了心爱的布娃娃,忍不住亲了轮胎一下。商品自身运动的形象赋予了这则轮胎广告巨大的感染力。

——用人的行为创造商品的运动。动态的食品更具诱惑力,流动的饮料更具新鲜感。如有一则不粘锅的广告,女主人用它来煎鸡蛋、煎鱼,通过使用它,只见不粘锅里的鸡蛋和鱼都在自由地滑动,不粘锅的特点彰显在眼前。这是人为创造的商品运动所产生的效果。

——运用光影创造商品运动。光影本身就具有运动感。光影在画面上的流动、变幻,能使商品富有动感,并能使商品更具风采,同时还能营造特殊的氛围和情绪。例如一则钻石广告,创作者巧妙驾驭光线,使钻石折射光线,闪动着耀眼的光辉,配上"钻石恒久远,一颗永流传"的广告语,令人心动。

再说定格。定格的图像大多出现在广告片的片尾,用于展示商标的图形或产品的包装,起到强化视觉识别的作用。

商标图形是商品的品牌个性的重要体现,是商品的重要识别标志,展示商品图形的目的是增强消费者的品牌认知。

近年来被电视界广泛采用的电视数字特技和电脑动画,大大丰富了电视广告画面的表现手段。数字特技将视频信号处理成多种多样的形态,改变了传统的画面构成方式。经数字特技处理的图像、商标、包装、文字,伴随着翻转、移动、立体旋

"小天鹅"广告的定格图像

转等各种运动形式,组成新的画面语言。电脑动画可以任意创造形象和色彩,能展示各种富于想象力的意象,能创造二维、三维空间,这就大大增强了电视图像的造型表现力和视觉冲击力。随着数字特技和电脑动画技术的普及,通过各种视觉要素的有机、巧妙的组合,图像将更加新颖、生动,更富有表现力和吸引力。

(2)声音(Audio)。声音和图像一样也是由客观现实生活中记录下来的声波通过电视机还原的结果。它是现实生活中各种声音信息的再现,因而有很强的表现力,感觉非常真实。

声音在电视广告中的作用也是非常巨大的,是电视广告的重要组成部分。声音又由人声、音乐和音响三部分组成。

——人声。人声是指人的发声器官发出的声音,主要指人声语言,此外还包括喘息声、笑声、哭声、呼吸声、惊讶声、嘈杂声等。人的语言是传递思想、意志及其他讯息的最重要的工具,表意最直接最明确,最容易达成理解和沟通。

电视广告的文案主要是通过人声表现的,所以人声的音色、音高、节奏、力度都关系到信息的传达、情绪的烘托、性格的塑造,陈词滥调、没有新鲜感的语言则容易降低电视广告对受众的吸引力。人声可以传达出时代感、地域感。但是,人声决不应该仅仅被理解为台词、插音或旁白。

——音乐。音乐从表面上看是十分抽象的,它不可能像语言那样确切地传达具体的讯息,但却能极大地影响人的情绪和衬托环境气氛,能够很好地表现地方特色和时代特征,有力地烘托主题,也有着极强的象征作用。因此,音乐在电视广告中的作用是不能低估的。

——音响。音响是除人声和音乐之外,生活环境中所有声音的总称,它主要包括:动作音响、自然音响、背景音响、机械音响、特殊音响等。

音响是非常重要的,在广告播出的声音中比重极大。音响的作用主要是加强与观众的联系,推动情节的发展。一声轮船的汽笛可以把你带到海港,一声尖利的刹车声会让你感到车祸的降临。音响具有的表现力和象征性是非常强烈的,它带给观众的感受,常常是其他手段所难以比拟的。比如,百事可乐"勇于挑战"·《We

Will Rock You》广告中的音响就极具表现力。

画面:艳阳下,古罗马竞技场,白鸽被放飞。上万名观众兴奋地嘶吼。由 Britney、Beyonce 和 Pink 扮演的三名女斗兽师在各自的牢笼内惴惴不安地等待着决斗。高高的看台上,奴隶主正悠闲地开启一罐百事可乐。

(音响:观众呜呜的欢呼和喝彩声)

画面:Pink 愤怒地跺脚,将手中的武器三叉戟掷向地面。

(夸张音响:铿锵有力的"吭吭哒"的声响)

画面:Britney 和 Beyonce 也随之有节奏地跺脚、敲击盾牌和刀剑。看台上,观众们也呼应着敲打和击掌。

(夸张音响:持续有力的"吭吭哒"的节奏声)

画面:铁门开启,三位女勇士在人们的欢呼和鼓掌声中,阔步走到了竞技场中心。

(夸张音响:"吭吭哒"的节奏声和观众热烈的口哨、欢呼声)

画面:三人互相交换眼神,目光坚定,不约而同地扔下了武器,转身环顾四周。Pink 激情澎湃地唱出"We will,we will, rock you!"看台上,观众们附和着三人,放声高歌。

(夸张音响:众人高唱"We will,we will, rock you!"歌手演唱歌曲《We Will Rock You》响彻云霄)

画面:放满罐装百事可乐的箱子随着 Britney、Beyonce 和 Pink 激情澎湃的歌声节奏的震动从看台滑落。Britney、Beyonce 和 Pink 拾起百事可乐,仰头畅饮。三人将可乐抛向观众席。

(夸张音响:渐渐减弱的《We Will Rock You》的歌声)

该广告中音响夸张,富有极强的感染力和穿透力。

(3) 时间(Time)。电视广告的主要特征是将所要传达的信息存放在时间的流程中,离开了时间因素,信息就无法传达。

电视广告以时间来传达内容有两层含义。一是讯息出现的时间长短给人的感觉和印象会不相同。一般地讲,同一讯息(某一画面或声音)如果出现的时间长、次数多,就容易给人留下深刻印象。二是一则电视广告的总的时间长度越长,相对来说,信息量就多一些,时间越短,则所包含的信息也就少一些。一般人的正常朗读速度是一分钟约 180 个字,平均每秒 3 个字,所以,一则 30 秒的广告顶多说 50—60 个字。

熟练掌握时间要素在电视广告中是至关重要的。因为电视广告的单位时间限制十分严格和简短。因此,深入研究瞬间信息传达的规律、研究人接收信息的感知特点就极为重要。一般来说，让正常的观众能感觉到广告，需要三至四帧的画面，要看得清楚需要七八帧左右的画面，而要看得懂大约需要两秒的时间。当然，这只是一个极普通的参数，最主要是具体分析、灵活运用。

电视广告语言的图像、声音与时间的融合，还使得电视广告积极与叙事"联姻"，并且成为虚构型电视叙事文本中最典型、最重要的一种。所谓电视广告叙事是利用电子媒体技术和文学叙事的技能技巧，通过叙事形态，把商品的使用价值和消费社会中的人的多样化的心理和情感需求连接起来，并把超出商品使用价值以外的东西附着在商品上，以达到引起人们关注、思考，并自觉自愿去进行消费的目的[①]。叙事与电视广告的巧妙结合，使广告脱离了赤裸裸的"王婆卖瓜自卖自夸"的叫卖式或说教式的广告时代。叙事成为电视广告好看、吸引受众的有效手段。比如南方黑芝麻糊的广告开头，在黄昏温馨的灯光下，南方的一个曲巷深处传来悠长的叫卖声："黑……芝麻糊哎……"然后引出旁白："小时候，一听见芝麻糊的叫卖声，我就再也坐不住了。"画面转接为：一条闪着橘红灯光的麻石小巷里，一个小男孩拨开粗重的木堂栊，挤出门来，他目不转睛地凝视，急切等待地搓手，忘乎所以地贪吃，下意识地舔碗，留恋不舍地离去，又赢得卖糊大嫂加的一勺，最后吃完后下意识地咬着下嘴唇凝视期望，淋漓尽致地表现了一个规矩而可爱的馋猫形象，从而有力地说明了南方黑芝麻糊的品质。

广告画面中的麻石小巷、小担小灯是中华民族的文化元素。大嫂给小男孩添食，充满了人间爱心，它是中华民族文化的写真。同时，现代社会的信息化、符号化和标准化已将人们的个性和温情减弱，人们迫切希望重温往日的情怀来调节现代社会的快节奏，广告用怀旧衬托传统民间产品的个性，形成自身独特的风格，给观众留下了深刻印象。

二、中外电视广告发展简史

1. 西方国家电视广告发展简史

20世纪40年代初期，电视作为继电影、广播之后的第三个大众传播媒介，把电影的图像和广播的快速传输综合起来，使图像和音乐迅速进入千家万户，产生了巨大的社会效果。

美国著名传播学学者施拉姆说："电视是20世纪伟大的发明。"1936年，英国广播公司在伦敦设立了世界上第一座电视台。美国在1920年开始试验电视，到1941年有了商业电视的正式播出。"二战"后，电视业得以迅速发展。因为"二战"

---

① 廖晓玲：《叙事：电视广告的新趋势》，《新闻前哨》，2010年第6期。

前及"二战"期间,不论是英国、法国还是美国,所有的电视都是在实验研究阶段,还没有具备商业经营的条件。1945年,第二次世界大战结束后,美国的经济由战时转为平时,工商业不断繁荣起来。尤其是在20世纪50年代美国首创彩色电视之后,电视事业锦上添花,它极大地改变了人们的生活方式,渗入人们的日常生活,电视成为现代家庭必不可少的东西。

早期的电视节目无论内容还是形式都很单调,甚至是枯燥。"二战"后初期的电视广告也多是由播音员手拿稿子在摄像机前面朗读,然后加入一些相关图片。美国著名的电视广告制作人胡博·怀特在他的回忆录中描绘了当时播出电视广告的情景:"即使是50年代初期,电视已经出现好几年,电视节目看起来仍然只是像个有画面的广播节目。在节目中间,播音员常常手拿着稿子在麦克风前念广告词,或是节目主持人由夏威夷四弦琴伴奏着,面对面地告诉观众Lipton红茶的醇香浓郁。那个时候,电视台还没有采用以电影片或录像带播送广告的方法,而只是做现场的实况演出……1952年之后,现场广告终于被广告影片所取代,广告影片公司亦随之出现。"

电视广告在国外发展较快。美国1954年正式播出彩色电视信号,它是世界上第一个开办彩色电视的国家。1952—1960年是美国电视的大发展时期。由于彩色电视集语言、音乐、画面和色彩于一体,彩色电视成为理想的广告传播媒体,因而在广告中也独占鳌头。

电视广告是美国文化中一个重要组成部分。新闻节目时常把摄像机对准广告,然后再频繁地播出"脱口秀",这是十分常见的。20世纪50年代,由于电视机在美国的普及,城市居民因为电视合理的费用,周末不再去逛大街,电影院票房收入急剧下降。

20世纪50年代中期开始,著名的迪斯尼乐园的动画片搬上了电视荧幕,电影技术开始引进电视,极大地丰富了电视的画面语言,使影视广告的视听效果也得到了提高。1953年,美国著名的广告大师李奥·贝纳创作的"万宝路"形象广告打破了以前电视广告的模式,收到了极好的广告效果。在大卫·奥格威首创的"名人推广"式广告中,花费了35 000美元请罗斯福总统的夫人为"好运"牌奶油做广告。电视广告为美国一流大品牌的建立和推向世界立下了汗马功劳,如号称三位一体构成美国整套生活方式的可口可乐、麦当劳和迪斯尼乐园等。

在亚洲,1953年12月,日本NHK电视台首先开播,同年8月,NTV商业电视台正式开播,这是亚洲第一座商业电视台。

1960年以后,国际电视业进入了成熟期,影视广告的发展也随之进入成熟期。电视广告制作业日益壮大,影视技巧日臻完善,营销观念和传播观念出现革新,这无疑给电视广告带来了新的形式与内容,从而产生了许多优秀的电视广告作品,如美国著名广告大师伯恩巴克为德国大众汽车创作的金龟车系列电视广告片——"想一想小的好处"、"柠檬"、"送葬车队"等。

20世纪90年代后,电视广告进入了一个飞速发展的时期。许多高科技电子技术不断引进电视广告的制作,使得电视广告的制作水平有了突飞猛进的发展,极大地丰富了艺术表现的语言。

在这一时期,无论是创作水准、技术指标,还是表现效果都实现了质的飞跃。当然,自1980年后,电视业的竞争加剧、有线电视的增多以及受众群体的变化所引起的收视率下降的问题也随之产生。有线电视网有其独到之处:针对性强,虽然规模不大,但是到达率很高。面小反应快,船小好调头。当时在美国有5 900万个家庭,63%的家庭安装了有线电视。1995年,有近50家靠广告为支柱的有线电视网,而且这个数字还在不断更新。

2. 我国电视广告发展简史

我国电视广告的历史并不长。中国大陆第一条商业广告"参桂补酒"诞生于1979年1月28日15时05分,是用16毫米彩色影片摄制的,长度1分30秒。同年3月15日,我国第一条外企商业广告"瑞士雷达表"广告也诞生了。

国外电视广告的进入为中国电视广告的快速发展提供了良好的发展机遇。20世纪80年代,商业电视广告的雏形初现端倪。一些企业和广告人,开始自觉而又有计划地做广告,这在当时的广告界可谓是独步先行。80年代初,在这个特殊情境及中国广告先行者的努力下,中国大陆广告人对广告有了自己的见解,并做了一些有自己思想的东西。大量国际广告理论的引进、国内各层次的广告协会的成立,及外商代理的逐步加入,促使我国电视广告法制初步建立和规范。

1982年12月,国家经贸委批准建立中国广告协会;1984年6月,中国广告协会电视委员会在南京成立;1985年9月,中国对外贸易中国广告协会会刊《国际广告》在上海创刊并出版,从理论上初步奠定了电视广告的规范。

电视作为最先进的传播媒体,发展速度极快。在发展经济、实现"四个现代化"、改善人民生活的大政策方针指导下,中国大陆的经济迅速转轨,确立了以"计划经济"为主、"市场经济"为辅的宏观经济指导体系。电视广告也出现了另一番景象,主要体现在一批电影、电视界的行家里手进入广告界,如被神化的"太阳神"口服液整套系统广告宣传的巨大成功,它的影响辐射了中国大陆整个广告界。

1986年,美国电通·扬罗必凯公司与中国国际广告公司合作成立了中国大陆第一家中外合资广告公司——电扬广告有限公司,至1996年世界上有250多家跨国公司进入中国大陆,世界前五名的广告公司也已全部进入中国。在急剧动荡混乱而又急功近利的市场环境中,一些企业厂家和广告经营者开始摸索新的广告方式,并迅速接受了西方的现代广告理念。

20世纪末21世纪初,年轻的中国大陆电视广告异军突起。从1979年全国电视广告经营额仅有0.0325亿元,发展到2002年的231.03亿元,比1979年增长了7 000倍之多;2010年,全国电视广告经营额达679.82亿元,其中中央电视台一家媒体2007年广告经营额就突破100亿元大关,达到110.22亿元。

近年来,随着电视技术、多媒体技术及计算机技术的不断发展,电视广告已经成为科技含量极高的艺术作品。作为广告主,电视广告投入和制作日渐精明,广告投入盲目性少了,科学性提高了。

电视广告虽然历史很短,但由于它所依赖的电视媒体仍是目前最有影响力、最具有优势的媒体之一,所以电视广告在社会、经济、文化各方面仍发挥着越来越明显的作用。

另一方面,根据有学者的研究,我国电视广告市场还存在很多问题:代理制实施不彻底、价格政策混乱、广告插播现象严重、不惜代价违法播出广告等问题[①]。再加上网络传播给传统媒体带来的挑战,我国电视广告的未来发展仍存有诸多不确定性。

第二节 电视广告的类型特点和划分

一、电视广告的主要类型特点

1. 集视听于一身,说服力强

与其他广告媒介相比较,电视广告使用的传播符号要多得多。立体信息的传播使电视广告形象具有直观性、生动性和感染力,容易引发观众的情感体验,对产品产生认同,促成购买行动。

电视广告不仅极大地"加强"眼和耳的接受功能,而且,它在轻松的状态下使人们得到广告信息,并留下深刻印象。它超越了一般接收信息的许多障碍,成为一种最大众化的传播媒体。

电视广告可以让观众看到生动活泼、直观而逼真的人物表情和动作,因而对观众具有广泛的吸引力。更重要的是还可以通过一些画面的特写镜头,突出展示产

---

① 夏洪波、洪艳:《电视媒体广告经营》,北京大学出版社2003年版,第14—17页。

品的个性,如外观、内部结构、使用方法、效果等,在突出商品重要方面是任何其他广告媒体都比不了的。它可以记录现场的情绪、气氛,深深地感染观众。电视广告同样能激发观众的参与性。例如,当电视屏幕上播放"养生堂成长快乐维生素"的广告时,小孩就会被电视广告中的"我最喜欢成长快乐,我最喜欢放假的时候出去玩……成长快乐,快乐的维生素!"的欢快气氛所感染,回去主动向家长讨要成长快乐产品。此广告播出后,成长快乐在保健品寒冬中的迅速崛起,令人印象深刻。

2. 传播迅速、到达范围广

电视事业发展至今,电视已成为最强有力的传播媒体之一。电视利用光电转换系统传播信息,不受时间和空间的限制。电视广告信息可以迅速传递到电波所覆盖区域的任何地方。通过电视机的接收,电视广告可以深入家庭,从而拥有各个消费层的受众,进行强大的宣传攻势并获得广泛的影响效果。

例如哈药六厂最辉煌时期的广告,就选择全部省级电视台8点左右同时播出,受众几乎同时看见。这种垄断时间的广告投放策略非常有气势,也非常有效,也就是说只要你8点钟的时候收看电视,那么肯定能看到它的广告。

再如当年中央电视台1993年播出了电视连续剧《北京人在纽约》,该剧收视率创当时的收视最高纪录28.3%。若按当时有6亿观众计算,约有1.7亿人观看了该剧。可口可乐几乎每天都在该剧播出前作广告。可以想见,每天约有1.7亿人接收了可口可乐的广告。有些优秀的广告口号,甚至已经成为儿童的口头语,这都说明电视广告收视率之高,影响之大。

同时电视广告很容易产生和培养"连带意识"。当受到一条广告感染,某一家庭成员提出购买时,也会影响其他成员,这就是"连带意识"。这种意识一旦形成,就会进一步促进商品的购买。

电视广告的传播范围是相当广泛的,但电视广告传播范围的广泛性也是相对的。从世界范围看,电视传播所到之处,也就是电视广告所到之处。但就某一具体的电视台(网)或某一则具体的电视广告而言,其传播范围又是相对狭窄的,如苏州电视台播出的广告就可能局限于苏州市区这个相对狭小的范围内。

3. 瞬间传达,被动接受

电视传播具有信息选择相对被动的特点。绝大多数观众打开电视是为了欣赏节目,从本质上讲是反对电视广告的,因为广告占用或打断了他们要看的节目,所以广告的时间不宜太长。目前,全世界的电视广告长度都大同小异,广告时长都较短,大多以15秒、30秒、45秒、60秒为基本单位,除少数三四分钟的广告,一般都是以秒来计算,在我国还有5秒的电视广告。这样一来,就要求电视广告在极短的时间内传达较多的广告信息。电视广告对观众具有强制性,观众完全是在被动的状态下接受电视广告的。这是电视广告媒体区别于其他广告媒体的特点。

但是我们也应该认识到,虽然观众在接受电视广告时是被动的,但又不是完全被动的。例如看中央电视台《新闻联播》的观众相当多,《新闻联播》后有天气预报,这两个节目之间经常插播广告。只要观众收看《新闻联播》和《天气预报》,就必定要看这两个节目间插播的广告。但大多数情况下,这两个节目间插播广告的这段时间几乎成为观众转换频道的时间。所以,观众在现实生活中并不是完全陷于被动的。

4. 电视广告传播效果的一次性

电视广告在传播中是以时间为结构的。一次传播,稍纵即逝。不论是否看清、是否听懂,都是不可逆转的。它不像纯视觉的报刊广告、摄影广告、路牌广告等,可以反复看,直到看清楚、理解为止。电视传播存在信息的即逝性。

因而,电视广告绝大多数要反复播出,以加强印象。但不能总寄希望于重复播出,用增加播出次数来影响观众。事实上,第一次播出就没有给观众留下印象的电视广告,播出数次后依然很难给观众留下深刻印象。针对这种情况,电视广告就应强调突出某一重要诉求信息,让观众过目不忘或过耳即留。如松下公司的系列电视广告片,不论它推出什么样的产品,它始终都强调突出"松下电器,Panasonic",它始终都要让观众记住它的品牌"Panasonic"。再如,麦氏速溶咖啡电视广告当观众第一次看过后,就不会忘记这样一句话"滴滴香浓,意犹未尽"。因此,第一印象非常重要,要让观众第一次看后,就要记住广告中某一难忘的印象。

5. 电视广告制作复杂,成本高

由于电视媒介高科技的特点,电视广告制作的工艺过程复杂,涉及面广,需要较长的制作周期,使其远不如广播广告和报刊广告那样有较强的灵活性和可调控性。电视广告又比一般的电影、电视节目的技术要求更高。电视广告需要在短时间内达到诉求的目的,正所谓"时间紧、任务重",需要在制作上投入大量的人力

周杰伦在广告拍摄中

物力,以保证制作高质量的广告。国际上电视广告影片拍摄的耗片比一般是100∶1,如为电视广告片专门作曲、演奏、配乐、选景、搭景、剪辑、合成等,电视广告的播放费用更高,国外电视台黄金时段的播出费用相当昂贵,一些中小企业很难承担得起。例如,美国的电视广告每30秒要10万—15万美元,如果是一些特殊节目内的插播广告,其费用更高达一次几千万美元。

二、电视广告的主要类型

电视广告数量众多,形式多样。对电视广告进行分类,就是从不同的角度、层次,按照不同的内容、形式以及标准,对丰富繁杂的电视广告进行梳理,以便认识不同类型电视广告的重要特征,更好地指导广告创作实践。

1. 按播出方式进行分类

（1）节目型电视广告。节目型电视广告是指广告主（企业）向电视台购买一个电视专栏节目,在节目中播映自己企业的广告。广告的内容和播出时间依据广告主付费多少而定。这类广告一般是由众多的单条广告编辑组合成专门栏目,一般有固定的时间和片长。如央视综合频道的《榜上有名》、《广而告之》等,都属于节目型广告。节目型广告内容集中,信息量大,播出时间较长。节目型广告的不足之处是：这种专门的广告节目收视率一般较低。据统计；观众收看电视广告时,从头看到尾的占25%,这中间仅有37.9%的观众是为了获得商业信息,大多数观众之所以收看广告是为了等待下面的节目。虽然《新闻联播》是收视率较高的节目,而大多数观众是在七点准时打开电视机或转换到《新闻联播》。因为他们知道前面是广告节目,即使是在这之前打开电视,也大多不会专心收看,而处于一种随意的接受状态,从而降低了广告的传播效果。

央视 2010 黄金资源广告招标会现场

（2）插播型电视广告。插播型电视广告是指穿插于播出的节目与节目之间,或某个节目中间的广告。它是目前电视广告的一种常规形式。插播型电视广告可以是在两个不同的节目中间插播的电视广告,包括同一节目不同的段落之间,如足球赛的上下半场之间、电视连续剧的两集之间,甚至同一集电视剧中都可以分割进行广告插播。插播型广告相对来说收视率较高,尤其是在收视率高的节目前,如《新闻联播》、《焦点访谈》、《佳片有约》和《锵锵三人行》等节目前播出的广告收视率就较高。其中《新闻联播》后的7.5秒广告,是公认的黄金资源中的黄金资源。2010年11月8日的央视黄金资源广告招标会上,该资源中第一时间单元第一选择权拍出,即传统意义中的"明标第一标",被某企业以5010万拍走,与标底价2150万/条相比上涨幅度超一倍。据此前曝光的招标书计算,《新闻联播》标底价达20亿,而业内人士预计,其整体收入2011年将超过30亿。

  根据电视观众的欣赏习惯和对电视广告的收视承受能力,电视节目的长度与电视广告时段的长度应有合适的比例。广告主可以自由地选择不同时段插播自己的广告,在一个节目中插入广告,效果相对较好。电视剧《康熙大帝》曾热播大江南北,"依波表"的品牌也随之被广大电视观众记住。"依波表"在电视剧中贴片广告的编排创意很值得插播广告借鉴。插在节目中的广告要有好的创意,插入的次数不宜过多,每次插入的时间也要适当,才能使观众易于接受。插播型电视广告越是放在高收视率节目中间或前面插播,传播效果就越好,但是相应的播出费用也就越高。

  (3) 赞助型电视广告。严格地说,赞助型广告仍然属于插播型广告。赞助型广告是由企业针对某个收视率较高的电视节目提供赞助,节目每次播出前企业提供赞助,常以"特约播映"、"独家赞助"或与广告主品牌结合等方式出现。

  比如丁家宜洗面奶,冠名了湖南卫视的节目预告栏目,即每一时段的节目播出完毕,都会有3—5秒的下一时段节目预告,丁家宜就做了相应的广告;又如"动感地带《快乐大本营》",就是由动感地带冠名播出的。

  赞助型广告传播效果都比较好,企业的知名度会随着赞助节目的名牌效应而提高。如步步高企业一贯重视体育营销,近年来赞助了多次国际国内重大体育赛事,如1999年步步高世界杯乒乓球赛、2000年步步高杯全国女足超级联赛、2001—2003年步步高全国排球联赛等,在社会公众心目中树立了积极向上、热心公益的良好企业形象。企业品牌和节目名称联系在一起,品牌效应就自然深入了观众心中。步步高企业首次冠名第九届青年歌手电视大奖赛,广告投入500多万元,但收效高达3000万元以上。

  企业搞赞助型广告需要以一定的经济实力为基础。在2011年央视黄金资源广告招标会上,上半年电视剧"特约剧场"冠名起价9900万,109号企业蒙牛以2亿3050万中标;下半年电视剧"特约剧场"广告由728号企业纳爱斯集团以1亿5000万元竞得。

  (4) 植入式广告,又称植入式营销,是指将产品或品牌及其代表性的视觉符号甚至服务内容策略性地融入影视剧或电视节目内容中,通过场景的再现,让观众留下对产品及品牌的印象,继而达到营销的目的。植入式广告与传媒载体相互融合,共同建构受众现实生活或理想情境的一部分,将商品或服务信息以非广告的表现方法,在受众无意识的情态下,悄无声息地灌输给受众。因其隐秘的特点,植入式

央视春晚被指植入广告太多

广告还被称为嵌入式广告或软性广告。另外,植入式广告不仅运用于电影、电视,还可以"植入"各种媒介,如报纸、杂志、网络、游戏、手机短信,甚至小说之中。

比如五粮液酒厂早就将广告打到了发射"澳星"的运载火箭发射现场,央视对发射"澳星"作了现场直播,"五粮液"品牌自然就出现在电视直播画面上,格外引人注目。联合利华旗下三大品牌:多芬、清扬、立顿联合湖南卫视对电视剧《丑女无敌》进行的植入式广告,成为到2008年为止我国电视剧中最大的植入式广告。2010年央视春晚中更是出现了大量植入式广告,如魔术师刘谦品尝了纸杯中的果汁后表示,"这是汇源橙汁";赵本山的小品中屡次提到搜狐视频、搜狗输入法,还将"国窖"提上了舞台;小品《五十块钱》中,演员围裙上的"鲁花"二字很容易映入观众眼帘;郎酒冠名"我最喜爱的春节联欢晚会节目"评选被主持人读了又读等。

2. 按广告制作类型进行分类

(1)胶片型广告。这是指以拍摄电影的方式拍摄的广告,胶片型广告主要用35毫米和16毫米这两种电影的胶片进行拍摄。胶片型广告利用电影的拍摄技术和各种表现手法,艺术表现力非常强,具有高清晰度的图像品质,画面层次丰富,对光色变化非常敏感,有很高的审美价值,但制作周期长,成本费用高。

(2)摄录型广告。摄录型广告是指用录像带拍摄的广告。广告内容记录在电视录像带上直接在电视中播出,摄制过程简单快捷。摄录型广告的磁带规格主要有3/4尺、1/2尺。这一类型广告在我国的电视广告中比例较大。录像带拍摄和胶片相比,最大的优势在于不用冲洗就能即时播放;对灯光的要求比较简单;能借助电脑创造声光奇观;"抠像"技术也是录像带制作广告所独有的功能。"抠像"技术是先拍一个蓝色背景镜头,随后把蓝色背景上的人或物干干净净地"抠"下来后

叠加到另一个画面上。录像型广告的制作周期短,成本费用也比胶片拍摄低,但质量无法与胶片广告媲美。

(3) 幻灯型广告。幻灯型广告是指用专业照相机拍摄广告内容,制成幻灯片,在电视台播出。其画面是静态的,叠加字幕或配音乐,有画外音解说。也可以利用电脑和电视编辑机的色键处理制作幻灯型广告。这类电视广告简便灵活,成本低,播放及时,一般在设备条件比较差的地方采用这种制作方式。

(4) 字幕型广告。字幕型广告是指用简洁的字幕打出广告内容,伴随节目的进程在电视屏幕不显眼处即时播映。因为无声,不会影响电视观众视听,观众在观赏节目的同时便能了解广告信息,广告效果比较好。字幕广告一般可以播出时效性比较强的信息,字幕以游动的方式出现,也可以是赞助的品牌字幕,静止叠加在屏幕的一个角落。

(5) 电脑合成型广告。电脑合成型广告是指采用电脑制作技术制成单纯的二维或者三维动画广告转录到电视磁带上播出,或把电脑制作的动画与电视录像画面合成到一起制作成电视广告。电脑动画的神奇与电视画面的真实相结合,使电脑合成广告具有极大的魅力。

(6) 现场直播型广告。现场直播型广告是指在现场或演播室内用直播的方式播出广告,一般由演员或节目主持人现场做广告。这类广告现场感强,可信度高,成本费用低,制作周期短,但难以达到预期的广告效果和编辑目的。此种类型的广告最为人们熟悉的要数央视春节联欢晚会中的软广告了。例如2009年的央视春晚,中间伴随着小品插入了大量的植入式广告:演员喝的酒,小品里送礼的礼品,甚至包括台词都暗藏广告玄机。这种广告形式借助春节联欢晚会这一中国收视率最高的节目,其传播力量是很大的,因而被很多广告客户追捧。

3. 按广告功能进行分类

(1) 电视商品广告。电视商品广告是通过电视媒体传播的,用声画并茂、视听结合的表达方式向电视观众传播商品(服务)信息的广告形式。电视商品广告在电视广告中处于主体地位。

电视广告承载着广告主所期望的市场营销作用,广告主想通过电视商品广告的投放,使自身品牌的知名度、美誉度得到提升,并能从心理上影响消费者的购物行为。

为完整、准确、清晰而又技巧性地在电视商品广告中表达一种商品的广告信息,需要根据电视广告的表现特点,采用针对性强的表现策略,如"波导"手机电视广告就是通过展示其商品的独特魅力而影响消费者的。

（2）电视节目广告。这是指为电视媒介机构自身的一些具体栏目或电视机构某些具体服务而做的一种电视广告。电视节目广告按其承担的诉求主题不同，可以分为节目预告、栏目宣传广告、栏目片头三部分，如新疆电视台《非常周末》栏目的电视广告系列片《戈壁荒漠篇》、《公共汽车篇》、《乡村小路篇》等。

（3）电视公益广告。电视公益广告作为现代传播中承担着巨大的社会教化责任的一种非经济利益的特殊形式的广告，常宣传有利于全社会、且大众普遍关心的问题。因此，各家电视台经常播放大量的公益广告来影响受众，促使社会文明的进步和人际关系的和谐。电视公益广告的内容是对公众进行有益的引导。电视公益广告发布的主体，或者说电视公益广告的倡导者，一般是政府或者政府部门、公益型社会团体或国际组织。

（4）电视形象广告。电视机构向目标公众播放的形象类广告，有电视机构自身的形象广告和企业形象广告两大类。形象广告相对于具体的商业广告和具体的电视栏目广告而言，有别于只宣传商家或电视机构的某些具体产品和服务，而只采用隐喻、暗示、同感的手法，表现企业或媒体的总体形象。因而，可以这么说，电视形象广告主要表达企业或电视媒体整体、宏观的信息。现代商家和电视机构都十分重视利用电视形象广告来塑造自身品牌的亲和力。在美国，从总统、国会到各级政府机构都是发布形象广告的行家里手。

第三节 电视广告策划

电视广告策划是在市场调研和分析的基础上，确定广告目标、广告对象、广告定位、构思广告创意及对广告分布进行安排的一系列活动，其目的是让电视广告充分发挥广告宣传的效力。

在现代广告经营管理中，对广告活动进行全面、整体的策划，是广告运作的基础或前提。它不仅仅决定着广告活动的成败，还会影响到企业或企业产品在市场中的地位和在消费者心目中的印象。哈佛企业管理丛书编纂委员会认为："策划是广告人通过周密的市场调查和系统的分析，利用已经掌握的知识（情报或资料）和手段，科学地、合理地、有效地布局广告活动的进程，并预先推知和判断市场态势、消费群体态势和未来的需求，以及未来状况的结果。"[1]

"广告策划是根据广告主的营销计划和广告目标，在市场调查的基础上，制定出一个与市场情况、产品状态、消费群体相适应的、经济有效的广告设计方案，并加

---

[1] 杨荣刚：《现代广告策划》，机械工业出版社 1989 年版，第 3 页。

以实施、检验，从而为广告主的整体经营提供良好的服务的活动。广告策划，实际上就是对广告活动进行的总体策划或者叫做战略策划，包括广告目标的制定、战略战术研究、经济预算方案，并诉诸文字。"①

在我国香港和台湾地区，广告策划通常被称为"广告企划"。"广告企划"的一个典型定义是："执行广告运动必要的准备动作。在实务上，广告主和广告代理商处理运作企划有着很大的差别，但理想的过程可以是下列行动的组合：产品-市场分析、竞争状态评估、客户简介、目标设定、预算、目标对象设定、建立创意及媒体策划、创意的执行、媒体的购买及排程、媒体执行与其他行销组合机构的配合、执行完成、效果评估。"②

广告策划的宗旨是通过一系列的策划工作，使广告能够准确、及时、有效地传播有关产品、服务及观念的信息，以改变观念、刺激需求、引导消费、促进销售、开拓市场，获得较大的经济效益与社会效益。它的重要任务就是要确定广告的目标、广告的对象、广告的计划、广告的策略与效果等原则问题。任何一个广告活动，首先必须要明确为什么要做，意欲达成什么目标，应该怎样去行动，应该针对什么对象，何时何地以何种方式去行动，如何行动将会取得最佳的效果等，这些基本的原则和策略，都必须通过广告策划来确定形成。

综上所述，广告策划就是通过细致周密的市场调查与系统分析，充分利用已经掌握的知识（信息、情报与资料等）和先进的手段，科学、合理而有成效地部署广告活动的进程。简言之，广告策划就是对广告运作的全过程作预先的考虑和设想，是对企业广告的整体战略的运筹与规划。

一、电视广告策划需要思考的两个问题

广告策划的起点是市场研究，广告策划是在充分认识市场的前提下，对于目标市场的创造性的把握。因此，广告策划需要思考两个层面的问题。

1. 面对目标市场进行策划

广告创作者必须了解市场的基本规律，包括市场容量、市场分割情况、市场成熟程度与目标消费者限定等。广告创意如果能与市场规律、市场需求及消费者的关心点结合在一起，就能产生出人意料的突出效果，使策划转化为经济效益。羽西化妆品进入国际市场的成功策划，就是有效把握市场规律的结果。根据当时化妆

---

① 北京广播学院广告教研室：《广告学》，中国广播电视出版社1993年版，第121页。
② 《现代广告事典》，朝阳堂文化事业有限公司1996年版。

品市场的分析，策划者认为城市白领年轻女士正在划分出最大的细分市场，而当时国内一般化妆品品位太低，不能满足她们的需求，进口化妆品价位又太高，超过了她们的承受能力。于是，羽西化妆品果断采取了国内化妆品最高价位这一策略，而这个价格又正好低于进口化妆品。由于抓住了市场空隙，这一新兴的化妆品迅速打开了市场局面。

2. 面对国内市场进行策划

中国市场这一概念的确立，不仅由于5 000年的悠久文明形成了中华民族独特的思维方式、文化氛围与行为规范，而且中国的市场经济由于种种关系的制约，形成了鲜明的个性特点。即使是充分了解市场规律的公司，如果不谙熟中国国情，不了解中国市场，照样会处处碰壁。一些世界品牌由于把握了中国市场的脉搏，就轻松地在中国市场站稳了脚跟。20世纪80年代中期，世界两大速溶咖啡"雀巢"与"麦斯威尔"几乎同时在中国市场亮相，而"雀巢"似乎更善于把握中国的消费者。它的第一个广告运动抓住了中国人好客的心理，把雀巢咖啡作为一种敬客佳品推出，并用一句简单的话"味道好极了"迅速拉近了与普通百姓的心理距离。第二个广告运动则在第一个广告的基础上更进一步深化，抓住了中国人重视礼仪的心理特征，提醒人们雀巢咖啡是送礼的最佳选择。第三个广告运动针对家庭这个中国人最基本的群体，以家庭主妇为突破点，以"爱"为诉求重点，进一步打开了中国市场。由于广告策略步步紧扣中国市场特性，雀巢咖啡很快便占有了大部分市场，成为速溶咖啡第一品牌。雀巢咖啡还在上海成立了一个食品R&D中心，专门研究和开发适合中国市场的食品等。而麦斯威尔咖啡虽然也投入了大量广告经费，但市场策略中仅仅强调了"美国名牌咖啡"和"注重健康"，在市场占有率上大大落后于"雀巢"，只能控制部分中国市场。再如，某冰雪机的上市策略，同样注意到了中国城市中普遍的"三口之家"的家庭结构。由于计划生育的实行，一个家庭一般只能生一个孩子，因此，孩子在家庭中的地位很高，他们的意见往往能够影响家庭的购买倾向。该冰雪机精心设计了"夏日凉趣"自制冷饮比赛，以培养儿童动手能力为诉求重点，在电视、报纸与销售点进行了大张旗鼓的宣传，结果上市第一季度的销售即突破5 000台，实现了市场的初步占位。

二、电视广告的市场调查

在进行广告活动时，需事先进行周密的策划，而市场调查与分析是电视广告策划成功的前提条件。

市场调查是广告公司、工商企业或媒体单位等从事广告活动的机构，为了了解市场信息,编制广告方案,提供广告设计资料和检查广告效果的目的而进行的广告调查。它是为解决产品营销的决策服务的,为市场预测提供客观而具体的资料依据,并对这些资料进行系统的收集、整理、分析和处理,提出建议,对企业经营提出改进意见,以提高企业经营管理效益和广告促销功效。

市场调查是电视广告运作的开始。从事广告活动的媒介机构,如电视台广告部或广告公司,要系统地收集各种有关市场及市场环境的情况资料,并应用科学的研究方法对其进行分析,充分掌握有关信息和数据,以此为基础提出市场营销和广告促销的建议,做出较为明确的广告策划。只有对市场和消费者了解透彻,对有关信息和数据充分掌握,才可能做出较为准确的策划。

市场调查主要包括以下五项内容:

(1) 广告市场环境调查。广告市场环境是以一定地区为对象,有计划地收集有关人口、政治、经济、文化和风土人情等情况。一般而言,电视台广告公司或媒介单位应以日常广告活动场所及区域为对象,定期收集与更新资料,为广告主制定广告计划提供基础资料。

(2) 广告产品调查。在进行某项产品的广告宣传活动时,除了要在日常注意收集有关产品的广告资料外,还要有计划地和全面地对该产品作系统调查,以确定产品的销售重点和诉求重点。其中,化妆品、食品、药品用电视广告效果最好。产品调查主要包括产品历史、外观、系统、类别、功能、生命周期、产品配套和产品服务等内容。

(3) 广告市场竞争性调查。竞争性调查的重点是广告产品的供求历史和现状,以及同类产品的销售情况。这些内容是制定电视广告策划的重要依据。广告产品的市场竞争性调查的内容有广告产品的市场内容、市场潜力、竞争对象的调查。

(4) 广告主企业经营调查。由电视台广告部或媒介单位或代理广告业务的部门对广告主的情况进行摸底调查,这有两方面的好处:一是可以避免因广告主企业在信誉、经营方面的问题而使自己蒙受损失,二是可以为制定电视广告决策提供依据。广告主企业经营情况调查主要内容有企业历史、企业设施、技术水平、企业人员素质、经营状况、管理水平等。

(5) 消费者需求方式调查。市场调查中的消费者包括工商企业用户和社会个体消费者。通过对消费者的购买行为的调查,来研究消费者的物质需要和购买方式,为确定电视广告目标和电视广告策略提供一定依据。

在现代广告策划中,市场调查是整个广告策划活动的起点,同时也是广告定位、广告创意以及广告战略目标确定等其他策划项目的基础。换句话说,如果没有对市场的深入研究,那么,所谓的广告计划就可能变成纸上谈兵,缺乏科学的依据。在西方发达国家,市场调研在广告策划过程中受到高度的重视。许多企业、公司都不惜花重金做市场研究,以期对整个市场状况有一个全盘的了解。而在中国,市场研究近年来才刚刚引起人们的重视,市场研究分析的作用还没有得到人们的深刻认知。大多数广告策划还缺乏市场研究资料为依据,因而显得苍白无力。不过,这种状况将随着中国广告业的发展而逐步得到改善。

三、电视广告的定位研究

全球顶级营销战略家、特劳特伙伴公司全球总裁杰克·特劳特说:"如果品牌缺乏一个独一无二的定位,将会像房子没有产权一样,令企业无立足之地,哪怕你是IBM、美国西南航空一般的大厦,也未能幸免……"广告定位就是利用产品或劳务的某种信息使其在潜在的消费者心中建立起该产品或劳务独特的、有价值的地位,或是树立产品或劳务的某种观念。电视广告定位的形成来自商品品质、价格、消费者利益的分析,对竞争对手的调查、了解和分析,在分析中寻找广告商品的特殊个性,即在同类产品中具有的独特性,以此确定广告宣传的商品在市场的准确位置,并为广告促销的诉求寻求突破口,使广告创意准确到位,强化广告说服力,实现广告既定目标。

广告定位确定了广告商品的市场位置,符合消费者的心理需求,就可以保障广告取得成功。有了准确的广告定位,广告主题也就可以确定下来。商品的广告定位一般包括以下步骤:(1)分析该品牌商品在众多竞争品牌中是如何被消费者分类把握的,亦即消费者把商品归到哪一类型上;(2)在这一特定的分类中,分析该产品以什么特点被消费者识别出来;(3)分析消费者所持有的品牌形象以及"理想点"的分布情形;(4)从该商品的特性来分析判断它可能参与的分类和定位之所在,以及新的分类与定位的可能性;(5)分析在消费者理想点中,某种定位与竞争对手定位及其强度相比较之下,是否足以吸引消费者。

有些广告虽然创意和设计都不错,拍摄也相当成功,但观众观看后却对宣传的产品印象不深,这就可以说是失败的广告,其问题就是"定位"的偏差和模糊。例如美国的一则莱茵金啤酒的电视广告,因进入市场时定位不当而失败,在该广告中它表现了多种消费群体:意大利人喝莱茵金啤酒,爱尔兰人喝莱茵金啤酒,黑人喝莱茵金啤酒,犹太人喝莱茵金啤酒,结果并没有能吸引他们所希望的消费群,反而疏远了任何一个消费群。反之,在我国深圳,有一家著名的制药企业——三九集团,是依靠"999胃泰"起步的。其品牌"999"把三个国人视为吉利象征的数字进行组合,并与汉语"久久久"三字谐音,十分贴近企业特色和产品特性。20世纪80年代,"七喜"汽水重新定位为"不含咖啡因的非可乐",此举痛击了可口可乐和百事可乐,使七喜汽水一跃成为仅次于可口可乐和百事可乐的美国饮料中的第三品牌。

四、广告计划

某种意义上,广告计划是电视广告策划成功的保证。广告计划不是空穴来风,凭空想象,而是通过市场调查和分析,明确市场定位后做出的科学的广告活动总体规划。它根据企业的营业目标、营销策略和广告任务等要求制定,用文字、图表等形式说明广告活动的全面规划。电视广告计划是广告策划的重要环节和组成部分,在广告活动中有着极为重要的作用。广义的电视广告计划包括广告市场调查、广告目标、广告时间、广告对象、广告地区、广告媒介、广告表现、广告预算,甚至还有广告效果测定在内的广告活动的决策。狭义的广告计划是指广告目标、广告地区、广告时间和广告对象的确定。实施电视广告计划的目的在于依据企业目标,为实现营销计划而采取有效的广告活动的策略和安排,它是广告战略、广告策略的文字图表说明,同时也是测定和评价广告效果的依据。

电视广告计划的内容一般包括:

(1) 广告目标。广告目标是指电视广告活动所要达到的目的。广告目标必须为企业的总目标和营销目标(扩大市场占有率)服务。因此,电视广告的目标是通过宣传,在消费者心中提高广告商品的知名度,树立品牌形象。

(2) 广告重点。指电视广告的诉求重点和策略重点。根据电视广告产品策略和电视广告媒体策略,明确以怎样的方式,突出电视广告宣传的重点,以达到电视广告计划目标。

(3) 广告对象。指电视广告的传播对象和诉求目标。根据定位研究,可计算出广告对象的人口总数、分布地区、年龄地区、职业阶层等情况,明确他们的需求和心理特征、生活消费方式等,以确定相应的广告策略。

(4) 广告时间,即在电视广告计划中规定广告活动的时间界限,可以分为长期计划与短期计划。长期计划指期限为2—5年的计划,它以企业的5年发展计划为依据,相应制定比较粗略概括的广告行动方案。短期广告计划一般是指年度(包括月度与季度)计划或一次行动计划。

(5) 广告地区,指在电视广告计划中规划电视广告信息传播的区域和活动的地理范围。广告活动的地理范围可以划分为全国范围、特定地区、海外特定市场三类。在广告计划中,通常要根据市场分析和产品定位的结果,决定产品的目标市场及广告宣传区域,并说明选择目标市场的理由,为广告信息策略和媒体策略的决策提供依据。

(6) 广告策略。广告策略是电视广告活动所运用的措施和手段,它包括产品策略、市场策略、媒体策略和实施策略。在广告计划中,主要应以广告战略、广告产品策略和市场策略为基础,具体说明广告媒介策略和实施策略。

(7) 广告预算。科学地制定广告预算是为实施有效的广告宣传所要求的。广告费用包括:广告调研费、广告设计费、广告制作费、广告媒体费与电视播映所需费用、广告管理费等。

(8) 广告媒介。广告要经选定的媒介来传播经济信息。广告活动使用的媒介不同,广告费用、广告设计、广告策略和广告效果也就不一样。这是广告策划中直接影响广告传播效果的重要问题。媒介选择和发布的时机安排得当,广告发布的投入产出效果就比较好;反之,企业投放的广告费用就不能收到预期的效果。

五、电视广告创意

创意是电视广告的生命和灵魂,而创意,对于广告人来说也是最具挑战性、最兴奋、最刺激的事情,并被业界人士推崇到"芝麻开门"之类的神奇地位。比如,曾获得当年国际莫比杰出广告奖的松下电视广告,其"生活丰富多彩,新款松下HD电视把色彩全部收入囊中"的广告语,一语中的,凸显了电视的色彩效果出众的产品特质。还有诺基亚的经典广告词:"科技以人为本",从产品开发到人才管理,诺基亚真正体现了以人为本的理念。这句广告语成为人们的口头禅,也提升了对诺基亚的产品品质的信任度。所以,优秀的广告创意非常重要,它可以触动消费者的神经,打动消费者,最终达到实现消费行为的目的。

所谓电视广告创意,是指电视广告人员在对市场、产品和目标消费者等进行调查分析的基础上,根据广告客户的营销目标,以广告策略为基础,恰当地运用影视艺术手段,精心巧妙地将产品的抽象创意概念给予艺术化视觉呈现的一种创造性思维活动[①]。如再进一步深入探究就会发现,电视广告创意内涵主要就是"说什么"和"怎么说"的问题。"说什么"是电视广告创意的策略,是电视广告创意的核心;"怎么说"则是将"说什么"的内容进行艺术表达的表现形式,是将抽象概念转化为具象存在的过程。"说什么"和"怎么说"共同构成了电视广告创意的全部内涵。

实际上,衡量一个电视广告创意是否优秀的标准,就是看"说什么"与"怎么说"的完满结合度。只有"说什么"和"怎么说",即内容和形式,实现了有机统一,"创

---

① 刘炎坤:《电视广告创意:抽象创意概念的具体化》,http://tieba.baidu.com/f? kz=947482106。

意"才能达致所谓的优秀与成功。

1. 创意概念的提炼

"说什么"并不是一般化地说说该产品或者服务的品牌、质量、优点等等,而是在明确广告目标、明确品牌形象、明确产品或服务的定位、明确目标消费者、明确竞争者等的基础上,广泛地搜集其信息,对其进行深入了解,经过深思熟虑、分析研究后,寻找到产品特性与消费者需求利益的一致性,确立基本的核心诉求点,即形成明确的创意概念。

创意概念一般从产品、市场、消费者、品牌等四个方面进行挖掘,既可以是这四者的综合提炼,也可以是其中某一点或两点的延伸,但不管怎样,创意概念必须是企业产品或服务核心竞争力的浓缩或提纯。

(1) 对产品或者服务定位的提炼。可以从广告商品本身的直接因素,比如商品的名称或商标、商品的包装、商品的制造方式、商品的功用和使用方法、商品的技术条件、商品的价格等方面寻求创意概念;也可以从广告商品的间接因素,如商品的历史、无法获得广告商品的后果等形成创意概念,如七喜汽水面对可口可乐与百事可乐的霸主地位,将其定位为非可乐,其创意概念自然就是——Nocola。

(2) 对消费者利益的承诺。利益是消费者心智上的接触点,而产品属性则是消费者感觉上的接触点,我们应该从消费者的思考角度出发,谈谈产品对消费者利益的承诺,包括产品属性能否提供场合、便利性等使用方面的利益;产品属性能否为其他相关利益方提供利益;产品属性能否为其他类别提供利益;产品属性能否更具有竞争的个性与特色。

(3) 对市场特征的精准把握。针对不同的市场特征,应在产品的导入期、成长前期、成长后期、成熟期和衰退期等各个阶段,不断提炼创意概念的关键词,并结合市场竞争品牌,进行独特的、有差异化的诉求。差异才能吸引注意,留下记忆,造就个性。

(4) 品牌形象个性的凸显。现代生活的消费,不仅仅是对商品符号,即能指的消费,更是对商品意义,即所指的消费。正如美国学者J·伯德利亚尔指出的:"现代社会的消费实际上已经超出了实际需求的满足,变成了符号化的物品、符号化的服务中所蕴含的'意义'的消费。"而品牌不仅仅是符号(能指)和意义(所指)的有机结合体,更是意义的容器,它的意义正是借助传播来实现这种意义转化的过程。

创意所要解决的核心是"说什么"的问题,它直接关涉到广告诉求的正确与否。创意概念是对市场、目标消费者、产品、品牌等众多市场要素进行综合分析、归纳比较后形成的,具有独特性、差异性,体现出核心竞争力的关键词。

2. 创意概念的具象化呈现

创意解决了电视广告"说什么"的问题,接踵而至的是"怎么说"。如果说,"说什么"针对的是创意的独家与独特,"怎么说"则是广告创意的表现形式,是对抽象创意概念的具象化、形象化的艺术呈现,或者说,是充分运用电视媒介的语言,通过图像、声音、时间、叙事等语言要素进行激活,将创意概念"翻译"成视觉、听觉等多种感觉符号,使本来用语言文字表达的抽象题旨予以形象化、画面化、丰富化,以实现广告信息的有效传播。

电视广告创意概念的具象化呈现,一般通过两个方面来实现:一是创造性地运用影视语言结构,一是创新性地运用表现表达形式。这两个方面既可以有所侧重,也可以相互结合,交融使用①。

——创造性地运用影视语言凸显商品信息。此类创意主要运用电视广告的构成元素来传递商品信息。它可以用新颖、别致、具有美感、视觉冲击力强的视觉语言来引导视线,表达概念,树立形象,突出品牌;也可以用简洁、清晰、真实的听觉语言提供情感张力,拓宽时间和空间,烘托氛围,突出商品特征;或者用声画蒙太奇将视觉和听觉语言有机结合,共同传递蕴含其中的信息与文化。如力士香皂为展示其双重保湿效果,广告一开始即展现出一株枯死的树;强风吹过,死的枯叶擦过地面,发出刺耳的声音。镜头推近一片枯叶,一名女子被困其中……一阵挣扎之后,女子成功挣脱,跃入一池清水。她向水中的一束光游去,光变成了新型力士香皂。当她洗浴的时候,她的皮肤、枯叶的颜色与脉络都发生彻底变化,"枯叶逢新生"。

视觉上,一般采用刺激性、趣味性、震撼性或者差异化的图像和个性化的字幕编排来进行构图,用画面的色彩、镜头的运用以及景别的大小等来吸引注意,实现信息符号的有效传播。听觉上,则往往运用凝练的广告语、具象的声效语言以及音乐,或直接诉求商品信息,或揭示广告人物的内心世界,或表现隐喻、象征性含义等,来实现创意概念的具象化传播。

——在电视文化的表现表达形式上进行信息建构。有学者认为:"电视广告是人们所广泛体验的事件,是一种独特的信息模式。它是述行式的符号现象,利用词语和形象来改变信息接受者的行为。"换言之,通过电视广告内容的表现表达,传播电视符号承载的"意义",促发消费者的注意、记忆乃至购买行为。比如,"百年润发"广告一改以往女人给男人买洗发香波,生活中也是女人照顾男人的传统,由周

---

① 刘炎坤:《电视广告创意:抽象创意概念的具体化》,http://tieba.baidu.com/f? kz=947482106。

润发来给女人洗头发,将明星与品牌的连接效果发挥到极致。具体而言,信息建构策略大致有以下几种:

移花接木的嫁接形态。这是电视广告创意经常运用的策略,它将产品或者服务与人物、事物进行组合、联系、嫁接,以实现广告信息"意义"的借势传播。它可以利用光环人物,实现商品的嫁接传播,提高商品的关注度、知名度、可信度,唤起受众的消费欲望,巩固和增加消费群。

显性话语的创意形态。这类电视广告创意往往通过示范、证实或者是比较的形态,用显性话语的诉求方式,陈述商品的功能、质地、产地、价格以及合成元素等,以刺激消费者的购买欲。

"百年润发"广告

性别修辞模式。性别修辞在电视广告中随处可见。电视广告中的女性角色,或选用年轻、貌美、性感的女子来吸引同性的羡慕,招惹异性的凝视,或选用朴实勤劳的女性展现妇女的传统美德,引发人们的情感共鸣。

情感建构模式。"感人心者,莫先乎情。"人们可以拒绝赤裸裸的商品叫卖,却拒绝不了温柔的初恋、无私的母爱、纯洁的友情……因此,电视文化的传播必须在挖掘民族接受心理的基础上,依托影像传递民族传统文化或流行时尚文化,对受众进行感情诱发,增加商品的附加价值。电视广告可以建构亲情、友情、爱情、人情的文化语境,也可以挖掘乡情、怀旧的文化话语,让受众在信息符号的刺激下,产生情感的震动或感动,进而形成对商品或者服务的偏好。

生活戏剧形态。生活是创意的源泉,但由于人们过多"经验"的介入而易形成思维定势。电视广告如果表现人们思维惯性下形成的生活,受众往往会熟视无睹。因此,需要打破常规,采用"陌生化"的戏剧手法,消除受众接收信息的麻木状态。生活化的戏剧形态可以采用情节的戏剧化、生活的细节化以及幽默诙谐的手法、夸张的形态等进行电视广告的诉求。

影视动画形态。时代飞速发展,传统的影视摄录手段和绘画手段所产生的画面制约着屏幕视听思维的拓展,而日新月异的电脑技术为电视广告的发展拓展了空间。影视动画更容易表现出抽象的概念和复杂的影像变化,其真实模拟、再现的现实场景、超越现实的画面效果，都提升了广告的趣味性和可视性，提高了电视广告的艺术感染力。

思考题

1. 电视广告由哪些要素组成？这些要素在电视广告中分别起什么作用？
2. 央视《新闻联播》前后的电视广告属于什么类型的广告？为什么该时段的广告被称为黄金资源中的黄金资源？
3. 在策划电视广告之前，首先需要意识到哪两个基本问题？
4. 什么是电视广告的市场调查？
5. 电视广告为何需要进行定位研究？
6. 为什么说"创意是电视广告的生命和灵魂"？试举例说明。
7. 试结合你所知道的著名电视广告，说明如何将电视广告的创意概念具象化。

主要参考文献

李良荣：《新闻学概论》，复旦大学出版社 2001 年版。
胡智锋：《电视节目策划学》，复旦大学出版社 2010 年版。
胡智锋：《内容为王：中国电视类型节目解读》，中国国际广播出版社 2006 年版。
郑蔚、游洁：《电视资讯节目新论》，中国广播电视出版社 2007 年版。
郭镇之：《中外广播电视史》（第二版），复旦大学出版社 2008 年版。
徐舫州、徐帆：《电视节目类型学》，浙江大学出版社 2006 年版。
阚乃庆、谢来：《最新欧美电视节目模式》，中国广播电视出版社 2008 年版。
罗哲宇：《广播电视深度报道》，中国广播电视出版社 2004 年版。
钟大年：《纪录片创作论纲》，北京广播学院出版社 1997 年版。
朱羽君、殷乐：《生命的对话：电视传播的人本化》，中国电影出版社 2002 年版。
叶子：《电视新闻节目研究》，北京师范大学出版社 1999 年版。
陆晔、赵民：《当代广播电视概论》，复旦大学出版社 2010 年版。
苗棣：《美国电视剧》，北京广播学院出版社 1999 年版。
苗棣：《美国经典电视节目》，中国广播电视出版社 2006 年版。
北京广播学院广告教研室：《广告学》，中国广播电视出版社 1993 年版。
朝阳堂：《现代广告事典》，朝阳堂文化事业有限公司 1996 年版。
赵玉明：《广播电视辞典》，北京广播学院出版社 1999 年版。
俞伟超：《考古类型学的理论与实践》，文物出版社 1989 年版。
郝建：《影视类型学》，北京大学出版社 2004 年版。
竹内敏雄：《艺术理论》，卞崇道等译，中国人民大学出版社 1990 年版。
黄匡宇：《理论电视新闻学》，中山大学出版社 1996 年版。
大卫·麦克奎恩：《理解电视：电视节目类型的概念与变迁》，苗棣等译，华夏出版社2003年版。

约翰·菲斯克：《电视文化》，祁阿红、张鲲译，商务印书馆2005年版。

张海潮：《中国电视节目分类体系》，中国传媒大学出版社2007年版。

高鑫：《电视艺术学》，北京师范大学出版社1998年版。

吴素玲：《电视剧发展史纲》，北京广播学院出版社1997年版。

赵玉明、王福顺：《中外广播电视百科全书》，中国广播电视出版社1995年版。

陈国钦、夏光富：《电视节目形态论》，中国传媒大学出版社2006年版。

谢耘耕、陈虹：《真人秀节目：理论、形态和创新》，复旦大学出版社2007年版。

尹鸿、冉儒学、陆虹：《娱乐旋风：认识电视真人秀》，中国广播电视出版社2006年版。

孙宝国：《中国电视节目形态研究》，新华出版社2007年版。

张小琴、王彩平：《电视节目新形态》，中国广播电视出版社2007年版。

石屹：《电视纪录片：艺术手法与中外观照》，复旦大学出版社2000年版。

后　记

作为一本主要面向广播电视新闻学(包括主持人方向)本科专业学生的教学用书,本书在写作中力求博采众家之长,试图较为详尽地说明各种电视节目类型的内涵、亚类型划分以及策划等方面的知识。其中,导论部分主要说明类型、节目类型的主要意涵,涉及类型与类型学方法问题,理解起来相对困难一些。第一至第八章主要说明各个不同的节目类型,再加上案例分析和部分图解,接受起来较为轻松。本书读者或采用本教材的教师完全可以根据自身的理解能力或者学生的接受能力,把导论部分内容跳过去,直接从第一章开始进入阅读或授课。

如本书主要参考文献所列,本书在写作过程中,参阅了李良荣、郭镇之、胡智锋、尹鸿、朱羽君、钟大年、徐舫州、苗棣等学者以及其他学者的研究成果,部分在行文中添加了注释,部分没有特别注明。在此也向这些注明或未注明的前辈方家致以谢忱。

自 2009 年笔者在苏州大学凤凰传媒学院开设"电视节目类型研究"选修课程以来,本书部分内容已经与两届同学见过面,并在师生对话中得到提高和升华。掩卷沉思,至今难忘那一张张青春洋溢、朝气蓬勃的脸庞。本书的编写,凝结着学生们和我的共同心血,希望学生们能给本教材今后进一步的修改提出建议,也欢迎读者方家对本书内容提出批评、指正,我的常用邮箱: fdzj67@163.com。

从 20 世纪 90 年代开始,我就经常评点一些知名的电视栏目,如《东方时空》、《法治在线》、《晚间播报》(已停播)、《焦点访谈》、《新闻调查》、《探索·发现》、《百家讲坛》、《江苏新时空》、《1860 新闻眼》、《可凡倾听》等,这些评点文章先后发表在《中国广播电视学刊》、《电视研究》、《山东视听》、《声屏世界》、《南方电视学刊》、《中国电视》等杂志上。本教材的出版,算是对这些年来这种评点活动的一个总结、盘点,也是对当年做记者时一心想做出一档一鸣惊人的"好节目"梦想的一种告别,更希望这是一种重塑理想之门的开始。

感谢复旦大学出版社给本书提供的出版机会,感谢章永宏先生对本书结构框架所提供的帮助,尤其要感谢本书责任编辑李婷小姐为本书修改所提出的精准建议及其为本书顺利出版所付出的辛勤劳动!

张 健

2011年6月于苏州阳澄湖畔

图书在版编目(CIP)数据

当代电视节目类型教程/张健编著.—上海：复旦大学出版社,2011.9(2019.5重印)
(复旦博学·当代广播电视教程·新世纪版)
ISBN 978-7-309-08296-8

Ⅰ.当… Ⅱ.张… Ⅲ.电视节目-类型学-教材 Ⅳ.G222.3

中国版本图书馆 CIP 数据核字(2011)第 149086 号

当代电视节目类型教程
张　健　编著
责任编辑/李　婷

复旦大学出版社有限公司出版发行
上海市国权路 579 号　邮编：200433
网址：fupnet@fudanpress.com　http://www.fudanpress.com
门市零售：86-21-65642857　　团体订购：86-21-65118853
外埠邮购：86-21-65109143　　出版部电话：86-21-65642845
常熟市华顺印刷有限公司

开本 787×960　1/16　印张 20.75　字数 364 千
2019 年 5 月第 1 版第 4 次印刷
印数 7 801—9 900

ISBN 978-7-309-08296-8/G·1003
定价：35.00 元

如有印装质量问题，请向复旦大学出版社有限公司出版部调换。
版权所有　　侵权必究